垃圾填埋场好氧通风多场耦合理论及应用

刘 磊 马 骏 著

科学出版社
北 京

内 容 简 介

本书以多孔介质渗流力学、生物化学动力学、土力学、热力学及溶质运移动力学等多学科交叉理论为基础，以陈旧型垃圾填埋场为研究背景，以多物理场相互作用关系为牵引，以试验研究和数值模拟相结合为主导，对垃圾填埋场好氧通风过程中降解反应、溶质传输和骨架变形内在机制和规律进行再现和预测，以上研究成果不仅可为揭示好氧通风引发的多物理场相互作用机理提供理论依据，而且可为填埋场好氧通风工程的高效运行和管理决策提供参考。

本书适用于环境工程、岩土工程和工程力学等方面的专业技术人员、科研工作者、教师和研究生阅读参考。

图书在版编目（CIP）数据

垃圾填埋场好氧通风多场耦合理论及应用 / 刘磊, 马骏著. -- 北京：科学出版社, 2025.6. -- ISBN 978-7-03-082166-9

I. X705

中国国家版本馆 CIP 数据核字第 2025XW9751 号

责任编辑：孙寓明 / 责任校对：高 嵘
责任印制：徐晓晨 / 封面设计：苏 波

科学出版社 出版
北京东黄城根北街 16 号
邮政编码：100717
http://www.sciencep.com

北京中科印刷有限公司印刷
科学出版社发行 各地新华书店经销

*

开本：787×1092 1/16
2025 年 6 月第 一 版 印张：15
2025 年 6 月第一次印刷 字数：391 000
定价：168.00 元
（如有印装质量问题，我社负责调换）

前 言

垃圾填埋场的好氧生态修复和利用一直是全球关注的热点问题，而好氧通风的高效性和长期安全性评价也一直是国际环境土工领域中的前沿课题。如何更有效地实施好氧通风设备的运行及实施过程中的安全防控已成为业界亟待解决的核心难题，而厘清好氧通风过程中垃圾填埋场内部气相、液相和固相（三相）介质的演化机理、渗流-温度-生物-化学-应力多个场之间的相互作用关系及代表性指标随时间和空间的变化规律，是解决这一核心难题的前提和基础。

近年来，作者团队一直致力于垃圾填埋场原位修复与安全治理方面的研究工作。在国家自然科学基金国家杰出青年基金项目（51625903）、国家自然科学基金面上项目（41977254）、中国科学院青年促进会人才项目（2017376）、武汉市科技成果转化专项（2018060403011348）和湖北省自然科学基金杰出青年基金项目（2021CFA096）的支持下，开展了室内试验、仪器研发、数值模拟和现场试验研究。本书为作者团队在总结近年来相关研究成果的基础上完成的。

全书共9章，分别从好氧通风过程中生化降解-热-渗流-浓度-变形耦合效应的内在机理、过程表征和定量预测等多个角度进行分析和研究。第1章主要从好氧通风的工程背景出发，在整理国内外关于垃圾填埋场好氧修复研究动态的基础上，揭示开展好氧通风过程中多物理场耦合理论及应用研究的必要性，以及好氧通风过程中多场耦合作用的内在机理。第2章重点探讨好氧通风过程中有机质降解的定量表征方法；以生物降解动力学理论为基础，推导以有机碳转化为核心的好氧降解耦合动力学模型；模拟不同通风条件下COD浓度随降解时间的演化规律，分析耦合模型在预测好氧降解过程方面的可靠性和适用性。第3章从多组分气体迁移和生化反应机理出发，阐明多组分气体迁移的基础理论；基于大量室内孔-渗试验，构建生化降解影响下渗透率-孔隙度定量表征模型；基于好氧通风过程的化学反应特性试验，构建好氧降解条件下多组分气体化学反应动力模型。第4章主要集中在优势流效应对多组分气体迁移规律影响方面，提出气体优势渗透的理论框架，构建好氧通风过程中多组分气体迁移的渗流-化学耦合数学模型；以现场注气过程的监测试验为背景，开展注气过程中多组分气体的迁移与演化模拟。第5章讨论好氧通风过程中渗流-化学-热耦合效应对温度演化规律的影响；以热动力学和生化降解动力学为基础，构建好氧降解过程的热释放速率模型，构建渗流-化学-热耦合效应下温度预测模型，对比分析目前主流温度预测模型的优点和缺陷。第6章着重分析好氧通风过程中的水分消耗、补充的机理和主要形式，探讨回灌作为水分补充主要手段的设计方法及缺陷；构建渗滤液回灌计算模型，分析优势流效应对回灌过程中渗滤液覆盖有效范围的影响；基于现场排水试验，阐述渗滤液水位在抽排过程中的变化特征，分析优势流效应对预测抽排井有效半径的影响规律。第7章开展优势渗透效应对好氧通风渗滤液导排影响特性研究，提出垃圾土水分优势流观察试验方法，详细介绍垃圾土非饱和水力参数的测试方法；构建考虑垃圾土优势渗透效应水分迁移模型；全面阐述垃圾堆体孔隙结构非均质性对水分流动规律的影响。第8章采用室内试验分析好氧降解对垃圾堆体沉降特性影响机理；以好氧降解动力学、渗流力学和土力学为基础，构建考虑生化-渗流-变形耦合效应下垃圾堆沉降耦合数学模型；模拟自然沉降、施加载荷及排水与不排水典型工况条件下垃圾堆体沉降规律；采用室内和现场试验相结合的方式，对沉降变形耦合动力模型的可靠性进行验证。第 9 章以前述耦合数学模型为基础，提出一种垃圾填埋场好氧通风优化调控方法，对环境因素影响下的井间距和注气强度进行分析和筛选，并以武汉金口垃圾填埋场——第一个工程体尺度通风工程为背景，通过长期现场监测试验，对优化调控方法的可靠性进行初步验证，该成果为垃圾填埋场好氧通风系统的设计和运行管理提供依据。

  在本书相关研究工作中，张柴、陈峰、丁前绅、李若欣、何超、樊亚茹和李志虎分别对第 2、4~7 章做出了重要贡献。3.3.1 小节好氧环境下多组分气体生化反应特性试验得到了新加坡南洋理工大学费玥璇教授的指导，第 7 章中垃圾土非饱和水力参数的室内模型试验得到了同事陈盼的指导，在此表示衷心感谢。

  书中成果离不开团队的通力协作，感谢易富、周志强、陆海军、万勇、李江山、姜利国、孙维吉、王俊光、赵颖、王平、魏明俐、刘茜和韦伟在研究工作中给予的帮助，感谢杨勇、王静、许越、刘凯、肖凯、曾刚、席本强、胡竹云、李福一、赵立业、胡学涛、王华庆、陈德强、黄发兴、王富、汪华方、王国菲、王士权、葛赛、黄茜、熊欢、张亭亭、王燕、惠心敏喃、谭洵、何星星、鲍仕芬、陈新、李源、黄啸、秦林波在工作中的支持。特别感谢郭冬冬、韩丽君、马梓涵、孙跃辉、何胤实、冯晨、董志伟、王鑫、王晨、冀立通、邱晓雷、程钰鑫、付赛欧、秦志发、涂朝刘、夏之润在统稿工作中付出的辛勤劳动。

  感谢武汉环境投资开发集团有限公司田宇、张雄和姚远等为资料收集、现场试验平台搭建给予的大力支持，感谢上海康恒环境股份有限公司提供好氧通风现场试验数据并给予指导，感谢陈朱蕾教授、刘勇教高、邵靖邦教高给予的指导。

  感谢辽宁工程技术大学力学与工程学院和土木工程学院对研究生教育培养的支持，感谢张树光、王伟、梁仕华、金佳旭、张宏磊对团队科研工作的支持。

  感谢岩土力学与工程安全全国重点实验室、中国科学院-香港理工大学固废科学联合实验室（IRSM-CAS/HK PolyU Joint Laboratory on Solid Waste Science）、湖北省固体废弃物安全处置与生态高值化利用工程技术研究中心、污染泥土科学与工程湖北省重点实验室和中国科学院武汉岩土力学研究所岩土力学与工程实验测试中心等兄弟部门在试验平台建设和管理方面的支持和帮助。

  感谢中国科学院武汉岩土力学研究所海洋与环境岩土工程研究中心孟庆山和魏厚振等同事的支持，感谢科研四支部支委白冰、郭茜、陈盼和刘海峰及支部全体同志对团队工作的支持。

  特别感谢张娜萍、崔薇、彭彩霞、孙新新、李金兰、张帆、杨芸、吴月秀、程茗、海峰等挚友在工作和生活中给予的支持和帮助！

  特别感谢恩师梁冰教授对作者团队的帮助和教诲！

  特别感谢两位母亲、爱人和其他家人对我工作的支持！

  因学识所限，书中难免存在不足之处，敬请读者批评指正！

刘 磊

2025 年 2 月于武昌小洪山

目 录

第1章 绪论 1
  1.1 好氧通风的工程背景和意义 1
  1.2 好氧通风技术的特点 4
    1.2.1 好氧通风的主要形式 4
    1.2.2 好氧通风技术的关键设计参数 6
  1.3 好氧通风与多物理场之间相互作用的研究进展 9
    1.3.1 垃圾填埋场好氧过程的多场耦合框架 9
    1.3.2 好氧通风对垃圾土生化降解的影响 11
    1.3.3 好氧通风对气体分布特征的影响 13
    1.3.4 好氧通风对温度分布特征的影响 14
    1.3.5 垃圾土饱和-非饱和渗透特性 19
    1.3.6 好氧通风对垃圾堆体沉降特征的影响 23
  1.4 好氧通风技术面临的难题 27

第2章 好氧通风过程中有机质降解模型与定量表征 29
  2.1 生活垃圾好氧降解的动力学机理 29
    2.1.1 有机物好氧降解的动力学原理 29
    2.1.2 有机物好氧降解的主要影响因素 29
  2.2 考虑水分-温度-通风强度条件下的有机质降解耦合模型 31
    2.2.1 有机质好氧降解水分影响方程 31
    2.2.2 有机质好氧降解温度影响方程 33
    2.2.3 有机质好氧降解通风强度影响方程 34
    2.2.4 有机质好氧降解耦合动力学模型的构建 34
    2.2.5 有机质好氧降解耦合动力学模型的可靠性验证 36
    2.2.6 有机质好氧降解耦合动力学模型参数的影响 44

第3章 好氧通风过程中多组分气体迁移及生化反应特性 47
  3.1 垃圾土中气体迁移的渗流基础理论 47
    3.1.1 垃圾土多孔介质多相体描述 47
    3.1.2 多孔介质中的达西定律和气体渗透率 48

		3.1.3 气体径向稳态流动描述	48
		3.1.4 气体径向流动质量守恒方程	49
	3.2	垃圾土中气体渗透特性及与孔隙结构的关系	50
		3.2.1 垃圾土气体渗透试验研究进展	50
		3.2.2 垃圾土室内渗透试验最佳进气压力的确定	54
		3.2.3 垃圾土气体渗透率与孔隙度定量表征模型	59
	3.3	好氧通风过程中多组分气体的化学反应特性试验	71
		3.3.1 好氧环境下多组分气体生化反应特性试验	71
		3.3.2 气体反应变化特性	73
	3.4	好氧通风过程中多组分气体化学反应动力模型	79
		3.4.1 好氧降解条件下多组分气体化学反应动力模型的构建	79
		3.4.2 模型参数的获取及可靠性验证	81
		3.4.3 模型参数影响	85
第4章	好氧通风过程中多组分气体迁移规律及优势流效应		93
	4.1	垃圾土中气体优势渗透测试试验	93
	4.2	好氧通风多组分气体迁移的渗流-化学耦合数学模型	100
		4.2.1 多组分气体优势渗透理论框架的提出	100
		4.2.2 考虑优势流和多组分反应的耦合模型	102
	4.3	优势流效应对注气过程气体分布的影响	103
		4.3.1 注气过程中多组分气体的迁移与演化	103
		4.3.2 优势流效应对气体分布的影响规律	107
	4.4	好氧过程气体浓度现场监测试验——以单井为例	109
		4.4.1 试验方案及设备	109
		4.4.2 试验原理	113
		4.4.3 气体压力浓度试验结果	114
		4.4.4 气体压力浓度影响半径	119
	4.5	好氧通风过程气体压强和浓度解析预测	121
		4.5.1 以气体压强为变量的定量预测解析模型	121
		4.5.2 单井注气条件下气体压强分布预测模型结果	123
		4.5.3 模型参数对气体压强预测模型的影响	125
		4.5.4 单井注气条件下浓度预测模型	126
		4.5.5 浓度预测模型结果	128
		4.5.6 模型参数对氧气浓度预测模型的影响	130

		4.5.7 采用气体压强表征的气井影响半径 ································131
		4.5.8 以氧气浓度表征的气井影响半径 ································132

第5章 好氧通风过程温度分布特征 ································133

5.1 好氧通风过程渗流-温度耦合模型 ································133
5.2 好氧通风过程填埋场温度分布模拟 ································136
  5.2.1 计算模型及参数设置 ································136
  5.2.2 温度分布的模拟结果 ································138

第6章 垃圾填埋场渗滤液回灌优势流效应 ································144

6.1 渗滤液回灌过程的优势渗透模拟 ································144
  6.1.1 渗滤液回灌计算模型及参数 ································144
  6.1.2 渗滤液回灌过程预测 ································145
6.2 渗滤液抽排对填埋场水位影响现场试验 ································155
  6.2.1 单井抽排过程中渗滤液水位监测试验 ································155
  6.2.2 单井抽排过程的非饱和水力特性参数反演 ································159

第7章 垃圾土优势渗透定量表征模型参数 ································162

7.1 多步重力自由排水试验方案 ································162
  7.1.1 试验装置 ································162
  7.1.2 试验材料 ································163
  7.1.3 饱和含水率、渗透系数测试 ································164
  7.1.4 多步重力自由排水过程控制方法 ································165
7.2 饱和-非饱和水力参数的数值反演 ································165
  7.2.1 饱和含水率与饱和渗透系数 ································165
  7.2.2 Hydrus-1D 模型构建 ································166
  7.2.3 不同属性垃圾多步排水试验流出量拟合 ································167
7.3 水力特性参数的影响因素 ································169
  7.3.1 VGM 参数 ································169
  7.3.2 DPeM 参数 ································170

第8章 好氧降解对垃圾土沉降变形影响试验 ································172

8.1 垃圾土厌氧-好氧联合沉降特性试验 ································172
  8.1.1 试验材料 ································172
  8.1.2 试验设备 ································173
  8.1.3 试验方案 ································175
  8.1.4 垃圾土沉降试验结果 ································176

8.2	垃圾土厌氧-好氧联合生物降解特性试验	184
	8.2.1 垃圾土一维降解计算值	184
	8.2.2 试验材料	186
	8.2.3 试验设备	186
	8.2.4 试验步骤	187
	8.2.5 有机物降解试验结果	188
8.3	厌氧-好氧条件下的垃圾土干重度变化规律	193
	8.3.1 垃圾土体积变化规律	193
	8.3.2 厌氧-好氧条件下的垃圾土质量变化预测模型	195
	8.3.3 垃圾土重度变化规律	196

第9章 垃圾填埋场好氧通风优化调控方法及应用 199

9.1	好氧通风系统井群优化调控方法的工艺	199
	9.1.1 技术背景	199
	9.1.2 优化方法的计算步骤	201
	9.1.3 优化计算模型	202
9.2	好氧通风优化调控方法可靠性评价	203
	9.2.1 好氧通风修复治理场地概况	203
	9.2.2 好氧通风气井及通风方案的优化设计	206
	9.2.3 长期现场监测与可靠性分析	208

参考文献 210

第1章 绪　　论

1.1　好氧通风的工程背景和意义

我国生活垃圾较多，生活垃圾总产量逐年递增。根据《2017中国生态环境状况公报》，截至 2017 年底，全国生活垃圾清运量达 21 547 万 t；根据《中国城乡建设统计年鉴 2022》，到 2021 年已经达到了 3.17 亿 t，垃圾填埋场的数量为 1 665 座。随着精神文明建设的不断推进，我国环境卫生的规范化得到长足的发展。2008~2013 年是我国垃圾填埋场增速最快的几年，特别是县城中新建的垃圾填埋场。从 2015 年开始垃圾填埋场的增速逐渐放缓，自 2020 年开始垃圾填埋场数量（城市和县城的总和）开始呈现下降趋势（图 1.1），这主要是由于部分垃圾填埋场已经达到库容上限并关停。未来 5~10 年，预计将有 3/4 以上的垃圾填埋场继续面临关停、封场。

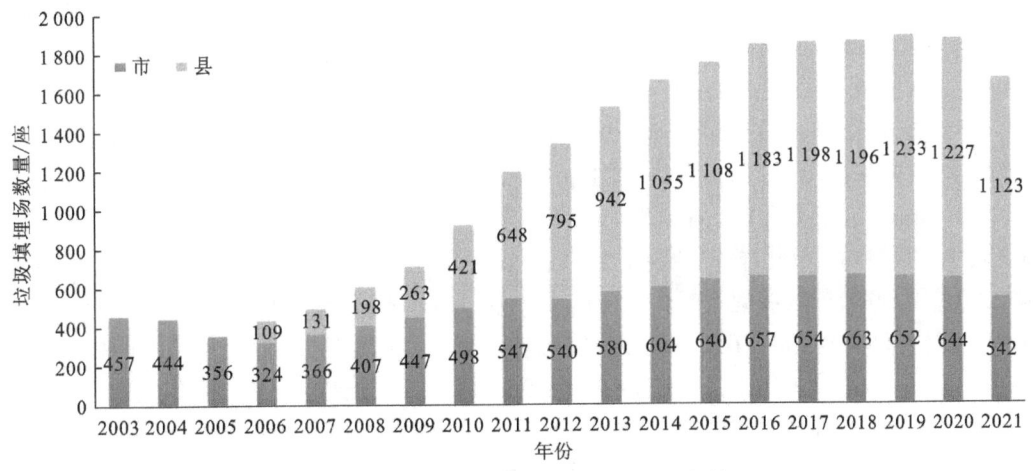

图 1.1　我国垃圾填埋场数量随年份分布情况

由于厌氧降解达到稳定化的时间较长，一般为 40~50 年，这些关闭的垃圾填埋场仍需要进行沼气和渗滤液的收集和处理，以及相应的安全防控。同时，一些城市已经开始推广"零填埋"政策，原则上不再对生活垃圾实施填埋处理，而推广焚烧处理。但这些城市仍然需要数量不等（一般 1~2 座）的垃圾填埋场作应急处理，这些应急的垃圾填埋场仍需要进行日常维护，它们仍将存在，并影响人们的生活。

垃圾填埋场内部产生的污染物随运行时间表现出前期逐渐增加、达到峰值后逐渐下降的趋势，下降的幅度随着时间的延长逐渐减小（图 1.2）。一般认为，当垃圾填埋场具备良好的底部和边坡防渗系统时，衬垫系统失效的时间会更长。垃圾填埋场的后期管理时间通常远高于运行期，后期管理也受到日处理量与设计能力之间的关系、污染物浓度、施工质量和水头分布等因素的影响。当如下情形出现时，衬垫系统失效的时间将逐渐缩短，如：防渗系统中的土工膜在没有经过完整性检测之前投入使用，垃圾填埋场接收的垃圾量远大于设计处理能

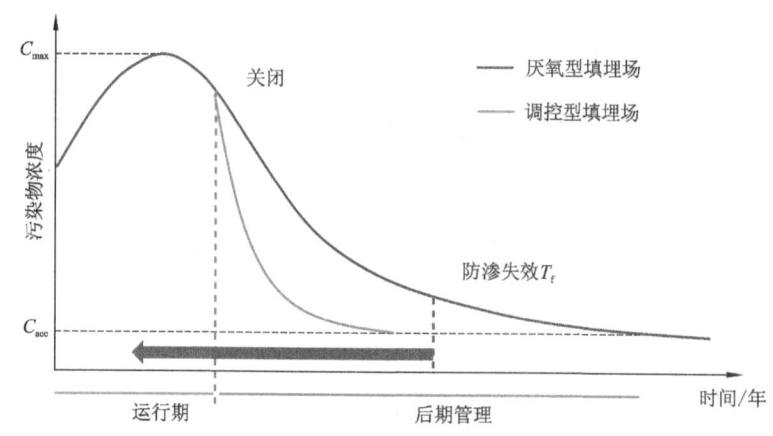

图 1.2 垃圾填埋场污染物浓度在不同时期内的曲线分布示意图

C_{max}为最大污染物浓度，C_{acc}为可接受的污染物浓度或国家标准规定的排放限值

力且持续较长时间(国内基本从服役开始到结束)，库区内较高的水位形成较大的水力梯度等。以上情况在我国现役的垃圾填埋场中均不同程度地出现过(或一直伴随)，造成污染物泄漏事故的时间甚至出现在运行初期。

由于统计数据缺失，我国现存的和已关停的垃圾填埋场的具体数量尚不明确，据估计已超过万座。这些垃圾填埋场大多没有进行正规的封场覆盖和气/液收集处理，而这些库区在兴建时大多位于距离城市中心较远的郊区，随着我国城市化进程的不断加快，中心城区的扩张使得垃圾填埋场所在区域被纳入城市范围，导致垃圾填埋场对环境的污染与人居和活动环境产生了极大的矛盾。这主要是由于这些库区大多没有建设良好的防渗措施，库区内部的垃圾有机物降解后产生的沼气[包含甲烷（CH_4）、二氧化碳（CO_2）、硫化氢（H_2S）和挥发性有机化合物（volatile organic compound，VOC）等]和渗滤液对周边环境造成了永久性和持续性污染。其中，甲烷和二氧化碳是重要的温室气体，甲烷在大气中的温室效应是二氧化碳的21～25倍。2013年，联合国政府间气候变化专门委员会（Intergovernmental Panel on Climate Change，IPCC）的报告指出，全球每年从各类废弃物处理设施（卫生填埋场、陈旧型填埋场和其他类型的垃圾处理厂）排放到大气中的甲烷为$(6.7～9)×10^7$ t。硫化氢更是一种伴有臭味且对人体神经系统有严重破坏作用的危险气体。此外，恶臭也是垃圾填埋场运行过程中不可回避的问题。臭气主要来源于三个方面：①沼气，包括H_2S、NH_3（氨气）、SO_2（二氧化硫）；②渗滤液，主要是噻吩（C_4H_4S）；③挥发性有机气体，包括硫醚（甲硫醚）、甲硫醇等。臭气一旦泄漏到空气中就会随风扩散，蔓延范围可达数千米。因此，为了从根本上解决垃圾填埋场对周边环境的污染和破坏问题，必须对陈旧型垃圾填埋场进行修复。填埋气体主要成分所占比例参见表1.1。

表 1.1 填埋气体主要成分所占比例　　　　　　　　（单位：%）

组分	比例（干体积基础）
甲烷	45～60
二氧化碳	40～60
氮气	2～5
硫化物、二硫化物、甲硫醇等	0.1～1.0
氨气	0～1.0
氢气	0～0.2

续表

组分	比例（干体积基础）
一氧化碳	0～0.2
微量成分	0.01～0.6

注：表中数据引自 McWhorter（1990）和 Mohsen（1975）。

截至 2018 年 12 月，全国排查出的 2.4 万个非正规垃圾堆放点中，47%已完成整治任务（《2017 年中国生态环境状况公报》给出的是"2.7 万余个"）。治理前，这些库区大多无导气石笼和收集系统，沼气直接（有组织或无组织）向大气排放（图 1.3），导致在较长的时间段内持续向大气排放温室气体和有害气体，排放量和浓度指标均缺乏监测和统计数据，从区—市—省乃至全国无一例外，这也是较多发展中国家面临的日常管理问题。这些整治项目大多采用封场覆盖的方式进行修复，这种方式既可以阻断库区内部产生的沼气外泄，又能防止大气降雨的入渗，以及防止更多的渗滤液产生和控制恶臭。同时，需配合沼气收集系统（包括沼气井、收集管网和尾气处理设施）对气体进行有效疏导，防止沼气向大气扩散，最大限度避免危险气体发生爆炸事故。此外，在水力梯度和浓度梯度的长期作用下，填埋场内的渗滤液会击穿原有的底部（或边坡）防渗系统而流入地下水中。这种情况需要在库区的周边设置隔离墙（渗透系数小于 10^{-7} cm/s），防止已经污染的地下水进一步扩散。

图 1.3 江苏某垃圾填埋场无导气石笼和临时覆盖

此外，由于渗滤液处理不当，垃圾填埋场还有两种类型的防渗结构在近年来事故频发，且随着运行时间的不断增加，事故爆发的频率将日益升高，这将是全球垃圾填埋场在未来 10～20 年面临的重要课题，亟待进一步深入研究。一种是垂直阻隔修复类型，由于填埋场底部防渗系统年久失效和垃圾渗滤液的浓度负荷高，渗滤液在压力梯度和浓度梯度的作用下击穿防渗系统流入含水层而污染地下水。这种情况需要在库区周边加设具有低渗透特征的竖向隔离墙（渗透系数小于 10^{-6} cm/s），深度应达到不透水层，同时库区内水位应持续低于隔离墙外部水位（图 1.4）。另一种是降水导排修复类型，主要由库区渗滤液导排系统失效，造成渗滤液水位处于较高水平，特别是在边坡或挡坝处出现高水位情况，严重影响堆体的稳定性，这种工况需要在库区内部实施降水措施达到安全控制的目的。

通过以上介绍可知，垃圾填埋场原位修复的目的是避免气-液污染的持续扩散。造成气-液污染事故的主要原因在于这些垃圾填埋场的设计和建造没有考虑具有良好防护功能的防渗

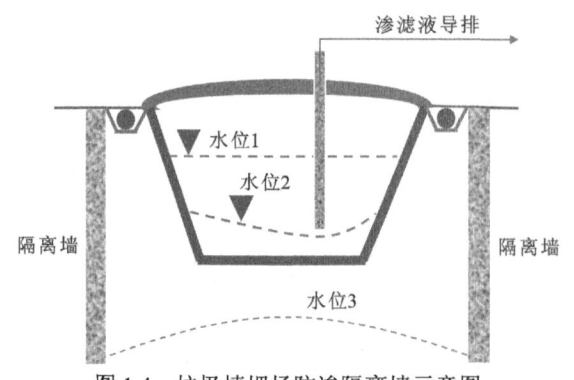

图 1.4 垃圾填埋场防渗隔离墙示意图

系统和气-液导排系统[2001 年 8 月，建设部出台了首部关于垃圾填埋场的设计规范——《城市生活垃圾卫生填埋技术规范》（CJJ 17—2001）]。填埋场内产生的气-液污染物主要来源于生活垃圾中有机质的生化降解，如果可以在较短的时间内将这些"有机质"去除或"消灭"，垃圾填埋场的"污染源"就消除了。

好氧通风是一种将空气注入垃圾堆体中，利用空气中的氧气充满垃圾堆体的孔隙，让生活垃圾处于"好氧"环境下而达到快速降解有机物目的一种方法。好氧生物反应器技术与厌氧型相比具有的优势包括：好氧通风可提高垃圾分解速率、减少渗滤液的产出量、加速消耗渗滤液中的有机物、减少甲烷等有害气体的释放及缩短填埋场的降解反应年限等。

通过上述描述可知，好氧通风可以将垃圾中的有机质在较短的时间内消除，即解决了填埋场内部产生的沼气和渗滤液对周边的污染威胁。国内外学者在好氧通风加速生活垃圾降解的可行性方面开展了大量的研究工作。室内试验已很好地证明了好氧环境对加速生活垃圾降解的可靠性，但在现场工程示范方面缺乏有效数据证明何种注气工艺可有效加速生活垃圾降解并进入稳定化阶段。一方面，国际上尚未出台与通风系统设计和运行相关的标准和规范。另一方面，欧美垃圾填埋场生活垃圾分类全、预处理技术完善，国外案例与国内典型填埋场工况差异巨大，造成国内示范工程的实施无据可依。

采用好氧通风方法对垃圾填埋场进行修复设计前，首先应重点考虑以下几个关键要素：①气井的结构和布设；②空气注入总量及注气强度（或压力）；③控制空气分布；④温度和含水率的优化配置；⑤通风时间；⑥降解稳定化评估。国内在这些方面的研究还处于探索阶段。工程技术人员大多凭借经验和参考国外文献对注气系统及运行条件进行设计，设计方案缺乏可靠性论证。

1.2　好氧通风技术的特点

1.2.1　好氧通风的主要形式

通风系统（aeration system）主要由机械鼓风机（mechanical blower）、传送系统（conveyance system）、气体管道（gas piping）和注-抽气井网络（air injection-pumping network）组成。机械鼓风机和传送系统主要负责空气的压缩、分配和泵入，当空气被施加一定的压力后，将通过"气体管道"汇入各注-抽气井网络，完成空气从大气到垃圾堆体的"运输"过程。

注-抽气井网络由若干个注-抽气井组成。注气井主要包括水平井和竖直井两类。前者主要用于新建的好氧型生物反应器填埋场，垃圾分层堆填，逐层埋设在垃圾堆体中。后者的施工相对简单，从垃圾堆体表面向垂直方向钻孔布管即可完成。在好氧通风工程中通常采用竖直井进行注气，由竖直井组成的注-抽气井也是本书讨论的重点。

1. 高压通风

使用高压通风（high pressure aeration）的主要目的是最大限度降低爆炸风险和避免开挖过程恶臭扩散（Ritzkowski et al., 2012）。该方法主要通过在竖直井底部施加短期的冲击压力，使释放的空气压力迅速上升至 600 kPa，垃圾堆体内部形成较强的压力梯度，驱使空气流向收集井。每口竖直井井口须安装快速释放阀门，以保障良好的正压输出。为了最大限度地保证注入气体的可控性，每两口注气井中间配套一个收集井，注气井和收集井采用平行设计，可大幅度提升收集效率[图1.5（a）]。由于气体是高压输出，系统在运行过程中能源和辅助材料的消耗较大，运行成本较高。

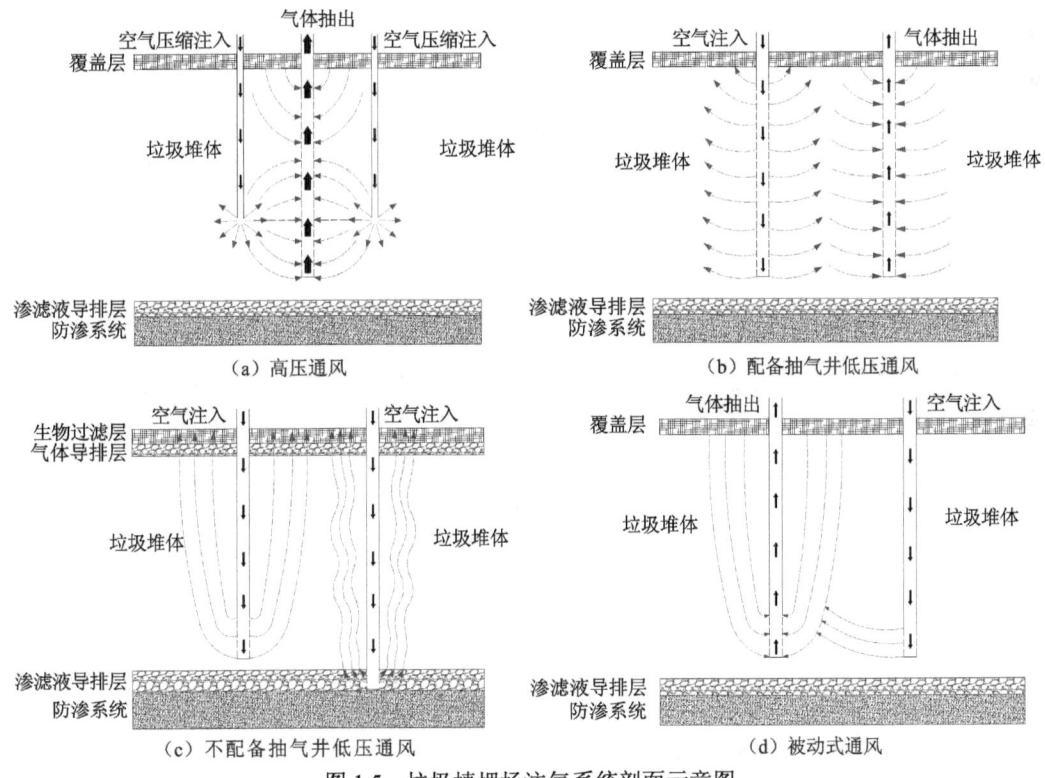

图 1.5 垃圾填埋场注气系统剖面示意图
（a）高压通风 （b）配备抽气井低压通风 （c）不配备抽气井低压通风 （d）被动式通风

高压注气系统中具有代表性的系统有奥地利的"BIO-PUSTER"系统和"AEROflott"系统。该系统通过间歇性的曝气将空气注入垃圾堆体中，高压力在注气井井口处形成类似球形的膨胀体。一种理论认为，在低压通风（注气或抽气）过程中，堆体中的压力仅为 0.1～0.2 bar（1 bar[①]约等于 1 atm[②]），气体实际的流动只是沿大的缝隙（裂缝或优势通道）的对流气体交换，而在垃圾压缩的密集区域对流较难实现，因此较难实现好氧代谢过程。而且，在整个注

---

① 1 bar=10^5 Pa。
② 1 atm=1.01325×10^5 Pa。

气井井口，注入的氧气被限制在很小的体积。

使用 BIO-PUSTER 方法，可以在单个脉冲中产生压力推力，这些脉冲从井口处以声速扩散。球形压力波会更好地穿透压缩密度大的区域，垃圾堆体内的氧气浓度可达 30%～35%。为了避免堆体内的气体向库区以外的区域泄漏，堆体内始终保持负压（通过抽气井实现），该负压的抽气量一般大于注气量的 1/3。为了保证好氧环境的持续进行，注气通风也需保持持续，一旦注气停止（一般 3～5 d），垃圾堆体又会转换为厌氧环境。通常，氧气浓度达到 8%～10%即可形成好氧反应环境。

2. 主动式低压通风

主动式低压通风（active aeration in low pressure）有配备抽气井运行和不配备抽气井运行两种方式。

配备抽气井运行的主动式通风系统包含高压曝气和低压通风两种方式。其中，低压通风系统由注气井和收集井组成[图 1.5（b）]。空气经过机械鼓风机输送到垂直井中，垂直井布有花孔，使空气被连续地注入垃圾堆体中（Heyer et al.，2005；Cossu et al.，2003），空气和反应后的气体在对流-弥散机制的作用下流向收集井。由于"注"和"抽"过程相互配合，此方式在保持良好氧气环境和防止堆体内部温度过高造成安全事故两个方面具有优势。此外，良好的抽气状态也可使库区内形成较低的水位，增加非饱和带，进而提高氧气的流动效果。

不配备抽气井运行的主动式低压通风系统只有注气井。注气井中的打孔段距离末端较近，井的末端靠近库区底部，也可深入渗滤液导排层中[图 1.5（c）]。这种注气系统在库区覆盖层中加铺生物过滤层（biological filter layer），用于吸收没有被消耗的甲烷气体。

3. 被动式通风

被动式通风（passive aeration）是指在注气系统没有配备注气风机等人工设备的前提下，仅通过库区内外压力差对生活垃圾进行通风的一种方式。通常，气井被埋设在垃圾堆体较深处，可增加空气的覆盖面积，同时可避免空气在靠近堆体表面区域循环[图 1.5（d）]。

综上所述，高压通风方式可在短期使库区内充分达到好氧环境，但由于运行和维护成本较高，在全球范围内较少应用于长期修复工程中。被动式通风运行成本较低，但通风系统运行周期过长，且加速降解的效果较差，作为后期修复使用时弊端较多，仅应用于部分小型好氧型垃圾填埋场。不配备抽气井运行的主动式低压通风方式与配备抽气井运行的主动式低压通风方式相比，氧环境覆盖率偏低，后者是欧洲地区选用的主流好氧通风方式。

1.2.2　好氧通风技术的关键设计参数

注-抽气井的设计方案需要针对具体填埋场工况给出，其主要目标是实现空气连续注入被修复区域，并在修复区域内的空隙空间中形成良好的氧环境。在注-抽气井中，抽气井仅为增加气体流通性的辅助设施，抽气量与注气量保持一致即可。鉴于注气井的主导作用，本小节只对注气井的设计参数进行讨论。

1. 注气强度

注气强度是指在单位时间和单位体积（或单位质量）内，向垃圾堆体中注入气体的量。注气强度可根据被修复库区内垃圾中的有机质含量进行预测，也可基于库区内压强分布对单个注气井的注入量进行推算（孙益彬，2012）。在被修复的库区内垃圾有机质含量较低（小于30%）、修复时间没有具体要求，且堆体介质具备较好连通性的情况下，可选用低注气强度[小于10 L/（h·m³）]进行修复，这一方案比较适合导水条件较好、埋深较浅的欧洲地区的垃圾填埋场，修复效果显著（Raga et al., 2015；Ritzkowski et al., 2006）。而库容较大、填埋层数较多且填埋龄较短的垃圾填埋场，在设计注气强度时会受到安全因素的限制（Ko et al., 2013）。

此外，该参数需根据通风系统的运行状况进行调整，例如，当堆体温度超过60℃时，应适当降低注气强度；当堆体温度临近70℃时，为保障库区安全须停止注气（Townsend et al., 2015；Öncü et al., 2012）。

表1.2给出了部分实际工程中的注气强度及效果。这些注气强度通常低于室内试验，注气强度与生活垃圾属性是否有对应关系？是否可以通过定量的方法确定最优的注气强度？这两个关键问题，本书将在后面的章节中进行讨论。

表1.2 部分好氧通风工程中的注气强度和效果

文献	填埋场名称	注气强度	通风时间/填埋龄	好氧修复效果
Hudgins 等（1999）	美国 Columbia County 填埋场	74（L·m³）/h	18个月/18个月	（1）渗滤液产量下降了86% （2）甲烷产生量下降了50%～90%
	美国 Atlanta 填埋场	122（L·m³）/h	9个月/36个月	（1）渗滤液产量下降了50% （2）甲烷产生量下降了50%
Ritzkowski 等（2006）	德国 Kuhstedt 填埋场	5（L·m³）/h	22个月	BOD下降了86%
Öncü（2012）	德国 Konstanz 填埋场	5.4（L·m³）/h	12个月/7 a	甲烷浓度降低了10%
Hrad 等（2013）	奥地利 Vienna 填埋场	600～1 000 m³/h	160周/—	BOD 和 NH_4—N 下降了50%
Ko 等（2013）	美国 New River Regional 填埋场	2.2～4.6（L·m³）/h	120 d/—	—
Raga 等（2014）	意大利 Landfill C 填埋场	最高值 1 000 m³/h	12个月/—	残余活性（RI_4）下降了63%
Raga 等（2015）	意大利 Modena 填埋场	0.64（L·m³）/h	400 d/—	残余活性（RI_4）： 5 m深处从1.22下降到0.42； 10 m深处从2.1下降到0.67； 15 m深处从1.6下降到0.55
Liu 等（2018）	中国金口填埋场	8.0（L·m³）/h	20个月/15 a	COD下降了86%
Brandstätter 等（2020）	奥地利 Heferlbach 填埋场	0.16～0.34（m³/kg DW）	5 a/38 a	TOC下降了11%，氨氮下降了75%

注：BOD 为生化需氧量（biochemical oxygen demand）；COD 为化学需氧量（chemical oxygen demand）；TOC 为总有机碳（total organic carbon）。

2. 注气井影响半径

注气井影响半径是指注气井运行时氧气沿水平方向的有效作用距离。由于氧气在垃圾堆体内运移过程中与甲烷发生化学反应而逐渐被消耗，浓度的损耗导致气体压力下降，选择气体压力作为评价指标预测的影响半径将偏大。Lee 等（2002b）通过现场试验发现以气体压力为阈值得到的影响半径值大于以气体浓度为阈值的预测值5～7 m。现场监测过程中应注意两点：①若监测点位于影响半径以内，在空气注入一段时间后，监测点氧气浓度应表现为增加，甲烷浓度应有明显下降；②若监测点位于影响半径以外，则甲烷浓度无明显变化。

由于好氧填埋场的工程背景有限，以及试验周期长等因素，注气井影响半径的预测模型和现场试验方面的报道较少。

综上，注气井影响半径定量预测模型的缺乏主要是由于对氧气在垃圾堆体内复杂储存环境中的运移机理认知不清，氧气的时空分布特征的定量表征方法尚属空白。因此，构建垃圾填埋场内多因素影响下氧气运移的数学模型，开展注气井井群分布的优化设计是提升注气系统运行效能的关键。

3. 注气井的结构设计

图1.6给出了垃圾填埋场典型注气井和抽气井的结构示意图。通常，气井构建由钻孔、埋管和加固三个过程组成。钻孔中心向外依次为气井管道[聚氯乙烯（polyvinyl chloride，PVC）管或高密度聚乙烯（high density polyethylene，HDPE）管]、滤网（土工布）和碎石。为了防止多余的气体进入库区，在靠近填埋场表面的区域添加黏土（或配合膨润土）以达到密封的效果。

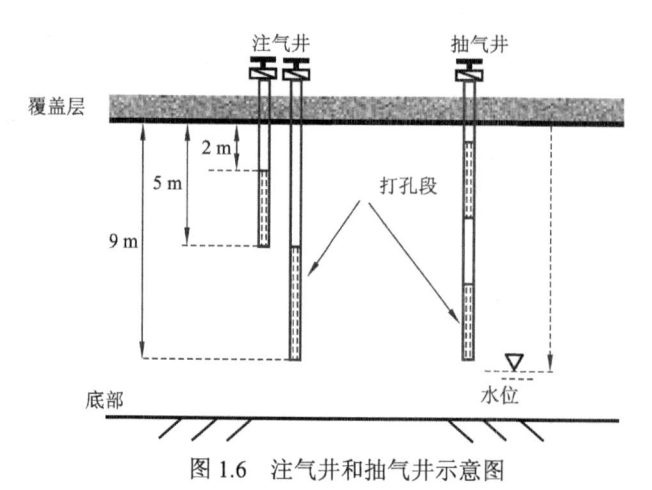

图1.6 注气井和抽气井示意图

由于垃圾堆体在不同深度处的压实密度和含水率差别较大，垃圾堆体的渗透率随埋深的增加而降低。为了保证注入的空气在不同埋深处达到一致的覆盖效果，将注气井设计为不同埋深的丛井（Ko et al.，2013）。每个丛井包含若干个分井，分井的井口采用阀门控制其流量（或注气压力）。每个分井的覆盖深度为3~6 m，直径为150~300 mm。

4. 渗滤液回灌

由于好氧反应释放大量的热量，填埋场内大量水分蒸发，同时有机物的加速降解也消耗更多的水分。适当地回灌渗滤液可避免好氧反应升温导致的垃圾堆体干化，同时向堆体内补充有机质加速生活垃圾的降解，但回灌后的堆体渗透性将明显下降（Ko et al.，2013；Jain et al.，2005）。通常，渗滤液通过水平井进行回灌。水平井埋设在库区地表以下1~2 m深的工作面内。Berge等（2007）提出渗滤液的回灌方向与注气方向平行设计，可达到控制库区内温度并减少液体产量的目的。Öncü等（2012）对注气井实施脉冲式高压注气，使回灌区域内的氧气流通得到了一定程度的改善。综上，渗滤液的回灌频率和回灌量应根据现场好氧降解反应的实际效果进行调整。

1.3 好氧通风与多物理场之间相互作用的研究进展

1.3.1 垃圾填埋场好氧过程的多场耦合框架

垃圾填埋场作为一个特殊的多孔介质堆填体，其内部气-水-固三相的变化不仅受到渗流和固结等力学作用的影响，也受到固相生化降解反应的影响——与饱和-非饱和土相比的特殊之处。好氧通风过程中引发了一系列的物理、化学和生物反应，改变了填埋场原有的贮存条件，好氧降解反应导致热、水、气和固多相和多场随时间和空间演化（图 1.7）。具体表现如下。

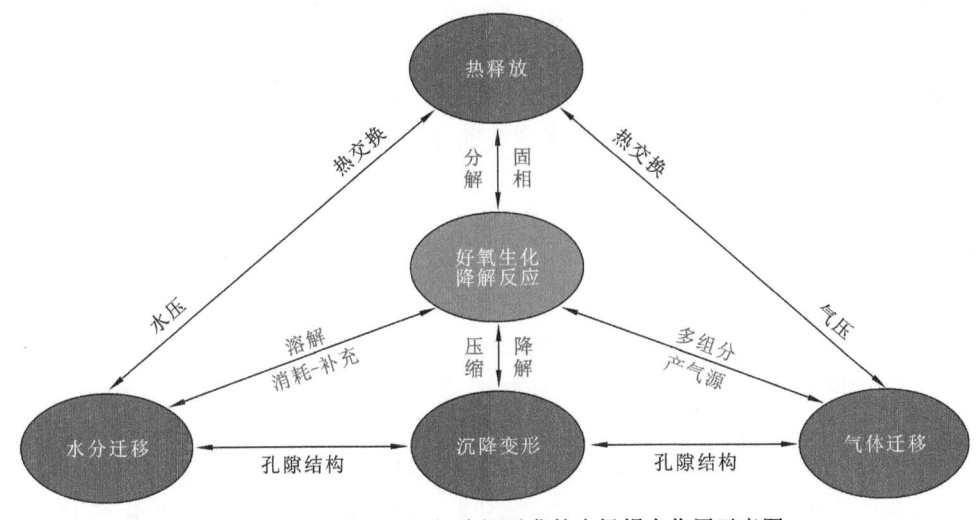

图 1.7 垃圾填埋场好氧降解引发的多场耦合作用示意图

1. 气相演化特征

垃圾填埋场的好氧通风主要通过注气井的注气和抽气井的注气和抽气同步运行完成，注入的氧气在压力梯度作用下向注气井周边和抽气井迁移。在迁移的过程中，氧气与垃圾土自身降解产生的甲烷发生化学反应生成二氧化碳，造成氧气和甲烷在迁移过程中发生质量损失，二者的浓度也显著降低，并同时流入抽气井中（图 1.8）。大量现场试验也表明：传统的经验公式是在压力梯度变化的基础上建立的，由于没有考虑氧气在流动过程中被甲烷消耗，井间距的设计值往往偏高，气井运行过程中注气强度不断升高会引发不同程度的停机事故。因此，开展好氧通风过程中氧气和甲烷的协同迁移机理研究，是确定好氧通风工程中气井分布和注气量设计理论和方法的重要前提。

持续向垃圾堆体中通入氧气后，堆体内即形成了好氧环境（氧气浓度需大于 8%）。垃圾中的有机物在好氧环境下加速降解，并释放热量，堆体温度随之升高。随

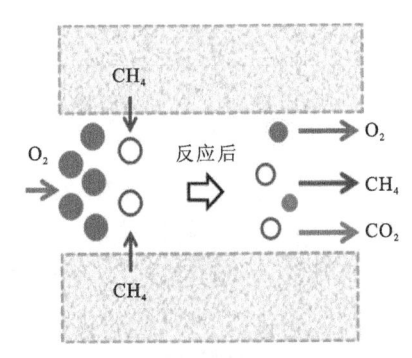

图 1.8 好氧通风过程中氧气与甲烷协同迁移示意图

着有机物逐渐被消耗，好氧反应逐渐结束，温度逐渐回落至初始状态。好氧通风过程中甲烷和氧气的迁移受到对流-弥散-化学-温度的耦合作用。但注-抽结合的通风方式使得气体浓度的分布仍以对流为主导（对流效应对气体流量的贡献超出弥散效应1个数量级以上）。

同时，气体的流动也带动了热量在填埋场内的扩散，其中也包含风机带动压缩空气的热量高于室温的部分热量。

2. 水相演化特征

陈旧型填埋场（填埋龄大于7~10年）内部非饱和带的含水率通常为25%~35%。水是微生物降解反应的"源泉"，适宜有机物发生好氧降解反应的含水率为40%~55%，加之好氧反应释放的热量加速了水分从液态向气态的转化，当堆体中的含水率低于最优降解条件时，需要进行补水，又称为"回灌"。回灌过程使得水分填充了垃圾土内部的空隙空间，会降低气体的流动速率，同时通过热交换降低堆体温度。但也有试验表明，大部分渗滤液会通过空隙中的大孔隙区域（裂隙域）流出堆体，即优势流（或优先流）。因此，给出适宜的回灌频率和回灌量，弄清垃圾土结构对水分迁移规律的影响是控制好氧通风设计方案的重要组成部分。

3. 热释放特征

有机质的好氧降解产生的热量远高于厌氧降解反应。产生的热量会在温度梯度的作用下通过垃圾土骨架、水分和气体向抽气管网和库区周边传递。好氧反应过程中，堆体温度可达60℃以上。由于垃圾堆体中贮存的气体中包含甲烷和氧气两种混合气体，当温度过高时极易引发火灾和爆炸，给通风系统的运行带来严重的安全隐患。另外，温度超过55℃时也会制约降解反应过程中C和N的转化，不利于好氧降解的顺利进行。这时，可暂停注气和适当地回灌渗滤液以降低堆体的温度。完成以上工作的前提，是需要了解和掌握垃圾堆体中气-水-固三相的热传导特性，并完成好氧降解获得的热释放速率的定量表征——热量来源。热量的释放可通过化学反应方程式计算。

好氧降解过程热量释放的化学反应式：

$$C_6H_{12}O_6(1\ kg) + O_2(0.64\ kg) \longrightarrow CO_2(0.88\ kg) + H_2O(0.34\ kg)$$
$$+ 生物质(0.4\ kg) + 热量(9\ 300\ kJ) \quad (1.1)$$

厌氧降解过程热量释放的化学反应式：

$$C_6H_{12}O_6(1\ kg) \longrightarrow CH_4(0.25\ kg) + CO_2(0.69\ kg)$$
$$+ 生物质(0.056\ kg) + 热量(632\ kJ) \quad (1.2)$$

4. 生化降解演化特征

城市生活垃圾组分复杂，以固相及液相组分为主，而固体垃圾包含可降解物质和不可降解物质，部分可降解物质可通过相变直接转化为气态物质。固相中绝大多数的可降解有机物是好氧降解反应的基质，在适宜的含水率、温度、氧气浓度等环境条件下，有机物中部分可溶性小分子组分可以直接被微生物吸收（孙益彬，2012），而不能被直接吸收的大分子有机物在微生物产生的胞外酶的作用下，分解为小分子的有机物，从而被好氧微生物继续氧化分解，通过不同途径，最终被分解为二氧化碳、水及其他产物（查坤，2009）。其他产物主要构成了微生物的营养元素，不断形成生物质。此外，在好氧降解的过程中，也伴随着热量的产生（冯

杨 等，2015）。基于监测的指标，建立垃圾好氧降解耦合方程，通过数值模拟方法估算垃圾生化降解状态对垃圾处置方法的确定具有重要意义。

5. 堆体沉降演化特征

垃圾堆体沉降分为初始沉降、主沉降、次沉降、生物降解沉降和残余沉降几个阶段（图1.9）。好氧通风修复通常出现在填埋场运行 5~15 年间，好氧降解将加速生物降解的沉降过程。好氧通风的实施是否可以完全消除堆体中的可降解有机质，是评判生物降解沉降量变化的关键。例如，国内的好氧通风周期一般为 2 年，2 年后垃圾堆体是否持续沉降？沉降量为多少？这将直接影响垃圾填埋场后续再利用方案的制定。此外，至好氧通风结束时，堆体中的水位保持在堆体深度的 1/4（甚至 1/3）位置，这些渗滤液的抽排效率直接影响了残余沉降的趋势。

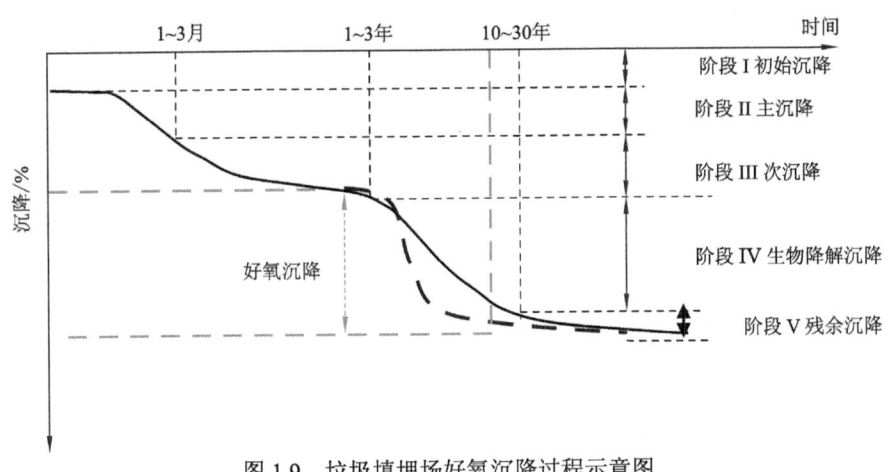

图1.9 垃圾填埋场好氧沉降过程示意图

1.3.2 好氧通风对垃圾土生化降解的影响

由于国内外关于垃圾土好氧通风技术缺乏指导性文件，相关深入机理研究报道较少，加之各垃圾填埋场工况条件大不相同，垃圾填埋场好氧通风工程在一定程度上，操作运行存在盲目性、滞后性和局限性。目前，我国的垃圾填埋场好氧通风技术也正面临渗滤液导排不畅等问题，无法进行经济高效的填埋场好氧修复，垃圾土非均质性强对研究进展造成巨大阻碍，垃圾土体渗透特性复杂，好氧通风条件下垃圾土内部气体运移规律尚不明确，垃圾土生化反应复杂且相关机理研究较少。

垃圾土在氧气存在条件下，发生好氧降解反应，生成水、二氧化碳及其他产物，根据垃圾土好氧降解的最终产物，查坤（2009）给出简化的化学反应式：

$$C_aH_bO_cN_d + O_2 \longrightarrow CO_2 + H_2O + NH_3 \tag{1.3}$$

式中：a、b、c、d 为化学组分常数，可通过测试确定其数值。

冯杨等（2015）进一步指出细化的有机物好氧生物反应式为

$$C_aH_bO_cN_d + \left[\frac{(4a+b-2c)-3d}{4}+2d\right]O_2 \longrightarrow aCO_2 + \left[\frac{(b-3d)}{2}+d\right]H_2O + dHN_3^- \tag{1.4}$$

Zanetti（2008）认为垃圾土好氧降解主要为微生物在氧气存在的条件下进行有机质降解，

降解产物主要包括二氧化碳、水及部分降解后的有机物质，并提出以单位碳元素进行表征：

$$C_1H_bO_cN_d + \frac{4b-2c-3d}{4}O_2 \longrightarrow CO_2 + \frac{b-3d}{2}H_2O + dNH_3 \quad (1.5)$$

Townsend 等（2015）总结并简化常用垃圾土好氧降解化学反应式，并指出氧气的消耗可看作垃圾土化学组分当量的函数，当垃圾土成分简化为纤维素组分时，该方程系数可通过计算确定：

$$C_aH_bO_c + \frac{4a+b-2c}{4}O_2 \longrightarrow aCO_2 + \frac{b}{2}H_2O \quad (1.6)$$

$$C_6H_{10}O_5 + 6O_2 \longrightarrow 6CO_2 + 5H_2O \quad (1.7)$$

为了根据氧气利用率估算固体垃圾土生化降解速率，Giannis 等（2008）运用化学反应式中的当量系数关系，通过详细分析固体垃圾土的碳氢氮元素，提出可生化降解有机物的化学式为 $C_{56}H_{82}O_{28}N$，采用该化学式的好氧降解反应式为

$$C_{56}H_{82}O_{28}N + 63.75O_2 \longrightarrow 56CO_2 + 40.5H_2O + HNO_3 \quad (1.8)$$

Liwarska-Bizukojc 等（2003b）认为垃圾土有机质可用 $C_{18}H_{19}O_9N$ 进行表征，该组分的确定基于碳水化合物、脂肪及蛋白质的化学式计算，一般固体垃圾土好氧生物降解转化的描述方式为有机质在氧气和营养物质存在条件下，经细菌转化为新的细胞物质，难降解有机质、二氧化碳、水、氨气、硝酸根离子及磷酸根离子，并产生热量，如果将固体垃圾土有机质表示为 $C_aH_bO_cN_d$，忽略生物质、硫酸盐及磷酸盐的形成，将难降解有机物以 $C_wH_xO_yN_z$ 表示，好氧降解反应式为

$$C_aH_bO_cN_d + 0.5(ny+2s+r-c)O_2 \longrightarrow nC_wH_xO_yN_z + sCO_2 + rH_2O + (d-nz)NH_3 \quad (1.9)$$

式中：n、y、s、r、w、x、z 均为相关参数，需通过实验测定。

目前，采用较为常用的生化降解动力学方程可用化学质量平衡方程（Fytanidis et al.，2014；Tchobanoglous et al.，1993）进行描述，氮元素产物为氨气：

$$C_aH_bO_cN_d + \frac{4a+b-2c-3d}{4}O_2 \xrightarrow{\text{Biomass}} aCO_2 + \frac{b-3d}{2}H_2O + dHN_3 \quad (1.10)$$

在垃圾填埋场中，影响垃圾土降解的主要影响因素有：垃圾土组分、含水率、有机质含量、pH、温度、有毒物质、微生物群落、硫酸盐等（查坤，2009；Rendra，2007；刘富强 等，2000）。对于垃圾土好氧降解反应，氧气浓度也是重要的影响因素之一。部分学者建立了氧气消耗速率的定量表征模型。在假设气体在反应器中均匀分布条件下，根据氧气浓度及气体流量并基于理想状态方程，可采用以下方程表示氧气消耗速率（Almeira et al.，2015；Puyuelo et al.，2010）：

$$\text{OUR} = F \cdot (0.209 - y_{O_2}) \frac{P \times 32 \times 60}{R \cdot T} \quad (1.11)$$

式中：OUR 为氧气消耗速率（g O_2/h）；F 为流入反应器的气体流量（L/min）；y_{O_2} 为排出气体的氧气摩尔分数（mol O_2/mol）；P 为系统压力，一般假设为大气压，即 101 325 Pa；32 为氧气的摩尔重量（g O_2/mol O_2）；60 为分钟转化为小时的时间转化因子；R 为理想气体常数[取 8.314 J/(mol·K)]；T 为温度（K）。

孙益彬（2012）提出氧气消耗速率可由垃圾土球形颗粒外表面氧气的变化速率表示：

$$\text{OCR} = D_{oxy} \frac{\partial^2 C_{O_2}}{\partial u^2}\bigg|_{u=0} \quad (1.12)$$

式中：$u=0$ 为球形颗粒外表面处；OCR 为氧气消耗速率（$mol \cdot h/m^3$）；D_{oxy} 为氧气在水中的扩散系数（m^2/s）；C_{O_2} 为氧气浓度（%）。

查坤（2009）认为氧气的消耗是由垃圾土的好氧降解所致，氧气的消耗速率可用 Monod 公式表示：

$$\text{OCR} = \frac{r_{O_2} m C_{O_2}}{k_{O_2} + C_{O_2}} \tag{1.13}$$

式中：$r_{O_2} m$ 为最大的消耗速率[$g/(cm^3 \cdot s)$]；k_{O_2} 为氧气的饱和常数。

Finger 等（1976）提出氧气消耗速率公式为

$$\text{OCR} = \frac{\mu_{\max} M C_{O_2}}{(K_i + C_{O_2}) Y_{O_2}} \tag{1.14}$$

式中：$\mu_{\max}$ 为最大比生长速率（1/h）；K_i 为 Monod 氧气限制常数（g/L）；C_{O_2} 为氧气浓度（g/L）；Y_{O_2} 为氧气产量（g/g），单位氧气（g）消耗产生的细胞质量（g）；M 为微生物浓度（g/L）。

以上氧气消耗速率主要通过氧气浓度及流速等参数计算，反映氧气在垃圾土体内部的消耗速率的快慢。

在好氧降解相关研究中，以往研究主要关注于氧气消耗速率，但通风速率与其相比具有更直观可控的特性。通风速率的大小对垃圾土好氧降解速率具有显著影响，因此，有必要开展垃圾土好氧通风过程中通风速率-降解速率影响研究，确定通风速率对降解速率的影响规律。此外，目前室内外垃圾土好氧通风试验主要关注于好氧降解对指标变化的促进作用，分析不同影响因素在室内外试验过程中的作用效果，但对表征垃圾土降解稳定化指标的模拟预测研究相对较少，因此，有必要开展好氧通风过程中垃圾填埋场液体降解指标浓度变化规律及相关模型研究，这对好氧通风工程预测评价具有重要意义。

1.3.3 好氧通风对气体分布特征的影响

厌氧条件下的气体运移研究可为好氧填埋场内部气体运移过程研究提供相关理论基础，而好氧填埋场内部气体的运移效果是好氧通风系统运行评价的重要指标之一。

Ritzkowski 等（2013）在室内试验、现场试验的基础上介绍了原位垃圾填埋场曝气的基本过程和现实意义，并讨论定义了主动曝气过程中的一些可用来评价垃圾填埋场稳定化起终点的标准。Lee 等（2002b）在现场注气/抽气条件下对韩国垃圾填埋场的填埋气的扩散及填埋场的稳定化进程进行了评价，发现耗氧率较高的垃圾填埋场，氧气影响半径相对于压力影响半径较小。Liu 等（2018）提出了多井优化曝气方法，并在此基础上监测了好氧通风过程中氧气浓度随时间的变化规律。Raga 等（2015）通过好氧通风技术对垃圾填埋场进行了长达 6 个月的曝气，垃圾堆体内部生物稳定性显著增加，渗滤液水位显著下降。Raga 等（2014）为评估好氧通风技术对垃圾填埋场填埋气、渗滤液排放及曝气过程中垃圾堆体内部生物稳定性演变的影响，在垃圾填埋场开展了为期一年的较高注气流量的现场曝气试验。Öncü 等（2012）开展了以间歇性曝气、渗滤液再循环技术加速垃圾填埋场稳定为基础的现场试验，研究了该稳定化方法对渗滤液体积、浓度等的影响，并对垃圾填埋场上方空气中的气体浓度进行了现场监测，得到了垃圾堆体内部的气体压力和甲烷、氧气和二氧化碳浓度变化规律。

Baldasano(2000)在美国佛罗里达州的一个城市固体废弃物(municipal solid waste,MSW)中进行了空气注入测试,并测量了废弃物内相邻井中几种气体成分的浓度,与初始水平相比,好氧通风后,甲烷与二氧化碳的比值降低,对一氧化二氮浓度没有明显的影响。

Lee(2002a)在试验过程中安装了6口注采井和21口监测井,评价抽气和注气的性能和影响半径,基于压力变化的注气试验的有效影响半径为3.3~10.5 m。在试验过程中,测量了土壤气体的压力、氧气、甲烷和二氧化碳的浓度及堆填体温度,估算了空气渗透率和对气体压力及氧气供应的影响半径,研究了在注入空气时,氧气、甲烷和二氧化碳气体浓度及其温度的动态变化。

Cossu等(2005a)报道了意大利三个不同的陈旧型垃圾填埋场在不同注气流量下的好氧通风现场浓度监测试验,得到了注气井、监测井附近垃圾堆体内气体(CH_4、O_2、CO_2)浓度随注气时间的变化规律和气体压力影响半径,但没有根据好氧降解发生的阈值来确定氧气影响半径。

Ritzkowski等(2013)在德国陈旧性垃圾填埋场好氧通风工程中开展了长达6年的现场O_2浓度监测试验,探讨了填埋气中O_2浓度和O_2利用率随曝气时间的变化规律,研究中对O_2浓度的空间分布研究较弱。Hrad等(2013)在陈旧型垃圾填埋场好氧通风试验的基础上,监测了垃圾堆体1~10 m不同深度处填埋气各组分气体浓度,给出了氧气浓度和氧气利用率随时间的变化规律,现场试验过程中并没有监测水平径向距离的气体浓度。Raga等(2015)在意大利某垃圾填埋场好氧通风项目的基础上,监测了曝气过程中垃圾堆体内部填埋气各组分气体浓度,给出了气体浓度在时间尺度上的分布规律,明确了注气风机不同运行方式对于填埋气各组分浓度的影响。

Guo(2023)采用累积分布函数(cumulative distribution function,CDF)计算模块对准好氧填埋场被动式好氧通风进行了模拟,该数学模型考虑了水解动力学模型和分隔模型来描述降解反应,给出了不同井径、井间距条件下甲烷、二氧化碳和氧气三个组分的体积分数。

Wu(2023)构建了三维多场耦合好氧降解模型,将模拟结果与垃圾柱好氧实验结果进行了对比,将降解稳定化过程划分为好氧传递阶段、准稳定阶段和后稳定阶段。

1.3.4 好氧通风对温度分布特征的影响

垃圾填埋场内部的温度通常高于室温,也高于库区周边的土壤、大气和地下水。填埋场内的热源是垃圾土中有机质持续降解反应产生的。虽然垃圾土中有机质的分布存在显著的非均匀性,但垃圾土降解的热释放通常假设是均匀的,或者说垃圾土降解过程中热释放速率在库区内的每个(微小)单元中都是一致的。这个假设更有利于热释放过程中垃圾堆体温度的分布和演化过程分析。

1. 热传导特性

热传导系数λ[W/(m·K)]是重要的热参数之一,在热量的传输中起关键性作用,它决定了热量在土体中的传播速度和土体温度场的分布。

掌握现有的热传导系数测试技术是提升温度场研究精度的基础。常用材料的热传导系数一般采用试验测试的方法得到,根据机理不同,测试方法通常可分为稳态法和瞬态法。垃圾土的热传导系数测定相关研究较少,其中以国外学者进行的瞬态法测试居多。

稳态法是指在待测试样内建立不随时间变化的温度场,使其达到热量一维传导的状态,测量温度梯度和试样单位面积上的热流量,即可确定材料的导热系数。该方法以傅里叶定律为基础,具有计算简单、理论简单等特点,但是由于在稳态法中构建稳定的温度梯度较为困难,所以稳态法的测试周期一般比较长。常用的稳态测试法有防护热板法、热流计法、水流量平板法、圆管法等。对于垃圾土这种非均质性非常强的材料,稳态法有着明显的缺点——测试周期长导致在已有文献中测试样本数量都较少,而且对于尺寸较大的试样,在其内部构造稳定的温度梯度较为困难,因此,稳态法获得的结果是否具有代表性有待验证。

Faitli 等(2015)制作了一个尺寸为 180 cm×180 cm×80 cm 的铁箱,内部装设加热设备、热流传感器和温度传感器,以期采用稳态法测定垃圾土的有效热传导系数,然而由于尺寸过大和热损失问题,并不能有效测定热传导系数。

Manjunatha 等(2020b)在 Faitli 等(2015)的研究基础上,对测试设备的尺寸和绝热性进行改良,对 7 个来自印度某一填埋场的垃圾土样本进行测定,得到的热传导系数范围为 $0.32 \sim 1.05$ W/(m·K),并分别拟合出与含水率、有机质含量相关的预测模型,虽然该模型变量较少,但是由于拟合的数据样本数量较少,无法证实该模型的正确性,且作者并未与其他学者得到的数据做对比,也无法验证其适用性。

Hanson 等(2000)最早开始垃圾土热传导系数的测定工作,首先证实了原先广泛用于土体的探针法可用于垃圾土热参数测定,测得垃圾土热传导系数为 $0.01 \sim 0.7$ W/(m·K),并指明其非均质性及大孔隙率是造成数据离散性大的主要原因。Lefebvre 等(2000)采用热脉冲探针测量了 23 个现场垃圾土的导热系数,约为 0.1 W/(m·K)。Lanini 等(2001)采用热探针方法测定了模型柱中新鲜垃圾土热传导系数,为 0.028 W/(m·K)。Yoshida 等(2003)测得的垃圾导热系数为 $0.35 \sim 0.96$ W/(m·K)。Yesiller 等(2015)总结了已有文献(1997~2013 年)中现场实测得到的垃圾热传导系数,样品来自意大利、法国、美国、加拿大和日本的生活垃圾填埋场,热传导系数的数值变动幅度较大,为 $0.044 \sim 1.5$ W/(m·K),相差超过 30 倍。

施建勇等(2019)采用 DRE-2C 型导热系数测试仪对垃圾土的热参数进行了测定,热传导系数的变化范围为 $0.1 \sim 0.8$ W/(m·K)。瞬态平面热源法的探头是由导电金属镍组成的双螺旋结构的圆形薄片,直径 15 mm、厚度 0.16 mm。探头同时作为温度传感器和热源,该技术测试方便且测试导热系数的范围较大。

2. 热传导系数定量表征模型

土的热传导模型系统研究始于 Johansen(1977),该学者在其学位论文中系统地研究了土的热传导系数和土的热性质,包括土中的传热过程和传热机制、土热传导系数的各种影响因素(含水率、干密度、矿物成分、温度等)及土热传导系数的预测模型。其研究成果已成为如今土热传导系数及其模型研究的重要基础。

已有关于土热传导系数的研究模型可分为经验模型和理论模型。如表 1.3 所示,经验模型的建立和其中一些参数的取值来源于试验结果,造成了大部分经验模型研究方向非常局限于这一问题,模型只适用于某一种土或某几种,而不具有普遍适用性;而理论模型普遍从颗粒-水-气三相结构出发,虽然从理论上来说应该更具普适性,但是过于简化的理论使得在研究部分饱和土的热传导系数时误差较大(Różański et al., 2020)。

表 1.3 垃圾土热传导系数模型

文献	表达式	符号说明	特点
Bonany 等（2013a）	$T \leqslant 0: 0.45$ $T > 0: 0.45 + 0.025T$	T 为温度（K）	适用于垃圾土，在 0 ℃ 附近，产生融化时适用
施建勇等（2019）	$\lambda_e = \eta \lambda_C + (1-\eta)\lambda_B$ $\eta = \dfrac{\eta_1 - \eta_2}{1+(s/s_f)^p} + \eta_2$ $\lambda_C = \sum \varphi_\alpha \lambda_\alpha$ $\dfrac{1}{\lambda_B} = \sum \dfrac{\varphi_\alpha}{\lambda_\alpha}$	η 为插值，依赖于土体的孔隙结构、含水率等，且 $0<\eta<1$； η_1、η_2、p 为拟合参数； s_f 为参考饱和度； s 为饱和度； λ_C、λ_B 为串联、并联情况下的导热系数 [W/(m·K)]； φ_α 为垃圾土中某一成分的体积分数； λ_α 为该成分的导热系数 [W/(m·K)]	适用于垃圾土，与饱和度相关，但是拟合参数较多
Manjunatha 等（2020b）	$\lambda = -1.085 \ln W + 4.7013$ $\lambda = -1.141 \ln OC + 5.0906$	W 为含水率； OC 为有机质含量（%）	原始数据较少，代表性、适用性待验证

3. 填埋场温度分布特征

热量是垃圾填埋场的主要生成物之一，主要来源于有机组分的好氧降解反应，同时生物化学作用和堆体内部的化学反应也提供部分热量（Moqbel et al.，2011，2009）。填埋场内热量的产生与气候条件、年均温度、垃圾填埋时温度、覆盖条件有关，并且可能与垃圾组分、对渗滤液和填埋气的实际管理情况相关（Yesiller et al.，2015）。热量的产生及填埋场内部温度会影响垃圾堆体的一系列参数与填埋场的性能表现，例如，温度通过作用于生物降解反应而间接影响力学参数、水力参数，同时温度过高也会影响填埋场衬层系统和内部设施的运营效率（Jafari et al.，2016，2014）。因此，进行填埋场温度变化模拟预测研究是十分必要的。

目前的研究对温度场的实测一般采用埋置温度传感器或者探头等接触式测温的方法，但是近 5 年也有部分学者提出一些非接触式或间接测温方法。

Lefebvre 等（2000）对法国南部某垃圾填埋场的温度场进行了表征和分析，将 64 个测量温度和气体成分的探头埋置于占地 20 万 m³ 的固体废弃物中，记录了填埋场内部温度的时空变化，结果表明氧气扩散和好氧降解反应是内部温升的主要原因。

Yesiller 等（2005）在北美 4 个垃圾填埋场进行了最长达 5 年的温度随时间、空间变化情况的实测，发现填埋场中间区域温度最高且从中部往上下两个方向温度逐渐降低，浅层堆体（6~8 m）受地表温度变化影响较为明显。

Hanson 等（2006）实测了寒冷地区（美国阿拉斯加州安克雷奇）填埋场内的温度和产气情况，发现温度变化波动较大（-1~+35 ℃），主要受垃圾年份与填埋时的温度影响，认为在寒冷地区的填埋场应保证上覆冻层尽可能薄，以保证填埋场内降解反应所需的合适温度条件。

Jafari 等（2017）通过现场试验，提出以气体组分为标准来判断填埋场内温度是否过高需要进行控制的方法，具体界限为 CO≥1 500 ppmv（1 ppmv=1 mg/m³），并且体积浓度比 $V_{CH_4} : V_{CO_2} < 0.2$，为一个间接且粗略测温的方法。

Sabrin 等（2020）通过分析发现，以某几种气体组分来判定填埋场内温度是否过高更具准确性和可行性，并提出了一个三阶段方案以判定是否需要对填埋场内温度进行调控。在此基础上，Sabrin 等 2021 年发表的论文结合统计学的方法，进一步提出了一个风险决策模型，作为风险监察和决策工具。

Nazari 等（2020）采取一种卫星热红外图像的方法，可以在中等分辨率条件下识别地下高温区的位置，并监测温度在填埋场内的迁移情况，该方法的可行性在美国布里奇顿卫生填埋场得到验证。

对温度场进行预测模拟的常见方法是采用控制方程辅以边界条件、初始条件和辅助方程进行模拟计算。控制方程大体相似，根据耦合条件的不同，控制方程在部分项上存在变化（Kumar et al.，2021a，2021b；Li et al.，2021；薛强 等，2011；刘磊，2009）；在辅助方程上，因为考虑情况不同，一般在源汇项上存在较多变化形式。近些年也有学者对温度的计算另辟蹊径，提出以单元体为研究对象，考虑热量流入流出单元体这一计算方法，但是单元体法没有考虑空间传热效应，所以此方法的有效性有待更多研究进行验证。

Bonany（2013b）以加拿大魁北克圣索菲填埋场为研究对象，实测了北部气候区寒冷地带填埋场内部温度，并在此实测数据基础上，进行了温度模拟研究，该模型考虑了相变潜热和温度对好氧降解反应的影响，发现寒冷气候不适宜于垃圾堆体降解。

Hao 等（2020，2017）提出了一个以单元体为研究对象的温度预测模型，该模型可描述填埋场内温度的产生、消耗和聚集情况，并且有助于理解堆体内部造成热量产生、聚集因素的相对重要性。通过建立一个 3D 有限元模型，该模型将垃圾填埋场中的气-液-热反应传递与生物和非生物反应和空间依赖的传热过程结合起来，并评估多种废弃物处理策略对垃圾填埋场温度的影响。

在用于温度场计算的控制方程中，研究的重点之一在于源汇项，即热释放速率。热释放速率是描述有机质降解能量来源的关键变量，也是连续性方程源汇项的重要组成部分。好氧降解引发的热释放速率的变化主要以好氧生物质对氧气的消耗表征，氧气消耗过程主要依靠两种表示形式。①经验公式：Lefebvre 等（2000）、Hanson 等（2013，2008）、Megalla 等（2016）通过试验数据拟合得到的氧气消耗速率；②以氧气浓度消耗为依据的氧气消耗速率模型有理论推导（Hao et al.，2017；Kallel et al.，2003）及经验公式（梁仕华 等，2020；Slezak et al.，2015；Borglin et al.，2004）两类。氧气产热计算模型及消耗模型分别总结于表 1.4、表 1.5。

表 1.4　氧气产热计算模型

文献	表达式	符号说明	特点
Lefebvre 等（2000）	$\dot{\Phi} = \dfrac{\text{Heat} \cdot \varepsilon}{V_m} R_{O_2}$	$\dot{\Phi}$ 为热释放速率 [kJ/(m³·s)]；Heat 为好氧反应产热（kJ/molO₂）；ε 为孔隙度；V_m 为气体摩尔体积（m³/mol）；R_{O_2} 为氧气消耗速率（L/s）	好氧降解
Hanson 等（2008）	$H = H_P \left(\dfrac{Bt}{B^2 + 2B + t^2} \right) e^{-\sqrt{\frac{t}{D_H}}}$	H 为热释放速率（W/m³）；t 为时间（d）；H_P 为热释放速率峰值（W/m³）；B 为形状因子（d）；D_H 为衰退速率系数（d）	厌氧降解
Hanson 等（2013）	$Q_H = H_P \left(\dfrac{t}{B_t + t} \right) \left(\dfrac{C_t}{C_t + t} \right) e^{-\sqrt{\frac{t}{D_H}}}$	Q_H 为产热速率（W/m³）；t 为时间（d）；H_P 为产热速率峰值系数（W/m³）；B_t 和 C_t 为形状因子（d）；D_H 为衰减速率系数（d）	厌氧降解

续表

文献	表达式	符号说明	特点
Megalla 等（2016）	$Q_{aer} = R_{M0} \cdot C_{O_2}$	Q_{aer} 为产热速率（W/m³）；R_{M0} 为比例系数（W/m³）；C_{O_2} 为垃圾堆体内气相中的氧气含量（%）	表层垃圾好氧降解
Manjunatha 等（2020a）	$\Delta H = \Delta H_d \cdot Q_i$	ΔH 为某一组分降解的总产热量（kJ）；ΔH_d 为每千克某组分降解产热量（kJ/kg）；Q_i 为组分质量（kg）；i 为糖、蛋白质和脂肪	厌氧降解

表 1.5　氧气消耗计算模型

文献	表达式	符号说明	特点
Kallel 等（2003）	$OCR = M_{K0} \times (1 - e^{-t})$	OCR 为在给定时间 t 的累计氧气消耗量（O₂mg/gDM）；M_{K0} 为累积氧气消耗量最大值（O₂mg/gDM）；t 为时间（d）	以一阶动力学方程计算氧气累积消耗量
Borglin 等（2004）	$OCR = -0.5\ln t + 2.9$	t 为时间（d）	经验公式
Slezak 等（2015）	$OCR = \dfrac{32}{22.4} P \left(\dfrac{21 - C_{O_2}}{100} \right)$	OCR 为氧同化的平均速率（gO₂ kgDM⁻¹ d⁻¹）；P 为废物曝气率（1kgDM⁻¹d⁻¹）；C_{O_2} 为废气中氧气的平均浓度（%）	Standard Methods（APHA，1998）
Hao 等（2017）	$OCR = \dfrac{21}{78} \rho_{O_2} Q_{N_2}$	ρ_{O_2} 为氧气密度；Q_{N_2} 为氮气流速	利用填埋气体中的氮气流速来计算氧气消耗速率
梁仕华等（2020）	$OCR = \beta \cdot 2.192 \times (1 - e^{\frac{-t_1}{86400 \times 0.625}})$ $+ \beta \cdot 2.192 e^{\frac{-t_2}{86400 \times 47.37}}$	若 $t \leq 2.2$，则 $t = t_1$，$t_2 = 0$；若 $t > 2.2$，则 $t = t_2$，$t_1 = 0$；t 为时间（d）；β 为修正系数	经验公式

注：DM 为总干质量（kg）。

综上所述，围绕垃圾填埋场温度演化及预测方面的研究还存在一定的不足，主要表现如下。

（1）复杂服役环境对热传导特性的影响机制不明确。目前对垃圾土热传导系数的测试和研究较少且大多停留在表象，没有深入分析复杂因素对其的影响情况及影响机制。

（2）复杂服役环境对填埋场热源响应规律不清楚。好氧型生物反应器填埋场中，热源在温度场计算中也占有重要地位。现有填埋场中采用典型工艺进行温度调控多为经验性、盲目性和试探性的，缺乏影响因素机理性的深入探究和应用于工程上的定量表征。

（3）复杂服役条件下填埋场温度预测模型不健全。传统模型主要集中在气-热耦合或水-热耦合对填埋场温度分布影响的模拟，而渗流场水-气变化对热传导和热释放影响的耦合效应尚未考虑。

1.3.5 垃圾土饱和-非饱和渗透特性

为了掌握填埋场内部水分的迁移转化规律和时空分布、最优化设计渗滤液回灌工艺技术方案，国内外学者相继开展了一系列不同角度和层次的理论和试验研究，这些研究成果为探究垃圾土非饱和水力特性提供了重要参考价值。本小节分别从垃圾土的渗透特性、土水特征及水力特性数值反演三个角度，对垃圾土的渗透以及渗透参数获取研究进展进行梳理。

1. 垃圾土的渗透性

垃圾土是填埋场内经过物理、化学和生物作用形成的一种特殊土壤，从岩土力学试验的角度将生活垃圾定义为"垃圾土"[《生活垃圾土土工试验技术规程》（CJJ/T 204—2013）]。垃圾土渗透性是指在填埋场中允许渗滤液或沼气通过的能力，随饱和度不同有着显著的差异：饱和渗透性可基于达西定律通过各种实验方法直接进行测定，而非饱和渗透系数为本征渗透系数和相对渗透系数（气体和液体）的乘积，直接法往往较难测定，国内外学者先对垃圾土的饱和渗透性进行了广泛研究，再基于土水特征曲线或曲线的半经验模型间接获取非饱和渗透性曲线。

1）垃圾土的饱和渗透性

室内实验研究方面，Sowers（1975）最早展开了垃圾沉降对渗透性的研究；Hossain 等（2009b）在不同的生物降解阶段制备的生活垃圾，并确定了垃圾的渗透性是降解程度的函数；刘辉（2012）测试了短期降解期垃圾渗透率系数和主要压缩沉降阶段的变化基本遵循指数变化规律。

章凌峰（2015）采用常水头测渗实验，对不同压实密度和水力梯度下的新鲜垃圾与陈腐垃圾的渗透系数进行测试，分析指出在稳定流动后测得相同压实密度下新鲜垃圾的渗透系数比陈腐垃圾大一个数量级，新鲜垃圾具有明显的大孔隙沟流，随着初始密度的增大渗透系数逐渐减小，且渗透系数与初始密度拟合呈现极好的线性关系。

Fei 等（2015）对渗滤液进行再循环研究废物降解过程垃圾的水力特性，渗透率随生物降解时间增加而下降，到一百天后生物降解趋于稳定，渗透系数的最终稳定值在初始渗透系数的 1/3～1/2。

Reddy 等（2015）和 Gawhane（2016）基于美国城市生活垃圾组成成分调查，人为配制相同成分的固体废弃物，并在渗滤液循环的生物反应器中进行降解，根据气体组成和有机物含量对合成垃圾的降解进行了量化，渗透系数的下降可归因于样品的降解和密度的增加，合成的 MSW 的水力传导率降低了两个数量级。

Gavelyte（2016）对降解龄期 5 年样品进行分类以获得具有不同粒径尺寸的试样，控制垃圾粒径尺度的最大部分在 20～100 mm，渗透试验表明随着粒径尺度的增加渗透系数逐渐增大。

Feng 等（2016）采用大规模刚性壁渗透仪研究了水和渗滤液两种液体介质下垃圾的渗透系数，水的平均导水率比渗滤液高 5%，流体黏度较高导致渗流过程中的流动阻力较高，渗透性较低。

Ke 等（2017）通过三轴渗透仪试验测定了不同降解程度的 MSW 试样的饱和渗透性，建立了与压实密度、压缩沉降、有效应力和孔隙比与渗透性的耦合数学关系。

Xu（2020）结合废物组成、孔隙度和粒径的差异测定评估了垃圾堆体的本征渗透性，在液体流动试验中确定的本征渗透率与有效粒径无明显关系，但随着可排水孔隙度（可用于液体流动孔隙的相对体积）的减小而显著减小，并初步给定了渗透率与可排水孔隙度的函数关系式。

与此同时，也有大量学者基于现场尺度展开了垃圾土的渗透性研究，詹良通等（2014）、刘钊（2010）采用现场抽水试验和水位恢复试验，结合潜水井稳定渗流理论分析求解含水层渗透系数，推算出填埋龄 6~13 年陈腐垃圾渗透系数在 10^{-6}cm/s 量级。

Wu 等（2012）通过在北京一个填埋场进行短期空气和注水试验获得了 MSW 的现场渗透系数，随覆盖层压力的增加和较深层废物颗粒的细化，渗透系数随着填埋深度的增加而显著下降；Jain 等（2014）对美国 5 年内垃圾填埋场垂直井回灌渗滤液，根据不同的渗滤液回灌流量估算了垃圾堆体的径向渗透性。国内外垃圾饱和渗透性研究详见表 1.6。

表 1.6 国内外垃圾饱和渗透性研究

文献	测试方法	密度/（g/cm³）或埋深	降解龄期	渗透系数/（cm/s）
Stoltz 等（2010）	常、变水头渗透试验（直径 D=27 cm）	0.36~0.6	—	4.9×10⁻⁴~1.6×10⁻¹
Feng 等（2017a）	常水头渗透试验（D=40 cm, H=50 cm）	0.72~1.25	0.3~4 a	4.6×10⁻⁴~6.7×10⁻³
Zhang 等（2019b）	三轴渗透试验（D=15 cm）	0.3~0.66	新鲜（人工合成）	8×10⁻⁵~2.3×10⁻²
Ke 等（2018）	三轴渗透试验	1.18	新鲜（人工合成）	1.02×10⁻⁴
Miguel（2018）	常水头渗透试验（D=30 cm, H=60/80 cm）	0.49~0.72	新鲜（现场取样）	7.4×10⁻⁴~2.0×10⁻²
Xu 等（2020）	常水头渗透试验（D=10 cm, H=18 cm）	0.45~0.8	0~9 a	3.8×10⁻⁷~3.3×10⁻²
Bleiker 等（1993）	现场抽水试验	0.5~1.3	—	3×10⁻⁹~1×10⁻⁶
Olivier 等（2007）	现场抽水试验	埋深 6 m	0.5~8 a	2.8×10⁻⁴
Wu 等（2012）	现场注水试验	埋深 4~25 m	4~11 a	5.9×10⁻⁵~7.2×10⁻⁴
Jain 等（2014）	现场渗滤液回灌试验	埋深 6~18 m	约 7 a	3.5×10⁻⁴~4.2×10⁻²

室内试验测试垃圾土的饱和渗透系数为 10^{-7}~10^{-2} cm/s 量级，随着埋深、压实密度、降解龄期增加渗透系数明显减小，建立的多种耦合数学模型仅在特定实验条件下具有适用性，有待进一步验证，并且现场尺度的测定相对较少。

2）垃圾土的非饱和渗透性

非饱和渗透性受含水量、有效应力、有机质和粒径分布的影响显著（Reddy et al.，2009；Walczak，2006），直接测量受现有技术、设备的限制，研究相对较少，只有为数不多的学者对其进行直接实验测定或通过间接半经验模型获取。

在实验研究方面，Hamilton（1981）通过量测垃圾稳态渗流过程的含水量或孔隙水压力，计算流速随含水量（孔压）的变化，再由非饱和达西定律流速与水力梯度的关系推出非饱和渗透系数随含水量（孔压）的数量关系；张文杰（2007）基于瞬态剖面法展开上边界定通量的垃圾水分入渗试验，由监测的含水量、基质吸力的变化分别计算流速、水力梯度，最后由达西定律推算垃圾土的非饱和渗透系数；刘晓东等（2012）基于对人工配制城市固体废弃物

（MSW）的土水特征试验，研究不同有机质含量、孔隙比双对数坐标系下 MSW 的非饱和渗透系数与基质吸力几乎为线性关系；也有部分学者在大量实验基础上提出半经验化非饱和渗透性预测模型，如表 1.7 所示。

表 1.7 经典半经验化非饱和渗透性预测模型

文献	函数类别	表达式	建立关系参数
Brooks 等（1966）	幂函数	$K = K_s S_e^{2/ne+l+2}$	K_s、S_e、ne、l
van Genuchten（1980）	幂函数	$K = K_s S_e^{l}[1-(1-S_e^{1/m})^m]^2$	K_s、S_e、m、l
Nobel（1991）	指数函数	$K = K_s e^{\gamma(W-1)}$	K_s、γ、W
Kosugi（1996）	幂、对数、指数函数	$K = K_s S_e^l \left\{ \dfrac{1}{2} \mathrm{erfc}\left[\dfrac{\ln(h_w/\alpha)}{\sqrt{2}n} + \dfrac{ne}{\sqrt{2}}\right]\right\}^2$	K_s、S_e、h_w、α、ne、l
刘晓东等（2012）	对数函数	$\lg K_w = m_w \lg(u_a - u_w) + n_w$	m_w、u_a、u_w、n_w

注：K_s 为渗透系数（m/s）；S_e 有效饱和度（%）；ne 为孔径分布指数；l 为扭曲因子；m 为土水特征曲线对称性参数；γ 为有机质含量（%）；W 为含水率（%）；h_w 为水头高度（cm）；α 为进气压力值的倒数（1/kPa）；m_w 为 MSW 液相流动时与孔隙比和有机含量有关的参数；n_w 为 MSW 液相流动时与孔隙比和有机含量有关的参数；u_a 为孔隙气压力（kPa）；u_w 为孔隙水压力（kPa）；K_w 为非饱和渗透性系数。

2. 垃圾土的土水特性

非饱和垃圾土土水特征曲线即土体中存在的基质吸力和含水率的函数关系，是非饱和土力学关注和研究的重点。饱和土体中重力水自由排出达到土体所能吸附的最低体积含水率被定义为田间持水率，而土体在植物蒸腾作用毛管水、膜状水部分脱出所能达到的最低体积含水率被定义为残余持水率，垃圾土的持水特性与这两个含水率紧密相关，其与基质吸力的对应变化对渗滤液迁移规律研究和填埋场水力学设计至关重要。

室内试验研究中，Kazimoglu 等（2006）通过改进的压力板试验一步流出试验方法得到的垃圾土的基质吸力、含水率变化，用 VG（van Genuchten）模型拟合预测时低含水率下模型与实验监测数据吻合较好，高含水率时存在差异；Wu 等（2012）还原现场原位密度同样在压力板测试了不同降解龄期和埋深 MSW 的土水特征曲线，结果显示随着填埋场深度和时间的增加，较细孔隙空间占比增大，毛细压力增大，进气值、场容和残余含水率增加，曲线陡度和饱和含水量降低；Stoltz 等（2012）利用吸力计测定了压实垃圾样品润湿和排水过程水分保持曲线，观察到润湿和排水曲线之间存在明显的滞后现象；Jayakody（2014）利用实验室尺度长柱实验研究了垃圾填埋场环境中的保水特性如何因固体废物沉降而发生变化，指出固体废物主沉降引起孔隙空间的变化，保水特性随时间的变化而变化；Breimryer（2020）采用悬挂柱装置测定了在三种不同压实密度的 MSW 试样的保水曲线，仅利用土水特征曲线数据进行回归得到的参数，准确拟合了多步流出试验的测试流量数据。

学者关于垃圾土的土水特性研究如表 1.8 所示，他们均是通过现场取样、室内测定的方法，但垃圾土异位扰动、结构重组可能会对土水特性产生一定的影响，因此探究垃圾土土水特性现场测定及与室内研究结果对比是今后研究的重点。

表 1.8　室内垃圾土土水特性

文献	测试方法或装置	垃圾属性 降解龄期	垃圾属性 粒径大小/mm	影响因素
Kazimoglu 等（2006）	改进的压力板试验（D=25 cm，H=14 cm）	新鲜（人工合成）	—	组成成分、孔隙比
Han 等（2011）	改进的压力室试验（D=29 cm，H≈12 cm）	新鲜（单一报纸）	d≈50，100	干密度、粒径大小
Wu 等（2012）	改进的压力板试验（D=15.6 cm，H=12 cm）	3～10 a（现场取样）	d≤40	埋深、生物降解
Stoltz 等（2012）	悬挂柱技术定期抽提试验（D=27 cm，H=4.4 cm）	0～1 a（现场取样）	d≤40，70，100	压缩、润湿、排水
Jayakody（2014）	长柱体排水试验（D=12 cm，H=86 cm）	—	剪碎	主沉降
Xu 等（2014）	压力板试验（D=5.7 cm，H=5 cm）	0～11 a（现场取样）	d≤10	压缩、生物降解
Breimryer（2020）	悬挂柱法（D=15 cm，H=5 cm）	约 0.3 a（现场取样）	d≤25	干密度

3. 水力特性的数值反演

对于非饱和土体水力特性预测，数值反演算法应用极为广泛。Garder（1956）最早将数值反演算法应用于估算非饱和土体的渗透系数和扩散度；Duner 等（2011）展开了扩展的多步流出试验，用累积流出量和压力水头数据对改进的 VG 模型反模拟评价，将土样的估计不确定度降到了最低；Puhlmann（2009）、Laloy（2010）结合多步流出实验中的流出量和压力数据，反演了 VG 模型、BC（Brooks-Corey）模型、离散颗粒模型（discrete particle model，DPM）、微分塑性增强模型（differential plasticity-enhanced model，DPEM）的水力参数，对于唯一和稳定的逆参数估计产生了足够的测量值，再现结构性土的水动力行为的置信度问题。室内试验预测非饱和水力参数具有便捷、迅速的优点，试验监测的数据存在误差，且土壤介质、环境条件的差异，室内试验数据反演相对于现场测试具有一定的缺陷，Dane 等（1983）首次研究了现场环境的土壤非饱和水力特性数值反演，利用现场测量的累计流出量代入 VG 模型，得出了优化参数的敏感性依赖于边界条件的结论。

相较于常规土壤，垃圾土具有更明显的不均质性、各向异性和大孔隙效应，关于垃圾的非饱和水力特性比较复杂，研究也相对较少。Korfiatis（1984）基于均匀多孔介质渗流理论，最早运用室内试验研究初始含水率低于和高于田间含水率的垃圾渗透过程，监测的累计渗滤液体积、压力水头数据很好地拟合了模型中的未知参数；Nobel 等（1991）将垂直入渗实验获得的累计流出体积数据，采用线性回归方法拟合了描述渗透系数、基质吸力与含水率指数模型的参数，通过有限差分的方法模拟出该水力参数下垂直渗透的溢出量、水头等，与实测数据对比有极好的契合度。

Kodešová 等（2008）设计了优先流路径的土柱装置，进行了几次控制入渗和排水实验，定义了双渗透率模型水分交换项中形状因子、相对渗透率、特征长度等参数的取值；Han 等（2011）使用由报纸组成的均一固废垃圾试样，展开了不同粒径大小垃圾土重力排水、多步流出试验，以监测的累计流出量、压力水头数据反演了单渗透率模型、双渗透率模型中非饱和水力参数，指出重多步流出试验中单渗透率模型高估了含水量高时的流出量、低估了含水量低时的流出量，压力水头数据误差较大；Scicchitano（2010）在 Han 等（2011）基础上测试了当使用真实固体废料的非均相样品而不是理想化的均匀废物时，使用所有瞬态数据反演求解模型参数的变化规律，指出即使样品的组成和密度非常相似，也可以在废物的水力特性中看到一些可变性。

Breitmeyer（2014）探讨用于确定水力特性的本构模型对预测的影响，用两种不同的本构模型（VG 模型、BC 模型）来描述土壤水分特征曲线和非饱和导水率函数，任何一种本构模型都可以很好地证明与实测值有共同的趋势；Breitmeyer 等（2019，2014）采用悬柱装置和多步流出法测定了三种不同干密度压实的生活垃圾试样的持水曲线和渗透系数，在室内仅对 WRC 数据进行回归实现了来自多步流出测试的流量数据的准确吻合；为了验证室内反演参数的可靠性，Breitmeyer 等（2020）利用在现场双管束提取器数据采集的累积渗滤液流出量、体积含水率反演，成功地匹配了客观实测数据，估算的参数集有效地描述了城市生活垃圾对渗滤液的水力响应。

Tinet 等（2011）采用中尺度实验装置研究了渗滤液入渗或排出的迁移规律，表明水分分布演化表现出多域流动行为；Audebert 等（2016）通过电阻率层析成像（electrical resistivity tomography，ERT）研究垃圾填埋场渗滤液入渗规律，确定了平衡模型和非平衡模型的参数。水力特性的数值反演已证实在非饱和土中的适用性，对于垃圾土这种不均匀的特殊土，非饱和水力特性反演研究相对较少，且室内研究的成果需与现场数据进行对比分析与验证。

1.3.6 好氧通风对垃圾堆体沉降特征的影响

1. 好氧通风对垃圾堆体沉降影响试验

好氧通风对垃圾堆体沉降的影响研究从 2000 年以后陆续开始，主要集中在室内试验和现场监测两个方面。由于试验的时间较长，这方面的文献报道不多。具有代表性的研究如下。

Abichou（2013）对美国肯塔基州的 Outer Loop 垃圾填埋场进行了长达 8 年的现场监测和分析，结果表明：好氧填埋区域和厌氧填埋区域的平均沉降分别约为 37%和 19%，相差 18%；好氧填埋区修正次压缩指数 C'_a 为 0.03～3.18，同等条件下，厌氧填埋区修正次压缩指数 C'_a 变化范围为 0.01～0.76，好氧条件下垃圾的修正次压缩指数 C'_a 远高于厌氧条件下修正次压缩指数的实测值。

Erses 等（2008）在 32 ℃的恒温绝热室内，开展了好氧和厌氧生物反应器对比实验。好氧垃圾柱在 374 d 的沉降率约为 37%，而厌氧柱在 630 d 后沉降约 5%。厌氧生物反应器中平均质量损失为 19%，好氧垃圾柱的平均质量损失为 21%。以干重计算，厌氧和好氧垃圾柱中的初始挥发性有机物为 82%和 84%。通过在 550 ℃下燃烧损失分析挥发性有机物，好氧柱中有机物减少 46%，而厌氧柱中的有机物减少 35%。挥发性有机物损失值与垃圾质量损失和沉降观测值有很好的相关性。

Borglin 等（2004）设置了分别装有 200 L 新鲜垃圾的好氧垃圾中和厌氧垃圾柱，对 400 d 内垃圾的气体组分、微生物呼吸速率和沉降进行了监测，试验结果表明：在测试期间，好氧柱的平均沉降为 35%，厌氧池的平均沉降为 21.7%，无处理池的平均沉降为 7.5%，沉降与垃圾堆体中的总质量损失相关。与厌氧罐相比，好氧罐达到稳定时间大大减少并产生了可忽略的气味，平均产生 6 mol CO_2/kg MSW，而厌氧柱产生 2.2 mol CH_4/kg MSW 和 2.0 mol CO_2/kg MSW，另一原因是好氧柱的渗滤液中氨浓度降低了两个数量级。

Hanson 等（2013）进行了现场长期监测试验，结果表明：垃圾土的沉降也受温度影响，沉降随着垃圾土温度的升高而增加，沉降增加表明垃圾土的剪切强度可能下降，这可能会影响垃圾填埋场边坡的稳定性。与传统土壤相似，水力性质和垃圾土工指标也将受温度影响。

Rich 等（2008）对大量的垃圾填埋场数据进行总结，研究发现：传统的厌氧填埋场沉降完全需要几十年到上百年时间；采用福冈法为代表的兼性好氧填埋场，可在场内外温度梯度下，将空气被动加入垃圾中，沉降完全所需时间为 30 年左右；而好氧填埋场仅仅需要 2~5 年。

Yoon（2019）监测了 150 d 内两个好氧环境模拟垃圾填埋场生物反应器中的城市固体废弃物降解情况，在实验末期监测发现，城市固体废物平均沉降分别为 23.4 cm 和 21 cm，达到总高度的 43.3%和 38.9%，更高比例的可降解有机物会导致更多的表面沉降。

Kim（2005）等在 6 个垃圾模型柱内进行沉降监测试验，在考虑渗滤液循环的前提下，研究兼性好氧和厌氧生物反应器的沉降。同时观察到废料分解有很大的增强。最大化学需氧量（COD）、生化需氧量（BOD）和总有机碳（TOC）浓度在 100 d 内下降 90%以上。在厌氧条件下的产甲烷阶段，氨的浓度比初始浓度增加了 4 倍。

Xu 等（2015）分别分析了厌氧条件、低通风频率及高通风频率下垃圾土的降解能力，得出降解量随通风频率的增加而增加。但这些试验没有针对不同通风频率下不同垃圾层好氧沉降特性进行研究。

2. 垃圾堆体沉降模型

垃圾土沉降变形受生化降解和载荷双重作用影响显著。部分学者开展了基于传统厌氧型生活垃圾填埋场压缩试验，提出了众多垃圾土沉降模型，大体可以将模型分为土力学模型、流变模型、生物降解模型及经验模型（曾刚，2016）。国内外生活垃圾土具体沉降模型如表 1.9 所示。

表 1.9　国内外生活垃圾土具体沉降模型总结

分类	文献	表达式	参数取值	备注
土力学模型	Sowers（1973）	$\Delta H = HC_c' \log\left(\dfrac{\sigma_0 + \Delta\sigma}{\sigma_0}\right) + HC_\alpha \log\left(\dfrac{t_2}{t_1}\right)$	C_c'=0.163~0.205；C_α=0.015~0.35	未考虑降解沉降
土力学模型	Bjarngard 等（1990）	$\Delta H = HC_c' \log\left(\dfrac{\sigma_0 + \Delta\sigma}{\sigma_0}\right) + HC_{\alpha 1} \log\left(\dfrac{t_2'}{t_1'}\right) + HC_{\alpha 2} \log\left(\dfrac{t_3'}{t_2'}\right)$	C_c' 典型取值为 0.205；$C_{\alpha 1}$=0.035；$C_{\alpha 2}$=0.215；t_1：1~25 d；t_2=200 d	次压缩系数分为中期和长期两部分
土力学模型	Hossain 等（2012）	$\dfrac{\Delta H}{H} = C_{\alpha i} \log\left(\dfrac{t_2}{t_1}\right) + C_{\beta i} \log\left(\dfrac{t_3}{t_2}\right) + C_{\alpha f} \log\left(\dfrac{t_4}{t_3}\right)$	$C_{\alpha i}$=0~0.03；$C_{\beta i}$=0.19；$C_{\alpha f}$=0.022	未考虑自重和外力压缩
经验模型	Yen 等（1975）	$\Delta H = H_f\left[\alpha + \beta \log\left(t - \dfrac{t_c}{2}\right)\right]$	α = 0.000 95H_f + 0.009 69；β = 0.000 35H_f + 0.005 01	对数函数模型
经验模型	Edil（1990）	$\Delta H = H_0 \Delta\sigma M'\left(\dfrac{t}{t_r}\right)^{N'}$	M'=1.6×10^{-5}~5.8×10^{-5}（1/kPa）；N'=0.5~0.67；t_r=1 d	幂函数模型
经验模型	Coumoulos 等（1997）	$Y = \dfrac{\mathrm{d}(\Delta H/H)}{\mathrm{d}t} = \dfrac{0.434 C_\alpha'}{t_{c'} + t/2}$	$t_{c'}$=1 月；C_α'=0.02~0.25	衰减函数模型
经验模型	Ling 等（1998）	$\Delta H = \dfrac{1}{1/\rho_0 + t/S_{ult}}$	ρ_0=0.001 m/d；S_{ult} 为最终沉降	双曲线函数模型

续表

分类	文献	表达式	参数取值	备注
流变模型	Gibson 等 (1961)	$\dfrac{\Delta H}{H}=\Delta\sigma a+\Delta\sigma b(1-e^{-\lambda t/b})$	$a=8\times10^{-5}\sim1.0\times10^{-4}$ (1/kPa) $b=1.6\times10^{-4}\sim2\times10^{-3}$ (1/kPa) $\lambda/b=9.0\times10^{-4}\sim14$ (1/d)	未考虑初始状态的影响
生物降解	Marques (2001)	$\dfrac{\Delta H}{H}=C'_c\log\left(\dfrac{\sigma_0+\Delta\sigma}{\sigma_0}\right)+\Delta\sigma b(1-e^{-ct'})$ $+E_{dg}(1-e^{-dt'})$	$C'_c=0.106$ $b=5.27\times10^{-4}$ (m²/kN) $c=1.79\times10^{-3}$ $d=1.14\times10^{-3}$ (1/d)	考虑了主、次机械压缩和降解影响
生物降解	Babu 等 (2010)	$S_T(t)=H_0\left[\dfrac{\lambda_c}{1+e}\ln\left(\dfrac{p'_s+\Delta p}{p'_s}\right)\right.$ $\left.+\left(\dfrac{\lambda_c-k}{1+e}\right)\ln\left(\dfrac{M^2+\eta^2}{M^2}\right)\right]$ $+b\Delta\sigma(1-e^{-ct})+\varepsilon_{\text{BIO}}(1-e^{-k(t-t_b)})$	$\lambda_c=0.091\sim0.18$ $b=0.000\,1\sim0.009\,5$ (1/kPa) $c=0.033\,6\sim15.3$ (1/a) $\varepsilon_{\text{BIO}}=0.001\,6\sim0.44$	考虑主沉降机械蠕变和降解影响
生物降解	谢强 (2004)	HK 模型：$\varepsilon=\dfrac{\sigma_0}{E_1}+\dfrac{\sigma_0}{E_2}[1-\exp(-ct_i)]$ PTH 模型： $\varepsilon=\varepsilon_0\exp\left[-\dfrac{E_1E_2t}{(E_1+E_2)\eta}\right]$ $+\dfrac{\sigma_0}{E_1}\left\{1-\exp\left[-\dfrac{E_1E_2t}{(E_1+E_2)\eta}\right]\right\}$	模型中 E_1 和 E_2 均可通过初始应变和最终应变求得，η 由黄金搜索法获得	应力、应变和时间的蠕变模型
生物降解	赵燕茹 (2014)	$\varepsilon=\dfrac{\sigma_0}{E_1}+\dfrac{\sigma_0}{\eta_1}t+\dfrac{\sigma_0}{E_2}\left[1-\exp\left(-\dfrac{E_2}{\eta_2}t\right)\right]$	同上	同上
生物降解	彭功勋 (2004)	$\dfrac{d\varepsilon}{dt}+\dfrac{E_2}{\mu}\varepsilon=\dfrac{d}{dt}\left(\dfrac{\sigma}{E_1}\right)+\dfrac{E_1+E_2}{\mu E_1}\sigma$	—	含水率小于持水率
生物降解	刘晓东等 (2011)	$S(t)=H\varepsilon(t)=H\Delta(\sigma-u_a)\{a+b[1-e^{-(\lambda_c/b)t}]\}$	$a=3\times10^{-4}$ (1/kPa) $b=5.8\times10^{-3}$ (1/kPa) $\lambda_c/b=4\times10^{-3}$ (1/d)	考虑生化降解力-气耦合
生物降解	Shi 等 (2016)	$\Delta h=\dfrac{h_0}{1+e_0}(\Delta e_1+\Delta e_2+\Delta e_b)$ $\Delta e_1=C_c(\lg\sigma-\lg\sigma_0)\quad \Delta e_2=C_\alpha\lg\left(1+\dfrac{t}{t_0}\right)$ $\Delta e_b=\lambda_t(1+e)=(1+e)$ $\times ab\left[(-t/b)e^{-t/b}+(1-e^{-t/b})\right]$	—	区别了主、次压缩且考虑了降解的影响

注：ΔH 为垃圾层厚度的改变量（m）；H、H_0、H_f 为垃圾层的初始厚度（m）；C_c 为主压缩指数；C'_c 为修正主压缩指数；$\Delta\sigma$ 为竖向有效应力变化量（kPa）；σ_0 为初始竖向有效应力（kPa）；C_α 为次压缩指数；C'_α 为修正主压缩指数；t_1 为发生次压缩的初始时刻（s）；t_2 为次压缩的结束时刻（s）；t_3 为完成生物压缩的时刻（s）；t_4 为生物降解结束时的蠕变时间（s）；$C_{\alpha 1}$ 为中期次压缩指数；$C_{\alpha 2}$ 为长期次压缩指数；t'_2 为次压缩中期的结束时刻（s）；t'_3 为此压缩长期的结束时刻（s）；$C_{\alpha i}$ 为蠕变压缩指数，$C_{\beta i}$ 为生物降解指数；$C_{\alpha f}$ 为生物降解后垃圾骨架长期蠕变指数；$\Delta\sigma a$ 为主压缩应变（%）；$\Delta\sigma b$ 为次压缩应变极限值（%）；α、β、a、b、M'、N' 都是大于零的经验常数；λ/b 为次压缩沉降速率（m/d）；ε_{BIO} 为生物降解产生的应变（%）；E_{dg} 为生物降解应变极限值（%）；d 为生物降解压缩速率（m/d）；ΔS_i 为某级压力下试样高度的变化量（mm）；H_i 为试样的初始高度（mm）；e_i 为每级压力压缩24 h 的孔隙比；E_1 为弹簧元件 1 的弹性模量；E_2 为弹簧元件 2 的弹性模量；η、η_1、η_2 为基本参数；μ 为粘壶元件的黏滞系数；u_a 为孔隙气压力（kPa）；Δe_1 为主压缩应变值（%）；Δe_2 为次压缩应变值（%）；Δe_b 为生物降解压缩应变值（%）；U_d 为垃圾降解沉降量（m）；t_c 为蠕变沉降已发生的时间；k_c 为垃圾填充过程中的衰减常数；β 为垃圾中可转化为气体部分的质量参数；ρ 为水的密度（kg/m³）；G_{sj} 为第 j 组 MSW 固体的比重；k 为再压缩或膨胀指数；λ_c 为压缩指数；λ_t 为降解率；p'_s 为平均有效应力（kPa）；$\Delta p'$ 为平均有效应力变化量。

其中，Sowers（1973）最早在未考虑垃圾土生物降解作用的影响下提出以土力学为基础的沉降模型。之后的 Bjarngard（1990）和 Hossain 等（2003）模型都是在此基础上提出的，同时 Hossain 等（2003）认为垃圾填埋场的整体周期可分为由渗滤液中孔隙水和空隙气体的消散引起的主压缩沉降和由垃圾骨架的蠕变和垃圾有机成分的生物腐烂引起的二次沉降。

Gibson 等（1961）在未考虑垃圾土初始状态的影响下用流变模型估算垃圾土沉降的方法，提出了考虑次压缩的时间效应下的一维固结理论，并给出了荷载作用下超静孔隙水压力和沉降随时间变化的一般表达式，这些表达式更适用于分级荷载作用下的沉降条件，即现场分级堆填情况下，且涉及土体结构的渗透性、黏性和主、次压缩性参数，并讨论了从室内固结试验中确定这些参数的方法。近些年，流变模型得到 Gao（2015）、Goure（2010）的不断精炼和修正。

Park 等（1997）、Chen 等（2010）将长期沉降分为两部分，包括机械压缩和由垃圾降解引起的沉降，建立了一种综合估算城市生活垃圾沉降的方法。Park 等（2002）将其应用于不同填埋年限的垃圾填埋场沉降数据。建立了模型参数数据库，并对其变化趋势进行了分析。该模型可较好地估计垃圾填埋场的长期沉降行为。假设通过两个合适的设计参数，可以根据充填龄期预测总剩余沉降量。Chen 等（2010）研制了一套具有温度控制系统、渗滤液回收系统、加载系统和气液收集系统的实验装置。试验结果表明，当生物降解过程被抑制时，蠕变引起的沉降相对不显著；在最佳生物降解条件下，由于分解而产生的压缩比与蠕变相关的压缩要大得多；生物降解过程受操作温度的显著影响。此外，提出了一个一维沉降模型，用于计算沉降和估算相对最优生物降解条件下的垃圾填埋场容量，建立该模型是为了适应多步填埋过程中填埋沉降的计算。

Marques（2001）综合探讨了荷载引起的瞬时沉降、机械蠕变及生物降解引起的沉降，并通过布辛涅斯克理论建立了生物降解的复合压缩模型。Oweis（2006）通过力学和降解过程预测填埋场沉降值，提出了估算垃圾填埋场机械沉降和分解沉降的近似封闭解。机械沉降是应力造成的主压缩沉降和长期蠕变沉降。分解沉降是由质量损失和气体生成引起的。填埋场封闭后剩余沉降量取决于填埋过程中的分解环境。平均分解在封场完成 20 年后，沉降仍然是显著的。

Hettiarachchi 等（2009）考虑了机械沉降和蠕变导致的生化沉降及有机物降解，建立了次压缩沉降模型。主要假设生活垃圾的生物降解服从一阶衰变方程，利用理查兹方程模拟废弃物质量中的水分运移，利用质量平衡将沉降与气体压力联系起来。

Babu 等（2010）基于临界状态土力学框架，建立了城市生活垃圾在荷载作用下的应力应变本构模型，将修正后的凸轮黏土模型扩展到考虑机械蠕变和随时间变化的生物降解的影响来计算载荷下的总压缩。基于对三种类型城市生活垃圾进行的一维压缩和三轴固结不排水系列试验结果，对模型参数进行了评估；模型充分反映了这三种类型城市生活垃圾的应力-应变和孔隙水压力响应。该模型可用于评估堆填区及任何封闭后的发展构筑物的变形和稳定性。

Shi 等（2016）分别从实验中得出降解率与时间的关系。在初级压缩阶段发生的二次压缩量与总压缩量或总二次压缩量的比例相对较高。降解率与时间之间的关系是由独立的试验得到的。此外，在一维压缩方法的基础上，提出了考虑有机物降解的三部分压缩的城市生活垃圾组合压缩计算方法。设计了一套用于模拟我国城市生活垃圾压缩全过程的柱式压缩装置系统。根据得到的结果，并通过 197 d 柱压试验，分析了城市生活垃圾压缩新组合计算方法。在中试阶段，降解压缩是城市生活垃圾压缩的主要部分。

Datta 等（2018）考虑水（hydro）-生物化学（biochemistry）-力（mechanical）耦合，构建了"HBM"一维沉降模型，预测生物化学和物理力学行为的特性。Ling 等（1998）、Coumoulos 等（1997）、Edil（1990）、Yen 等（1975）还基于对填埋场长期监测数据分别提出对数函数、幂函数、衰减函数和双曲线函数的经验模型。方云飞（2005）在研究垃圾中有机物生物降解规律与沉降规律的对比分析时发现，有机物降解产生的体积变化迟于质量变化，体积变化存在滞后性。丁正坤（2017）开发了压缩与渗透联合测定仪，对新鲜生活垃圾进行了大量的压缩与渗透相关特性试验，并对试验数据进行了数理分析，认为渗透速率随着压力的增大而逐渐降低。

综上所述，关于好氧条件下垃圾土分层沉降及好氧降解对垃圾土沉降变形本构模型的研究少有报道，为此，本书基于厌氧-好氧联合型沉降模型试验，通过对好氧条件下不同深度的垃圾土沉降变形特性分析，开展好氧降解对垃圾土沉降影响试验及本构模型建立的研究，为开展好氧通风工程加快垃圾土生化降解的实施提供理论指导。

1.4 好氧通风技术面临的难题

垃圾填埋场注气可靠性受到氧气在堆体内的运移状态及库区运行工况两个方面的影响，二者相互影响、相互制约。通风系统运行的可靠性面临三个关键问题：①是否可以保持在恒定的注气强度下持续运行；②修复区域内是否可以保持理想的氧环境；③垃圾降解的稳定化进程是否加快。本节结合我国垃圾填埋场的典型运行工况，对陈旧型垃圾填埋场通风系统运行面临的关键难题进行概括和总结，并依据国外工程示范中的经验，提出相应的建议和措施。

库区内渗滤液水位壅高是困扰我国垃圾填埋场安全、高效运行的核心问题。填埋场渗滤液产量大，底部渗滤液导排层设计导排能力不足且淤堵严重，是造成堆体水位壅高的主要原因（陈云敏 等，2014；万晓丽 等，2011；张文杰 等，2010）。

多井协同运行过程中，使氧气广泛分布是通风系统运行的主要目的。垃圾填埋场具有典型的各向异性和垃圾组成分布不均匀性。针对不同工况的垃圾填埋场采样相同的气井分布设计方案很难达到理想的通风效果。因此，必须对注气井井群分布进行优化设计——根据含水率、覆盖层结构、填埋深度、水平和竖直方向渗透率、有机质含量等对影响半径进行优化。由于通风过程中氧气的分布特征尚不明确，成熟的优化理论和模型更属空白。

在通风系统运行过程中，需要对库区内的一些关键指标（注气管道内温度、堆体内的温度、含水率、甲烷浓度、氧气浓度等）进行监测，用于掌握好氧修复工程的运行和安全状态。其中，温度的变化需要实时监测。

均匀的氧气分布是一种相对理想的状态，垃圾组成的差异性造成库区内孔隙结构的非均匀分布，导致注入的氧气绝大部分贮存在"大孔隙"和"可流动"区域内。笔者团队基于气体穿越曲线的试验和数值模拟结果，初步证明了垃圾堆体中气体优势渗透的长期存在性。试验结果同样表明：垃圾堆体中渗透率较小的"孔隙区域"（matrix domain）占据的比例远高于"裂隙区域"（fracture domain）。垃圾堆体内气体优势渗透的定量表征研究还处于起步阶段，可提供的基础性数据和经过验证的数学模型不足。此外，升尺度效应（upscaling effect）也是定量表征过程中不可回避的问题，这部分难题的突破将为垃圾填埋场注气系统优化设计提供指导性依据。

在通风系统运行可靠性评价方面，通常采用某一类或多个代表性指标评价生活垃圾降解的稳定化程度。评价指标应具备简单易测和指示性强的特征，特别对于现场尺度的稳定化评价（Kelly et al.，2006）。目前，欧美国家已相继出台了评价好氧降解稳定化的相关标准和规范。例如，德国垃圾处理规范（German waste disposal regulation）中明确规定了好氧修复后各主要指标（BOD、TOC、NH$_3$-N、沉降量、生物活性 RI$_4$ 和潜在产气量 GP21）的上限值（Ritzkowski et al.，2006）。我国目前可参考的标准仅有《生活垃圾填埋场稳定化场地利用技术要求》（GB/T 25179—2010）和《生活垃圾填埋场污染控制标准》（GB 16889—2024）（表 1.10），还没有建立完整的好氧修复工程稳定化评价指标体系。

表 1.10 我国规范中好氧降解稳定化限值

项目	低度利用	中度利用	高度利用
利用范围	草地、农业、森林	公园	一般仓库或工业厂房
封场年限/a	较短，≥3	稍长，≥5	长，≥10
填埋场有机质含量	稍高，<20%	较低，<16%	低，<9%
堆体中填埋气	不影响植物生长，甲烷浓度≤5%	甲烷浓度 5%～1%	甲烷浓度<1% 二氧化碳浓度<1.5%
堆体沉降	大，>35 cm/a	不均匀，（10～30）cm/a	小，（1～5）cm/a

注：数据来源于《生活垃圾填埋场稳定化场地利用技术要求》（GB/T 25179—2010）。封场年限从填埋场完全封场后开始计算。

第2章 好氧通风过程中有机质降解模型与定量表征

2.1 生活垃圾好氧降解的动力学机理

2.1.1 有机物好氧降解的动力学原理

垃圾成分复杂，可划分为有机物与无机物，在存在氧气的条件下，有机物会进行好氧降解，有机物主要由碳元素、氢元素、氧元素、氮元素构成。有机物在氧气及营养物质存在的环境中，在细菌的作用下，形成生物质，产生二氧化碳、水、氨气、硝酸盐、硫酸盐等简单无机物，并释放出热量（Mahar et al.，2007）。有机垃圾的好氧降解基本过程是大分子有机物在微生物产生的胞外酶作用下分解为小分子有机物，从而被好氧微生物继续氧化分解，通过不同途径最终被分解为二氧化碳、水、硝酸盐、硫酸盐等简单无机物（查坤，2009），其化学反应式见式（1.3）。

生活垃圾内部有机物的好氧降解需在适宜的氧气、温度、含水率条件下发生，细化有机物好氧生物反应式见式（1.4）。

另有观点认为可对好氧降解进行微观描述，生活垃圾中有机组分可以分为可溶性有机组分和其余组分。在富氧环境下，可溶性有机组分直接进入微生物内部被吸收，其余组分则先被胞外酶分解为可溶性组分继而被吸收（孙益彬，2012）。因此，垃圾是在微生物新陈代谢作用下逐步分解的，一部分被分解为以二氧化碳、水等为主的无机产物，另一部分转化为微生物生长繁殖所需要的营养物质，且该过程通常伴随着热量释放[式（1.5）~式（1.9）]。

2.1.2 有机物好氧降解的主要影响因素

在垃圾填埋场中，影响垃圾降解的主要影响因素有：垃圾组分、含水率、pH、温度、有毒物质、微生物群落、硫酸盐、氧气浓度等（查坤，2009；Rendra，2007；刘富强 等，2000）。对于垃圾好氧降解反应，氧气浓度也是重要的影响因素之一。

1. 垃圾组分

垃圾的成分复杂，不同国家、地区及时间尺度的垃圾成分可能差异较大。垃圾组分的差异直接导致垃圾的有机质含量的差异。我国城市生活垃圾的有机质含量较高。

按是否可降解划分，城市生活垃圾组分中包括可降解成分及不可降解成分。其中，可降解成分又可分为多糖、纤维素、半纤维素、木质素、蛋白质、脂肪等，可降解成分对垃圾填埋场潜在产气量具有重要作用（查坤，2009）；不可降解垃圾主要包括无机物，例如金属、玻璃碴石等物质。垃圾在好氧通风条件下，发生降解反应，显著减少有机物含量（Mahar et al.，

2007）。从元素角度分析，垃圾中包含大量C、O、H、N、P等元素，物质中的碳氮比对垃圾降解具有重要作用，将碳氮比维持在最优范围有利于细胞的合成及细菌的新陈代谢；碳氮比过高将导致细菌缺乏氮元素而影响其生长；相比之下，较低的碳氮比则会导致氨中毒问题（Rendra，2007）。细菌利用碳的速率大约为利用氮的速率的20～30倍，当碳氮比在20∶1～30∶1，垃圾降解较快，当某种元素被耗尽，则降解过程受到影响。我国垃圾的碳氮比约为20∶1，而国外其他地区的碳氮比约为49∶1（刘富强 等，2000），因此垃圾降解过程具有明显差异性。垃圾好氧降解试验证明碳氮比并没有随时间的变化而下降，反而有所升高，这是由于二者均参与反应，含量同时下降，但氮的含量下降速率更快。

2. 含水率

含水率在垃圾降解过程中具有至关重要的作用，多数有机物需经过水解过程生成溶于水的颗粒才能被微生物利用（刘富强 等，2000）。由于不同时空的影响，垃圾的含水率差异较大，刘富强等（2000）认为当含水率低于垃圾的持水能力时，含水率对垃圾降解影响不大，但当含水率超过持水能力后，水分可在垃圾中移动，促进营养物质、微生物的运移，提供良好的降解环境，含水率范围在50%～70%对垃圾填埋场的微生物生长最适宜。Rendra（2007）指出：当垃圾含水率高于55%时，会导致酸的积累，阻碍甲烷的产生；当含水率低于35%时，探测不出垃圾内部甲烷的产生，表明降解细菌受到抑制。影响含水率变化的因素包括垃圾的原始含水量、当地的降雨量、地表水与地下水的入渗、对渗滤液的管理模式等，例如是否进行回灌等。在好氧条件下，含水率过低则生物降解过程受限，甚至完全被抑制。此外，好氧反应产生大量热，会加速水分蒸发，导致含水率降低。因此，适当地进行渗滤液回灌可加速垃圾降解速率。

3. pH

pH为填埋场渗滤液酸碱程度的表现，该数值过高或过低会影响垃圾降解状态。

在厌氧环境中，产甲烷菌适宜中性或微碱性环境，当pH范围为6.6～7.4，厌氧产气最佳，当pH在6～8以外，厌氧降解则受到抑制（刘富强 等，2000）。当pH过低，产乙酸菌不能利用挥发性脂肪酸转化，最终导致填埋气的减少（Rendra，2007）。一般来说，好氧环境下的pH要高于厌氧条件下的pH，好氧填埋场的初始酸性条件pH通常为4～6，随着反应的发生，pH逐渐升高至7～9（Hashisho et al.，2014）。

4. 温度

降解反应正如其他生物反应受温度影响较大。垃圾内部温度变化的影响因素有：生物降解反应产生的热量、垃圾的热容、内部环境与外部环境的热交换作用等（Meima et al.，2008）。对于垃圾的生物降解过程，不同的反应环境可能导致不同的菌落产生，例如嗜温菌及嗜热菌，嗜温菌的最高温度范围为30～40℃，嗜热菌最高的温度范围为50～60℃（Rendra，2007）。填埋场的温度高低，直接影响微生物菌落的种类及活性，温度过高会导致细菌死亡，温度过低则可能降低细菌的活性，使细菌进入休眠状态（查坤，2009）。在厌氧环境中，大多数产甲烷菌是嗜中温细菌，在15～45℃可以生长，最优温度范围为32～35℃，当温度过低，产气速率降低（刘富强 等，2000）。在好氧环境中，嗜热菌为主要菌落，这是由于好氧反应放出大量热，垃圾整体温度相对较高。

5. 有毒物质（抑制因素）

当重金属或含氯有机物存在时，即使其含量较低，也可能抑制降解过程。此外，二氧化碳、盐离子、硫化物的存在，也会具有潜在的抑制影响。部分阳离子，如钙离子、镁离子等，当其浓度较低时，对降解反应具有一定促进作用，然而，当其浓度较高时，则有抑制作用（Rendra，2007）。

6. 微生物群落

由于环境的不同，微生物群落的种类也大不相同。在厌氧环境中，微生物主要包括水解菌、发酵菌、产乙酸菌、产甲烷菌，大多数为厌氧微生物，当氧气存在时，厌氧菌则受到抑制。微生物的来源主要是垃圾本身及填埋场覆盖层，当填埋场引入大量微生物时，例如，将处理后的污泥引入填埋场，可显著促进降解反应（刘富强 等，2000）。

7. 硫酸盐还原细菌

硫酸盐还原细菌在填埋场稳定化进程中的作用不容忽视。当硫酸盐还原细菌占据主要地位，甲烷的产生过程则被抑制。甲烷的减少并不受硫酸盐的毒性物质影响，而仅仅是由于营养物质的竞争（Rendra，2007）。该因素对好氧降解过程的影响需进一步研究。

8. 氧气浓度

氧气浓度是好氧降解的重要影响因素之一。自然条件下，大气中的氧气会通过弥散作用进入垃圾堆体，在抽注气条件下，垃圾内部也会形成好氧环境，好氧菌可以利用氧气进行垃圾的好氧降解。填埋场现场进行好氧注气时，通风速率、通风频率、井间距的设计、抽注气井的构造与布局均对填埋场氧气浓度具有重要影响。

2.2 考虑水分-温度-通风强度条件下的有机质降解耦合模型

2.2.1 有机质好氧降解水分影响方程

垃圾好氧降解过程是复杂的耦合过程，受多种因素的影响。目前相关学者主要聚焦于含水率、温度、通风强度等因素对垃圾降解的影响。垃圾降解主要为有机物的降解，有机物的好氧降解又可称为堆肥反应，因此，垃圾好氧降解可参考堆肥反应模型。目前模型主要分为集总参数模型及分布参数模型，其中集总参数模型运用较为广泛，模型主要采用的形式包括一阶模型、Monod 模型及经验模型，可用于固体降解、氧气消耗及二氧化碳的生产、热量释放过程，温度、含水率、氧气浓度、自由空气空间的系数修正方程通常被纳入模型中。模型模拟可预测垃圾降解状态，节省大量资金资源，但由于垃圾的非均质性与尺度等问题，模拟结果的准确性及有效性会受到一定程度的影响（Mason，2006）。

好氧降解过程中，含水率对垃圾降解具有重要作用。含水率过低，微生物活性会被抑制，含水率过高则会导致垃圾堆体内氧气的运输受到限制，这是由于垃圾堆体的孔隙空间被水占据，降低了垃圾的降解速率。因此含水率修正模型应根据以上情况对垃圾降解状态进行合理修正（Xi et al.，2008），含水率对垃圾降解的影响过程目前仍处于经验方程阶段，Mora-Naranjo等（2004）建立了含水率对垃圾降解反应影响因子方程：

$$f(W)=0.012W-0.18 \tag{2.1}$$

式中：$f(W)$为含水率的影响因子；W为含水率（%）。

生活垃圾的含水率变化范围较大，实际范围可为9%（湿重）至饱和。Meima等（2008）观测到垃圾的降解与含水率具有一定的关系。当含水率为24%（湿重）时，可观测到垃圾中的生物活性；当含水率为16%（湿重）时，垃圾中的生物活性消失；当含水率为46%（湿重）时，垃圾中的生物活性为含水率26%（湿重）时的2倍。根据分析结果，建立含水率影响因子线性方程。当含水率为16%（湿重）时，含水率影响因子设置为0。当达到饱和状态时，通常为湿重的50%，含水率影响因子设置为1。以活性生物质含量为自变量建模时，提出含水率对其生长速率的影响因子：

$$f(W_\mathrm{w})=2.76W_\mathrm{w}-0.44 \tag{2.2}$$

式中：$f(W_\mathrm{w})$为湿基含水率的影响因子；W_w为实际的质量水分含量（湿重）。尽管其研究过程为厌氧条件下微生物降解活动，但该模型对好氧条件下含水率的影响方程建立也可提供相关参考。

Mohee等（1998）认为降解反应速率k受多个因素综合影响，在以纤维素为主要成分的堆肥反应中，根据室内试验基于温度及含水率的结果可拟合得到k，其中含水率的经验影响方程为

$$f(W)=-56.97+57.98\exp\left\{\left[-0.5\left(W-\frac{0.56}{1.52}\right)\right]^2\right\} \tag{2.3}$$

基于城市固体垃圾室内好氧降解试验数据及先前研究结果，Xi（2008）提出新的含水率修正方程。当含水率W低于关键指标W_a，关键指标W_a常采用的经验范围为10%~20%，该范围参考于微生物生长含水率范围，微生物生长速率μ_bio为0，含水率修正方程结果$f(W)$为0，当含水率W高于关键指标W_a，含水率修正方程则为

$$f(W)=\frac{\mu_\mathrm{bio}}{\mu_\mathrm{max}}=\frac{W-W_\mathrm{a}}{K_\mathrm{a}+W} \tag{2.4}$$

式中：K_a为水分修正系数，经验取值4%。当含水率大于稳定指标W_1（常采用经验范围50%~60%），含水率修正方程则为

$$f(W)=\frac{\mu_\mathrm{bio}}{\mu_\mathrm{max}}=\frac{W-W_\mathrm{a}}{K_\mathrm{a}+W}\frac{W_2-W}{W_2+W_1} \tag{2.5}$$

式中：W_2为含水率最高范围，通常经验取值范围为80%~90%。

影响垃圾降解的含水率方程也可用以下形式表示（Higgins et al.，2001）：

$$f(W)=\frac{1}{\exp(-17.684W_\mathrm{w}+7.0622)+1} \tag{2.6}$$

以上含水率影响因子的确定均由试验或经验得来，其中参数的取值变化会影响修正曲线的形状，因此，可以通过调整参数以接近真实值。

2.2.2　有机质好氧降解温度影响方程

许多学者广泛研究了温度对反应速率的影响，其中大多数校正函数是基于经验函数或阿伦尼乌斯方程。Finger 等（1976）构建了好氧条件下预测纤维素材料降解的概念方程 R_c，该方程考虑了温度及氧气分布的影响：

$$R_c = A'\exp(-E_a/RT)aC_{O_2} \quad (2.7)$$

式中：A' 为阿伦尼乌斯指数常数（cm/h）；E_a 为阿伦尼乌斯活化能（J/mol）；R 为摩尔气体常数[8.314 J/(K·mol)]；T 为温度（℃或K）；a 为界面区域（cm²/cm³）；C_{O_2} 为气相氧气浓度（g/L）。但该模型的应用温度范围始终低于 3 ℃，存有一定局限性。

根据试验及理论推导，反应速率与温度的关系也可用以下形式表述（Haug，1993）：

$$\ln\frac{k_2}{k_1} = \frac{E_a(T_2 - T_1)}{RT_1T_2} \quad (2.8)$$

式中：k_1、k_2 为降解反应速率常数。

采用分散形式的经验方程也可以描述微生物生长速率 μ_{bio} 与温度 T 之间的关系（Xi et al.，2008）。当温度 T 小于最大生长速率所对应的温度 T_M 时（通常采用的经验数值为 60 ℃），则

$$k_T = \frac{\mu_{bio}}{\mu_S} = \exp\left[-\frac{E_a}{R}\left(\frac{1}{T+273} - \frac{1}{T_S+273}\right)\right] \quad (2.9)$$

式中：μ_S 为基质生长速率；T 为温度（℃）；T_S 为基准温度，通常采用的经验数值为 60 ℃。当 $T_M \leqslant T \leqslant T_{max}$ 时，则

$$k_T = \frac{\mu}{\mu_S} = \frac{T_{max} - T}{T_{max} - T_M} \quad (2.10)$$

式中：T_{max} 为可能的最高温度（℃），常用经验值为 80 ℃，当 $T \geqslant T_{max}$，μ_{bio} 为 0，k_T 为 0。Tremier 等（2005）以泥浆及松树皮为基底，进行了有机质堆肥试验并建立了易降解物质及难降解物质的降解模型，该模型中的微生物生长因子、水解系数及微生物死亡系数均受到温度的影响，采用 Rosso 等（1993）的经典带拐点的卡迪纳尔温度模型（Cardinal temperature model with inflection，CTMI）方程进行拟合：

$$f(T) = [(T - T_{max}) \times (T - T_{min})^2] / \{(T_{opt} - T_{min}) \times [(T_{opt} - T_{min}) \times (T - T_{opt}) \\ - (T_{opt} - T_{max}) \times (T_{opt} + T_{min} - 2 \times T)]\} \quad (2.11)$$

式中：$f(T)$ 为温度影响因子；T_{min} 为最低可接受温度（℃或K），取值 0 ℃（Tremier et al.，2005）；T_{max} 取值 63 ℃（Tremier et al.，2005）；T_{opt} 为好氧生物降解最佳温度（℃或K），取值 38.2 ℃（Tremier et al.，2005）。CTMI 经验公式应用广泛（Baptista et al.，2010；Mason，2009；Sole-Mauri et al.，2007）。通过大量的模拟结果与试验研究的对比分析，Mason（2006）证实 CTMI 经验公式尽管来源于经验，但可以易于估计参数，且该参数对堆肥/好氧生物降解具有一定物理意义。

Mora-Naranjo 等（2004）建立温度对垃圾降解反应影响因子方程，如下：

$$f(T) = \exp\{-[k_c(T - T_{opt})]^2\} \quad (2.12)$$

式中：k_c 为温度常数（℃⁻²）。Meima 等（2008）采用的温度影响因子方程与上式一致，并将厌氧降解的最优温度设置为 60 ℃，温度常数 k_c 为 0.03（℃⁻²）。填埋场温度范围通常在 10~

62.8 ℃变化，在好氧环境中，温度甚至可达到更高的状态。

Mohee 等（1998）提出的温度经验影响方程为

$$f(T) = -8\mathrm{e}^{-6}T^3 + 0.008T^2 - 0.023\,8T + 0.264\,3 \tag{2.13}$$

根据细菌代谢过程遵循 Monod 方程的思路，孙益彬（2012）建立了厌氧水解菌的增长速率模型，该模型考虑温度对其水解速率的影响，如下：

$$f(T) = \left(\frac{T - T_{\min}}{T_{\mathrm{opt}} - T_{\min}}\right)^2 \tag{2.14}$$

综上，温度及含水率影响垃圾的好氧、厌氧降解速率函数已有较多，但函数形式及参数的选择需要根据试验材料及现场工况进行适当调整。

2.2.3　有机质好氧降解通风强度影响方程

好氧降解模型与厌氧降解模型最大的区别为氧气影响因子的引入，氧气浓度对垃圾的好氧降解具有重要作用，属于垃圾好氧降解过程限制反应因素之一，因此，有学者采用 Monod 形式方程进行描述。

Higgins 等（2001）采用的氧气浓度影响因子方程形式如下：

$$f(C_{\mathrm{O}_2}) = \frac{C_{\mathrm{O}_2}}{k_{\mathrm{O}_2}(T, X_{\mathrm{H}_2\mathrm{O}}) + C_{\mathrm{O}_2}} \tag{2.15}$$

$$C_{\mathrm{O}_2}(T, X_{\mathrm{H}_2\mathrm{O}}) = 0.79 - 0.041T + 0.040W \tag{2.16}$$

式中：C_{O_2} 为氧气浓度（%）；$X_{\mathrm{H}_2\mathrm{O}}$ 为含水量（%w.b.）。

Finger 等（1976）提出了氧气消耗速率 r_i 公式为

$$r_i = \frac{\mu_{\mathrm{bio}} M_i C_{\mathrm{O}_2}}{(K_i + C_{\mathrm{O}_2}) Y_{\mathrm{O}_2}} \tag{2.17}$$

式中：μ_{bio} 为微生物增长速率（1/h）；C_{O_2} 为氧气浓度（g/L）；K_i 为 Monod 氧气限制常数（g/L）；Y_{O_2} 为氧气产量（g/g）；M_i 为微生物浓度（g/L）。

Xi 等（2008）建立了 Monod 形式的氧气浓度影响因子，形式如下：

$$f(\mathrm{O}_2) = \frac{C_{\mathrm{O}_2}}{K_{\mathrm{O}} + C_{\mathrm{O}_2}} \tag{2.18}$$

式中：K_{O} 为半速率系数，可通过排出气体的流速与氧气浓度的关系计算得出，通常采用的经验值为 2.0%。目前，关于氧气影响因子的模型有限，需进一步优化研究。

2.2.4　有机质好氧降解耦合动力学模型的构建

目前大部分好氧降解模型相对复杂，引入参数较多，为提高模型的工程应用型，选用有机碳作为降解参数。生化需氧量（COD）是渗滤液中有机物含量的综合指标之一，因此选用 COD 表征有机质降解状态。基于一级反应速率方程及质量守恒定律，考虑温度、初始含水率、通氧量条件建立垃圾好氧降解耦合模型。模型假设如下。

（1）将模拟的生活垃圾反应器视为一个均匀的生化反应器，固体垃圾、水分、气体和微生物在反应器内完全均匀分布，任意位置的降解速率相同。

（2）微生物对有机物的降解包括对固液两相中有机污染物的降解，固相有机碳溶出至液相及固相，液相中有机碳的降解反应均符合一级动力学反应。

（3）进行回灌处理时，液相及固相中有机碳质量的改变仅仅由于微生物的降解作用而增减。

根据有机碳从固相溶出至液相及固相、液相中有机碳的降解作用均符合一级动力学反应：

$$R_S = \frac{dm_S}{dt} = -k_1 m_S - k_3 m_S \tag{2.19}$$

式中：R_S 为固相中有机碳质量的减少速率（mg/d）；m_S 为固相中有机碳的质量（mg）；k_1 为固相中有机碳溶出至液相的速率（1/d）；k_3 为固相中有机碳直接降解速率（1/d）；t 为时间（d）。

积分得

$$m_S = m_{S0} e^{-(k_1+k_3)t} \tag{2.20}$$

式中：m_{S0} 为固相中有机碳的初始质量（mg）。

液相中有机碳质量增加速率为

$$R_{LS} = k_1 m_S = k_1 m_{S0} e^{-(k_1+k_3)t} \tag{2.21}$$

式中：R_{LS} 为液相中有机碳质量的增加速率（mg/d）。

液相中的有机碳包括可生化降解和不可生化降解两大部分，取常数 n，令其表示液相中不可生化降解的有机碳质量 m_2 占液相有机碳总质量 m 的百分比，即 $m_2 = nm$，则可计算出液相中可生化降解部分有机碳的变化速率与液相中不可生化降解部分有机碳变化速率：

$$\begin{aligned} R_{L1} = \frac{dm_1}{dt} &= -k_2 m_1 + (1-n) \times k_1 \times m_{S0} e^{-(k_1+k_3)t} \\ &= -k_2 (m - m_2) + (1-n) \times k_1 \times m_{S0} e^{-(k_1+k_3)t} \end{aligned} \tag{2.22}$$

$$R_{L2} = \frac{dm_2}{dt} = nk_1 m_{S0} e^{-(k_1+k_3)t} \tag{2.23}$$

式中：R_{L1} 为液相中可生化降解有机碳质量的变化速率（mg/d）；R_{L2} 为液相中不可生化降解有机碳质量的变化速率（mg/d）；m_1 为液相中可生化降解的有机碳质量（mg）；m 为液相中有机碳总质量（mg）；n 为液相中不可生化降解的有机碳质量占液相有机碳总质量的百分比；m_2 为液相中不可生化降解的有机碳质量（mg）；k_2 为液相中可生化降解部分有机碳的降解速率（1/d）。

根据液相质量守恒定律，对模拟填埋场进行渗滤液回灌处理时，渗滤液中有机碳仅仅因生物降解作用而改变：

$$R_L = \frac{dm}{dt} = R_{L1} + R_{L2} = k_1 m_{S0} e^{-(k_1+k_3)t} - k_2 (m - m_2) \tag{2.24}$$

影响垃圾好氧生物降解主要因素为：温度、氧气浓度、垃圾中含水率、自由空气空间（气体是否能流通于垃圾内部）、生物降解固体基质有效面积的颗粒大小及pH。

为了考虑以上提及的参数，Haug（1993）提出下列公式：

$$S_S = \frac{dC_S}{dt} = -k'C_S = -k_M \times k_{temp} \times k_{mc} \times k_{O_2} \times k_{FAS} \times k_{pH} \times C_S \tag{2.25}$$

式中：S_S 为校正后的降解速率（mg/d）；C_S 为物质质量（mg）；k' 为有效/校正生物降解速率（1/d）；k_M 为最大生物降解速率（1/d）；k_{temp} 为温度校正系数；k_{mc} 为含水率校正系数；k_{O_2} 为

氧气浓度校正系数；k_{FAS} 为自由空气空间校正系数（量纲为1）；k_{pH} 为 pH 校正系数。

因此，在考虑温度、初始含水率、通氧量的条件下，环境因素影响降解速率公式如下：

$$k_i = k_{max,i} f_1(T) f_2(W) f_{3i}(A) \quad (2.26)$$

式中：k_i（$i=1, 2, 3$）为实际降解速率（1/d）；$k_{max,i}$ 为最优条件下最大降解速率（1/d）；$f_1(T)$ 为初始温度影响因子；$f_2(W)$ 为初始含水率影响因子；$f_{3i}(A)$ 为通氧量影响因子。

好氧降解过程中，温度对好氧降解速率有显著影响。温度校正函数最早由 Rosso 等（1993）提出，基于基点温度 T_{min}、T_{max}、T_{opt}，CTMI 模型可较好地表达温度对降解速率的影响，温度影响因子 $f_1(T)$ 计算公式见式（2.11）。

含水率为垃圾降解反应的主要影响因素之一，根据含水率与垃圾降解反应之间的关系（Mora-Naranjo et al., 2004），将初始含水率对垃圾降解的影响划分为两个阶段，影响因子表达如下：

$$f_2(W) = \begin{cases} 0.012W - 0.18, & W < 100 \\ 1, & W \geqslant 100 \end{cases} \quad (2.27)$$

式中：当初始含水率超过100%，影响因子 $f_2(W)$ 值为1。

Almeira 等（2015）提出当累积通氧量超过 3 000 L/kg DM 时，基质的呼吸活性为常数，即达到其最大值。以累积通氧量为自变量，采用幂函数进行 k_1、k_2、k_3 的模拟，其中累积通氧量 A 为通氧速率 R_{in} 与通氧时间的乘积，拟合得到 a_i、b_i、c_i 值。

$$k_i(A) = a_i \times \exp(b_i \times A) + c_i \quad (2.28)$$

$$A = R_{in} \times t \quad (2.29)$$

式中：a_i、b_i（$i=1, 2, 3$）、c_i 为常数；R_{in} 为通氧速率（L/d）；t 为通氧时间（d）。因此，通氧量影响因子为

$$f_{3i}(A) = [a_i \times \exp(b_i \times A) + c_i] / k_{max,i} \quad (2.30)$$

2.2.5 有机质好氧降解耦合动力学模型的可靠性验证

通过模拟马泽宇等（2013）进行的室内新鲜垃圾土在间断通风条件下垃圾土好氧降解过程验证模型适用性。经计算，其采用的室内好氧生物反应干垃圾土样品质量为 6.64 kg，所需通风量为 19 919 L，即当 $A=R_{in} \times t=19 919$ L 时，$f_{3i}(A)$ 曲线开始平缓。降解参数如表 2.1 所示。

表 2.1 垃圾土好氧降解参数

参数	值
屈服系数 Y（Slezak et al., 2010）/（g/g）	0.055 000
有机碳总降解速率 k_t（Slezak et al., 2010）/（1/d）	0.008 010
固相中有机碳溶出至液相速率 k_1/（1/d）	0.000 440
液相中可生化降解部分有机碳的降解速率 k_2（Slezak et al., 2010）/（1/d）	0.235 500
固相中有机碳直接降解速率 k_3/（1/d）	0.007 569

其中，屈服系数 Y 即渗滤液中有机碳来源于垃圾土降解中的有机碳比。有机碳总降解速率 k_t 为固相中有机碳溶出至液相速率 k_1 与固相中有机碳直接降解速率 k_3 之和。因此屈服系数

Y 与垃圾土中有机碳总降解速率 k_t 的乘积即为固相中有机碳溶出至液相的速率 k_1。假设 k_i 最小值为其最大值的 1/10。当 $i=1$，2，3 时，$k_{max,1}$、$k_{max,2}$、$k_{max,3}$ 分别对应表 2.1 中 k_1、k_2、k_3 数值。以 $i=1$ 时为例，累积通风量达到 19 919 L，$k_i(A)$ 达到最大值，即 $f_{31}(A)$ 与 $k_{max,1}$ 的乘积约为 0.000 440（1/d），如图 2.1 所示。

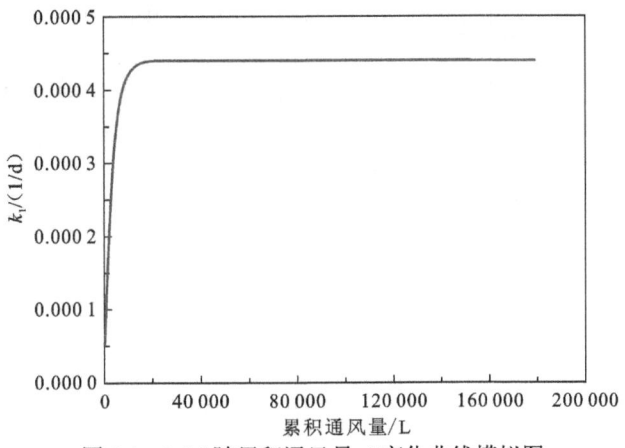

图 2.1 $k_1(A)$ 随累积通风量 A 变化曲线模拟图

运用 Comsol Multiphysics 软件进行有机质好氧降解耦合动力学模型数值模拟，通风量影响因子如式（2.31）～式（2.33）所示，垃圾土特征参数及初始条件参数如表 2.2 所示。

表 2.2　垃圾土特征参数及初始条件参数

参数	值
垃圾土质量 W_M/kg	13.20
干基含水率 W/%	49.70
温度 T/℃	32.50
垃圾土有机碳含量 O_C（Hrad et al.，2013）/%	17.18
COD_0 初始浓度/(mg/L)	60 000
COD/TOC（Foo et al.，2009）	5
液相中总有机碳初始浓度 TOC_0/(mg/L)	12 000
液相中有机碳总质量 m/mg	m
COD 浓度 u/(mg/L)	$5m/V$
ε/%	2.5
m_{20}/mg	$n \cdot m_0$
m_{10}/mg	$m_0 - m_{20}$
液体体积 V/L	4.38
m_0/mg	262 800/5
m_{S0}/mg	2 267 939
每日通风量 R_{in}/(L/d)	60/120/240

$$f_{31} = \frac{-3.960\times10^{-4}\mathrm{e}^{-2.973\times10^{-4}R_{\mathrm{in}}t}+4.400\times10^{-4}}{4.400\times10^{-4}} \quad (2.31)$$

$$f_{32} = \frac{-2.136\times10^{-1}\mathrm{e}^{-1.786\times10^{-4}R_{\mathrm{in}}t}+2.370\times10^{-1}}{2.355\times10^{-1}} \quad (2.32)$$

$$f_{33} = \frac{-6.750\times10^{-3}\mathrm{e}^{-3.510\times10^{-4}R_{\mathrm{in}}t}+7.500\times10^{-3}}{7.569\times10^{-3}} \quad (2.33)$$

试验垃圾土为人工配制新鲜垃圾土，每天进行渗滤液回灌，试验通风速率为 30 L/h，试验的 C2、C3、C4 反应器内每天分别通风 2 h、4 h、8 h，实际属于间断通风。经计算，C2、C3、C4 反应器内每天通风量为 60 L、120 L、240 L。

室内 COD 浓度试验数据与有机质好氧降解耦合动力学模型模拟结果对比如图 2.2 所示。

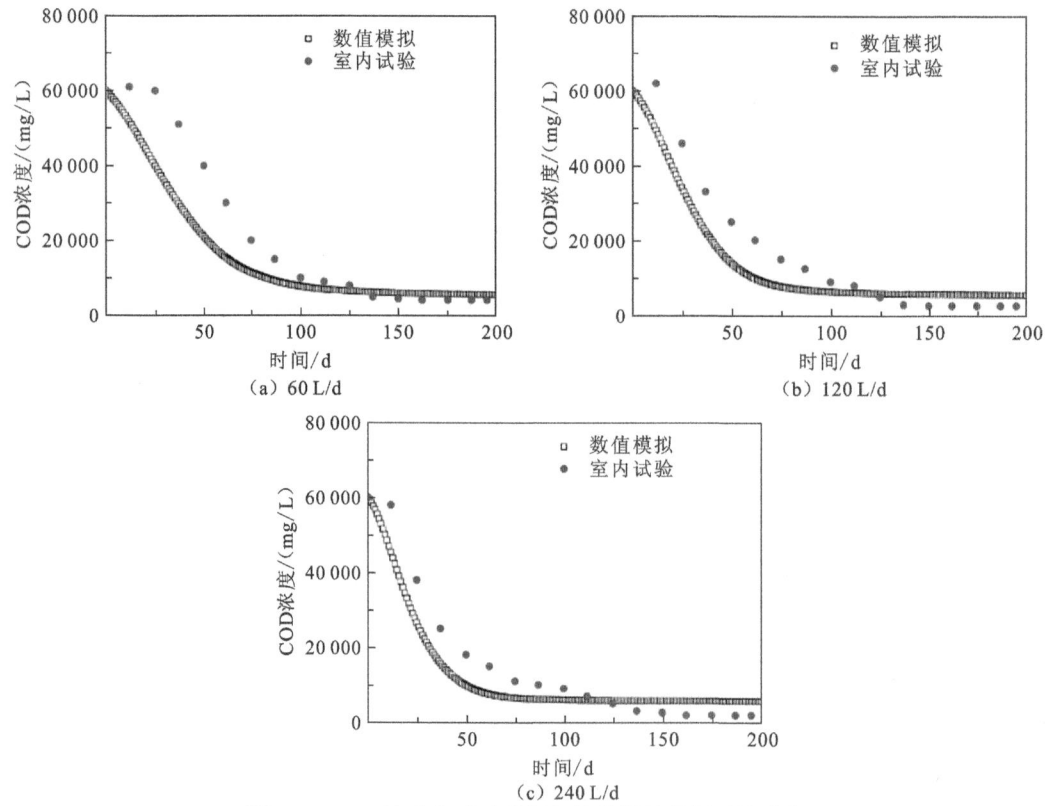

图 2.2 COD 浓度的试验数据与数值模拟结果对比曲线

有机质好氧降解耦合动力学模型模拟结果与室内试验结果较为一致，但整体数值模拟结果较试验结果下降较快，且模拟结果显示其 COD 浓度稳定时间早于室内试验结果。由于实际垃圾土样本为非均质材料，试验中，垃圾土体内部难免会存在封闭孔隙，空气难以均匀注入，而数值模型则假设垃圾土单元均质，且通风均匀，降解反应充分，模拟条件相对实际情况为较理想的好氧降解条件，因此模拟的 COD 浓度值下降较快，试验结果滞后于模拟结果。此外，当试验结束时，COD 浓度分别降至 4 170 mg/L、2 640 mg/L、1 870 mg/L。然而有机质好氧降解耦合动力学模型模拟的 COD 浓度分别为 5 625 mg/L、5 548 mg/L、5 614 mg/L，高于试验 COD 浓度稳定值，这可能是由数值模拟设置渗滤液中不可降解有机碳含量比例较高造成。随着通风速率增强，试验值与模拟值差距减小，这可能是较高的通风速率使试验垃圾土体反应相对更充分，因此试验值与模拟值更接近。尽管简化后的连续通风与实际的间断通风模式具有一定差距，但有机质好氧降解耦合动力学模型模拟结果表明，此模型可应用于新鲜垃圾土在间断通风条件下有机质降解反应过程模拟。

根据 Slezak 等（2010）进行的室内新鲜垃圾土在连续通风条件下好氧降解试验结果，运用 Comsol Multiphysics 软件进行新鲜垃圾土在连续通风条件下有机质降解反应过程模拟，干垃圾土为 3.63 kg，计算所需累积通风量阈值为 10 875 L，COD/TOC 选取经验值（Foo 等，2009），垃圾土好氧降解参数如表 2.3 所示，通风量影响因子如式（2.34）～式（2.36）所示，垃圾土特征参数及初始条件参数如表 2.4 所示。

表 2.3 垃圾土好氧降解参数

参数	值
屈服系数 Y（Slezak et al., 2010）/(g/g)	0.055 000
有机碳总降解速率 k_t（Slezak et al., 2010）/(1/d)	0.008 010
固相中有机碳溶出至液相速率 k_1/(1/d)	0.000 440
液相中可生化降解部分有机碳的降解速率 k_2（Slezak et al., 2010）/(1/d)	0.188 000
固相中有机碳直接降解速率 k_3/(1/d)	0.007 569

$$f_{31} = \frac{-3.788 \times 10^{-4} e^{-3.975 \times 10^{-4} R_{in} t} + 4.146 \times 10^{-4}}{4.400 \times 10^{-4}} \quad (2.34)$$

$$f_{32} = \frac{-1.709 \times 10^{-1} e^{-2.823 \times 10^{-4} R_{in} t} + 1.896 \times 10^{-1}}{1.880 \times 10^{-1}} \quad (2.35)$$

$$f_{33} = \frac{-6.830 \times 10^{-3} e^{-4.428 \times 10^{-4} R_{in} t} + 7.580 \times 10^{-3}}{7.570 \times 10^{-3}} \quad (2.36)$$

表 2.4 垃圾土特征参数及初始条件参数

参数	R1	R2	R3	R4
垃圾土质量 W_M/kg	\multicolumn{4}{c}{10}			
干基含水率 W/%	≥100			
温度 T/℃	23			
垃圾土有机碳含量 O_C/%	13.99	6.690	8.269	8.746
COD_0 初始浓度/(mg/L)	15 100	13 800	19 000	17 700
COD/TOC	2.5			
液相中总有机碳初始浓度 TOC_0/(mg/L)	15 100/2.5	13 800/2.5	19 000/2.5	17 700/2.5
液相中有机碳总质量 m/mg	m			
COD 浓度 u/(mg/L)	$2.5m/V$			
ε/%	3			
m_{20}/mg	$n \cdot m_0$			
m_{10}/mg	$m_0 - m_{20}$			
液体体积 V/L	6.4			

续表

参数	R1	R2	R3	R4
m_0/mg	96 262/2.5	87 975/2.5	121 125/2.5	112 837/2.5
m_{S0}/mg	699 500	334 500	413 450	437 300
每日通风量 R_{in}/(L/d)	240	144	96	48

试验垃圾土为人工配制新鲜垃圾土，由于试验初始含水率过高，超过 100%，$f_2(W)$ 数值为 1。每天进行渗滤液回灌。R1、R2、R3、R4 通风速率分别为 10 L/h、6 L/h、4 L/h、2 L/h，属于连续通风，经计算，每天通风量则为 240 L/d、144 L/d、96 L/d、48 L/d。室内 COD 浓度试验数据与有机质好氧降解耦合动力学模型模拟结果对比如图 2.3 所示。

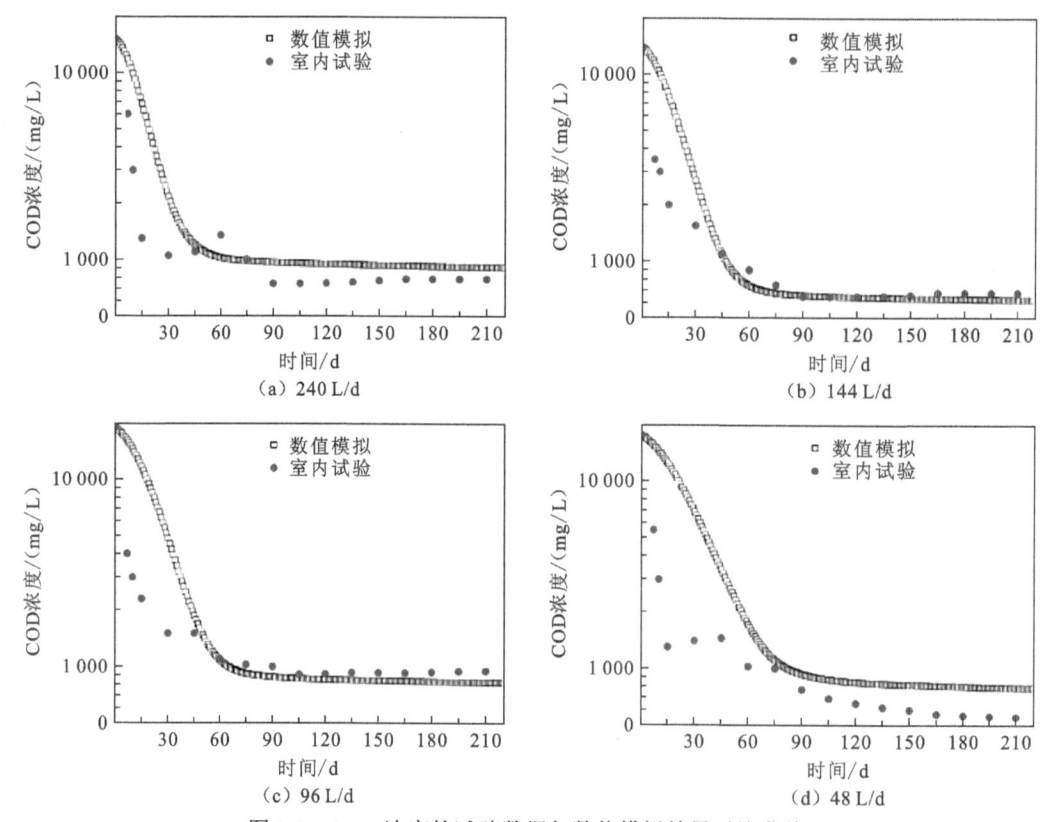

图 2.3　COD 浓度的试验数据与数值模拟结果对比曲线

有机质好氧降解耦合动力学模型模拟结果大致与试验结果一致。然而，COD 趋于稳定前，试验 COD 下降较模拟值较快。这可能是由于试验垃圾中被加入一定量的堆肥物质，促进了早期反应，因此试验 COD 下降速率快于模拟结果。R1、R2、R3、R4 分别从试验通风 90 d、90 d、60 d、90 d 后，COD 浓度值变化幅度较小，试验结束时 R1 为 790 mg/L、R2 为 680 mg/L、R3 为 950 mg/L、R4 为 550 mg/L，而有机质好氧降解耦合动力学模型模拟从第 50 d 起，COD 浓度值陆续进入稳定阶段，数值模拟 COD 稳定时间早于室内试验结果。模拟结束时，R1 为 908.56 mg/L、R2 为 626 mg/L、R3 为 824 mg/L、R4 为 786 mg/L，R1、R2、R3 数值模拟结果值与室内试验值接近、R4 偏差较大。

根据 Hrad 等（2013）对陈腐垃圾土开展室内陈腐垃圾土在连续通风条件下好氧降解试

验，运用 Comsol Multiphysics 软件进行数值模拟，干垃圾土质量为 84.8 kg，计算所需累积通风量阈值为 254 520 L，垃圾土好氧降解参数如表 2.5 所示，垃圾土特征参数及初始条件参数如表 2.6 所示，通风量影响因子如式（2.37）～式（2.39）所示。

表 2.5 垃圾土好氧降解参数

参数	值
屈服系数 Y（Slezak et al., 2010）/(g/g)	0.055 000
有机碳总降解速率 k_t（Slezak et al., 2010）/(1/d)	0.008 010
固相中有机碳溶出至液相速率 k_1/(1/d)	0.000 440
液相中可生化降解部分有机碳降解速率 k_2（Slezak et al., 2010）/(1/d)	0.188 000
固相中有机碳直接降解速率 k_3/(1/d)	0.007 569

表 2.6 垃圾土特征参数及初始条件参数

参数	值
垃圾土质量 W_M/kg	120
干基含水率 W/%	41.44
温度 T/℃	40
垃圾土有机碳含量 O_C/%	6.20
COD_0 初始浓度/(mg/L)	650
COD/TOC	1.67
液相中总有机碳初始浓度 TOC_0/(mg/L)	650/1.67
液相中有机碳总质量 m/mg	m
COD 浓度 u/(mg/L)	$1.67m/V$
ε/%	3
m_{20}/mg	$n \cdot m_0$
m_{10}/mg	$m_0 - m_{20}$
液体体积 V/L	$35.16+1.2t/7$
m_0/mg	22 854/1.67
m_{S0}/mg	7 440 000
每日通风量 R_{in}/(L/d)	72

$$f_{31} = \frac{-3.984 \times 10^{-4} e^{-1.642 \times 10^{-5} R_{in} t} + 4.423 \times 10^{-4}}{4.400 \times 10^{-4}} \quad (2.37)$$

$$f_{32} = \frac{-1.700 \times 10^{-1} e^{-2.032 \times 10^{-5} R_{in} t} + 1.884 \times 10^{-1}}{1.880 \times 10^{-1}} \quad (2.38)$$

$$f_{33} = \frac{-6.830 \times 10^{-3} e^{-2.038 \times 10^{-5} R_{in} t} + 7.580 \times 10^{-3}}{7.570 \times 10^{-3}} \quad (2.39)$$

试验垃圾土为填埋场取回的陈腐垃圾土，填埋龄为 12～31 年。由于每周灌入 1.2 L 去离子水，液体体积为变量。通风条件为 3 L/h，属于连续通风，经计算，每天通风量为 72 L。

如图 2.4 所示，有机质好氧降解耦合动力学模型模拟结果大致与试验结果一致。室内好氧试验进行 20 周（140 d）左右，COD 浓度值下降到 225 mg/L 左右。模拟结果显示 140 d 左右 COD 浓度值为 337 mg/L。试验早期数值模拟 COD 浓度下降速度快于室内试验，试验中后期数值模拟 COD 浓度下降速度慢于室内试验，且差距随时间的增加逐渐减小。这可能是因为室内实验过程中，每周灌入 1.2 L 去离子水，稀释垃圾土内部渗滤液，减小 COD 浓度。另外，可能是由于室内试验材料为填埋场取回的陈腐垃圾土，填埋龄为 12～31 年，自身降解环境已存在，环境稳定后，后期降解反应较数值模拟结果较快。室内试验结束时，COD 浓度值为 110 mg/L 左右，模拟 COD 浓度值为 93.64 mg/L，二者数值接近。

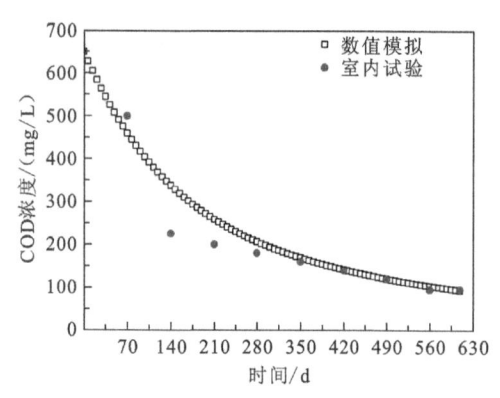

图 2.4 COD 浓度的试验数据与数值模拟结果对比曲线

由于室内试验环境及条件各不相同，模拟结果与试验结果存在一定差异，但总体表明有机质好氧降解耦合动力学模型可用于室内垃圾土好氧降解试验模拟，相比与其他指标，COD 浓度值方便测量，实用性较强。基于模拟渗滤液中 COD 浓度随时间变化关系结果，可初步验证有机质好氧降解耦合动力学模型的可靠性与实用性。

根据厌氧降解初始条件下的垃圾土好氧通风降解试验得出的渗滤液 COD 浓度变化曲线，采用有机质好氧降解耦合动力学模型，对好氧降解过程中渗滤液 COD 浓度变化进行数值模拟。运用 Comsol Multiphysics 软件进行数值模拟，好氧通风初始时，干垃圾土质量为 8.52 kg，计算所需累积通风量阈值为 25560 L，垃圾土好氧降解参数如表 2.7 所示，垃圾土特征参数及初始条件参数如表 2.8 所示，通风量影响因子如式（2.40）～式（2.42）所示。

表 2.7 垃圾土好氧降解参数

参数	值
屈服系数 Y（Slezak et al., 2010）/(g/g)	0.015 00
有机碳总降解速率 k_t（Slezak et al., 2010）/(1/d)	0.012 00
固相中有机碳溶出至液相速率 k_1/(1/d)	0.000 18
液相中可生化降解部分有机碳降解速率 k_2（Slezak et al., 2010）/(1/d)	0.450 00
固相中有机碳直接降解速率 k_3/(1/d)	0.011 82

表 2.8 垃圾土特征参数及初始条件参数

参数	值
垃圾土质量 W_M/kg	18.30
干基含水率 W/%	115
温度 T/℃	35
垃圾土有机碳含量 O_C/%	18.93
COD_0 初始浓度/(mg/L)	17 000
COD/TOC	1.67

续表

参数	值
液相中总有机碳初始浓度 TOC$_0$/(mg/L)	17 000/1.67
液相中有机碳总质量 m/mg	m
COD 浓度 u/(mg/L)	$1.67m/V$
ε/%	10
m_{20}/mg	$n \cdot m_0$
m_{10}/mg	$m_0 - m_{20}$
液体体积 V/L	$9.79 + 0.5t/15$
m_0/mg	166 430/1.67
m_{S0}/mg	3 464 190
每日通风量 R_{in}/(L/d)	1.67

$$f_{31} = \frac{-1.664 \times 10^{-4} e^{-1.078 \times 10^{-4} R_{in}t} + 1.84 \times 10^{-4}}{1.800 \times 10^{-4}} \tag{2.40}$$

$$f_{32} = \frac{-4.054 \times 10^{-1} e^{-2.307 \times 10^{-4} R_{in}t} + 1.281 \times 10^{-2}}{4.500 \times 10^{-1}} \tag{2.41}$$

$$f_{33} = \frac{-1.172 \times 10^{-2} e^{-6.797 \times 10^{-5} R_{in}t} + 1.281 \times 10^{-2}}{1.182 \times 10^{-2}} \tag{2.42}$$

如图 2.5 所示，有机质好氧降解耦合动力学模型模拟结果与厌氧降解初始条件下的垃圾土好氧通风降解试验较为接近。室内试验数据表明，99 d 时，COD 浓度开始进入缓慢下降阶段，模拟结果显示，125 d 时模拟的 COD 浓度值开始进入缓慢下降阶段，室内试验的 COD 浓度稳定值约为 1 200 mg/L。模拟结果的 COD 浓度稳定值约为 1 100 mg/L，结果较为接近。通过参数拟合结果显示，厌氧降解初始条件下的垃圾土好氧通风降解试验得到的有机碳总降解速率为 0.012 00 1/d、液相中可生物降解部分有机碳的降解速率为 0.450 00 1/d、固相中有机碳的直接降解速率为 0.011 82 1/d，均高于其他典型好氧通风条件下的有机碳总降解速率，这表明初始降解状态为厌氧条件的垃圾土开展好氧通风降解时，降解过程促进效果更为明显。Denes 等（2015）及 Zhang 等（2012）提出的堆肥好氧降解耦合模型着重于细菌、真菌、木质素、纤维素、可溶性物质，而有机质好氧降解耦合动力学模型能更好地描述垃圾土降解状态，为垃圾土稳定化进程的预测提供基础。

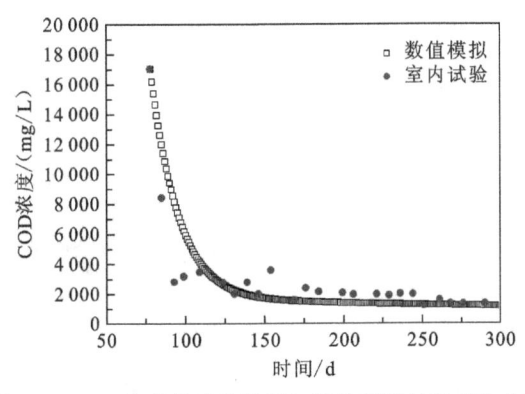

图 2.5 COD 浓度的试验数据与数值模拟结果对比曲线

2.2.6 有机质好氧降解耦合动力学模型参数的影响

以马泽宇等（2013）好氧通风速率为 60 L/d 的室内试验为基础，对比不同垃圾土好氧降解参数对降解稳定化的影响。

根据 Slezak 等（2010）提出的垃圾土好氧降解参数屈服系数 Y 值范围，选取 Y 的最小值、中值与最大值分别为 0.055 1/d、0.114 1/d、0.173 1/d。计算与之对应 k_1 的最小值、中值与最大值分别为 0.000 44 1/d、0.000 91 1/d、0.001 40 1/d，对应 k_3 的最大值、中值与最小值分别为 0.007 56 1/d、0.007 10 1/d、0.006 60 1/d。当有机碳降解总速率 k_t 一定，Y 值越大，固相中有机碳溶出至液相的速率 k_1 越大，固相中有机碳的直接降解速率 k_3 越小。

如图 2.6 所示，对比屈服系数 Y 值变化对模拟有机质好氧降解过程的影响。以通风速率 60 L/d 为例，随着屈服系数 Y 值越小，COD 浓度稳定值越低，且 COD 浓度减小速率较快。这是因为随 Y 值减小，k_3 越大，固相有机碳消耗量较快，且 k_1 越小，液相中 COD 浓度增加速度越慢。渗滤液中有机碳降解速率 k_2 一定，因此渗滤液中 COD 浓度稳定值较低。

当有机碳总降解速率 k_t 分别取最小值、中值与最大值时，计算 k_1 的最小值、中值与最大值为 0.000 44 1/d、0.000 56 1/d、0.000 69 1/d。同时对应 k_3 最小值、中值与最大值为 0.007 56 1/d、0.009 69 1/d、0.011 80 1/d。

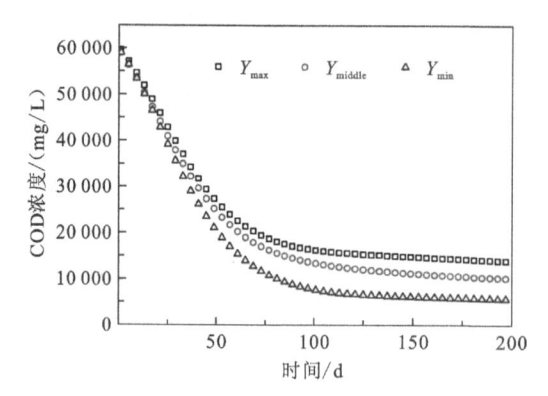

图 2.6 不同屈服系数 Y 值对有机质好氧降解过程影响

如图 2.7 所示，对比有机碳总降解速率 k_t 对有机质好氧降解过程的影响。随 k_t 增大，COD 浓度的下降速率相对减小，且 COD 浓度后期稳定值增大。k_t 的变化对 k_1 与 k_3 同时产生影响。

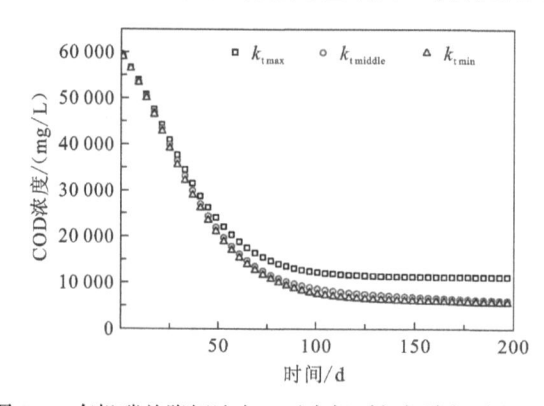

图 2.7 有机碳总降解速率 k_t 对有机质好氧降解过程影响

k_t 的增大导致固相中有机碳溶出至液相的速率 k_1 增大，更多的有机物溶出至渗滤液中，从而 COD 浓度下降速率减弱，最终的 COD 浓度稳定值升高。

开展渗滤液中有机碳降解速率对有机质好氧降解过程的影响研究。当 k_2 取值范围为 0.188～0.283 1/d(Slezak et al.，2010)，k_2 的最小值、中值、最大值分别为 0.188 0 1/d、0.235 5 1/d、0.283 0 1/d。当通风速率为 60 L/d（图 2.8），在 COD 浓度稳定前，采用中值 k_2 的降解速率 COD 浓度高于取 k_2 小值及 k_2 大值的降解速率的 COD 浓度，这可能意味着 k_2 值的大小对降解反应速率影响并不为简单的单调增减关系，其影响关系有待进一步研究。COD 浓度稳定后，随 k_2 增大，COD 浓度稳定值减小，但减小幅度较小。这是因为 k_2 越大，渗滤液有机碳降解速率越快，存留于渗滤液中有机碳越少，COD 浓度稳定值减小。其他通风速率与此规律一致（图 2.8）。总体来说，渗滤液中有机碳降解速率 k_2 对最终 COD 浓度稳定结果影响不大。在模型适用性的验证过程中，k_2 根据多次拟合选取最优解，分别为 0.235 5 1/d、0.188 0 1/d、0.188 0 1/d。通过参数分析验证其选值的可靠性。

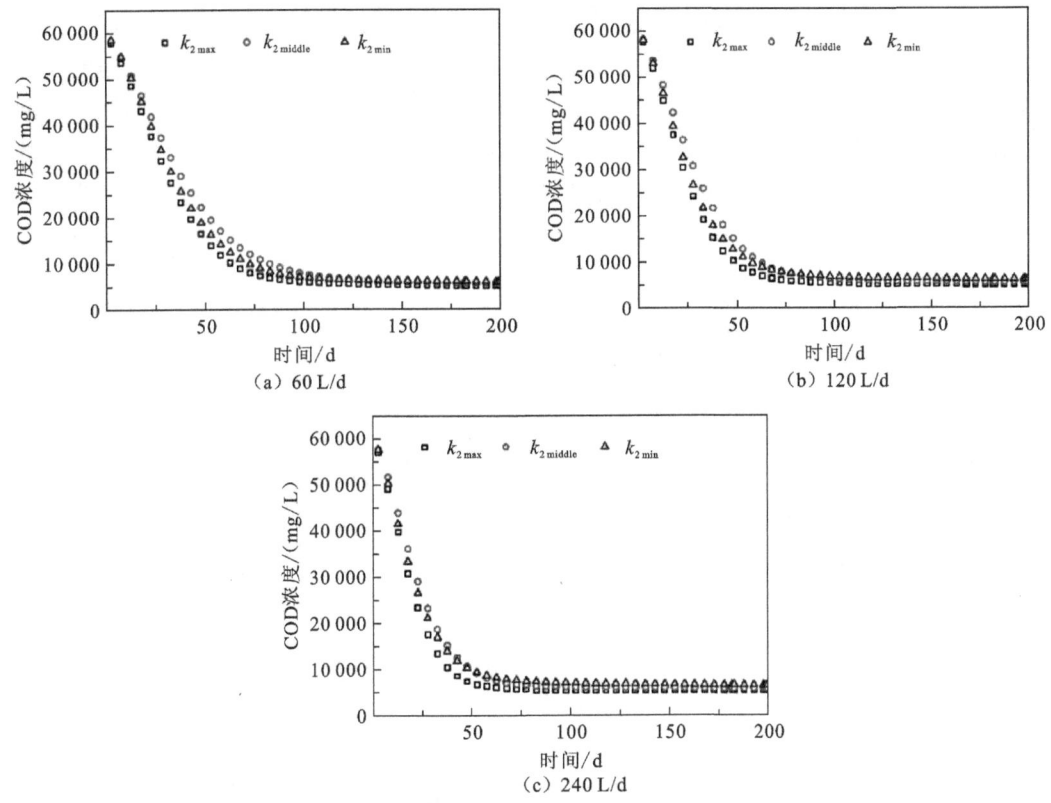

图 2.8 渗滤液中有机碳降解速率 k_2 变化对有机质好氧降解过程影响

开展液相中不可生化降解有机碳占比对有机质好氧降解过程的影响研究。经优化数值模拟分析，设置典型好氧条件下有机质降解反应过程模拟过程中的 n 值分别为 2.5%、3.0%、3.0%。对比液相中不可生化降解有机碳占比对垃圾土降解稳定化的影响，设置 n 分别为 3.0%、2.0%、1.0%，以图 2.9 中通风速率 60 L/d 为例，随着 n 的减小，COD 浓度稳定的最低值减小，且 COD 浓度下降速率稍有加快。这主要是因为 n 越小，可降解有机碳比例越大，液相中不可降解有机碳比例越小，存留于渗滤液中 COD 浓度较小。

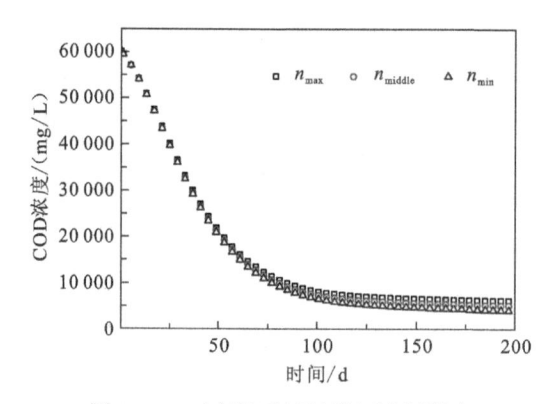

图 2.9 n 对有机质好氧降解过程影响

开展温度对有机质好氧降解过程的影响研究。如图 2.10 所示，在 30～40 ℃，随温度升高，反应速率加快，但当温度为 40～60 ℃时，随温度升高，反应速率减缓，这主要是由于在一定范围内，温度的升高，促进了垃圾土内部好氧反应，加快有机碳降解，但当温度过高超过最优温度时会抑制降解作用，导致反应速率下降。在描述温度对降解反应的影响时，有研究学者提出最优温度为 40 ℃（Tremier et al.，2005）。McKinley 等（1984）提出微生物活性的最优温度处于 35～50 ℃（Haug，1993），Davis 等（1992）提出降解过程中，嗜温菌数量远大于嗜热菌。温度过高，导致嗜温菌大量死亡，降低反应效率。温度升高至 40 ℃以上，会减少氨与亚硝酸盐的氧化菌（Grunditz et al.，2001），而残留氨的浓度水平进一步抑制降解反应发生（Hao et al.，2010；Onay et al.，1998），与本节温度过高抑制反应的发生相吻合，且当温度接近最高限制温度（63 ℃）时，降解速率尤其缓慢。因此垃圾土好氧降解过程应控制温度在适宜的范围内，从而促进降解反应的发生。

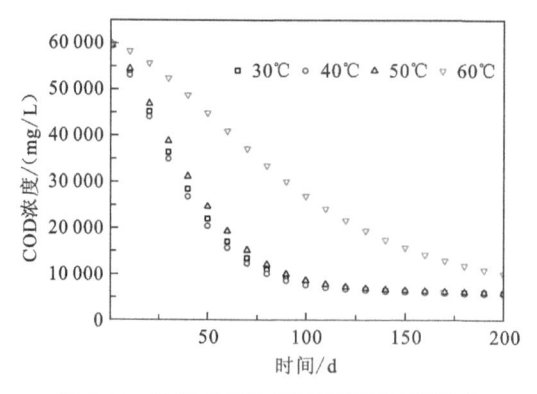

图 2.10 温度对有机质好氧降解过程影响

第 3 章 好氧通风过程中多组分气体迁移及生化反应特性

3.1 垃圾土中气体迁移的渗流基础理论

垃圾堆体作为一种多孔介质，流体在其内部流动遵循质量守恒定律和达西定律，多孔介质内部的流体运移的控制方程是在它们的基础上构建推导得到，达西定律建立了渗流速度与压力梯度的关系，气体扩散方程控制了多孔介质中的流体压力随时间变化的关系，并可以考虑垃圾填埋场中不同位置处的扩散规律，本节介绍多孔介质内部的气体流动控制方程。

3.1.1 垃圾土多孔介质多相体描述

空气经空压机压缩后，通过管网和气井输送至垃圾堆体中。气体在堆体内的迁移状态通过气体压力或流速来描述。垃圾堆体，又称"垃圾土"，《生活垃圾土土工试验技术规程》（CJJ/T 204—2013）中对"垃圾土"作为一种特殊土体进行了明确定义。垃圾土中的孔隙空间也可视为多孔介质结构，气体在其中的流动符合达西定律，即气体的压力梯度与流速成正比（空气中的氧气和氮气均符合该定律）。

填埋场垃圾堆体内部主要是大固体颗粒充当骨架作用，小的固体颗粒在其中起着充填孔隙的作用，这也说明垃圾堆填体是具有与正常土类似的物理力学性质的，只是在参数大小方面存在差异。城市生活垃圾的颗粒组成是非常复杂的，其主要是由固体颗粒、颗粒之间孔隙和颗粒之间的孔隙水组成了整体构造。垃圾堆填体按照成因、空隙的形态和结构分别属于天然多孔介质和多重性多孔介质，同一般多孔介质有着类似的特征和规律。

在实际填埋场，在渗滤液水位以上的垃圾固体颗粒之间的空隙往往同时充满气体和液体，渗滤液水位以下的垃圾堆填体空隙内部充满了液体，气体很难在垃圾堆体内部迁移扩散。库区内渗滤液水位壅高是困扰我国垃圾填埋场安全、高效运行的核心问题。垃圾填埋场水位高的主要原因是垃圾填埋场渗滤液产量大，底部渗滤液排水层设计不足，堵塞严重。因此，垃圾填埋场是气、液、固三相共存的复合系统（图 3.1），垃圾填埋场内存在气、液混合流动。

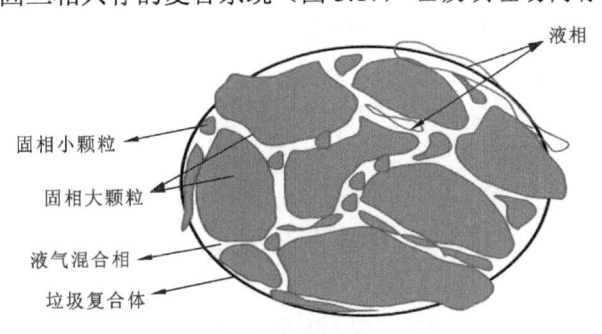

图 3.1 垃圾土复合系统示意图

3.1.2 多孔介质中的达西定律和气体渗透率

达西定律是控制流体在多孔介质之中流动的基本定律，达西定律是在砂层垂直滤水试验的基础上提出的。达西1856年通过多次不同条件下的试验得到了出水口的计算公式：

$$Q = CA\Delta(p - \rho gz)/L \tag{3.1}$$

式中：C为渗透系数（m/s）；Δ为压力差；L为多孔介质长度（m）；p为压力（Pa）；ρ为流体密度（kg/m³）；g为重力加速度（m/s²）；z为垂直方向的相对位置差（m）；Q为体积流量（m³/s），A为样品截面面积（m²）。

在一般情况下，计算多孔介质中单位面积的体积流量（$q=Q/A$）比计算总流量Q更加简单，故此，采用体积流量的达西定律可以写为

$$q = Q/A = K\Delta(p - \rho gz)/L\mu \tag{3.2}$$

式中：K为渗透率（m²）；μ为流体动力黏度系数（Pa·s）。

在多孔介质中，各个位置处的流量是一个瞬时的变化过程，不管在径向方向还是在竖直方向上，需要采用微分方程来描述流体在多孔介质内部的运移规律，从微分方程可知，流体在多孔介质中的流速只与气体黏滞系数的大小有关，在垂直方向和径向上达西定律的微分形式可表示为

$$q_v = Q/A = -Kd(p - \rho gz)/dz\mu \tag{3.3}$$

在同一高度上，水平径向上的达西定律的微分形式可表示为

$$q_h = Q/A = -Kd(p - \rho gz)dz\mu = -Kdp/\mu dx \tag{3.4}$$

对多孔介质而言，介质的不均匀性和异质性导致了水平径向方向的气体渗透率和垂直方向上的气体渗透率是不相同的，对于一般的多孔介质，水平方向的气体渗透率大于垂直方向的气体渗透率，在不同径向距离处的气体渗透率也存在差异。本节中，为了表述方便，假设同一水平面上的气体渗透率是不变的，气体渗透率只存在垂直方向上的差异。气体渗透率的大小受很多因素的影响，例如，多孔介质的材料、介质体内部的压力和温度等。

3.1.3 气体径向稳态流动描述

在多孔介质中，一个外边界气体压力恒定为常数，通过注气手段向多孔介质内部注入空气，注入的流量保持不变。上述的问题可通过达西定律来解决。

如图3.2所示，一个厚度为H、水平方向的气体渗透率为K的堆体，在多孔介质中心有一口垂直的气井，井筒半径为R_w，假设在半径R_d处的气体压力一直保持为它初始的气体压力，在注气条件下，利用达西定律，可以得到稳态条件下的压力分布。

当注气井开始注气时，多孔介质任意位置处的压力会随着时间发生变化，但这个持续时间会很短，随着时间的延长，垃圾土堆体内部的气体压力会趋于稳定，即dp/dt=0，在稳态条件下，边界处的流量与注气井井壁处的井筒流量是相同的，利用达西定律计算径向方向的流量Q可以表示为

$$Q = KAdp/\mu dR \tag{3.5}$$

在距离注气井中心径向距离R处，多孔介质中垂直于流体的横截面面积为$2RH\pi$，故此，Q可表示为

$$Q = 2\pi KHdpR/\mu dR \tag{3.6}$$

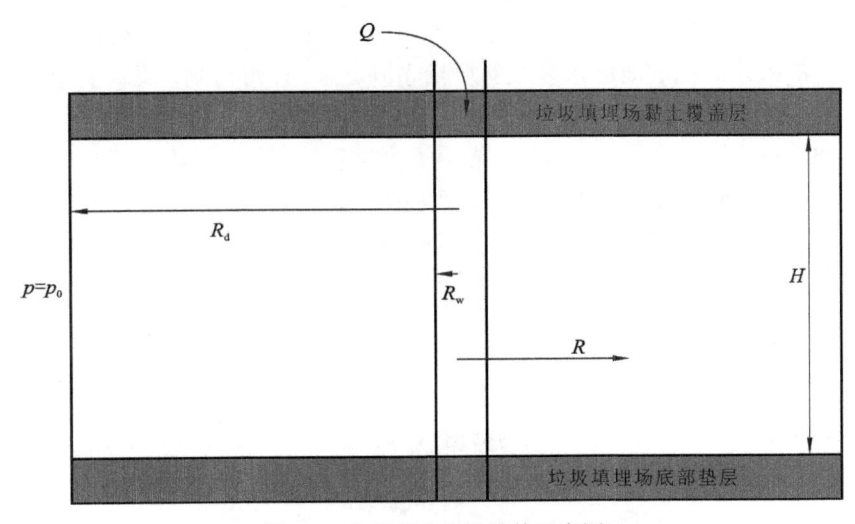

图 3.2 有界圆形垃圾堆体示意图

利用微分方程求解方法，分离变量，从注气井处到 R_d 处积分可得

$$\frac{\mathrm{d}R}{R} = \frac{2\pi KH}{\mu Q}\mathrm{d}p \tag{3.7}$$

$$\int_{p_0}^{p}\frac{\mathrm{d}R}{R} = \int_{p_0}^{p}\frac{2\pi KH}{\mu Q}\mathrm{d}p \tag{3.8}$$

$$p(R) = p_0 - \frac{\mu Q}{2\pi KH}\ln\left(\frac{R}{R_d}\right) \tag{3.9}$$

利用上述公式就可以得到在注气过程中稳态条件下多孔介质内部的气体压力随径向距离的分布规律。

3.1.4 气体径向流动质量守恒方程

求解多孔介质内部流体流动问题时，达西定律不能解决流体流动的瞬态问题，为了能够解决这个问题，引入质量守恒定律。在垃圾填埋场好氧修复过程中，在研究垃圾土堆体内部的流体流动规律时，使用圆柱形坐标系比笛卡儿坐标系更加方便，图 3.3 所示为径向坐标中压力扩散方程的环形区域。

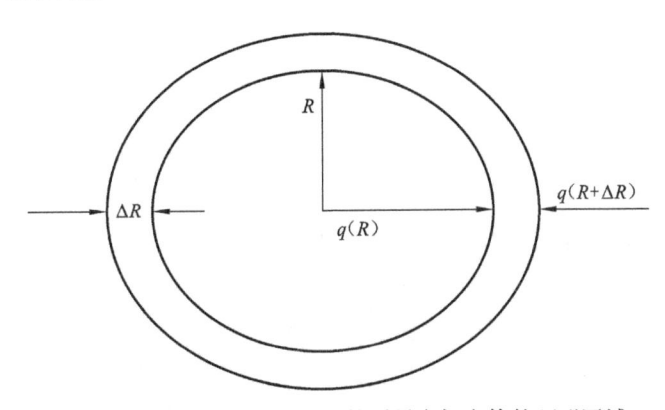

图 3.3 用于推导圆柱坐标下的质量守恒定律的环形区域

在径向坐标下得到压力扩散方程的正确形式，在多孔介质中，在流体流动过程中，考虑一个流体流过 R 和 R^+ 之间的薄环形区域的质量守恒定律，即可得到：流入量-流出量=单元体积增加量。由几何关系可得到流过的截面面积为：$A(R)=2\pi RH$，故此，该环形区域的质量守恒方程为

$$[2\pi RH\rho(R)q(R) - 2\pi(4+\Delta R)H\rho(R+\Delta R)q(R+\Delta R)]\Delta t = m(t+\Delta t) - m(t) \quad (3.10)$$

式中：$m(t+\Delta t)$ 为 $t+\Delta t$ 时刻的质量；$m(t)$ 为 t 时刻的质量。

两边同时除以 Δt，则

$$[2\pi RH\rho(R)q(R) - 2\pi(4+\Delta R)H\rho(R+\Delta R)q(R+\Delta R)] = \frac{\partial m}{\partial t} \quad (3.11)$$

其中

$$m = \rho\varphi V = \rho\varphi 2\pi HR\Delta R \quad (3.12)$$

$$\frac{\partial m}{\partial t} = \frac{\partial \rho\varphi 2\pi HR\Delta R}{\partial t} = 2\pi HR\frac{\partial(\rho\varphi)}{\partial t}\Delta R \quad (3.13)$$

$$[2\pi RH\rho(R)q(R) - 2\pi(4+\Delta R)H\rho(R+\Delta R)q(R+\Delta R)] = 2\pi HR\frac{\partial(\rho\varphi)}{\partial t}\Delta R \quad (3.14)$$

式（3.14）两边同时除以 ΔR，可得

$$-\frac{\partial(\rho q R)\Delta R}{\partial R} = R\frac{\partial(\rho\varphi)}{\partial t} \quad (3.15)$$

上述公式即为径向坐标下的质量守恒定律。同理可得到在笛卡儿坐标系下的质量守恒定律的表达式为

$$-\frac{\partial(\rho q)}{\partial x} = \frac{\partial(\rho\varphi)}{\partial t} \quad (3.16)$$

$$\frac{\partial(\rho\varphi)}{\partial t} = \rho\varphi\left[\left(\frac{1}{\varphi}\frac{d\varphi}{dp}\right) + \left(\frac{1}{\rho}\frac{d\rho}{dp}\right)\right]\frac{\partial p}{\partial t} = \rho\varphi(c_\varphi + c_f)\frac{\partial p}{\partial t} \quad (3.17)$$

式中：φ 为孔隙度；c_φ 为孔隙系数；c_f 为压缩系数。

在圆柱坐标系下，将达西定律、质量守恒定律结合可以推导气体压力的微分控制方程为

$$\frac{K}{\mu}\frac{\partial}{\partial R}\left(\rho R\frac{\partial p}{\partial R}\right) = \rho\varphi(c_\varphi + c_f)\frac{\partial p}{\partial t} \quad (3.18)$$

$$\frac{1}{R}\frac{\partial}{\partial R}\left(\rho R\frac{\partial p}{\partial R}\right) + c_f\left(\frac{\partial p}{\partial R}\right)^2 = \frac{\varphi\mu(c_\varphi + c_f)}{K}\rho\frac{\partial p}{\partial t} \quad (3.19)$$

式中：μ 为运动黏度系数。

3.2 垃圾土中气体渗透特性及与孔隙结构的关系

3.2.1 垃圾土气体渗透试验研究进展

生活垃圾从土力学的角度定义为"垃圾土"，是一种多孔介质。渗透率的定义为多孔介质流体在孔隙中的流动的量，渗透率本身能反映出多孔介质自身传递流体难易程度。渗透率的影响因素有：多孔介质材料的孔隙度的大小、介质内部孔隙的结构、颗粒级配及颗粒排列等。

固有渗透率常用 k 表示，固有渗透率同一般渗透系数 κ、常用渗透系数 K 之间的关系如下（魏海运 等，2007）：

$$\begin{cases} k = \dfrac{\kappa \mu}{\rho g} \\ K = \dfrac{\kappa}{\rho g} \\ \kappa = \dfrac{k}{\mu} \end{cases} \qquad (3.20)$$

式中：k 为固有渗透率（m^2）；κ 为一般渗透系数（m/s）；K 为常用渗透系数[$m^2/(Pa \cdot s)$]；μ 为气体黏度系数（$Pa \cdot s$）；ρ 为气体密度（kg/m^3）；g 为重力加速度（m/s^2）。

多孔介质中的固体骨架是影响流体流经孔隙的重要影响因素，随着流体流动，多孔介质的固体骨架的渗透特性会发生改变。对于一般土，固体骨架在上覆荷载的作用下会发生沉降和固结，导致土体固体骨架改变，从而影响土的渗透特性。对于垃圾土，渗透特性的影响因素主要包括上覆荷载、填埋龄、垃圾组成成分等。在垃圾土发生沉降过程中，在上覆荷载的作用下，垃圾土的固体骨架受压缩而变形，孔隙结构发生变化，渗透率发生变化。随着填埋龄的增加，垃圾土中的有机物在微生物作用下分解产生渗滤液和填埋气体，有机物为垃圾土的主要固体骨架，随着年份的增加，垃圾填埋场发生沉降和变形，最终导致垃圾的渗透特性发生变化。

1. 压实密度对垃圾土渗透率的影响

垃圾填埋场的库容和体积可用来估算垃圾的压实密度，垃圾在填埋过程中分层碾压密实后会发生降解，这样垃圾土的压实密度会发生变化。压实密度的测试方法有：环刀法、罐砂法等。用于道桥施工和桥梁建设中的土物理性质测试方法较成熟，但是垃圾土的物理性质测试方法不够完善。垃圾取样、运输、保存、测试方法都不相同。上覆荷载、含水率、垃圾的分层厚度、垃圾组分、压实工艺是影响垃圾压实密度的五大因素（彭绪亚 等，2003）。

在垃圾填埋过程中，上覆应力主要来源于机械的压力，而当垃圾填埋封场后，引起上覆应力的主要是垃圾的自重。垃圾的压实密度随着上覆载荷的变化而变化，在压力的作用下垃圾的变形可分为塑性变形、不可逆蠕变和范性变形三个阶段，而关于压实密度与上覆应力之间的数学模型目前还比较少。

垃圾土中垃圾组分的力学特性不同：纸张、织物等组分易于压缩变形，孔隙变化明显；橡胶、金属等材料具有弹性，会发生弹性变形；木材等组分，在压实过程中会阻碍变形，为垃圾土中主要的固体骨架；随着厨余垃圾降解，陈腐垃圾中无厨余垃圾，厨余垃圾中高有机质含量的组分是影响垃圾压实密度最主要的因素；渣土、碎石、玻璃等垃圾变形较小，对垃圾压实密度影响程度较小。

影响垃圾压实密度最主要的因素是垃圾中的含水率。垃圾被压缩过程中，水能减小各垃圾组分之间的摩擦力。垃圾土中含水率与压实密度的变化关系没有理论模型，垃圾含水率受地域、填埋深度等因素的影响，难以发现统一的变化规律。

垃圾在填埋过程中分层压实，每层的填埋厚度不同，压实密度会随填埋深度的变化而变化，压实密度取决于压实机械类型和工艺，机械接地压力、碾压次数等组成了垃圾土的压实工艺。

垃圾土渗透性对垃圾土内部的气体运移具有重要作用，是影响垃圾填埋场内气体运移及抽-注气井设计的主要参数之一。Chen 等（1995）开展室内渗透率试验，研究了渗透率随垃圾土试样密度和水力梯度的变化关系，随着垃圾土密度的增大，渗透率减小，但渗透率与压力并无明显变化关系。Jang 等（2002）通过室内试验测得现场钻孔取样垃圾的不同压实密度下的渗透率，发现渗透率随压实密度的增加而减小。彭绪亚等（2003）在室内试验中，确定了垃圾土在水平方向上的渗透系数远大于垂直方向的渗透系数，为 7.5～20 倍，且垃圾土的渗透系数与垃圾土的压实密度、含水率分别呈现指数、线性递减规律。施建勇等（2015）通过室内试验开展了气体压力、孔隙等影响因素对垃圾土气体渗透系数影响研究，确定了渗透系数随压力呈现非线性的特性，且随着孔隙比的增大，垃圾土的渗透系数增大。以上研究主要讨论了垃圾土渗透率的主要影响因素及其变化规律。

部分学者开展现场渗透率试验，确定现场垃圾土渗透率范围及变化规律。Jain 等（2005）通过现场短期通风试验取得垃圾填埋场气体渗透率，并确定了深部垃圾土的渗透率约为浅部垃圾土渗透率的 1/3。Wu 等（2012）在北京某填埋场进行短期通风试验获得该垃圾填埋场气体渗透率范围为 $1.2×10^{-13}$～$1.9×10^{-12}$ m²，渗透率随着填埋场的深度增加而大幅度减小，这主要是由上覆荷载压力及垃圾土深部存在较多细颗粒导致。侯贵光等（2003）在马鞍山市垃圾填埋场开展现场抽气试验，确定了抽气压力、气体流量和甲烷含量的关系，抽气流量与抽气压力接近线性关系。

垃圾土压实密度在增加的同时，垃圾土内部有效应力增加，垃圾土固体骨架发生压缩变形，孔隙度和渗透率都变小。国内外学者测试压实密度和渗透率关系如表 3.1 所示。

表 3.1 压实密度与渗透率的对应关系

文献	测试方法	压实密度/(kg/m³)	渗透率/m²
Chen 等（1995）	室内测试	60	$1.86×10^{-12}$～$8.2×10^{-11}$
		320	$1.21×10^{-14}$～$8.3×10^{-13}$
		480	$2.3×10^{-14}$～$7.7×10^{-14}$
Rowe 等（1996）	现场测试（1～40 m）	—	10^{-11}～10^{-17}
Jang 等（2002）	室内试验	800	$2.95×10^{-12}$
		1 000	$1.07×10^{-12}$
		1 200	$2.91×10^{-13}$
彭绪亚等（2003）	室内试验	600	κ_h: $2.99×10^{-7}$～$5.46×10^{-7}$
			κ_v: $1.19×10^{-8}$～$6.28×10^{-8}$
		700	κ_h: $4.04×10^{-8}$～$2.02×10^{-7}$
			κ_v: $3.90×10^{-9}$～$1.71×10^{-8}$
		800	κ_h: $7.7×10^{-9}$～$6.61×10^{-8}$
			κ_v: $1.60×10^{-9}$～$1.80×10^{-9}$
		900	κ_h: $1.60×10^{-9}$～$3.42×10^{-8}$
			κ_v: $3.2×10^{-10}$～$1.1×10^{-9}$
Kallel 等（2004）	室内试验	581～1 482	10^{-10}～10^{-9}
瞿贤等（2005）	室内试验	750～950（新鲜垃圾）	$1.26×10^{-12}$～$1.43×10^{-12}$
		1 200～1 400（陈腐垃圾）	$1.35×10^{-13}$～$8.29×10^{-13}$

续表

文献	测试方法	压实密度/（kg/m³）	渗透率/m²
Jain 等（2005）	现场试验	—	$1.9×10^{-13}～3.2×10^{-11}$
Hossain 等（2009b）	室内试验	700	$1.5×10^{-12}～9.0×10^{-12}$
		800	$1.4×10^{-12}～5.8×10^{-12}$
		900	$8.7×10^{-13}～4.0×10^{-12}$
Stoltz 等（2010）	室内试验	490～600	$10^{-15}～10^{-10}$
Wu 等（2012）	现场试验	—	$1.8×10^{-12}～1.93×10^{-12}$
		—	$2.7×10^{-13}～3.3×10^{-13}$
		—	$1.2×10^{-13}～1.4×10^{-13}$
易富等（2014）	室内试验	600～850	$10^{-15}～10^{-12}$
Zeng 等（2019）	室内试验	690、760、830、860、900	$10^{-13}～10^{-12}$

2. 沉降变形对垃圾堆体渗透特性的影响

垃圾的沉降变形首先会改变垃圾土的压实密度，在垃圾沉降的过程中，孔隙度会发生变化，最终改变垃圾的渗透率。最早提出的渗透率与沉降的定量表征模型（Parker et al.，1987）为

$$K = C_1 \exp(-C_2 e) \tag{3.21}$$

$$e = \frac{H_0 - H}{H} \tag{3.22}$$

式中：K 为渗透系数（m/s）；C_1，C_2 为沉降常数；e 为沉降率；H_0 为初始垃圾厚度（m）；H 为某时刻测得垃圾的填埋高度（m）。

垃圾土具有非均质性、各向异性的特点，水平方向和垂直方向上的渗透可以通过以下两个公式来确定 K_v 和 K_h：

$$K_v = \frac{\sum H_i}{\sum (H_i K_i)} \tag{3.23}$$

$$K_h = \frac{\sum (H_i K_i)}{\sum H_i} \tag{3.24}$$

式中：K_v、K_h 分别为垂直方向和水平方向的渗透系数（m/s）；K_i 为第 i 层垃圾的渗透系数（m/s）；H_i 为第 i 层垃圾的填埋高度（m）。

Bleikei 等（1993）采用圆柱体测试不同荷载下现场钻取混合垃圾土的沉降量，得出了沉降常数的值。在室内试验的同时，还通过现场抽水试验分别测试了水平和垂直方向的渗透系数，从结果可以看出，水平方向的渗透系数大于垂直方向的渗透系数，这一结果与彭绪亚等（2003）相同。Oliver 等（2007）通过室内试验测试垃圾土的垂直方向的渗透系数，测试了不同降解月份下垃圾土中的纸张含量，观测到填埋初期的沉降量最大，沉降的速率和垃圾的孔隙度在逐渐减小。Reddy 等（2009）从填埋场选取垃圾样品进行室内试验，进行了垃圾组分分析，分别测试了垃圾土在载荷作用下的沉降，发现随着荷载的增加，渗透系数在减小，同时测试了含水率对压缩率的影响，含水率增加，压缩率减小，未给出垃圾沉降与渗透系数的

函数关系。

3. 填埋龄对垃圾土渗透率的影响

随着垃圾填埋龄的增加，垃圾土中的组成成分会发生变化，垃圾中的有机物逐渐被微生物分解。垃圾中的有机物主要组成起支撑作用的固体骨架，填埋龄越大的垃圾土，垃圾中最主要的骨架部分被分解得越多，并且固体骨架重新排列，从而导致孔隙结构和渗透特性的变化。根据垃圾的沉降规律，垃圾填埋场封场后主要为降解引起的沉降变形，所以垃圾填埋龄的渗透率也会不同。Shank（1993）研究了填埋龄期与渗透系数的关系；Jain 等（2006）测试了埋深对渗透系数的影响。

垃圾的不同组分的可降速率不同，垃圾中的有机物含量随着填埋龄的增加逐渐被分解成为 CH_4、CO_2 等填埋气体和渗滤液，垃圾土的体积减小。垃圾的组成成分会直接影响垃圾的降解速率，从而影响垃圾的沉降和垃圾土内部的孔隙度，最终影响垃圾土渗透特性。随着填埋龄的增加，垃圾的组分发生变化，沉降增加。垃圾沉降影响垃圾的组成成分对垃圾渗透率的影响。

3.2.2　垃圾土室内渗透试验最佳进气压力的确定

根据达西定律推导得到的渗透率计算公式可知，气体渗透率的测试结果由气体黏性、横截面积、流速和气体压力梯度或平方梯度计算得到。试验开启时的入口压力一般由标准氮气源（或瓶）提供，作者团队通过大量试验发现入口压力对测试结果有影响，即随着入口压力的增大，气体渗透率测试结果变小。这样就引申出一个问题，入口压力（或进气压力）设置多少合适？有学者在垃圾填埋场现场开展监测试验发现最大的气体压力可以达到 8 kPa，以这个值作为入口压力的参考上限，开展室内试验，并对最佳进气压力进行分析。

1. 气体渗透率计算模型

垃圾土是一种经过压缩形成的具有典型多孔介质结构的土，气体渗透过程遵循达西定律。当考虑气体具有可压缩性时，渗透率计算模型可写为（叶为民 等，2009）

$$K = \frac{2\mu p_0 L v}{P_A^2 - P_B^2} \tag{3.25}$$

式中：v 为气体出口的流速（m/s）；K 为渗透率（m²）；μ 为气体黏滞系数（Pa·s）；P_A 为模型进气压力（kPa）；P_B 为模型出口气体压力（kPa）；P_0 为大气压，一般取 101.3 kPa；L 为试样高度（mm）。

当假设气体不可压缩时，渗透率计算模型可写为（Iversen et al.，2001）：

$$K = -\frac{v\mu L}{P_B - P_A} \tag{3.26}$$

2. 试验装置和方法

1）试验装置

采用自制的生活垃圾渗透率/孔隙度测试试验装置（Liu et al.，2011）开展载荷作用下垃圾堆体的渗透试验，装置直径为 100 mm、高度为 300 mm。

设备的实物图和部分细节构造如图 3.4 所示，主要由气源（氮气）、加载室、加载活塞、气体流量计组成。氮气由加载室底部进入垃圾样本，再由加载室顶部流出，气体经过气体流量计排入大气，从气体流量计读取气体流量。

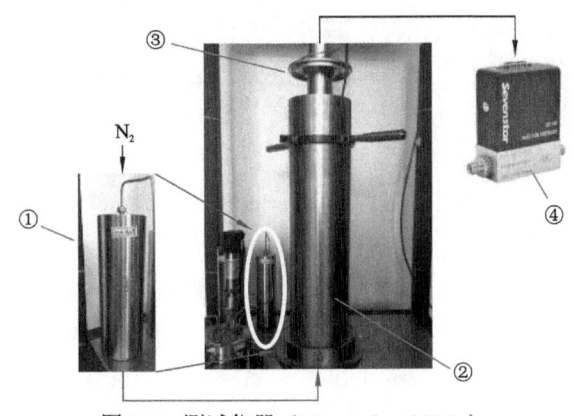

图 3.4　测试仪器（Liu et al., 2016a）
①气体标准室；②加载室；③加载活塞；④气体流量计

2）试验材料与方法

试验材料采用配比的新鲜垃圾和填埋场钻取的陈腐垃圾。试验配比的新鲜垃圾样品取自武汉某居民区生活垃圾，垃圾配比参考武汉市生活垃圾组成。配比材料中具有较高压缩性的纸张、塑料、草木等为软性材料，尺寸过大会对渗透试验造成较大误差，因此各组分的粒径均人工破碎至 30 mm 以下，之后混合均匀垃圾土各试样组分并密封养护 24 h，使垃圾中水分混合均匀，测得含水率为 63%，其组分和比例如表 3.2 所示。

表 3.2　新鲜垃圾土试样组分表

组分	比例/%	质量/kg
厨余	50	0.800
纸张	15	0.240
织物	3	0.048
塑料	3	0.048
草木	3	0.048
渣土	20	0.320
玻璃	6	0.096

本试验所采用的陈腐垃圾样品钻孔取自武汉市北洋桥垃圾填埋场，垃圾填埋龄 10 年以上，其基本物理力学性质见表 3.3。

表 3.3　陈腐垃圾土的基本物理性质指标

取样深度/m	含水率/%	孔隙比	重度/(kN/m^3)
3～5	60	0.8	6.4

试样直径为 100 mm、高度为 300 mm，制样时首先将原状垃圾样搅拌均匀，同时除去金属、玻璃等大块难破碎成分并把塑料、纤维、砖石、竹木等处理成特征粒径小于 30 mm，然后称取一定质量的试样击实。

根据试件体积，分三层压实垃圾材料，为减小误差在加载室内壁涂抹一层凡士林，减少气体沿内壁的流失，制备 2 个垃圾试样，减少试验误差。

在试验开始时，调节加载压力调节阀，将试样压至预先设计的压实密度，等到竖向变形稳定后进行渗透试验。通过调节进气压力调节阀，调节不同进气压力。垃圾填埋场运行过程中气体压力通常为 100～2 000 Pa。有学者在现场监测过程中发现，当填埋气体导排效果较差时，气体易引发淤积现象，此时压力可达 2 490～9 500 Pa（McBean et al.，1995）。基于以上实测结果，本试验选取进气压力值为 1～10 kPa，试验出口端为大气压。通过流量计记录出口气体流量，待气体流量达到稳定值后，读数记录。记录结束后，通过进气端压力调节阀调整进气压力（以 1 kPa 为间隔，分别进行渗透率的测试），重复上述试验过程，至进气压力为 10 kPa 后试验结束。根据中美垃圾填埋场垃圾土重度随填埋深度的变化，将新鲜垃圾压至压实密度 700 kg/m³、800 kg/m³、900 kg/m³，陈腐垃圾压至压实密度 700 kg/m³、900 kg/m³、1 000 kg/m³、1 200 kg/m³。试验过程中未发生水分流出现象。

3. 气体流量与压力梯度的线性关系

式（3.25）和式（3.26）分别为考虑了气体压缩性和不考虑气体压缩性的气体渗透公式。图 3.5～图 3.8 所示分别为考虑气体压缩性和不考虑气体压缩性的新鲜垃圾与陈腐垃圾气体流量与压力差的关系，测试结果均接近达西定律中的线性关系。分别对比图 3.5 和图 3.6、图 3.7 和图 3.8，两种垃圾样本在考虑气体压缩性和不考虑气体压缩性时得到的曲线规律基本一致，说明垃圾土具有良好的连通性。此外，从研究结果可以看出，采用 1～10 kPa 进行气体渗透试验时，气体压缩性对垃圾土气体渗透试验影响不大。

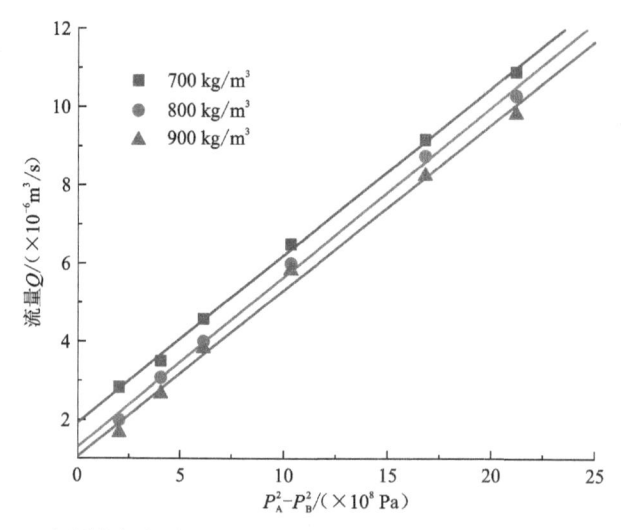

图 3.5 新鲜垃圾气体流量与压力平方差的关系（考虑气体压缩性）

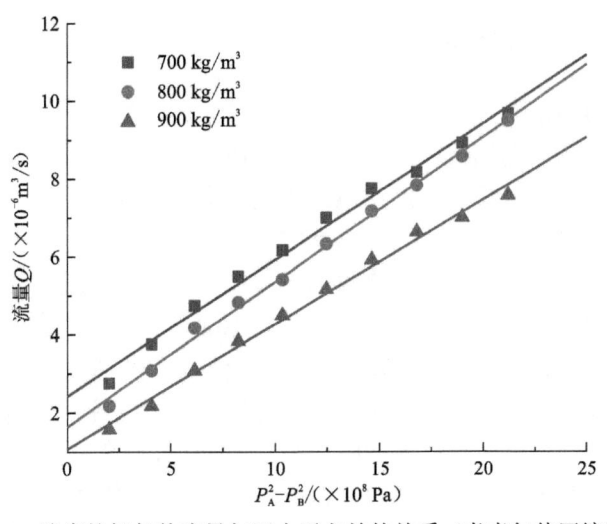

图 3.6 陈腐垃圾气体流量与压力平方差的关系（考虑气体压缩性）

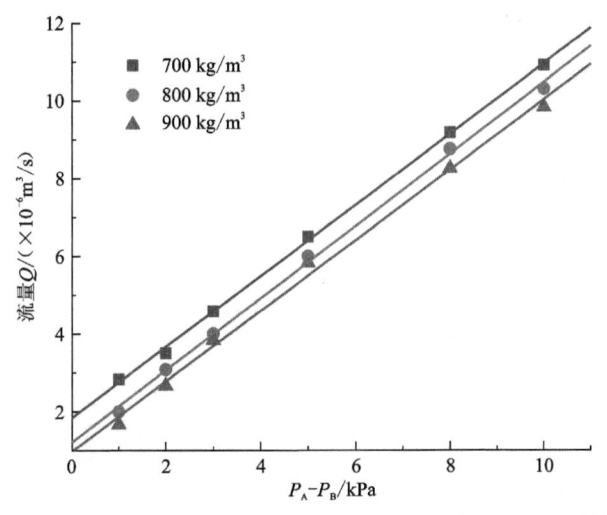

图 3.7 新鲜垃圾气体流量与压力差的关系（不考虑气体压缩性）

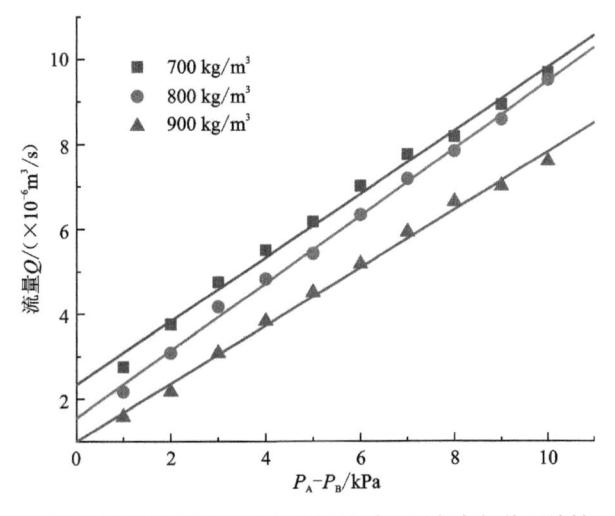

图 3.8 陈腐垃圾气体流量与压力差的关系（不考虑气体压缩性）

4. 压实密度对气体渗透率的影响

如图 3.5～图 3.8 所示，气体出口流量随压力梯度的增大而增大，在相同进气压力下，稳定时的气体流量随压实密度的增加而减小，在同一压实密度下，随着入口进气压力的增大，气体出口流量也在增大，新鲜垃圾与陈腐垃圾均遵循上述规律。

随着垃圾土压实密度的增加，气体渗透率需要的初始进气压力值也在增加。当垃圾土的进气压力在 1 kPa 以上时，出口端气体流量与压力梯度即可呈现线性关系，而黏土体达到气体流量与压力梯度呈现线性关系，进气压力需达到 100 kPa 以上（Iversen et al.，2001）。

图 3.9 和图 3.10 所示为不同压实密度下新鲜垃圾与陈腐垃圾的渗透率，由图表明，在相同进气压力下，随着压实密度的增加，试样在被压缩过程中，垃圾土的气体渗透率减小；在不同进气压力下，随着进气压力的增加，垃圾土的气体渗透率在减小。随着压实密度的增加，垃圾土被压实，孔隙体积减小，气体通道在减少，导致垃圾的气体渗透率随压实密度的增大而减小。垃圾土为多孔隙结构，在填埋过程中，随着上覆荷载的增加孔隙度会减小，渗透率会随堆积密度的增加而减小。

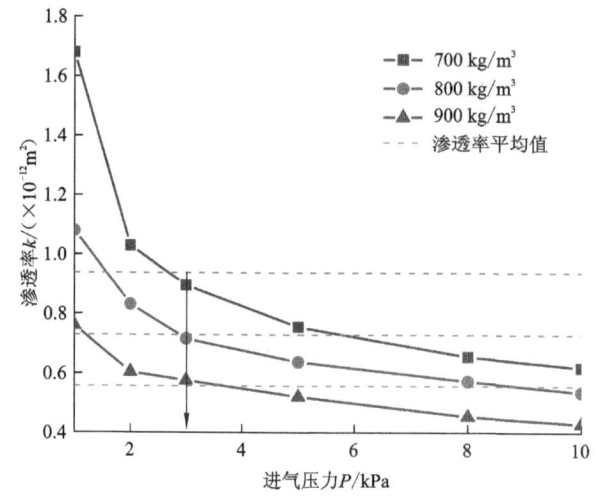

图 3.9 不同压实密度下新鲜垃圾气体渗透率与进气压力关系

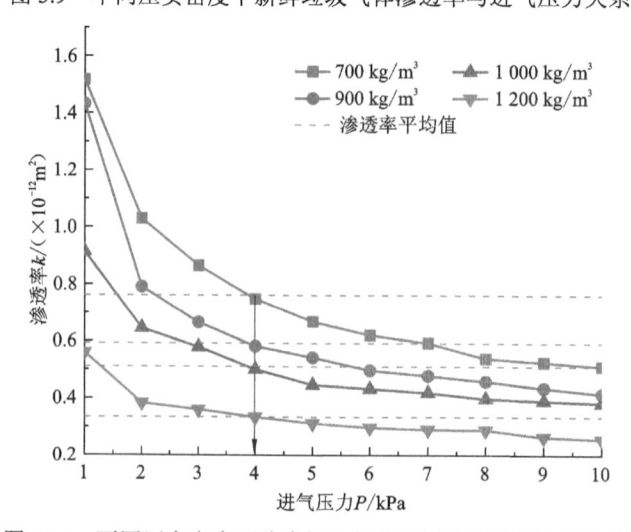

图 3.10 不同压实密度下陈腐垃圾气体渗透率与进气压力关系

5. 进气压力的确定

进气压力的大小对垃圾土的气体渗透率有较大影响。垃圾土是多孔隙结构,通常在气体流过瞬间就会在出口端监测到气体流速,进气端压力过大能导致垃圾土中水流动而影响试样中气体的迁移,会对试验结果产生较大的误差。因此,确定最佳进气压力对测试气体渗透率尤为重要。

开展不同堆积密度、不同进气压力下新鲜垃圾土与陈腐垃圾土的气体渗透率测试。通过调节加载压力控制阀,增大加压气缸的压力使加载活塞对垃圾试样加载得到不同的压实密度,试验过程中记录进气压力与气体渗透率。

新鲜垃圾 700 kg/m³、800 kg/m³、900 kg/m³ 在入口压力为 1~10 kPa 测试所对应的平均渗透率分别为 $9.39×10^{-13}$ m²、$7.29×10^{-13}$ m²、$5.57×10^{-13}$ m²。图 3.9 表明,新鲜垃圾气体渗透率的平均值与进气压力为 3 kPa 时所对应的气体渗透率最为接近,因此在室内试验测试气体渗透率时建议采用 3 kPa。Stoltz 等(2010)在新鲜垃圾土试样室内气体渗透率试验时,认为进气压力不能大于 2 kPa,但并未给出理论依据,本试验所得进气压力建议值与 Stoltz 建议值不同,可能是因为中法垃圾组分不同。

陈腐垃圾 700 kg/m³、900 kg/m³、1 000 kg/m³、1 200 kg/m³ 在进气口压力 1~10 kPa 测试所对应的平均渗透率分别为 $7.618×10^{-13}$ m²、$5.93×10^{-13}$ m²、$5.108×10^{-13}$ m²、$3.35×10^{-13}$ m²。图 3.9 表明,陈腐垃圾气体渗透率的平均值与进气压力为 4 kPa 时所对应的气体渗透率最为接近,因此在室内试验测试陈腐垃圾气体渗透率时进气压力建议采用 4 kPa。

3.2.3 垃圾土气体渗透率与孔隙度定量表征模型

1. 试验准备工作

1)试验设备

采用自制的生活垃圾 K-n 测试试验装置开展陈腐垃圾土室内气体渗透试验。测试试验装置主要参数:气压加载系统最大承压 800 kPa;加载室直径 10 cm、高度 30 cm;孔隙度测试参数(气体标准室 500 mL),位移计量程 0~150 mm;气体流量计量程 0~500 mL/min。试验设备如图 3.11 所示。

图 3.11 垃圾土孔隙度/渗透率测试试验装置
①气源(氮气);②加载室;③过滤器;④气体流量计

2）试验样品

试验所用样品钻孔取自武汉市北洋桥垃圾填埋场，取样深度分别为 3～4 m、5～6 m、7～8 m、9～10 m。垃圾填埋龄在 10 年以上。现场取样样品容器采用白色塑料桶按不同深度取样，并运回至实验室密封保存，做贴好标签记录样品信息。

不同城市垃圾的组成成分有着显著的差异，生活垃圾的主要来源是住宅和商业，成分复杂。生活垃圾大致可以划分为两大类：有机物和无机物，在大多数情况下，无机物生活垃圾可以分为五大类，如表 3.4（Hoornweg et al., 2012）所示。

表 3.4 生活垃圾的种类及材料类型

城市固废的种类	材料类型
有机物	食物残渣、庭院垃圾、木材、工艺残渣等
纸	纸屑、报纸、硬纸板、纸箱等（严格来说，纸张属于有机物，但是被食物残渣污染的纸不属于有机物）
塑料	塑料瓶、塑料杯子、塑料盖子、塑料袋、塑料容器、塑料包装等
玻璃	玻璃瓶、破碎的玻璃容器、电灯泡、有色玻璃等
金属	易拉罐、铝箔、罐头盒、无害气溶胶罐、电器（白色家电）、自行车、栏杆等
其他	纺织品、皮革、橡胶、电子垃圾、家电用品、多层板、灰烬、其他的惰性材料

为保证所采用垃圾样品成分分析具有代表性，按照不同深度范围对取回的垃圾进行成分分析，称取在同一深度范围的 5 kg 的陈腐垃圾土，采用人工分类的方法进行分类，并称量计算，组分分析结果如表 3.5 所示。

表 3.5 不同填埋深度下陈腐垃圾土组分含量

取样深度/m	有机物/%	塑料/%	玻璃/%	金属/%	腐殖质/%	其他/%
3～4	31.2	26.2	2.1	1.5	35.6	3.4
5～6	26.9	18.4	2.8	1.6	43.4	6.9
7～8	20.0	13.1	1.5	1.8	52.2	11.4
9～10	18.6	15.3	1.3	1.2	59.5	4.1

钻孔陈腐垃圾土如图 3.12 所示，不同垃圾组分照片见图 3.13。从垃圾成分组分分析的结果来看，垃圾颜色呈黑色，垃圾中的主要成分是木材、塑料、腐殖质和少量的玻璃、金属。

图 3.12 钻孔陈腐垃圾土照片

(a) 有机物

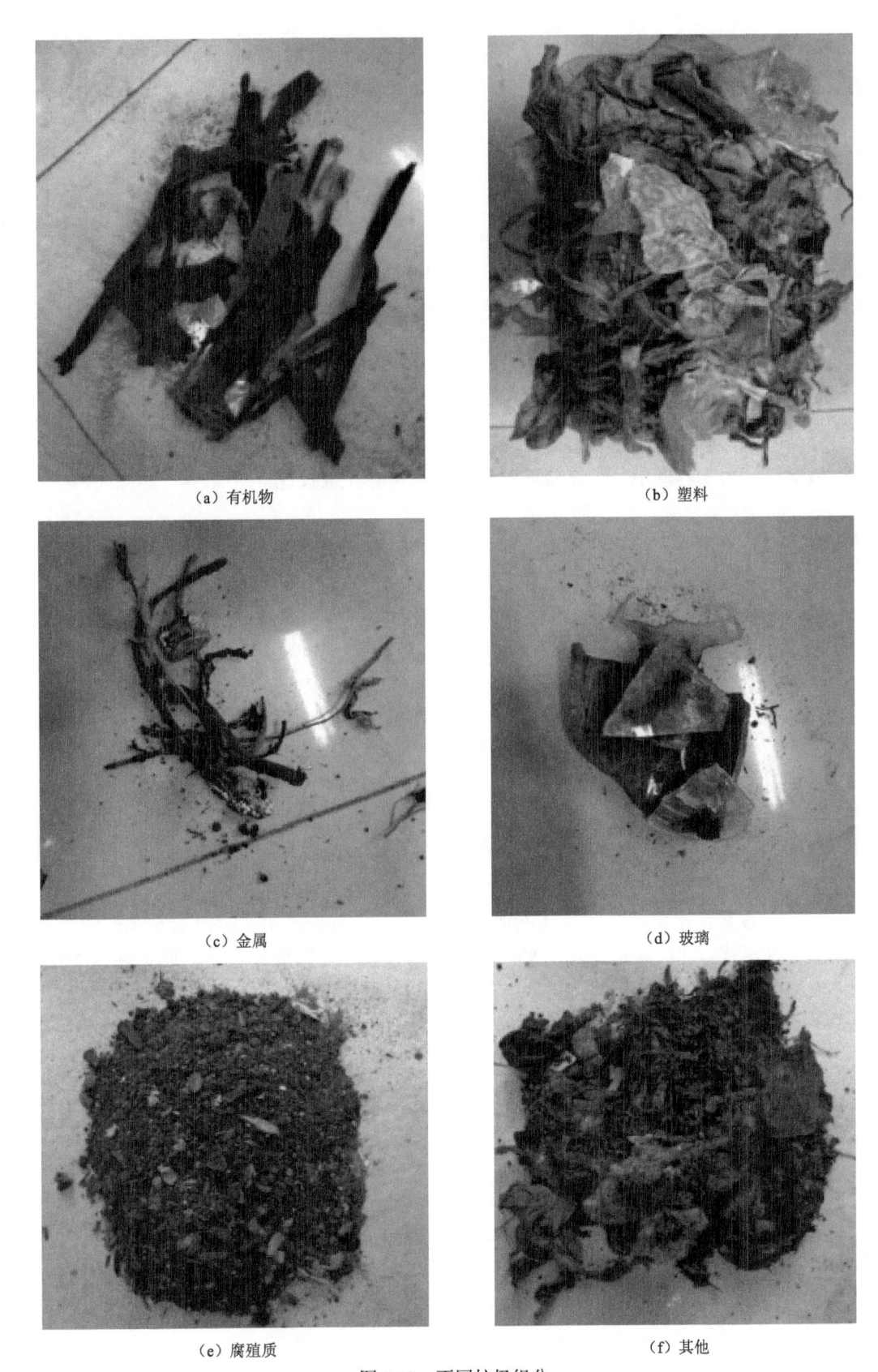

(b) 塑料

(c) 金属

(d) 玻璃

(e) 腐殖质

(f) 其他

图 3.13　不同垃圾组分

随着填埋深度的增加，陈腐垃圾中腐殖质的含量在逐渐增加，有机物的含量逐渐减小，有机物组成主要是木材和庭院垃圾。塑料、玻璃、金属及其他类型组分的比例变化不大。随着填埋龄的增加，垃圾中的有机物在微生物的作用下逐渐降解，剩下一些不易降解的垃圾成分。

3）试验方法

（1）气体渗透率计算方法

垃圾土是一种多孔介质材料，由固、液、气三相组成，气体渗透表现为非饱和渗透，在进行气体特性渗透时应考虑气体在垃圾土孔隙中体积的变化，在低气压渗透情况下，气体压缩性对气体渗透特性试验影响不明显，可以忽略不计。本章在计算时考虑气体压缩，采用式（3.25）进行气体渗透率的计算。

（2）孔隙度计算方法

孔隙度是孔隙体积与垃圾试验总体积之比。在孔隙度测试时，采用一定量的氮气通入装有垃圾样品的试样筒内，记录试验装置在平衡前和平衡后的体积，测试原理是基于玻意耳定律，在恒温下，密闭容器中，一定量的气体的压强与体积成反比：

$$P_1 V_1 = P_2 V_2 \tag{3.27}$$

式中：P_1 为试验装置内平衡前的压力；V_1 为试验装置内平衡前的体积；P_2 为试验装置内平衡后的压力；V_2 为试验装置平衡后的体积。

由玻意耳定律根据式（3.28）可计算出试验装置内平衡后的体积 V_2，即可获得垃圾试样中的孔隙体积。根据孔隙度的定义，孔隙体积与总体积之比，即可获得垃圾土试样的孔隙度：

$$V_{SC} \cdot P_1 = (V_{SPC} - V_S + V_{SC}) \cdot P_2 \tag{3.28}$$

式中：V_{SC} 为气体标准压力室的体积；V_{SPC} 为试样筒中垃圾土样本的体积；V_S 为试样的固体颗粒体积；P_1 为气体标准压力室的初始气压；P_2 为试样筒和气体标准压力室中稳定气压。

2. 不同含水率下陈腐垃圾土气体渗透率

垃圾填埋场中气体的渗流为非饱和渗流，垃圾土中水的存在和一般土相似，水在垃圾土中的存在形态主要有自由水和结合水，含水率对气体的渗流主要有三个方面的影响。①当含水率小于等于残余含水率时，垃圾土孔隙中的水分主要有悬着水、薄膜水和颗粒间分离的湾液面水三种形式，此时垃圾土中气体的运移阻力会减小，陈腐垃圾土的气体渗透率较大。②当垃圾土中含水率大于等于气泡封闭含水率，孔隙中的气体通道被以独立气泡形式存在的水隔断，陈腐垃圾土的气体渗透率明显降低。③当含水率小于气泡封闭的含水率且大于残余含水率的时候，液体会随着气体的流动而流动，垃圾土的饱和度和基质吸力对气体渗透率的影响更明显，垃圾土的气体渗透率变小。在本试验中应保证垃圾土中的水不随气体流动而流动，在试验过程中未见水析出。

经测试北洋桥垃圾填埋场中钻取的不同深度的陈腐垃圾土的含水率为 29.92%~48.68%，为研究不同含水率下陈腐垃圾土的气体渗透特性，将北洋桥取得的陈腐垃圾土经烘箱在 105 ℃下烘干至恒重，烘干后分别配比含水率 30%、50%的陈腐垃圾土试验。测试不同深度下不同堆积密度下的陈腐垃圾土的孔隙度，陈腐垃圾土在不同含水率下的压实密度和孔隙度的关系如图 3.14 所示。

(a) 3~4 m

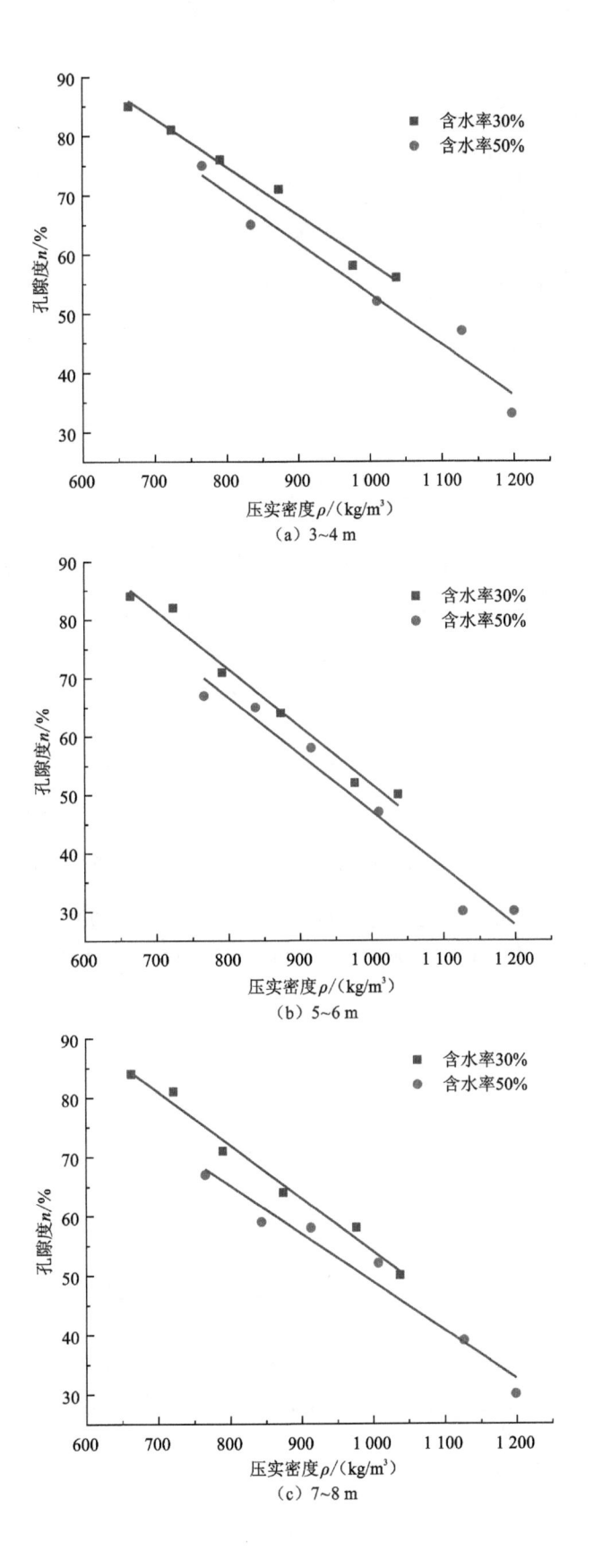

(b) 5~6 m

(c) 7~8 m

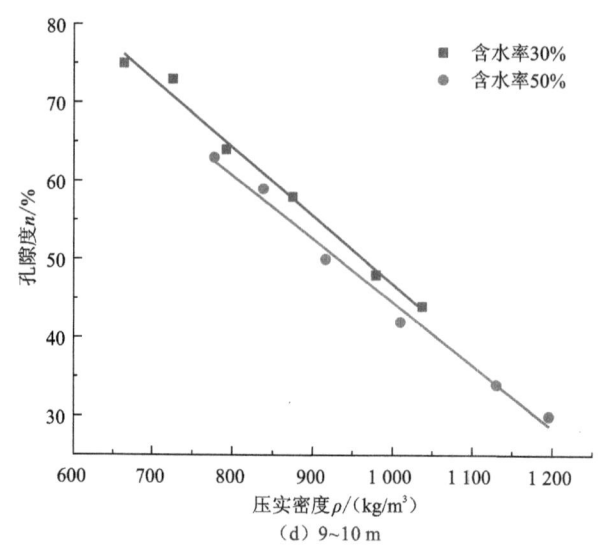

图 3.14 不同填埋深度下陈腐垃圾孔隙度与压实密度的变化关系

由图 3.14 可以看出，随着压实密度的增加，孔隙度在减小。在同一压实密度下，垃圾土中含水率大的孔隙度小，渗透率小。不同填埋深度下的垃圾土的孔隙度均与垃圾土压实密度呈线性关系。从图 3.14 中还可以看出，陈腐垃圾土含水率为 50%时的线性拟合直线斜率小于含水率为 30%时，说明随着压实密度的增加，垃圾土中孔隙度变化要慢一些，可能原因是垃圾土中水受气体流动影响较小。随着含水率的增加，不同填埋深度下的垃圾的孔隙度减小，渗透率降低。

3. 陈腐垃圾土渗透率与孔隙度定量表征模型及参数的确定

用于土体气体渗透率和孔隙度主要有 K-C 模型（Carman，1939）、幂函数模型（Stoltz et al.，2010）、对数函数模型（Rahman，2009；Poulsen et al.，2007）三种形式：

$$K = C\frac{n^3}{(1-n)^2} \tag{3.29}$$

式中：C 为常数（m^2）；n 为孔隙度。

$$K = an^b \tag{3.30}$$

式中：a、b 均为常数，a 的单位是 m^2。

$$\log K = a\log n + b \tag{3.31}$$

为了研究陈腐垃圾土的气体渗透率与孔隙度的协同演化规律，通过室内试验分别测试不同压实密度、不同含水率下陈腐垃圾土的气体渗透率和孔隙度，建立不同填埋深度、不同含水率、不同压实密度下陈腐垃圾土的孔隙度和渗透率定量表征模型。分别模拟 K-C 模型、幂函数模型和对数函数模型，模拟的结果如图 3.15、图 3.16 所示。

从表 3.6 可以看出，在同一含水率下，采用 K-C 模型拟合得到的常数 C 的值随填埋深度的增加而增加，而陈腐垃圾土的渗透率随填埋深度的增加而减小。其他模型的参数未发现其变化规律，需要开展大量的试验来进行研究。

（a）3~4 m

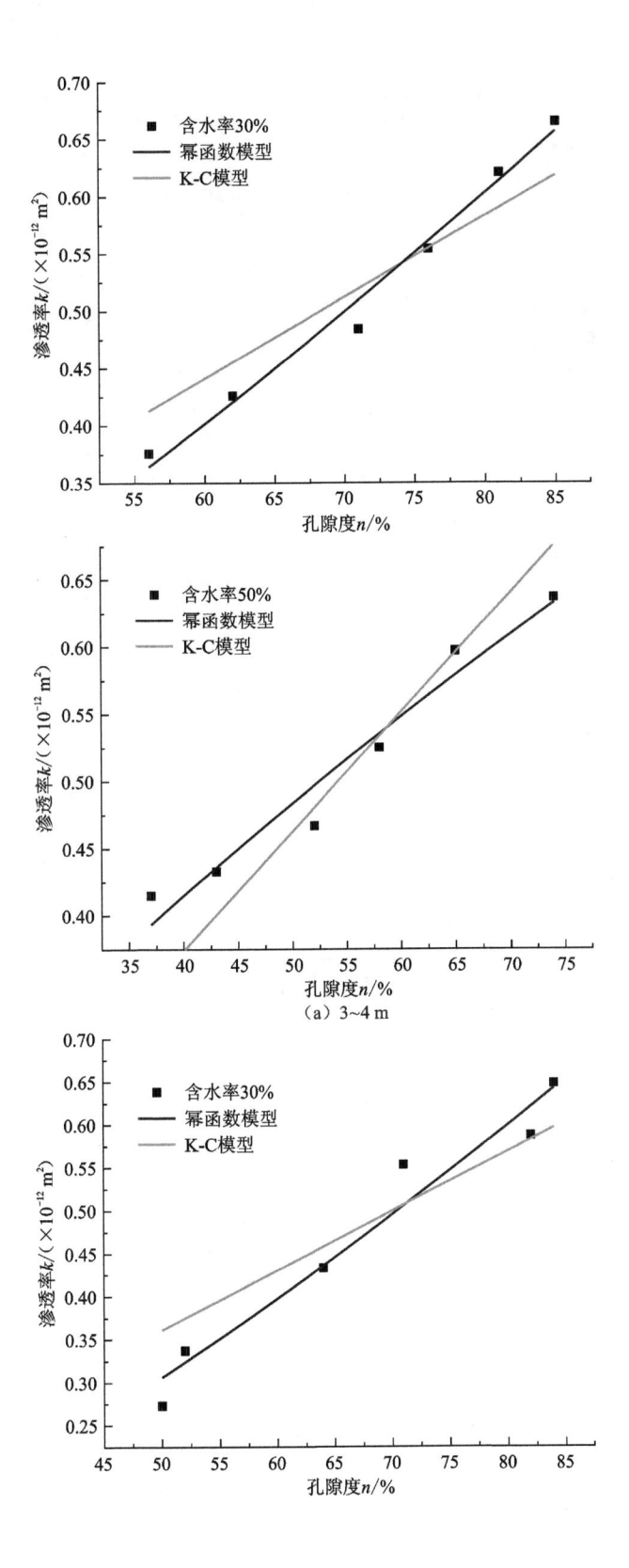

(b) 5~6 m

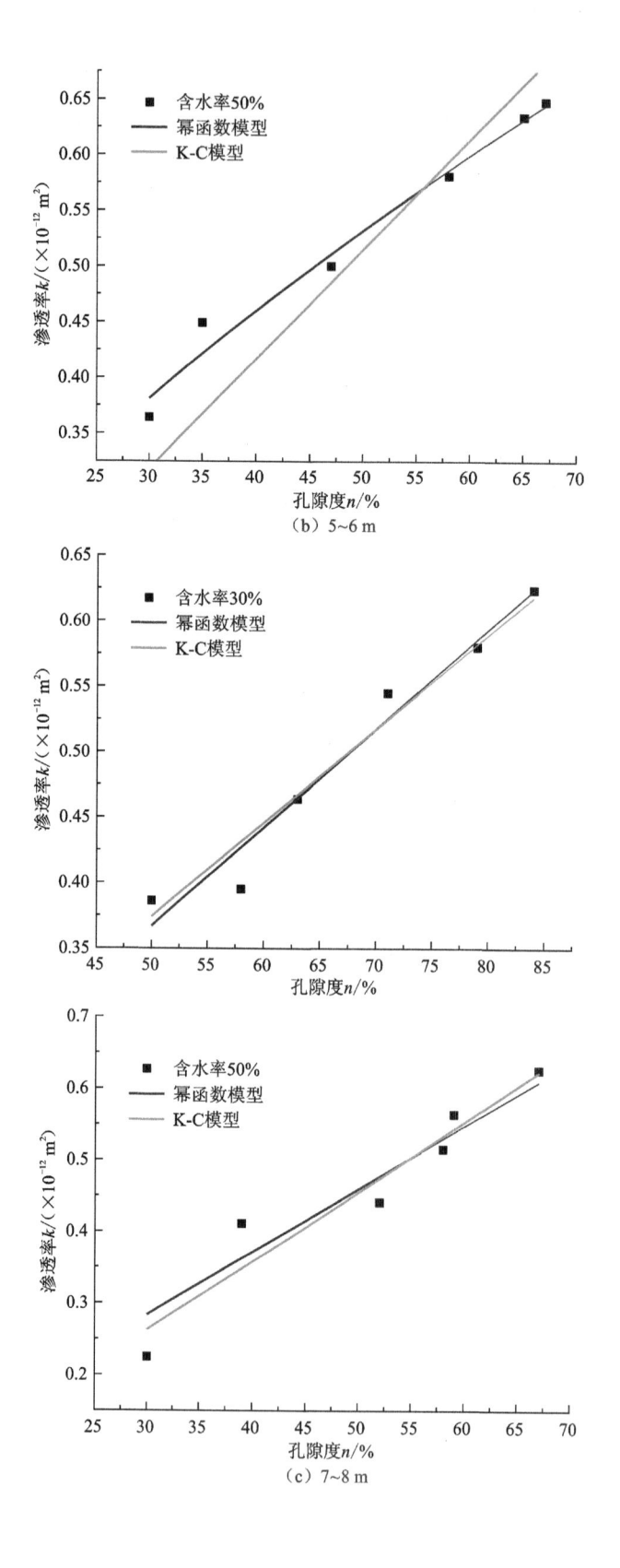

(c) 7~8 m

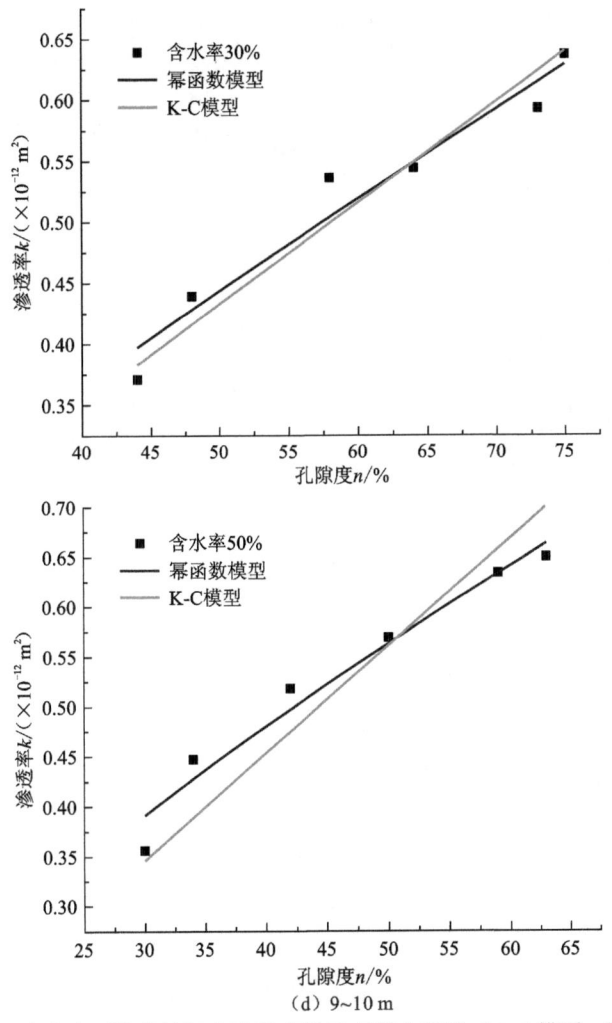

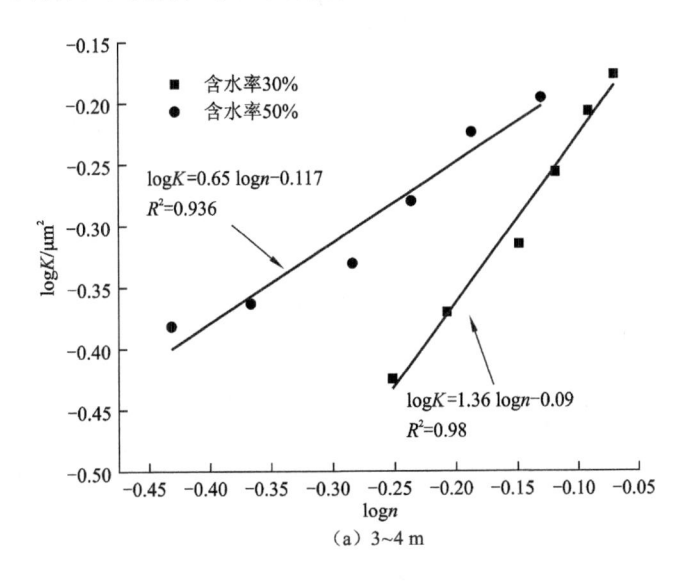

图 3.15　不同含水率下陈腐垃圾土孔隙度渗透率拟合模型（K-C 模型、幂函数模型）

$\log K = 0.65 \log n - 0.117$
$R^2 = 0.936$

$\log K = 1.36 \log n - 0.09$
$R^2 = 0.98$

（a）3~4 m

(b) 5~6 m

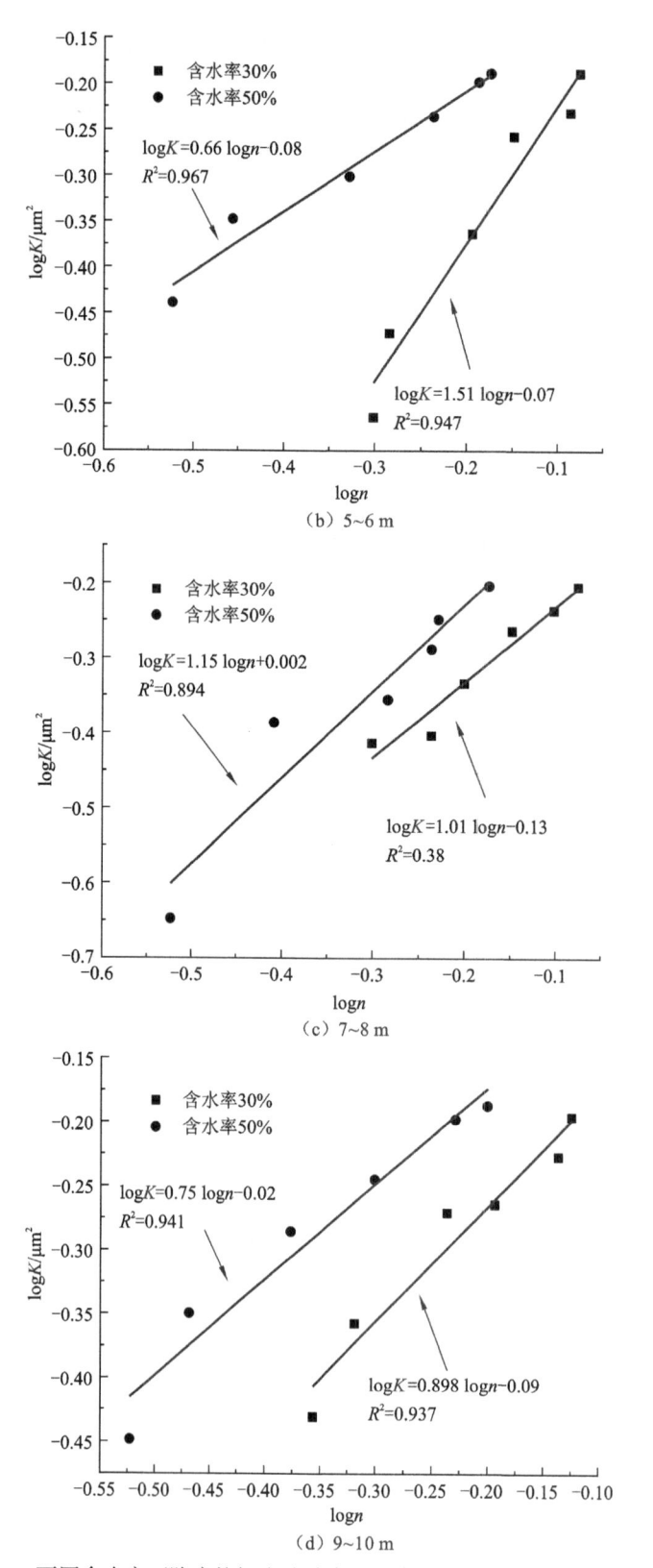

(c) 7~8 m

(d) 9~10 m

图 3.16 不同含水率下陈腐垃圾土孔隙度渗透率拟合模型（对数函数模型）

表 3.6 拟合公式中的具体参数

对比分析	含水率/%	K-C 模型	幂指数函数	R^2 K-C 模型	R^2 幂函数
3～4 m	30	$K = 7 \times 10^{-15} \dfrac{n^3}{(1-n)^2}$	$K = 1.23 \times 10^{-15} n^{1.4}$	0.840	0.981
	50	$K = 8.89 \times 10^{-15} \dfrac{n^3}{(1-n)^2}$	$K = 3.3 \times 10^{-14} n^{0.86}$	0.818	0.944
5～6 m	30	$K = 6.93 \times 10^{-15} \dfrac{n^3}{(1-n)^2}$	$K = 1.15 \times 10^{-14} n^{1.43}$	0.867	0.946
	50	$K = 9.9 \times 10^{-15} \dfrac{n^3}{(1-n)^2}$	$K = 4.1 \times 10^{-14} n^{0.65}$	0.818	0.976
7～8 m	30	$K = 7.13 \times 10^{-15} \dfrac{n^3}{(1-n)^2}$	$K = 6.69 \times 10^{-15} n^{1.02}$	0.964	0.967
	50	$K = 8.82 \times 10^{-15} \dfrac{n^3}{(1-n)^2}$	$K = 6.78 \times 10^{-15} n^{1.08}$	0.918	0.926
9～10 m	30	$K = 8.31 \times 10^{-15} \dfrac{n^3}{(1-n)^2}$	$K = 1.52 \times 10^{-14} n^{0.86}$	0.938	0.951
	50	$K = 1.07 \times 10^{-14} \dfrac{n^3}{(1-n)^2}$	$K = 3.47 \times 10^{-14} n^{0.71}$	0.866	0.956
Stoltz 等（2010）	0.47～1.16	$K = 3.3 \times 10^{-10} \dfrac{n^3}{(1-n)^2}$	$K = 3.0 \times 10^{-8} n^{6.57}$	0.770	0.880

4. 陈腐垃圾土的不同填埋深度 K-n 表征模型对比

1）填埋深度对垃圾土孔隙度的影响

从图 3.15 中可以看出，不同填埋深度的陈腐垃圾土的气体渗透率随孔隙度的增大而增大，随压实密度的增大而减小。试验中陈腐垃圾土的压实密度范围为 600～1 200 kg/m³。当陈腐垃圾土填埋深度相同时，在同一压实密度下，含水率为 30%时的孔隙度比含水率为 50%时大。随着填埋深度的增加，陈腐垃圾土的孔隙度在减小。当含水率为 30%时，最大孔隙度为 0.85，最小的孔隙度为 0.44；当含水率为 50%时，最大孔隙度为 0.74，最小的孔隙度为 0.3。

当陈腐垃圾土填埋深度相同时，在同一含水率条件下，随着压实密度的增加陈腐垃圾土的孔隙度逐渐减小；在相同压实密度下，随着陈腐垃圾土填埋深度越大，垃圾土的孔隙度逐渐减小。随着垃圾填埋龄的增加，陈腐垃圾土中的有机质含量逐渐减少，在没有外力作用时，起支撑作用的陈腐垃圾土的框架逐渐被消耗分解，孔隙体积会变大。但是在垃圾填埋场中，会有大量的垃圾不断地填埋，使填埋深度越大的垃圾土越受上覆荷载的压缩作用，当陈腐垃圾土中的孔隙体积被压缩的同时，其中的小颗粒组分会压缩进入垃圾土的大孔隙内，导致孔隙体积变小。随着含水率增大，垃圾土中的有机质降解程度越大，孔隙度越大，越容易被压缩，所以陈腐垃圾土的孔隙度随着压实密度的增加而逐渐减小。

2）填埋深度对陈腐垃圾土气体渗透率的影响

填埋深度对陈腐垃圾土的气体渗透率测试结果如图 3.17 所示，在相同含水率条件下，随着试验过程中加载压力的增加，陈腐垃圾土的气体渗透率降低，垃圾土的填埋深度越深，气体渗透率下降越明显，这与许越（2014）关于对比生物降解对垃圾土固有渗透率的影响研究结果一致。随着陈腐垃圾土填埋深度的增加，气体渗透率变化量级为 $10^{-13}\,m^2$，且气体渗透率的变化随压实密度的增加逐渐平缓。当含水率为 30%时，不同填埋深度陈腐垃圾土的气体渗透率分别为 $2.73\times10^{-13}\,m^2 \sim 6.65\times10^{-13}\,m^2$；当含水率为 50%时，不同填埋深度陈腐垃圾土的气体渗透率分别为 $3\times10^{-13}\,m^2 \sim 6.48\times10^{-13}\,m^2$。

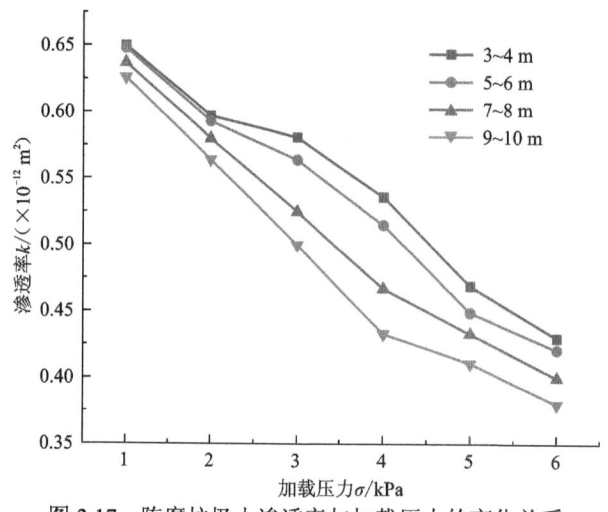

图 3.17 陈腐垃圾土渗透率与加载压力的变化关系

影响陈腐垃圾土的气体渗透率与试验中的气体、液体无关，垃圾土的气体渗透率与垃圾土的组成成分、孔隙结构、组成成分的大小及垃圾土中各组分排列方向有关，因此，填埋深度对陈腐垃圾土气体渗透率的影响应从垃圾土的组成成分进行分析。从北洋桥垃圾填埋场钻取的垃圾样本的主要成分有草木、塑料、织物、玻璃、金属和腐殖质，在填埋场早期阶段，新鲜垃圾的固体骨架组成主要是厨余垃圾、草木和渣土。受填埋场微生物降解影响，在很短的年限内，厨余垃圾被逐渐降解，而草木和渣土难以降解，在新鲜填埋的垃圾中厨余垃圾所占比例最大，厨余垃圾的消耗分解导致垃圾土的孔隙度增加，严重削弱了草木、渣土等主要支撑骨架的支撑力。随着时间的迁移，新的垃圾不断填埋在陈腐垃圾的上部，垃圾的上覆荷载越来越大，陈腐垃圾土中起支撑作用的固体骨架发生错动及重新排列，导致垃圾土中孔隙被压缩，填埋深度越深处的孔隙度越小，这种情况下，垃圾土的气体渗透率也在减小，陈腐垃圾土气体渗透率随加载压力的增大而减小。随着填埋龄的增加，生活垃圾中的有机物减少，易降解成分逐渐消耗，且填埋场底部的垃圾有机质被大量分解，所以随着填埋场中垃圾土的填埋深度增加，垃圾的气体渗透率呈减小的趋势。

3）不同填埋深度 K-n 表征模型对比分析

为研究不同填埋深度下垃圾堆体渗透特性的影响，本小节分析了不同含水率下不同填埋深度陈腐垃圾土孔隙度渗透率拟合模型并分析了其演化规律，分别采用 K-C 模型、幂函数模型、对数函数模型进行模拟，其模拟结果见图 3.14～图 3.16。

本节以 30%含水率下的陈腐垃圾土气体渗透特性试验数据为基础，分别对填埋深度为

3~4 m、5~6 m、7~8 m、9~10 m 的陈腐垃圾土的气体渗透率和孔隙度的变化规律进行拟合分析。如前文所述，分别采用幂函数模型、K-C 模型、对数函数模型对陈腐垃圾土的气体渗透率和孔隙度的室内试验结果进行拟合分析，三种模型所对应的拟合公式如表 3.6 所示。从孔隙度渗透率拟合得到的图形可以看出，在三种模型情况下，陈腐垃圾土的气体渗透率与孔隙度呈线性关系。对于填埋深度在 3~4 m、5~6 m 的陈腐垃圾土，幂函数模型和对数函数模型可较好地反映出陈腐垃圾土的气体渗透率和孔隙度变化趋规律，且相关系数 R^2 均在 0.90以上，而 K-C 模型的拟合效果低于幂函数模型和对数函数模型，K-C 模型拟合的图形拟合程度相对较低，但也是可取的，且 R^2 均为 0.80 以上。对于填埋深度在 7~8 m、9~10 m 的陈腐垃圾土，三种模型均得到了较好的拟合效果，R^2 均在 0.90 以上。

填埋深度越大，陈腐垃圾土的填埋龄越大，K-C 模型应用于分析一般土体中气体渗透率和孔隙度的变化规律。随着垃圾土的填埋龄增大，降解后的陈腐垃圾土的物理性质接近一般土体。因此对于 K-C 模型，随着垃圾土的填埋深度的增加，K-C 模型对陈腐垃圾土的气体渗透率和孔隙度变化拟合度越来越高。

Stoltz 等（2010）采用自制试验装置测试了载荷作用下新鲜垃圾的气体渗透率和孔隙度，装置尺寸为直径 270 mm、高度 290 mm，和本节所用试验装置尺寸较接近。Stoltz 等（2010）所用配置的垃圾样品中厨余垃圾含量为 32.7%，纸张的含量为 26.1%，并运用 K-C 模型和幂函数模型分析了配比垃圾的气体渗透率和孔隙度的演化规律，幂函数模型拟合图形的拟合度为 0.88，指数函数拟合图形的拟合度为 0.77。许越（2014）采用配比的新鲜垃圾测试了气体渗透率和孔隙度，同样分析了 K-C 模型和幂函数模型的适用性，试验结果认为 K-C 模型只适用于降解程度较大的垃圾土。两者试验最大的区别是厨余垃圾的含量不同，许越（2014）配比的厨余垃圾含量大于 Stoltz 等（2010）配比样本，而本节的样本为陈腐垃圾土。

3.3 好氧通风过程中多组分气体的化学反应特性试验

3.3.1 好氧环境下多组分气体生化反应特性试验

在垃圾填埋场好氧通风过程中，垃圾土的渗透性相对较强，气体运移及垃圾土内部发生的生化反应均导致垃圾土内部气体浓度变化。垃圾土降解是一个复杂的生化反应过程，在实际陈旧型填埋场当中，垃圾土处于长期厌氧降解状态，厌氧产生的甲烷及二氧化碳大量堆积，气压可达到 2 490~9 500 Pa（Liu et al.，2016b）。因此，当对填埋场进行好氧通风处理时，垃圾土的初始状态为厌氧降解，即垃圾土内部存在大量的甲烷及二氧化碳气体。然而目前大多学者开展的垃圾土好氧降解试验主要集中于新鲜垃圾土的好氧通风降解，或者从陈旧型填埋场取出的陈腐垃圾土直接进行好氧降解。Slezak 等（2010）采用新鲜垃圾土进行垃圾土好氧降解，对比分析不同通风速率对渗滤液降解指标的影响。Hrad 等（2013）从陈旧型填埋场取出陈腐垃圾，进行好氧通风降解，证明降解稳定化后的陈腐垃圾土在好氧条件下可继续发生降解反应。以上室内试验的进行均无甲烷气体的存在，这与现实中填埋场通风工程存在一定差异。此外，垃圾土的非均质性较强，在好氧通风过程中，垃圾土内部由于气体分布不均，可能仍存在厌氧区域（Hrad et al.，2013；Ko et al.，2013）。Yazdani 等（2010）通过示踪试验证明填埋场好氧降解时，内部仍存在厌氧降解。

好氧通风条件下垃圾土内部存在好氧降解、甲烷氧化、厌氧降解反应,此条件下的垃圾土降解过程中气体浓度变化规律尚不明确。此外,通风方式主要包括持续通风、间断通风等,持续的通风会大量消耗资源,产生额外的损耗,间断通风则在一定程度上节约能源及工程成本造价,具有一定的优势。在间断通风条件下,垃圾土体可同时发生垃圾土好氧降解反应,垃圾土厌氧降解反应,以及甲烷氧化反应。为确定在垃圾土厌氧降解背景条件下的好氧通风过程中气体反应特性,通过多次间断通风,测试分析在垃圾土降解过程中甲烷、氧气和二氧化碳浓度及液体浓度指标变化,研究在自然厌氧降解条件下的垃圾土好氧通风后气体浓度、气体反应速率、液体降解指标变化规律,分析在垃圾土厌氧降解过程中注入氧气后的复杂生化反应过程,为垃圾填埋场好氧修复工程提供参考依据。

试验垃圾土样本取自武汉市陈家冲垃圾填埋场,于倾倒操作面取得垃圾土样本,该垃圾土样本为新鲜垃圾土,经分拣,垃圾土样本的组成成分见表 3.7(沈东升 等,2003)。

表 3.7 垃圾土样本组成 (单位:%)

成分名称	厨余	废纸	纤维	草木	塑料	金属	玻璃	渣土	其他
含量	39.16	4.33	1.33	3.20	7.50	0.69	6.55	32.74	4.50

开展试验前,对垃圾土样本进行基本指标测试,根据《生活垃圾土土工试验技术规程》(CJJ/T 204—2013)测试垃圾土样本平均含水率为 49.5%(湿基百分比)。根据《生活垃圾化学特性通用检测方法》(CJ/T 96—2013)测试垃圾土有机质含量,根据计算结果得到垃圾样本的平均有机质含量为 42.18%。垃圾土样本制备方法如下:先将垃圾土样本进行人工筛选并破碎至直径为 6.25 cm 以下(尺寸为试验柱直径 25 cm 的 1/4)(Stoltz et al.,2010),再将垃圾土样本进行均匀性混合备用。

孔隙度测试原理基于玻意耳定律,见式(3.27),在恒温条件下,密闭容器中,一定量气体的压强与体积成反比。

孔隙体积与总体积的比值为孔隙度,因此孔隙度的计算公式如下:

$$n = \frac{v_2 - v_1}{v_0} \tag{3.32}$$

式中:n 为孔隙度;v_0 为垃圾土试样的总体积(m^3)。将垃圾土样本装入孔隙度测试系统,对垃圾土样本进行孔隙度测试。孔隙度测试操作步骤如下:关闭垃圾土样本室的进出气口阀门,打开气体标准室进气阀,向其内部注气,观测压力值,达到 0.06 MPa 后关闭注气阀,保持其压力稳定并记录压力值,打开气体标准室及样本室之间的阀门,使得气体在气压差的作用下流入垃圾土样本室,待气压稳定后记录压力值,并根据结果计算孔隙度,取多次测量平均值。

试验柱体厌氧环境制备方法如下。将垃圾土样本填入反应试验柱中,试验柱示意图及实物图如图 3.18 所示。试验柱为有效直径 250 mm、有效高度 725 mm 的圆柱体,体积为 34.34 L,在装样过程中,均匀压实。共填入垃圾土质量为 18.65 kg,通过计算,垃圾土密度为 543.22 kg/m^3。开展垃圾土厌氧降解环境制备,关闭柱体所有阀门,开启温控系统,设置加热温度为 35 ℃,该温度在垃圾土厌氧降解最优温度范围内(Manzur,2010),并进行压力监测。每间隔 7 d,将反应柱体上方气体排气口与集气袋相连,取出气体样本进行气体浓度测试。测定并记录所产生气体的甲烷、二氧化碳、氧气、氮气的浓度。当甲烷及二氧化碳的浓度较高时,开展好氧通风试验。

（a）示意图　　　　　　　　　　　（b）实物图

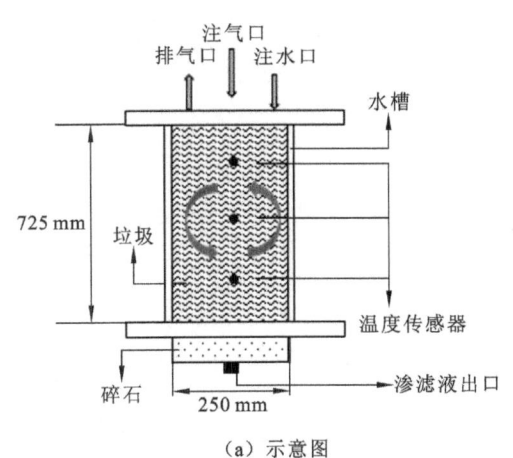

图 3.18　试验柱示意图及实物图

根据垃圾土样本体积及初始孔隙度大小，计算孔隙体积，根据气体浓度计算气体摩尔质量，计算得出所需氧气的摩尔质量，将氧气通过采样袋收集，并用注气泵注入反应器当中，注气后压力达到稳定值。待气体混合均匀后，将气体通过出气口排至气体采样袋中，重复通风过程以便气体均匀混合。通过气体分析仪测试气体浓度，每隔 24 h 进行一次气体浓度监测，当氧气已被消耗完毕，即浓度为 0%时，继续进行厌氧反应，并监测气体浓度直至气体的产生速率接近稳定，再次重复好氧通风试验。在试验过程中，每隔 7 d 进行一次渗滤液取样，并对渗滤液指标进行测试分析，每隔 15 d 对垃圾土柱体进行注水回灌，以保证垃圾土内部含水率。

3.3.2　气体反应变化特性

在厌氧环境中，垃圾土体内部存在的微生物主要为厌氧微生物，厌氧降解主要包括 5 个阶段，分别为好氧阶段、过渡阶段（水解阶段）、产酸阶段、产甲烷阶段、稳定阶段，最终产生二氧化碳及甲烷等其他产物（刘富强 等，2000），如图 3.19 所示，当垃圾土填入密封的反应器当中，由于初始阶段存在一定的氧气，首先会发生好氧降解，即试验开始至试验第 7 d 内，氧气被迅速消耗，并随之产生二氧化碳。当氧气被消耗殆尽，随后逐渐进入过渡阶段（7～21 d），厌氧环境开始建立。进入产酸阶段

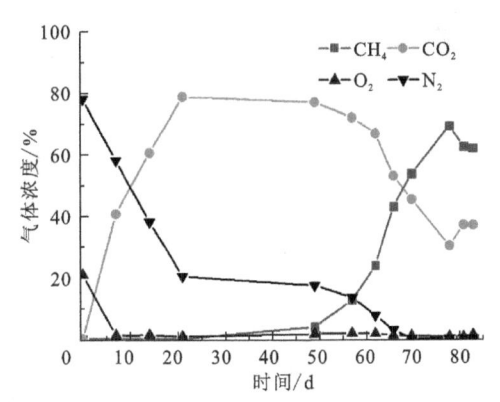

图 3.19　垃圾土厌氧降解过程气体浓度监测结果

（21～50 d），产生大量二氧化碳，此阶段无甲烷的产生。随着产酸阶段进行 50 d 左右，一部分垃圾土样本逐步进入产甲烷阶段，随着甲烷的大量产生，二氧化碳浓度占比显著下降，甲烷浓度占比大幅度上升并趋于稳定。

如图 3.20 所示，当垃圾土样本达到产甲烷阶段（图形中的负数仅代表消耗），甲烷及二氧化碳产气速率大幅上升，且甲烷的产气速率明显高于二氧化碳的产气速率，甲烷大量产生

且产生量高于二氧化碳产量。垃圾土厌氧降解过程中气体累积产生/消耗量如图 3.21 所示，当反应进行至 72 d 左右，甲烷累积产量高于二氧化碳产量，这表明了垃圾土内部大部分区域已达到厌氧产甲烷阶段。

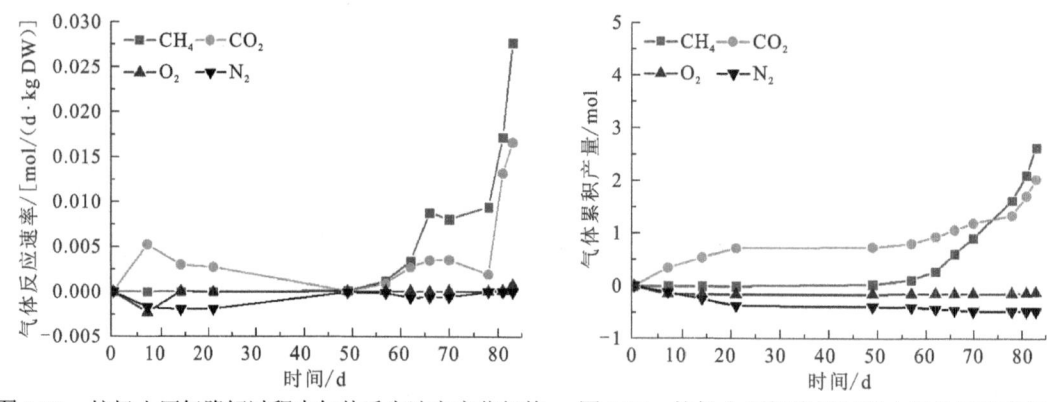

图 3.20　垃圾土厌氧降解过程中气体反应速率变化规律　　图 3.21　垃圾土厌氧降解过程中气体累积产量

好氧通风反应阶段气体反应具有显著变化特征，当反应进行至 83 d 后，开始第一次好氧通风反应，初始通风过程中气体浓度监测结果及气体反应速率变化趋势如图 3.22 所示。通风后的气体初始浓度分别为甲烷 49.4%、氧气 21.1%、二氧化碳 29.5%、氮气 0.0%。随着降解反应的发生，氧气浓度下降，初始下降趋势较为明显，甲烷的浓度上升且上升速率逐渐降低，二氧化碳浓度先有所升高，并逐渐平稳。

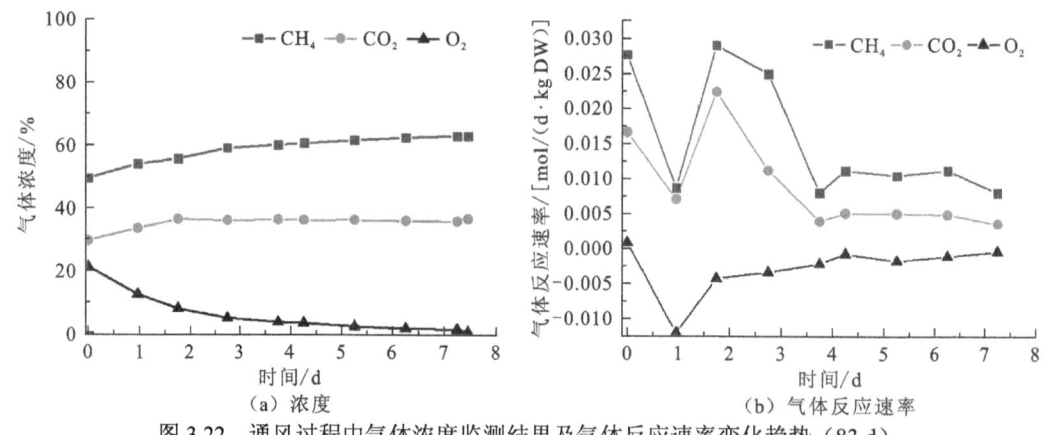

(a) 浓度　　(b) 气体反应速率
图 3.22　通风过程中气体浓度监测结果及气体反应速率变化趋势（83 d）

为对比气体产量及消耗量的变化趋势，将气体的产气及消耗速率进行单位统一化，以 1 kg 干垃圾土每天反应的气体摩尔质量为标准单位[mol/(d·kg DW)]。如图 3.23（a）所示，初始的甲烷及二氧化碳产气速率为厌氧环境下的气体产生速率，当氧气注入后，二氧化碳及甲烷的产气速率迅速降低，且甲烷的下降速率更为明显。这可能是由于氧气的存在抑制了一部分产甲烷菌的活性，减少甲烷产生，另外氧气与甲烷可能发生了甲烷氧化反应，降低甲烷含量并产生二氧化碳。此外，垃圾土发生好氧降解反应，消耗氧气，总体氧气消耗速率先增大至 0.012 mol/(d·kg DW)（图形中的负数仅代表消耗），随后减小。当甲烷及二氧化碳产气速率降低至一定数值后，二者产气速率迅速上升，这可能是氧气量的不足，导致部分区域发生厌氧反应，产生甲烷及二氧化碳。部分学者通过室内外垃圾土好氧降解试验，

(a) 气体反应变化速率

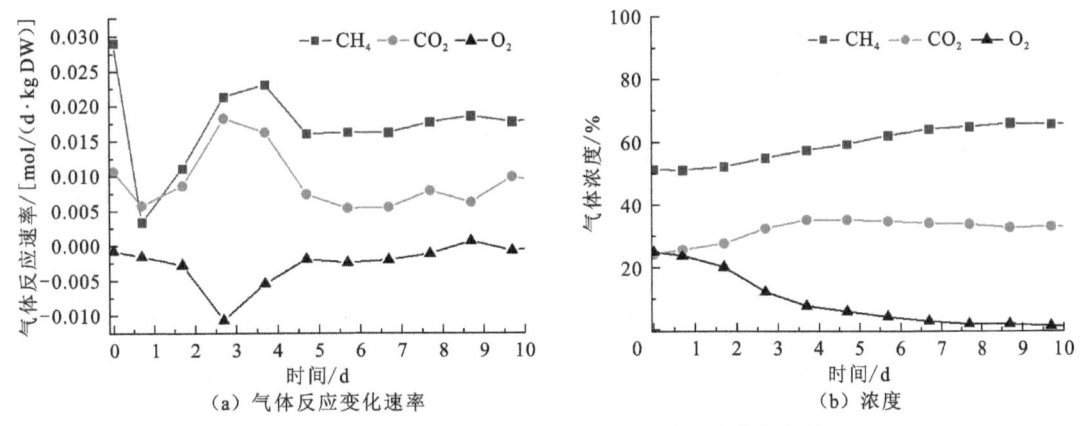

(b) 浓度

图 3.23 通风过程中气体浓度监测结果及气体反应速率变化规律（105 d）

发现好氧通风条件下，仍存在厌氧区域，产生甲烷及二氧化碳气体（Hrad et al., 2013; Ko et al., 2013; Yazdani et al., 2010）。此外，当氧气注入垃圾土体当中，可能促进了厌氧反应的发生。Ritzkowski 等（2006）通过试验发现垃圾填埋场好氧通风区产生大量甲烷及二氧化碳，这意味着好氧环境刺激了厌氧降解反应，但相关机理尚不明确。

如图 3.23（b）所示，当反应进行至 105 d 时，再次进行通风，通风后的气体初始浓度分别为甲烷51.2%、氧气24.8%、二氧化碳24.0%、氮气0%。随着反应的发生，甲烷浓度逐渐升高至平稳，二氧化碳浓度先升高后有所降低，氧气浓度下降直至浓度为 0%。当氧气注入垃圾土体中，二氧化碳及甲烷的产气速率迅速下降，随后明显升高，当氧气浓度接近 0%时，甲烷及二氧化碳的反应速率趋于平缓。氧气消耗速率先增大，随后减小。

如图 3.24 所示，当反应进行至 131 d 时，进行通风，通风后的气体初始浓度分别为甲烷 45.0%、氧气 25.0%、二氧化碳 29.0%、氮气 1.0%。随着反应的发生，甲烷浓度逐渐升高，二氧化碳浓度先升高后有所降低，氧气浓度下降直至浓度为 0%。当氧气注入垃圾土体中，二氧化碳及甲烷的产气速率迅速下降，随后明显升高，且二氧化碳产生速率的最高值高于甲烷产气速率的最高值。这意味着随着通风次数的增多，好氧降解及甲烷氧化反应正逐步占据主要地位。通风过程中气体浓度监测结果及气体反应速率变化趋势如图 3.25～图 3.32 所示。

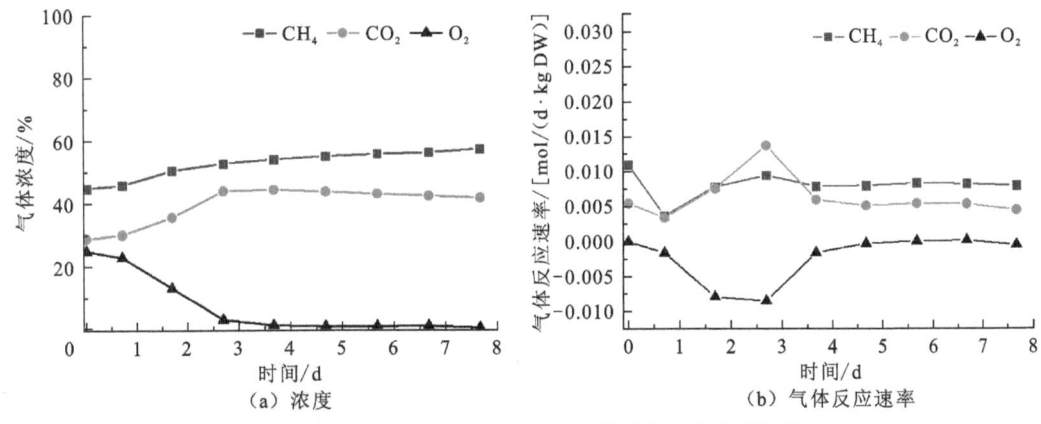

（a）浓度

（b）气体反应速率

图 3.24 通风过程中气体浓度监测结果及气体反应速率变化规律（131 d）

图 3.25 通风过程中气体浓度监测结果及气体反应速率变化规律（154 d）

图 3.26 通风过程中气体浓度监测结果及气体反应速率变化规律（164 d）

图 3.27 通风过程中气体浓度监测结果及气体反应速率变化规律（178 d）

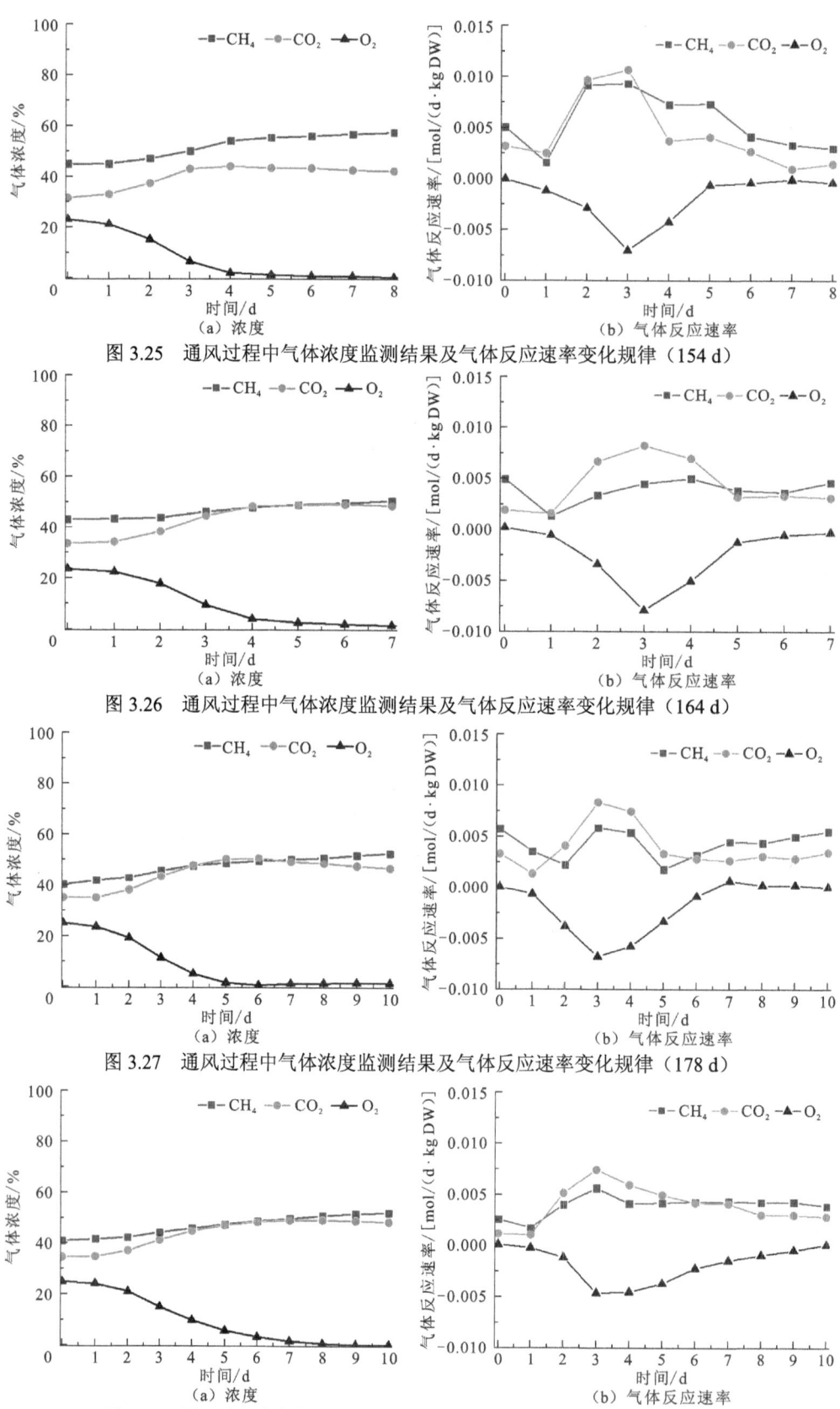

图 3.28 通风过程中气体浓度监测结果及气体反应速率变化规律（199 d）

图 3.29 通风过程中气体浓度监测结果及气体反应速率变化规律（211 d）

图 3.30 通风过程中气体浓度监测结果及气体反应速率变化规律（221 d）

图 3.31 通风过程中气体浓度监测结果及气体反应速率变化规律（245 d）

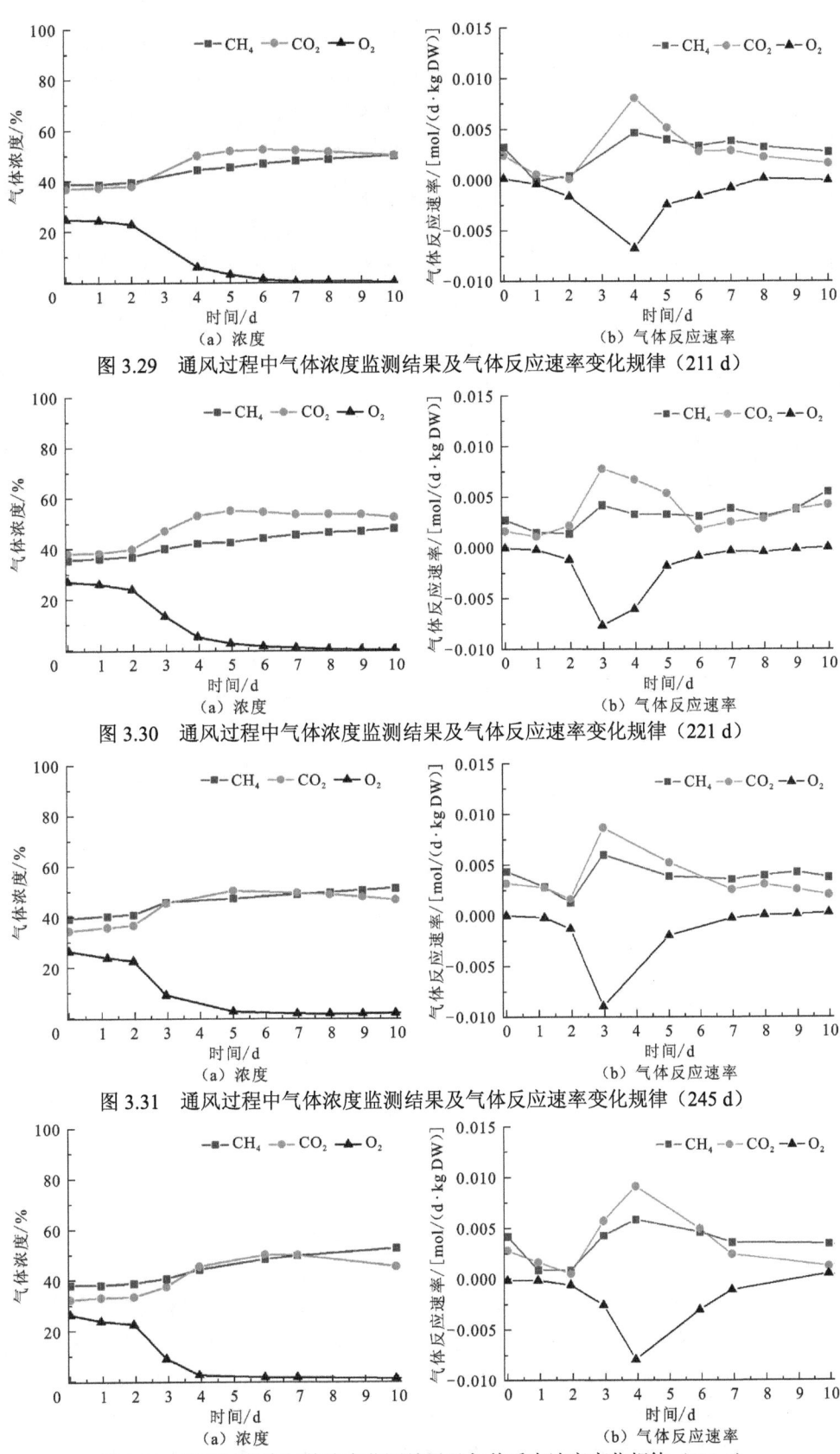

图 3.32 通风过程中气体浓度监测结果及气体反应速率变化规律（274 d）

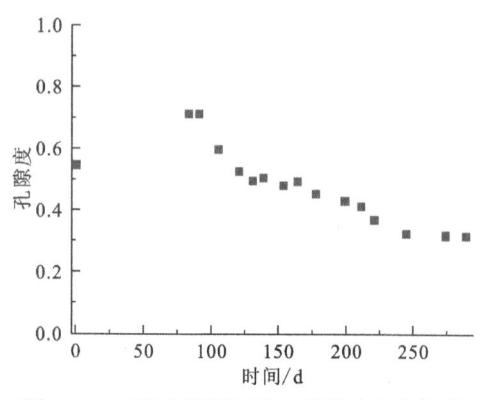

图 3.33 垃圾土降解过程中孔隙度变化趋势

在反应过程中，由于试验主体内部属于封闭状态，因此采用气体理想状态方程计算当前垃圾土样本内部的孔隙度，结果如图 3.33 所示。当垃圾土发生降解反应时，随着固体垃圾土质量消耗，产生气体及液体，垃圾土的孔隙度应相应增大，在厌氧降解阶段，由于液体回灌次数较少，可观测到垃圾土孔隙度随降解时间的增长而变大，但在好氧通风阶段，孔隙度随着时间的增加而减小，这主要是由于每间隔 15 d 进行一次液体回灌，液体回灌的体积占据了孔隙体积，形成了较多死区孔隙，从而导致有效孔隙度的减小。这一现象也佐证了在好氧通风条件下甲烷产生的可能。试验结束时，含水率由初始的含水率 49.5%升高至 64.0%。Ritzkowski 等（2006）指出当填埋场具有较高含水率时，气体可运移的孔隙区域明显减少，水分的增加减少了气体的渗流路径（Ko et al., 2013）。因此，在垃圾土好氧通风过程中不宜回灌过多液体导致孔隙堵塞。

反应结束后，不同阶段的好氧降解过程中二氧化碳最大产气速率及甲烷最大产气速率、最大氧气消耗速率随时间变化的趋势如图 3.34 所示，随着反应的发生，二氧化碳最大产气速率快速降低，由 0.022 mol/(d·kg DW)降低至 0.008 mol/(d·kg DW)，随后趋于平缓，甲烷的最大产气速率变化趋势与二氧化碳最大产气速率变化趋势变化相似，但初始时，甲烷的最大产气速率比二氧化碳最大产气速率高，为 0.029 mol/(d·kg DW)，当反应至 120 d 左右，甲烷的最大产气速率开始低于二氧化碳的最大产气速率，168 d 左右，甲烷的最大产气速率为 0.005 mol/(d·kg DW)并趋于平缓。

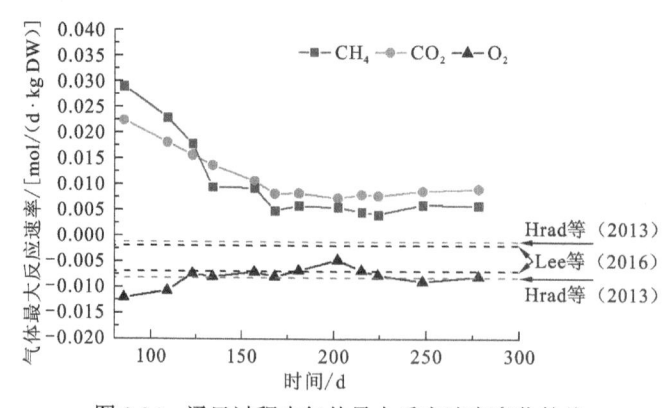

图 3.34 通风过程中气体最大反应速率变化趋势

此外，氧气的最大消耗速率最高为 0.012 mol/(d·kg DW)，随着反应的发生降低至 0.005 mol/(d·kg DW)，随后趋近平缓，初始阶段降低相对较为明显。一方面，气体的产生速率及消耗速率下降可能是由接触氧气区域的面积减少导致；另一方面，随着反应的发生，垃圾土有机质由初始 42.0%下降至 12.9%，垃圾土的反应底物大量减少，反应能力下降。Hrad 等（2013）开展的室内陈腐垃圾土好氧通风降解试验得出氧气的消耗速率从 7.96×10^{-3} mol/(d·kg DW)下降至 8.75×10^{-4} mol/(d·kg DW)。Lee 等（2016）开展的室内垃圾土好氧通风降解试验得出氧气的消耗速率从 6.80×10^{-3} mol/(d·kg DW)下降至 1.71×10^{-3} mol/(d·kg DW)，其氧气消耗速率最高值均低于本节研究的氧气消耗速率,且其氧气消耗速率最低值均低于本节研究的氧气消耗速率,这可能是由于本节研究内容中垃圾土内部产生的甲烷与氧气发生反应,消耗了大量的氧气。因此,甲烷氧化反应对好氧通风降解过程具有重要影响。

气体最高浓度随时间变化趋势如图 3.35 所示,氧气的最高浓度略有上升,相比之下,甲烷最高浓度具有下降趋势,而二氧化碳最高浓度具有上升趋势。这可能是由于随着通风天数的增加,氧气浓度略有升高,好氧反应及甲烷氧化区域增多,产生了更多的二氧化碳,而厌氧区域逐渐减少,降低了甲烷的产量。

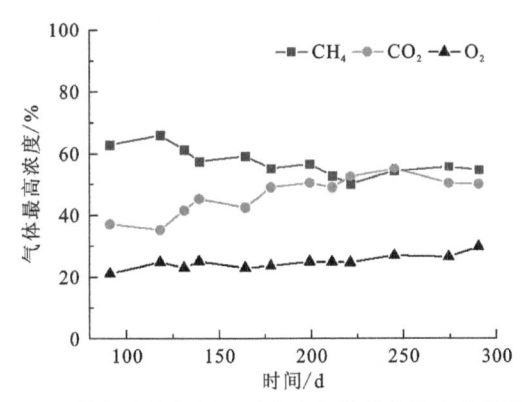

图 3.35 垃圾土好氧通风过程中气体最高浓度变化趋势

3.4 好氧通风过程中多组分气体化学反应动力模型

3.4.1 好氧降解条件下多组分气体化学反应动力模型的构建

好氧通风系统主要包括通风系统,可配合抽气系统同步运行。好氧区域主要发生甲烷氧化及好氧降解反应,然而厌氧区仍持续产生填埋气。本模型假设气相主要由二氧化碳、甲烷、氧气、氮气构成。气体浓度变化取决于垃圾土体内部反应及气体运移过程。垃圾土内部固体骨架在模拟过程中假设为刚性骨架,不发生形变,所有气体遵从理想气体状态方程。

1. 填埋气产气方程

目前,最为广泛使用的填埋气产气模型为 EPA 填埋气排放模型(land gas emissions model,LandGEM),该模型采用一阶降解模型进行填埋气产量估算(Gollapalli et al.,2018;Nikkhah et al.,2018;Talaiekhozani et al.,2018;Lagos et al.,2017;Tolaymat et al.,2010):

$$Q_{CH_4} = \sum_{i=1}^{n}\sum_{j=0.1}^{1} KL_0 \left(\frac{M_i}{10}\right) e^{-Kt_{ij}} \quad (3.33)$$

式中:Q_{CH_4} 为所计算年份的甲烷年产量(m³/年);i 默认为一年时间增量;n 为计算年份与初始接收填埋垃圾土年份差值;j 为第 i 年内 0.1 年时间增量;K 为甲烷产气速率系数(1/年),默认值 0.041/年;L_0 为甲烷产气潜能(m³/Mg),默认值为 100 m³/Mg;M_i 为第 i 年填入的垃圾土质量(Mg);t_{ij} 为第 i 年 j 时间段填入的垃圾土填埋龄。

2. 对流弥散方程

填埋场内气体运移受对流、弥散、化学反应过程影响。控制方程可写为（Garg et al., 2010; Perera, 2002）

$$\varphi \frac{\partial C_\alpha}{\partial t} = -\mathrm{div}(J_\alpha) + Q_\alpha - R_\alpha \tag{3.34}$$

式中：φ 为介质气体孔隙度；α 为气体种类（即 CO_2、CH_4、O_2 和 N_2）；t 为时间（s）；C_α 为气体 α 的浓度(kg/m^3)；J_α 为气体 α 的流量$[kg/(m^2 \cdot s)]$；Q_α 为气体 α 的产气速率$[kg/(m^3 \cdot s)]$；R_α 为气体 α 的减少速率$[kg/(m^3 \cdot s)]$。

$$J_\alpha = vC_\alpha + \left(-D_\alpha \cdot \frac{\partial C_\alpha}{\partial x_j}\right) \tag{3.35}$$

式中：v 为气体穿过多孔介质的达西流速(m/s)；D_α 为气体 α 在多孔介质中的弥散系数(m^2/s)。达西流速 v 可通过达西方程表示：

$$v = -\frac{k}{\mu_m}\frac{\partial P}{\partial x} \tag{3.36}$$

式中：μ_m 为气体的动力黏度系数（$Pa \cdot s$）；k 为多孔介质渗透率（m^2）；P 为气体压力（Pa）。

3. 甲烷氧化方程

当填埋场内部存在氧气时，甲烷可被甲烷氧化菌氧化（Rafiee et al., 2018; de Visscher et al., 2003）。甲烷氧化的化学方程式可用以下形式表示（Feng et al., 2017b; de Visscher et al., 2003）：

$$CH_4 + 1.5O_2 \longrightarrow 0.5CO_2 + 0.5 - CH_2O - + 1.5H_2O + heat \tag{3.37}$$

式中：$-CH_2O-$ 代表生物质。

根据 Michaelis-Menten 动力学原理（Feng et al., 2017b; Ng et al., 2015; Yuan et al., 2009; Abichou et al., 2008; Stein et al., 2001），甲烷氧化速率 σ_{CH_4} 可由以下方程表示：

$$\sigma_{CH_4} = -\frac{V_{max}C_{CH_4}}{K_m + C_{CH_4}}\frac{C_{O_2}}{K_{O_2} + C_{O_2}} \tag{3.38}$$

$$\sigma_{CO_2} = -0.5\sigma_{CH_4} \tag{3.39}$$

$$\sigma_{O_2} = 1.5\sigma_{CH_4} \tag{3.40}$$

式中：V_{max} 为最大甲烷氧化速率$[mol/(wet\ kg \cdot s)]$；K_{O_2} 与 K_m 为氧气及甲烷的半饱和系数(%)；C_{O_2} 与 C_{CH_4} 分别为氧气与甲烷的气体浓度（%）；σ_{CO_2} 为甲烷氧化反应中的二氧化碳产生速率$[mol/(wet\ kg \cdot s)]$；σ_{O_2} 为甲烷氧化发生时的氧气消耗速率$[mol/(wet\ kg \cdot s)]$。

4. 垃圾土好氧降解反应方程

当氧气存在时，垃圾填埋场内部同时也会发生好氧降解反应，尽管目前许多学者已开展室内垃圾土好氧试验，但关注点主要集中于垃圾土本身降解特性、渗滤液指标及沉降（Wu et al., 2016）。虽然已有少部分学者进行短期内氧气消耗速率的研究，但氧气消耗速率的连续变化研究相对较少。Borglin 等（2004）根据室内试验结果提出氧气消耗的经验公式，可用于描述氧气消耗速率的连续性变化。该模型的趋势同样适用于 Slezak 等（2015）室内试验结果。

因此可采用该方程描述垃圾土好氧降解过程中氧气的消耗。目前，垃圾土好氧降解的化学方程式可用式（1.10）表示（Fytanidis et al.，2014；Tchobanoglous et al.，1993）。

垃圾土好氧降解过程中的氧气消耗速率 γ_{O_2} [mol O_2（wet kg·s）]可表示为（Borglin et al.，2004）

$$\gamma_{O_2} = -1.93\times10^{-7}\times\ln\left(\frac{t}{86\,400}\right)+1.12\times10^{-6} \tag{3.41}$$

基于化学质量平衡，垃圾土好氧降解过程中二氧化碳的产气速率 Q_{CO_2} 为

$$Q_{CO_2} = -\frac{4a}{4a+b-2c-3d}\gamma_{O_2} \tag{3.42}$$

根据方程所计算出的 γ_{O_2} 为 3.31×10^{-6} mol O_2/(wet kg·s)，该数值接近其他学者所提出的氧气消耗速率。氧气消耗速率的最大值及最小值分别为 1.27×10^{-6} mol O_2/(wet kg·s)（Slezak et al.，2012）、7.94×10^{-7} mol O_2/(wet kg·s)（Tremier et al.，2005）。

3.4.2 模型参数的获取及可靠性验证

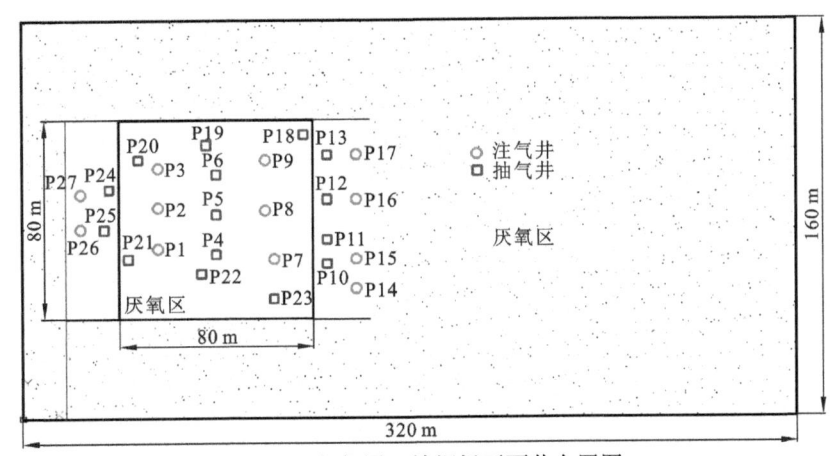

为验证该模型的可靠性，本小节氧气分布进行数值仿真预测。模拟对象是 Raga 等（2015）在 Modena 填埋场开展的好氧现场试验，该试验以垃圾填埋场修复部分区域为目标，通过加快降解，以达到新建铁路线安全运行的目的。该填埋场场区面积约为 0.4 km²，主要包含 4 个填埋单元（RSU1、RSU2、RSU3、RSU4），填埋场 RSU1 的垃圾填埋始于 20 世纪 50 年代初。该项目在 RSU2 进行了现场好氧通风及开挖，作为整体好氧降解的预试验。RSU2 运作于 1985~1988 年，地表面积约为 5 万 m²，平均深度为 19 m，其中含有约 63 万 t 的湿垃圾。通风开始时，城市生活垃圾的呼吸指数（RL_4）为 1.64 mg O_2/(g DM)。RSU2 只有部分设计用铁路建设。好氧注气可以防止填埋气体从边坡和邻近的无注气填埋区排放到开挖区域。该设计工程有两个独立的注气单元，由 12 口注气井和 15 口抽气井组成，如图 3.36 所示。

图 3.36 好氧通风填埋场平面井布置图

抽注气井在距离垃圾填埋场表面 7 m、12 m 和 17 m 处具有花孔，平均注气与抽气流量为 610 m³/h 和 660 m³/h。其他详细信息可参见 Raga 等（2015）。垃圾填埋场简化为 10 164 个单元的长方体，采用 tough-TMVOC 模块。填埋场设置为长 320 m、宽 160 m、高 19 m。该

填埋场的前身为黏土坑，黏土的渗透系数远远小于垃圾土。填埋场上方铺设黏土覆盖层防止填埋气的溢出，四周设置及顶部、底部设置为不透水边界，即零通量边界（Jain et al.，2005）。地表面设置为 0 m 高度位置。填埋场具有各向异性，因此水平渗透率设置为垂直渗透率大小的 3 倍（Stoltz et al.，2010；Young，1989）。此外，通过垃圾土好氧通风过程中气体渗透特性研究表明，渗透率随深度的增大而减小，因此模型渗透率设为随深度的增加而线性递减。垃圾填埋场内部初始温度设置为 45 ℃，该温度为该填埋场内部的平均温度（Raga et al.，2015）。好氧通风项目持续时间为 420 d，但本章模拟仅模拟好氧通风前 60 d，这主要是由于 60 d 后的通风注气运行存在中断作业。模型采用的主要参数如表 3.8 所示。

表 3.8　模型采用的主要参数

参数名称	数值
阶段 1（通风阶段）/d	60（Raga et al.，2015）
垃圾土渗透率 k/m²	$6.91×10^{-13}$～$3.84×10^{-12}$（Raga et al.，2015）
填埋场 RSU2 面积/m²	50 000（Raga et al.，2015）
填埋场 RSU2 深度/m	19（Raga et al.，2015）
平均密度/（kg/m³）	663.16（Raga et al.，2015）
平均含水率/%	40（Raga et al.，2015）
孔隙度 φ	0.45～0.63（Zeng et al.，2017）
混合气体动力黏度 μ_m/（Pa·s）	$1.23×10^{-5}$（Bird et al.，2006）
初始气体压力 P/Pa	101 325
时间增量 i/a	1（EPA，2005）
计算年份与初始接收填埋垃圾土年份差值 n	28（Raga et al.，2015）
时间增量 j/a	0.1（EPA，2005）
甲烷产气速率 K/（1/a）	0.04（EPA，2005）
甲烷产气潜能 L_0/（m³/Mg）	100（EPA，2005）
i 年接收的垃圾土质量 M_i/Mg	157 500（Raga et al.，2015）
甲烷浓度/%	60（Raga et al.，2015）
二氧化碳浓度/%	40（Raga et al.，2015）
最大甲烷氧化速率 V_{max}/[mol O_2/（wet kg·s）]	$5.36×10^{-7}$（Ng et al.，2015）
垃圾土好氧降解氧气消耗速率 γ_{O_2}/[mol O_2/（wet kg·s）]	$3.31×10^{-6}$（Borglin et al.，2004）
氧气半饱和系数 K_{O_2}/%	1.2
甲烷半饱和系数 K_m/%	4.5（Ng et al.，2015；Yuan et al.，2009；de Visscher et al.，2003）

采用均方根误差（RMSE）和偏差两个统计参数来评价模拟结果与现场监测数据的差异：

$$\text{RMSE} = \sqrt{\frac{1}{N}\sum_{i=1}^{N}d_i^2} \tag{3.43}$$

$$\text{Bias} = \frac{1}{N}\sum_{i=1}^{N}d_i \tag{3.44}$$

式中：d_i 为实测数据与模拟结果的差值；N 为测量次数。偏差用于评价模型高估（正偏差）

或低估（负偏差）。

在第4 d、第9 d、第11 d的甲烷浓度剖面图如图3.37～图3.39所示。好氧通风工程设置开挖区域甲烷浓度目标为5%以下，在第4 d开挖区（40～120 m）的部分区域内甲烷浓度已低于5%，但大部分区域的甲烷浓度仍高于阈值。在好氧通风9 d后，开挖区大部分区域的甲烷浓度低于5%（图3.38），当11 d后，开挖区整体甲烷浓度低于5%（图3.39）。

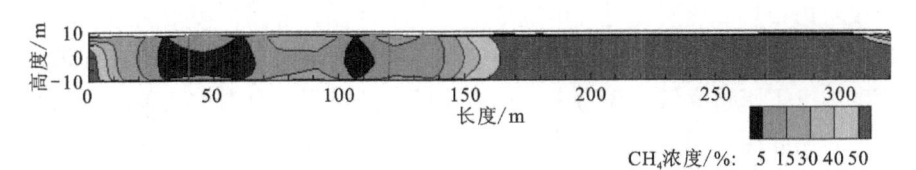

图3.37 填埋场RSU2区域内好氧通风期间第4 d甲烷浓度分布剖面图
开挖区以红色矩形标注，80 m处截面

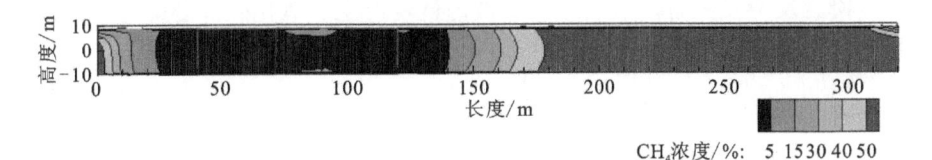

图3.38 填埋场RSU2区域内好氧通风期间第9 d甲烷浓度分布剖面图
开挖区以红色矩形标注，80 m处截面

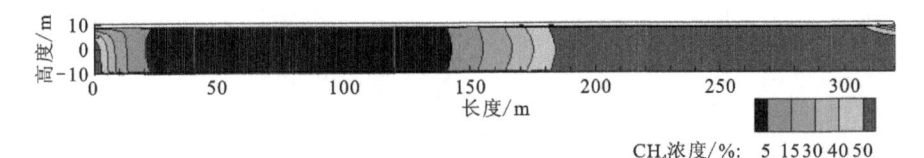

图3.39 填埋场RSU2区域内好氧通风期间第11 d甲烷浓度分布剖面图
开挖区以红色矩形标注，80 m处截面

气体浓度实测值来自填埋场好氧通风工程，本节模拟的气体浓度为井中浓度，对比了P10井、P11井、P12井和P13井的模拟气体浓度和现场监测数据。四井内气体浓度结果的均方根误差和偏差如表3.9所示，当均方根误差和偏差接近0，表明模拟结果较好。由于垃圾填埋场非均质性较强，渗透特性差异较大，模拟结果与现场实测结果具有一定差异性。与P12井和P13井的结果相比，P10井和P11井的甲烷浓度均方根误差较小。可能是由于P10井和P11井的位置更接近两个注气井P14井和P15井。与注气井的较短的距离促进气体流动，进一步促进了垃圾土降解及气体流动反应。

表3.9 抽气井内气体浓度结果的均方根误差和偏差

井编号	RMSE			Bias		
	CH_4	CO_2	O_2	CH_4	CO_2	O_2
P10	0.077 9	0.077 9	0.067 0	0.011 4	0.023 5	0.028 1
P11	0.062 2	0.074 1	0.065 2	0.020 0	0.026 6	0.035 1
P12	0.119 3	0.064 2	0.071 7	−0.048 7	−0.001 0	0.058 5
P13	0.136 7	0.079 3	0.101 2	−0.059 6	−0.015 9	0.092 4

对P12井内气体浓度随时间变化结果进行对比分析（图3.40～图3.42），初始模拟不考

虑甲烷氧化及好氧降解反应，即仅考虑渗流场的模拟结果，甲烷及二氧化碳浓度在初始阶段下降较快，模拟及现场监测的氧气浓度随通风时间的增加而升高，直至达到稳定值，这与现场监测结果一致，然而，在不考虑甲烷氧化及好氧降解的条件下，二氧化碳浓度的模拟下降速率要快于现场测试结果，而氧气浓度的上升速率比现场测量值较高。甲烷浓度的下降主要有两个原因。甲烷在好氧条件下被甲烷氧化菌氧化，此外，在好氧降解条件下，甲烷产气速率较低，当仅考虑甲烷氧化发生时，甲烷浓度迅速下降，10 d 后，模拟的甲烷浓度与现场监测的甲烷浓度趋于稳定。当同时考虑两种反应时，即同时考虑甲烷氧化与好氧降解反应，模拟的二氧化碳浓度下降速率低于仅考虑甲烷氧化的模拟结果，且考虑两种反应条件下的氧气浓度上升速率有所减缓，稳定的氧气浓度值相对较低。与仅考虑渗流场的模拟结果相比，考虑两种反应条件下的计算结果更加接近现场监测数据，这是由于甲烷在氧气存在的条件下被氧化为二氧化碳，加快了甲烷及氧气的下降速率，降低其浓度，并同时提高二氧化碳浓度。此外，当好氧降解反应发生时，氧气进一步被消耗，产生二氧化碳，因此，考虑两种反应条件下的模拟结果更加接近现场监测数据。

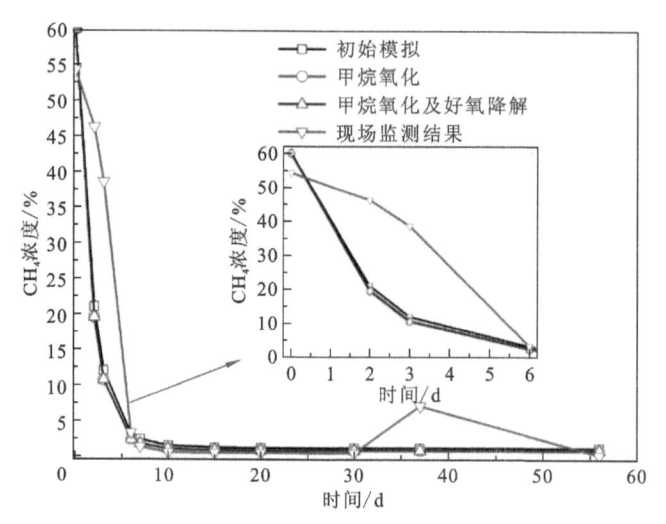

图 3.40　数值模拟甲烷浓度变化及现场监测结果

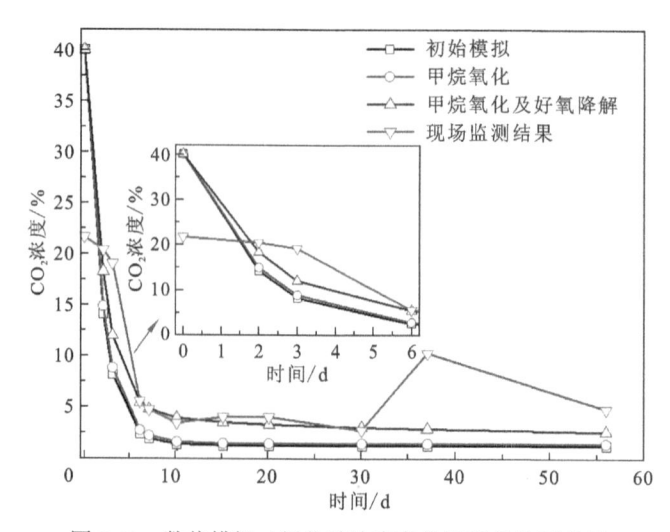

图 3.41　数值模拟二氧化碳浓度变化及现场监测结果

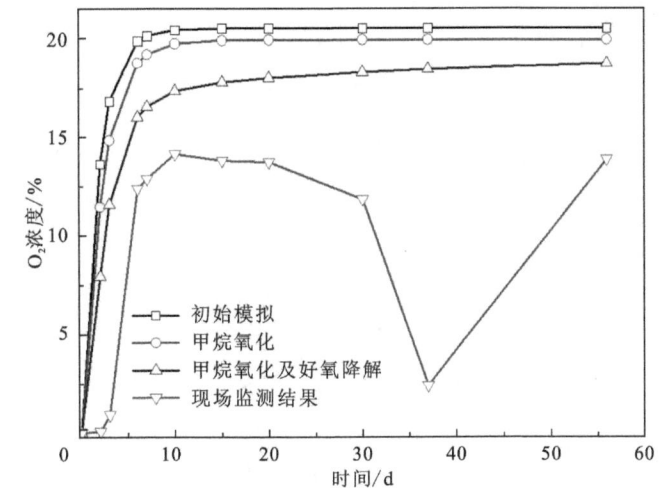

图 3.42　数值模拟氧气浓度变化及现场监测结果

根据现场监测气体的平均浓度，二氧化碳初始浓度设置为 40%，而 P12 井测得的二氧化碳浓度初始值仅约为 22%（Raga et al., 2015）。该差异可能是由于该项目运行前现场已进行预好氧测试，对结果产生一定的影响，此外，垃圾土的非均质性也会导致气体分布不均。考虑两种反应条件下的模拟氧气浓度结果约为 18%略高于现场实测值，因此垃圾土好氧降解氧气消耗速率需要进一步调整以反映现场实际条件。

经过 37 d 的好氧通风后，现场测得的气体浓度均出现突然扰动。该扰动是由通风系统的机械问题引起的，本模型无法模拟。孙益彬（2012）建立好氧填埋场三维填埋气体运移模型，可模拟填埋场内部气体压力分布，但无法对气体浓度变化进行模拟。Fytanidis 等（2014）构建的考虑氧气消耗作用下的计算流体动力学模型，可模拟单井注气周边气体压力及氧气浓度的变化，但无法模拟甲烷及二氧化碳气体浓度变化。Liu 等（2016a）建立的耦合模型可模拟短期垃圾填埋场内部单井通风条件下气体浓度变化，但无法对长期三维条件下的填埋场内部气体浓度进行模拟。因此，本模型可对填埋场现场场地长期注气条件下气体浓度变化进行模拟，对填埋场好氧通风工程的开展具有重要意义。

3.4.3　模型参数影响

对比分析渗透率 k、弥散系数 D、最大甲烷氧化速率 V_{max} 及好氧降解氧气消耗速率 γ_{O_2} 对气体浓度变化的影响。渗透率设置为 k_1=6.91×10^{-14}～3.84×10^{-13} m^2、k_2=6.91×10^{-13}～3.84×10^{-12} m^2、k_3=6.91×10^{-12}～3.84×10^{-11} m^2（Xu et al., 2014；Garg et al., 2010；Jain et al., 2005；Chen et al., 2003）。甲烷弥散系数 D_1、D_2、D_3 分别为 9.79×10^{-6} m^2/s、1.00×10^{-5} m^2/s、1.02×10^{-5} m^2/s，最大甲烷氧化速率分别为 V_1=3.84×10^{-7} mol/（wet kg·s）、V_2=5.36×10^{-7} mol/（wet kg·s）、V_3=1.43×10^{-6} mol/（wet kg·s）（Ng et al., 2015；Wu et al., 2012；Yuan et al., 2009；Stein et al., 2001）。好氧降解氧气消耗速率 γ_1=1.27×10^{-6} mol O$_2$/（wet kg·s）、γ_2=3.31×10^{-6} mol O$_2$/（wet kg·s）、γ_3=7.94×10^{-7} mol O$_2$/（wet kg·s）（Slezak et al., 2012；Tremier et al., 2005；Borglin et al., 2004），并计算各参数的灵敏度系数 S（Denes et al., 2015）。

开展好氧通风过程中渗透率对气体浓度变化影响分析研究，如图 3.43～图 3.45 所示，随

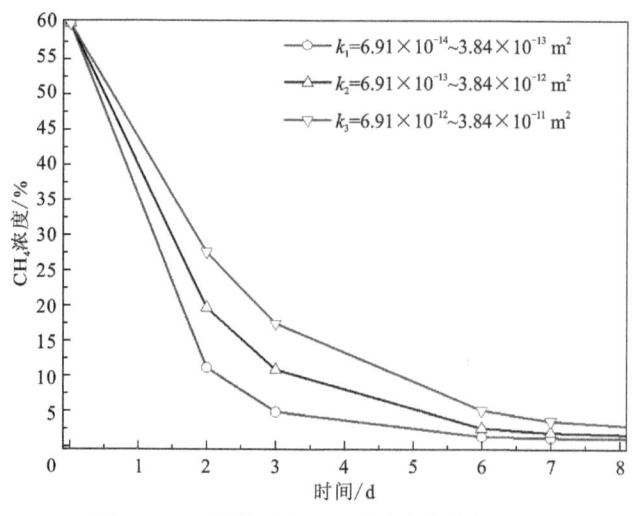

图 3.43 不同渗透率对甲烷浓度变化的影响

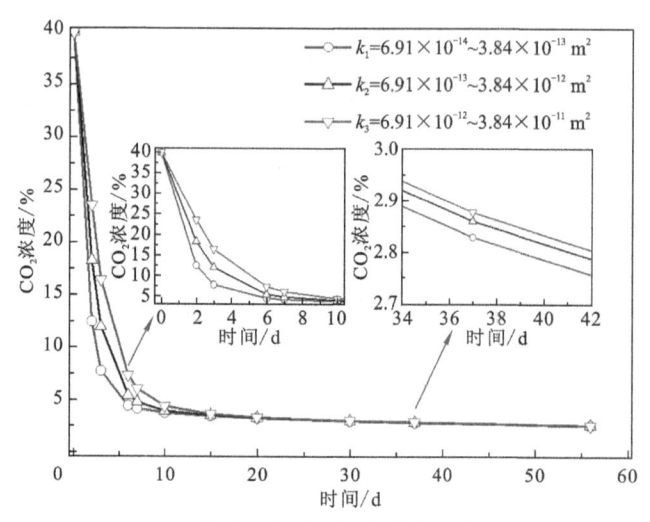

图 3.44 不同渗透率对二氧化碳浓度变化的影响

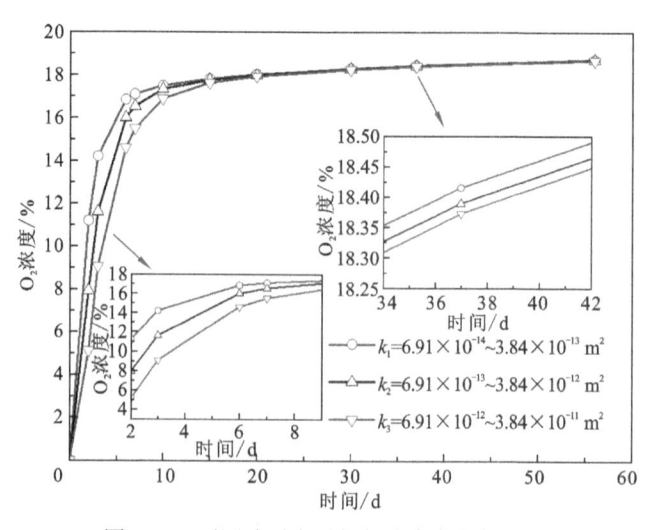

图 3.45 不同渗透率对氧气浓度变化的影响

着渗透率的增加，甲烷和二氧化碳浓度下降速率减缓，且二氧化碳浓度稳定值升高，氧气浓度增加的速率减缓，且氧气浓度稳定值降低。这是由于随着渗透率的增大，附近的甲烷及二氧化碳从厌氧区迁移至好氧修复区，从而减缓了甲烷及二氧化碳浓度的下降速率，同时，由于更多的甲烷存在，消耗了更多的氧气，则减缓了氧气浓度的升高，氧气浓度增加速率随着渗透率的增大而减小。Raga等（2015）同样在垃圾填埋场局部好氧通风过程中发现周边厌氧区域产生物质向好氧区运移的现象。

开展好氧通风过程中弥散系数对气体浓度变化影响分析研究，图3.46～图3.48为不同弥散系数大小对气体浓度变化的影响，随着弥散系数的升高，在甲烷及二氧化碳气体浓度的下降阶段，气体运移速率加快，因此导致甲烷及二氧化碳的浓度下降较快，但是在二氧化碳浓度平衡后，其浓度反而随弥散系数的增大而升高。这是由于，当好氧区二氧化碳抽出后，厌氧区域气体会运移至好氧区，而扩散系数越大，更多甲烷及二氧化碳气体运移至此，更多的甲烷被氧化为二氧化碳，所以导致平衡后的二氧化碳浓度更高。上升阶段的氧气浓度随着弥散系数的增大而增大，氧气进入堆体的速率越快，而平衡后的氧气浓度随弥散系数的升高而

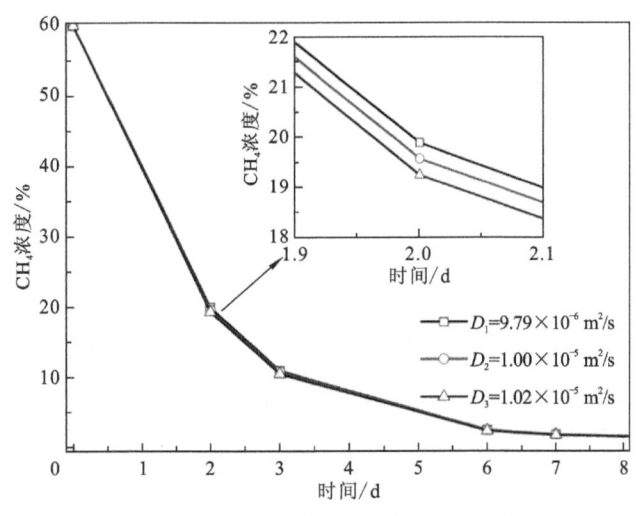

图 3.46 不同弥散系数对甲烷浓度变化的影响

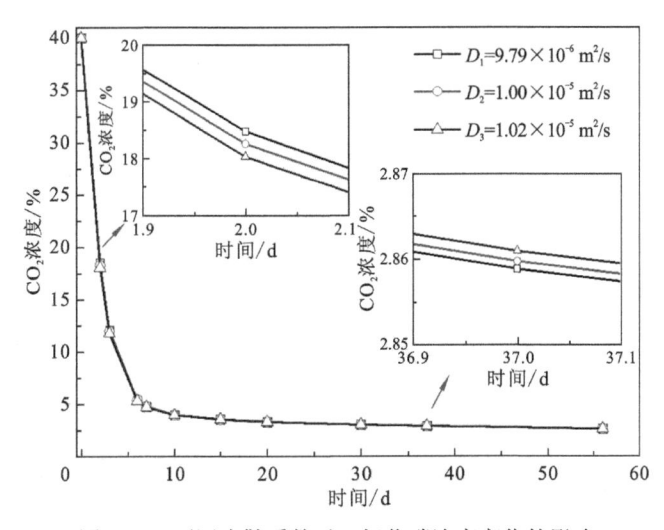

图 3.47 不同弥散系数对二氧化碳浓度变化的影响

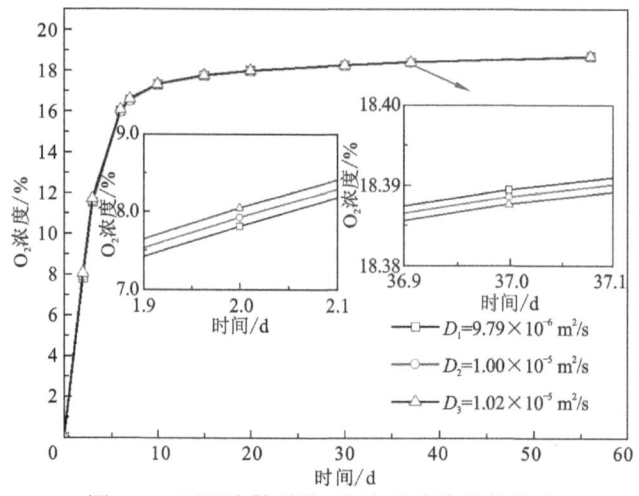

图 3.48 不同弥散系数对氧气浓度变化的影响

减小则是由厌氧区的甲烷及二氧化碳运移至此导致氧气消耗。这一结果与 Liu 等（2016a）得出的结果一致。相对于渗透率对气体浓度变化的影响，弥散系数 D 对气体浓度变化影响较小。

开展好氧通风过程中最大甲烷氧化速率对气体浓度变化影响分析研究，目前许多学者专注于覆盖层中甲烷与氧气的氧化反应（Feng et al.，2017b；Ng et al.，2015；Garg et al.，2010；Yuan et al.，2009；de Visscher et al.，2003；Stein et al.，2001），但相对较少的研究集中于固体垃圾土内部甲烷氧化反应。本模型采用的最大甲烷氧化速率源自填埋场覆盖层相关研究中，最大甲烷氧化速率的最大值取自填埋场堆肥覆盖层材料（Yuan et al.，2009），最小值取自于土壤（Stein et al.，2001）。假设此范围内涵盖垃圾土本身的最大甲烷氧化速率。如图 3.49～图 3.51 所示，对比分析不同的最大甲烷氧化速率对气体浓度变化影响，随着最大甲烷氧化速率的增大，甲烷浓度下降速率加快，二氧化碳浓度下降速率减缓，二氧化碳浓度稳定值随着最大甲烷氧化速率的增大而增大，这是由于甲烷氧化速率的增大加速了甲烷的氧化，更多的甲烷及氧气被消耗，从而产生了大量二氧化碳。随最大甲烷氧化速率的增大，氧气浓度增加速率减缓，氧气浓度稳定值降低。最大甲烷氧化速率越大，模拟结果越接近现场监测值，这表明了覆盖层中的最大甲烷氧化速率系数可能小于垃圾土中最大甲烷氧化速率系数。因此，

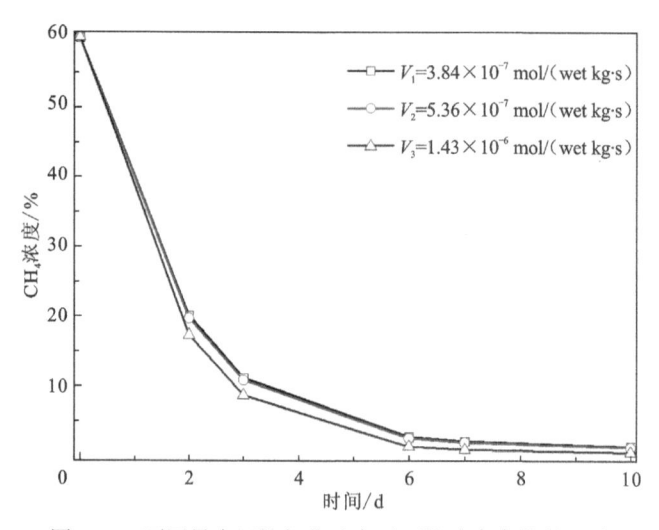

图 3.49 不同最大甲烷氧化速率对甲烷浓度变化的影响

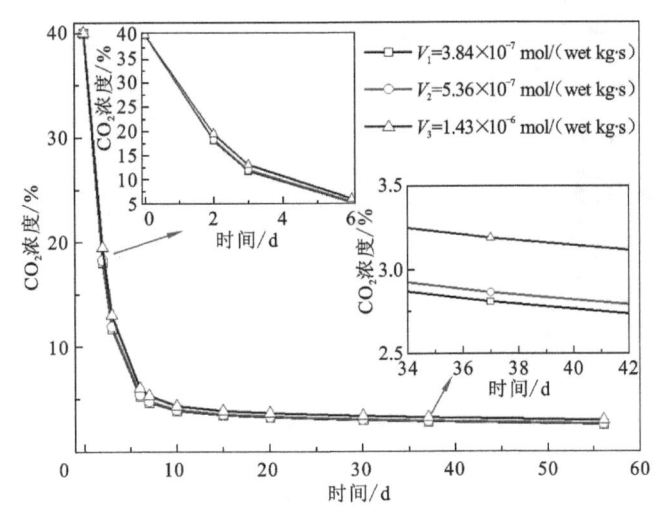

图 3.50 不同最大甲烷氧化速率对二氧化碳浓度变化的影响

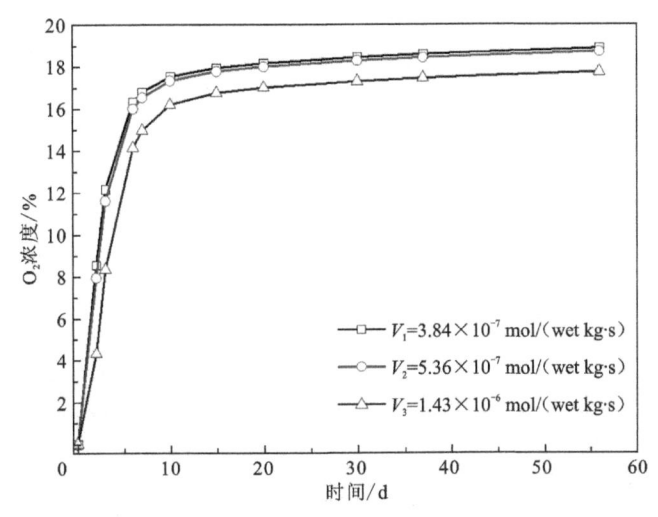

图 3.51 不同最大甲烷氧化速率对氧气浓度变化的影响

填埋场的最大甲烷氧化系数需根据现场工况进一步测试获得。

开展好氧通风过程中好氧降解氧气消耗速率对气体浓度变化影响分析研究，图3.52、图3.53为好氧降解氧气速率对二氧化碳和氧气浓度的影响，模型采用的最大好氧降解氧气消耗速率取自催化条件下有机堆肥垃圾土降解试验，最小好氧降解氧气消耗速率取自于普通垃圾土降解试验（Slezak et al.，2012；Tremier et al.，2005），对比好氧降解氧气消耗速率对模拟结果的影响。二氧化碳浓度下降速率减缓，其稳定值随着好氧降解氧气消耗速率的增大而增大，由于更多的氧气被消耗，产生大量二氧化碳。随好氧降解氧气消耗速率的增大，氧气浓度增加速率减缓，氧气浓度稳定值降低，为提高模型精度，好氧降解氧气消耗速率需进行室内试验确定。

各参数的灵敏度系数如表 3.10 所示。弥散系数对气体浓度变化的影响较小，其最大灵敏度系数为 0.08%。最大甲烷氧化速率对氧气及甲烷具有明显的影响作用。最大甲烷氧化速率对氧气的最大灵敏度系数为 1.48%。好氧降解氧气消耗速率对氧气浓度的影响最大，灵敏度系数为 2.92%，渗透率对甲烷浓度的变化影响最大，其最大灵敏度系数为 1.77%。结果表明，

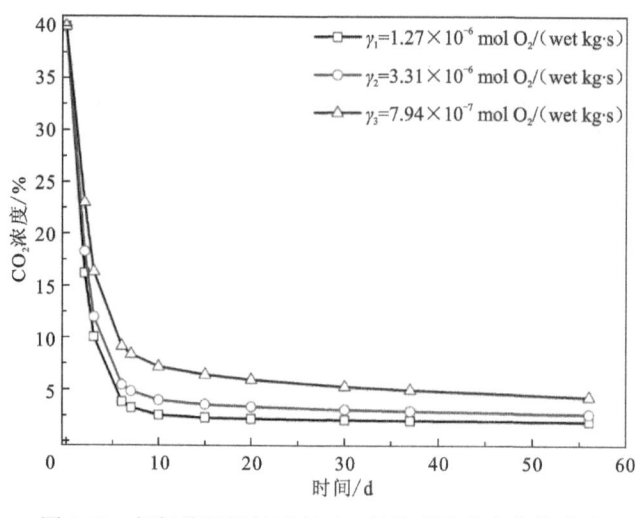

图 3.52 好氧降解氧气速率对二氧化碳浓度变化的影响

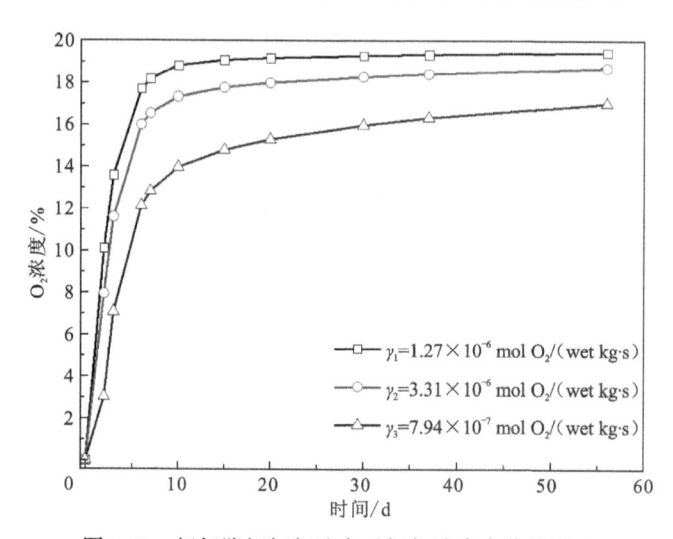

图 3.53 好氧降解氧气速率对氧气浓度变化的影响

表 3.10 各参数灵敏度系数　　　　　　　　　　　　　　　　（单位：%）

参数名称	灵敏度系数 S		
	CH_4	CO_2	O_2
k_1	1.53	1.09	0.69
k_3	1.77	1.24	0.77
D_1	0.05	0.04	0.02
D_3	0.08	0.06	0.04
V_1	0.17	0.08	0.25
V_3	0.99	0.49	1.48
γ_1	—	1.24	1.29
γ_3	—	2.81	2.92

固体垃圾土结构及化学反应速率均对模拟结果有较大影响。反应速率主要对氧气浓度具有影响作用,而固体垃圾土结构的影响主要体现在甲烷浓度及二氧化碳浓度的变化上。此外,填埋场甲烷的体量及生成速率对模拟结果也具有一定的影响,但本模拟填埋场属于陈旧型垃圾填埋场,甲烷产生速率在短时间内变化不大(孙跃强 等,2012),因此,采用根据实际情况下产气模型计算的产气速率应在合理范围内。如若在厌氧降解活跃期,则会增加氧气的消耗速率,垃圾填埋场内氧气浓度的增加速率会减缓。

根据垃圾土好氧通风过程中通风速率–降解速率影响研究发现,垃圾土的降解速率随着通风速率的增大具有先增大后减小的趋势。通过计算,Raga 等(2015)选用的现场通风速率为 0.002 L/(min·kg DOM)。开展加强好氧通风过程中气体浓度分布数值模拟,可以对比不同通风速率对气体浓度变化的影响。强化好氧通风速率设定为 0.02 L/(min·kg DOM),为原有通风速率的 10 倍,以 P12 井内气体浓度随时间变化结果为例进行对比分析,模拟结果如图 3.54～图 3.56 所示。

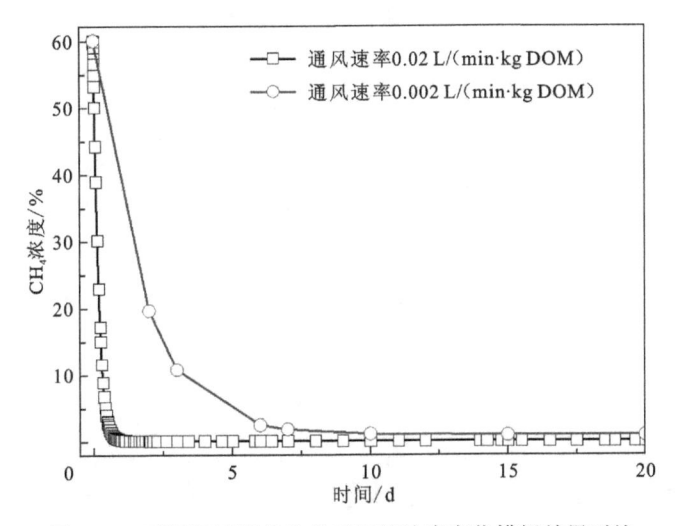

图 3.54　不同通风速率条件下甲烷浓度变化模拟结果对比

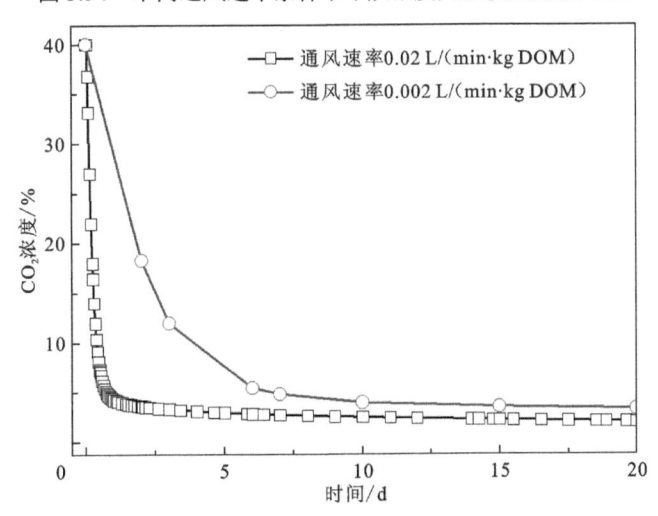

图 3.55　不同通风速率条件下二氧化碳浓度变化模拟结果对比

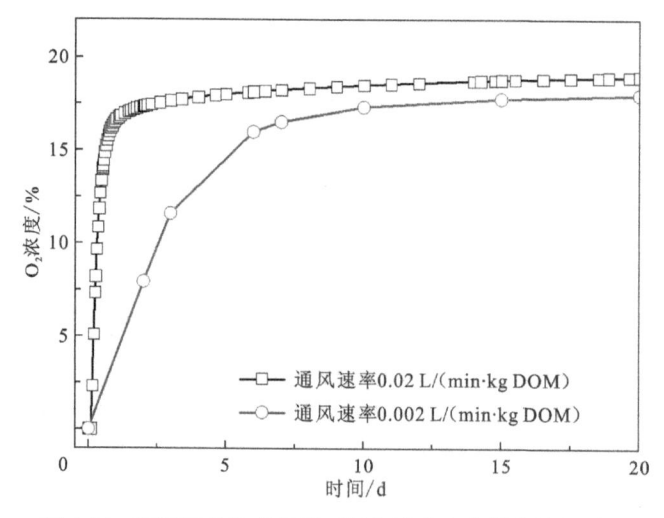

图 3.56 不同通风速率条件下氧气浓度变化模拟结果对比

随着通风速率的增大，甲烷及二氧化碳浓度下降速率变快，这主要是通风速率的增大导致更多的空气进入垃圾土体当中，加快了垃圾土内部的气体流通，甲烷及二氧化碳被大量带出，因此二者的浓度下降速率加快。当通风速率为 0.002 L/(min·kg DOM) 时，通风第 10 d 左右，甲烷浓度接近稳定，当通风速率为 0.02 L/(min·kg DOM) 时，通风 1 d 左右，甲烷浓度接近稳定约为 0，甲烷浓度稳定值随着通风速率的增大而减小，这主要由于通风速率足够大，垃圾土内部不产生厌氧区域，或厌氧区域产生的甲烷被注入的氧气消耗，从而导致甲烷浓度稳定值约为 0。当通风速率为 0.002 L/(min·kg DOM) 时，通风第 10 d 左右，二氧化碳浓度接近稳定，当通风速率为 0.02 L/(min·kg DOM) 时，通风 2.5 d 左右，二氧化碳浓度接近稳定，二氧化碳浓度稳定值随着通风速率的增大而减小，这主要由于空气的大量注入，稀释二氧化碳的占比，从而导致其稳定值降低。随着通风速率的增大，氧气的浓度上升速率变快，这主要是通风速率的增大导致大量空气进入垃圾土体当中，且充足的氧气使垃圾土内部迅速达到反应平衡，通风第 2.5 d 则进入氧气浓度稳定状态，当通风速率为 0.002 L/(min·kg DOM) 时，通风第 10 d 左右，氧气浓度接近稳定，且其稳定值低于通风速率为 0.02 L/(min·kg DOM) 条件下的氧气浓度稳定值。这表明在一定范围内，通风速率的增大可促进垃圾填埋场内部气体的运移速率，有助于好氧通风工程的实施。

第4章 好氧通风过程中多组分气体迁移规律及优势流效应

4.1 垃圾土中气体优势渗透测试试验

垃圾堆体孔隙结构显著的非均匀性决定了其渗透率分布的非一致性,直接影响气体的运移状态。本节介绍降压试验方法反映垃圾土中气体优势渗透过程,采用该方法通过室内柱体试验完成不同初始压力、不同含水率和生物降解过程气体穿越曲线的监测。基于多孔介质渗流力学原理,构建气体流动的双渗透率模型,通过双渗透率模型再现室内柱体穿越试验及现场抽气试验。模拟结果表明:在生活垃圾样本降解期间,孔隙域和裂隙域的固有渗透率和孔隙度均呈现下降趋势,裂隙域下降的幅度更大;两个区域之间的质量交换受生物降解效应影响显著,主要由于有机质降解改变了孔隙结构的分布,且随着含水量的增加,裂隙域的孔隙度和质量交换量显著下降。同时,本节阐明传统单区模型在气体收集量预测结果偏低和影响半径预测结果偏高的主要原因。

传统气体渗透试验在压力差的作用下,当出口端气体流量达到稳定后换算得到固有渗透率。由于垃圾组成具有强烈的非均匀性,一部分流体在固定压力差的作用下会先经过大孔隙区域流出,另一部分流体则后经过小孔隙区域流出。造成这一现象的主要原因在于两个区域之间的渗透能力的差别较大,通常情况下,大孔隙区域的固有渗透率远高于小孔隙区域(Han,2011)。为了弄清垃圾介质中渗透能力的差异性,需要对气体的穿越过程进行监测,并通过数学模型实现这种差异性的定量表征及验证模型的可靠性。

1. 试验材料和方法

为了达到良好的试验效果,试验样本最大尺寸不超过 4 cm。所用垃圾样本组成包括:食物 50%,纸张 15%,织物 3%,塑料 3%,草木 3%,玻璃 6%,渣土 20%,其他 3%。试验方案如表 4.1 所示。

表 4.1 试验方案一览表

方案编号	降解时间/d	初始压力/MPa	样本质量/kg	含水率/%
A1	0	0.10	1.127	25.0
A2	0	0.05	1.127	25.1
A3	0	0.02	1.127	24.9
B1	0	0.10	1.127	25.0
B2	0	0.10	1.303	35.0

续表

方案编号	降解时间/d	初始压力/MPa	样本质量/kg	含水率/%
B3	0	0.10	1.579	45.0
C1	0	0.10	1.238	25.0
C2	30	0.10	1.174	24.7
C3	60	0.10	1.116	24.5

试验装置为自行研制的孔隙度-固有渗透率测试分析系统，该系统由加载活塞、垃圾样本压力室、标准气体压力室、氮气源及实时采集软件组成。详细参数见 3.2.3 小节。

气压下降试验（gas pressure dropping test，GPDT）可得到气体在垃圾样本内的穿越曲线。试验具体步骤：第一步，关闭样本压力室出口端阀门和入口端阀门，防止气体流出；第二步，将标准压力室内充满气体并达到某一压力值；第三步，同时打开样本压力室出口端和入口端阀门，并记录样本压力室出口端的气体流量及标准压力室气体压力下降的过程。气体压力的变化可作为数值模拟中的边界条件。这一试验可用于模拟垃圾堆体内气体压力上升到某一值后，气体在压力梯度作用下在垃圾堆体内的迁移过程。

计算模型的初始高度为 350 mm。SPC 的上、下两个端口采用内径 2 mm 导管连接，端口处的压力边界的宽度为 2 mm。由于 SPC 入口阀门开启后，气体流量随时间是一个变化的过程，底部端口的边界条件简化为压力边界，气体压力值的变化被实时记录。顶部边界简化为大气压。初始压力为大气压。在不同降解阶段的 BTCs 模拟算例中，试样的高度分别为 289 mm、269 mm 和 257 mm。

2. 双渗透率模型的建立

在假设垃圾介质为双区介质时，流动介质中存在两个渗透率，气体不仅在两个区域内流动，也在两个区域之间流动（Nie et al.，2012）。气体流动的连续性方程可写为双渗透率形式，如下：

$$\frac{\partial}{\partial t}(\rho_f n_f) = \nabla \left(\rho_f \frac{k_f}{\mu} \nabla P_f \right) + Q_{mf} \tag{4.1}$$

$$\frac{\partial}{\partial t}(\rho_m n_m) = \nabla \left(\rho_m \frac{k_m}{\mu} \nabla P_m \right) - Q_{mf} \tag{4.2}$$

式中：∇ 为微分算子；t 为时间；P_f 和 P_m 分别为裂隙和孔隙区域的压力；ρ_f 和 ρ_m 分别为裂隙和孔隙区域的密度；n_f 和 n_m 分别为裂隙和孔隙区域的孔隙度；μ 为气体黏度系数；k_f 和 k_m 分别为裂隙和孔隙区域的渗透率，二者存在如下关系：

$$k' = w_f k_f + (1 - w_f) k_m \tag{4.3}$$

式中：w_f 为裂隙流动空间与总流动空间的比值，$0 < w_f < 1$。同理，两个区域内的孔隙度可写为（Vogel et al.，2000）：

$$n_t = w_f n_f + (1 - w_f) n_m \tag{4.4}$$

式中：n_t 为总孔隙度，可通过室内试验测试得到。Q_{mf} 为孔隙与裂隙区域之间的气体交换项，可变为如下形式：

$$Q_{mf} = \delta \frac{\rho k_m}{\mu}(P_m - P_f) \tag{4.5}$$

式中：δ 为形状因子，$\delta = \pi^2 \left(\frac{1}{L_x^2} + \frac{1}{L_y^2} + \frac{1}{L_z^2} \right)$；$L_x$、$L_y$、$L_z$ 分别为 x、y、z 方向试样长度。

3. 优势渗透过程模拟

1) 穿越曲线模拟结果

图 4.1 给出了不同渗透率比率条件下气体穿越曲线分布。裂隙区域与孔隙区域的固有渗透率比值越大，气体穿越曲线的峰值就越大，穿越的时间也越短。这主要是比值增大后，裂隙区域的固有渗透率增大，导致气体从大孔隙区域流动的速率加快，从而加快了气体穿越垃圾介质的速率，同时缩短了穿越时间。

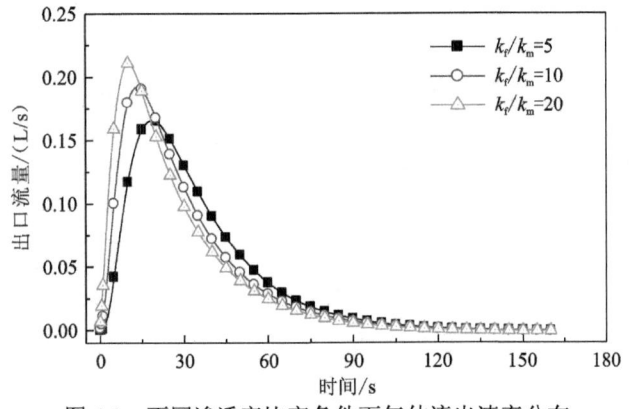

图 4.1 不同渗透率比率条件下气体流出速率分布
$w_f = 0.01$

图 4.2 给出了不同 w_f 条件下气体穿越曲线分布。随着 w_f 的降低，裂隙区域在孔隙空间中占有的比例降低，造成裂隙区域的渗透特性下降，进而使气体流出量下降。

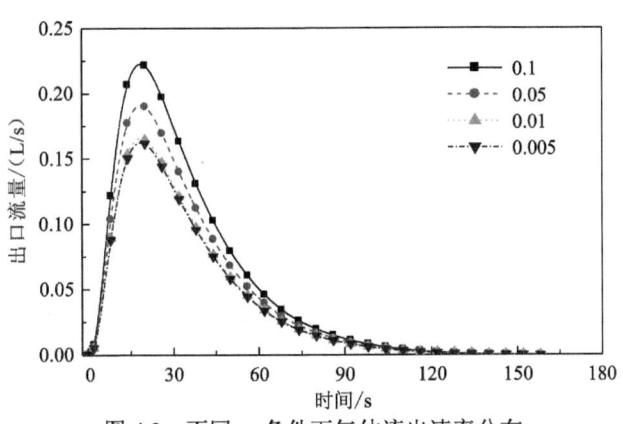

图 4.2 不同 w_f 条件下气体流出速率分布

图 4.3 所示为气体压力及交换项随时间分布规律，由图可知，两个区域内的气体压力均呈从大气压力上升到峰值后逐渐下降的趋势。两个区域之间的气体交换依赖于气体压力的变化。由于气体先从大孔隙区域流出，裂隙区域的气体压力上升幅度快，但气体压力下降幅度

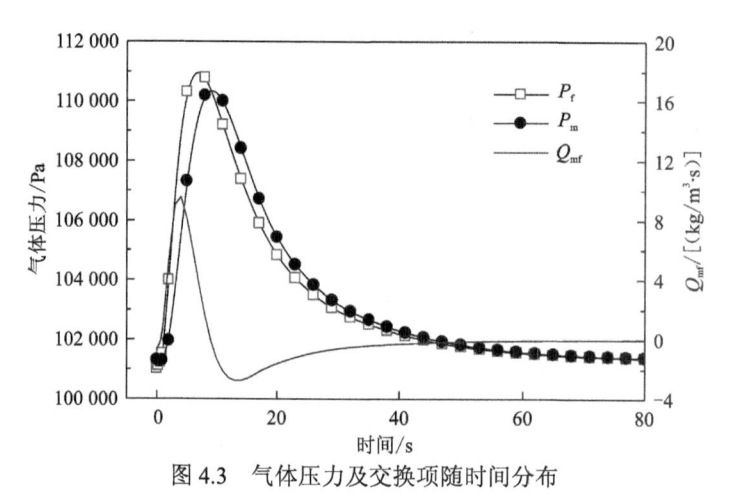

图 4.3 气体压力及交换项随时间分布

更快,且在下降阶段裂隙区域的气压低于孔隙区域的气压。

2)穿越曲线试验监测结果

在初始压力对气体穿越曲线分布的影响方面,在垃圾降解过程中,气体压力可达到 100～2 000 Pa。当填埋场内气体导排不畅时,气体压力可达到 2 490～9 500 Pa(April,2001;McBean et al.,1995)。为此,选取 0.1 MPa、0.05 MPa 和 0.02 MPa 三个压力作为初始边界条件进行气体穿透试验。

图 4.4 给出了在初始压力分别为 0.1 MPa、0.05 MPa 和 0.02 MPa 条件下的气体穿越曲线。三种初始压力条件下,出口气体流量均呈现相同的变化趋势,即随着初始压力的增大,气体流量的峰值变大,气体达到平衡的时间也变长。

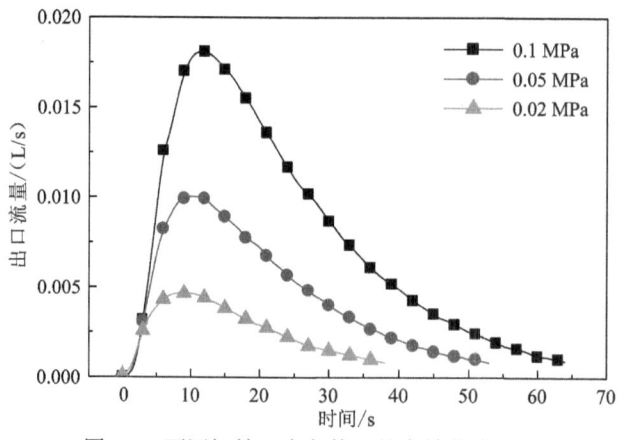

图 4.4 不同初始压力条件下的穿越曲线分布

在含水率对气体穿越曲线分布的影响方面,图 4.5 给出了不同含水率条件下的穿越曲线分布情况。随着水率的增加,固有渗透率和孔隙度变小(表 4.2),而穿越曲线的上升幅度和峰值增大,下降阶段的流量减小。这可能是增加的水分大多数占据了小孔隙区域,使得大孔隙区域与小孔隙区域的渗透率比值增加,更多的气体先从大孔隙区域流出,形成了穿越曲线的上升幅度和峰值增大的现象。因此,气体流量的变化不仅与垃圾堆体的总渗透率和总孔隙度相关,也与两个区域的固有渗透率和孔隙度有关。

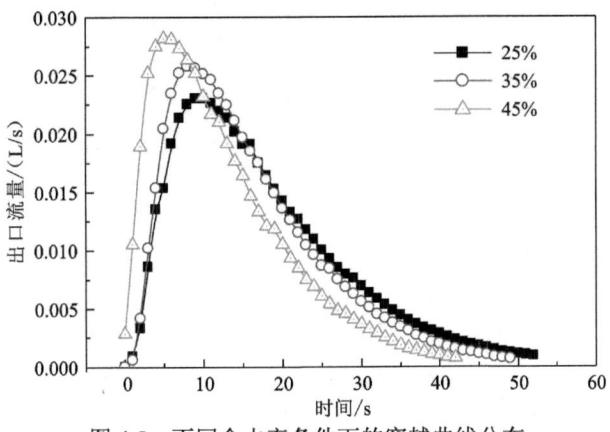

图 4.5　不同含水率条件下的穿越曲线分布

表 4.2　垃圾样本在不同含水率下的固有渗透率和孔隙度测试结果

含水率/%	渗透率/($\times 10^{-11}$ m^2)	孔隙度/%
25	0.520	0.463
35	0.484	0.364
45	0.449	0.208

在生物降解对气体穿越曲线分布的影响方面，分别对新鲜垃圾、降解 30 d 和 60 d 的垃圾样本的穿透试验进行模拟。从模拟结果可知，气体流量变化过程（包括上升和下降两个阶段）的模拟结果与测试结果比较吻合，可以推断计算模型可以较好地反映气体穿越垃圾样本的过程，如图 4.6（a）所示。随着垃圾降解的进行，穿越曲线的峰值呈现明显下降。由于降解后的垃圾被压缩得更密实，颗粒填充空隙的效果更好，在相同载荷作用下的应变明显增加，导致固有渗透率和孔隙度降低（表 4.3）。

从双渗透率模型参数的反演结果可知，新鲜垃圾中的裂隙区域渗透率与孔隙区域渗透率的比值最大，随着降解龄的增大，比值越小（表 4.4）。这明显说明：随着降解的进行，垃圾中的可降解的大颗粒逐渐被分解为小颗粒（Hossain et al.，2009a）。由于小颗粒间的空隙明显小于大颗粒之间的空隙，在压缩的作用下，大孔隙区域所占有的空间逐渐减

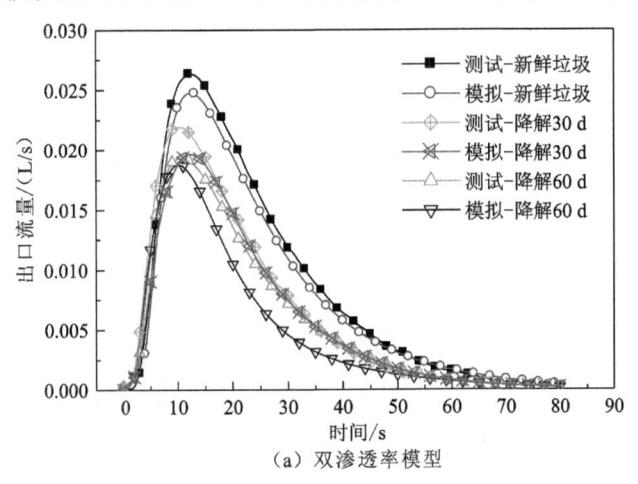

（a）双渗透率模型

（b）单渗透率模型

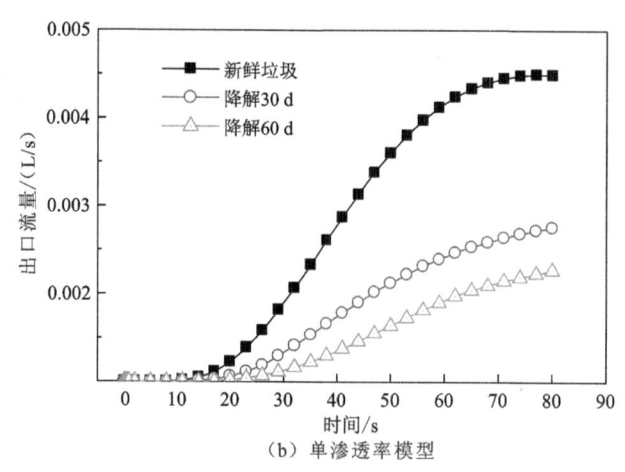

图 4.6　穿越曲线的计算结果与试验结果对比（0.05 MPa）

表 4.3　不同降解阶段的垃圾样本的测试结果

试验组	载荷/MPa	总渗透率/($\times 10^{-11}$ m²)	总孔隙度/%	应变/%
新鲜垃圾	0.05	1.020	0.559	17.3
降解 30 d	0.05	0.785	0.514	23.1
降解 60 d	0.05	0.650	0.486	26.5

表 4.4　数学模型参数反演结果

试验组	k_f/($\times 10^{-11}$ m²)	k_m/($\times 10^{-11}$ m²)	k_f/k_m	n_f	n_m	n_f/n_m	α_f
新鲜垃圾	3.25	0.77	4.22	0.10	0.61	0.16	0.05
降解 30 d	2.15	0.70	3.07	0.08	0.56	0.14	0.02
降解 60 d	1.41	0.565	2.49	0.03	0.54	0.05	0.006

小，这是导致固有渗透率比值下降的直接原因，同时也是导致裂隙区域孔隙度下降的主要原因。图 4.7 给出了不同降解阶段的颗粒分析结果，可明显看出颗粒尺寸随着降解的进行明显下降，与分析结果一致。这一结论也与 Reddy 等（2011）关于人工配制生活垃圾的颗粒分析结论一致。

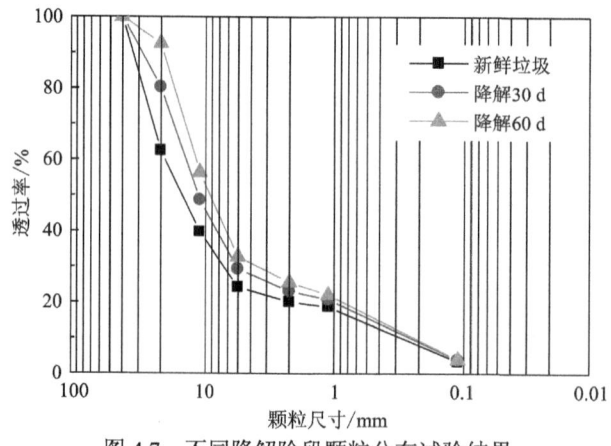

图 4.7　不同降解阶段颗粒分布试验结果

降解后垃圾样本的总孔隙度和总渗透率呈现下降趋势（表 4.3）。孔隙区域的固有渗透率下降了 73.53%，与总固有渗透率的下降幅度较为接近。同样，孔隙区域的孔隙度在降解过程中下降了 88.50%，与总孔隙度下降幅度较为接近（表 4.4）。然而，裂隙区域的固有渗透率和孔隙度分别下降了 43.49%和 30.03%，高于总固有渗透率和总孔隙度的下降幅度。这说明，由生物降解引起的孔隙结构变化对裂隙区域影响较大，这主要是由于垃圾中的可降解部分分解后，骨架颗粒会变小，减少了大颗粒之间的空隙通道。

3）关于质量交换系数的说明

在双渗透率模型计算过程中，裂隙区域方程（4.2）中的气体交换项需要进行修正。这可能是由于裂隙区域的孔隙度 n_f 的变化幅度较大，直接影响了交换项中的 δ；相反，孔隙区域的孔隙度 n_m 变化幅度较小（表 4.4），不需要对交换项中的 δ 进行修正。

方程（4.2）中的交换项增加了修正系数 α_f，可改写为

$$Q'_\text{mf} = \alpha_\text{f} \delta \frac{\rho k_\text{m}}{\mu}(P_\text{m} - P_\text{f}) \tag{4.6}$$

因此，根据生物降解对气体穿越曲线分布试验和计算结果可知，生物降解对垃圾孔隙结构影响显著，特别是裂隙区域孔隙结构的改变，这将进一步改变气体流动通道的连通性，包括裂隙区域与孔隙区域的连通性，以及两个区域之间的连通性。

采用单渗透率模型对新鲜垃圾、降解 30 d 和降解 60 d 垃圾样本的穿越过程进行了模拟，如图 4.6（b）所示。模拟结果表明：单渗透率模型的模拟结果无法再现气体穿越垃圾样本的整个过程。与实测数据相比，气体流出样本的时间出现较大的滞后，且出口流量计算偏低。

4）关于双渗透率模型参数的讨论

k_f/k_m 是预测优势流效应下气体分布的重要参数。在 k_f/k_m 随含水率变化方面：随着含水率的增加，实验得到的穿越曲线的峰值呈现下降趋势（图 4.7），从穿越曲线监测结果反演得到的 k_f/k_m 呈现下降趋势（表 4.5）。这一规律与图 4.6 中穿越曲线的变化规律相一致，验证了通过穿越曲线反推两个区域渗透率这一方法的可靠性。

在孔隙域和裂隙域渗透率随生物降解变化方面：从双渗透率模型参数的反演结果可知，新鲜垃圾中的裂隙区域渗透率与孔隙区域渗透率的比值大于陈腐垃圾（表 4.4）。这表明：随着降解的进行，裂隙区域渗透性能的优势在逐渐减小。而且，降解过程中裂隙区域的渗透率和孔隙度下降幅度高于孔隙区域。这主要是由于垃圾降解作用使垃圾中的可降解颗粒逐渐从大颗粒分解为小颗粒（Hossain et al., 2009a）。

表 4.5 给出了两个区域固有渗透率和孔隙度随含水率的变化的反演结果。含水率从 25%增加到 45%过程中，小孔隙区域孔隙度下降了 80.6%，与小孔隙区域的固有渗透率下降幅度近似（77.5%），说明小孔隙区域中增加的水分占据了有效流动路径，形成了固有渗透率和孔隙度相似的变化规律；同时，大孔隙区域的孔隙度下降了 55.6%，而大孔隙区域的固有渗透率几乎没有变化。随着含水率的增加，大孔隙区域的质量交换出现明显的下降。

这可能是由于增加的水分进入垃圾土中后主要占据了大孔隙区域的死区或非流动区，导致孔隙空间减小，但大孔隙区域中的有效流动路径受到影响较小，进而对大孔隙区域的固有渗透率几乎没有影响。由此可见，气体的优势渗透由两个区域的参数决定，这些参数在评估气体穿越土柱时应同时考虑。

表 4.5　不同含水率条件下双渗透率模型参数反演结果

含水率/%	k_f /($\times 10^{-11}$ m²)	k_m /($\times 10^{-11}$ m²)	k_f/k_m	n_f	n_m	n_f/n_m	α_f
25	2.35	0.62	3.79	0.062	0.51	0.12	1.0
35	2.38	0.54	4.41	0.041	0.46	0.09	0.31
45	2.41	0.48	5.02	0.033	0.41	0.08	0.08

4.2　好氧通风多组分气体迁移的渗流-化学耦合数学模型

评价好氧通风系统运行过程中氧气在垃圾填埋场内的分布特征对注气井设计参数的确定尤为重要。为此，本节构建描述气体优势运移过程的耦合数学模型，模型考虑对流-弥散、氧化反应和孔隙-裂隙之间的质量交换作用。结合典型气井运行工况，开展垂直井短期通风过程中气体浓度随时间和空间变化的定量模拟研究，并对模型中参数的灵敏性进行分析。模拟结果表明：对比模拟结果和现场监测结果，采用双对流-弥散（dual advective-diffusive，DAD）模型，可较好地再现填埋场内氧气和甲烷浓度在通风过程中的变化规律。单渗透率模型预测得到的影响半径较实际结果偏低，DAD 模型得到的影响半径更接近监测结果。孔隙-裂隙之间质量交换量对气体优势渗透效应影响显著。弥散系数与注气井影响半径显著相关。甲烷氧化速率与注气井影响半径无相关关系。覆盖层渗透率对影响半径具有一定影响。以上成果为垃圾填埋场注气井的优化设计提供了理论依据。

4.2.1　多组分气体优势渗透理论框架的提出

氧气被注入垃圾堆体中后，在微生物作用下氧气与甲烷发生化学反应同时消耗，生成二氧化碳和水。由于垃圾土多孔介质的非均质性，孔隙结构出现大孔隙，也称为裂隙区域或优势通道，同时垃圾土孔隙中也存在一部分不发生气体流动的空间，称为非流动区域或死区，但这部分区域仍然富含有机物，也可发生生物降解而释放出沼气（甲烷等），非流动区域内没有渗流——即没有给对流做出贡献；但扩散作用仍然存在，非流动区域内的气体会向流动区域扩散，流动区域内的气体也会向非流动区域扩散，这一过程就是质量交换的过程，且有可能伴随化学反应[图 4.8（a）]。如果孔隙结构是均匀的，孔隙内产生的甲烷或者与注入的氧气反应，或者被气体驱替流出孔隙介质。在实际垃圾堆体中进行注气试验会发现：同时存在氧气、甲烷和二氧化碳[图 4.8（b）]。

为了进一步明确垃圾土中气体的流动通道，可做出如下假设（图 4.9）。

（1）垃圾土孔隙通道由流动区域和非流动区域组成。

（2）流动区域包括孔隙区域和裂隙区域。

（3）流动区域与非流动区域之间存在质量交换。

（4）非流动区域没有渗流和弥散效应。

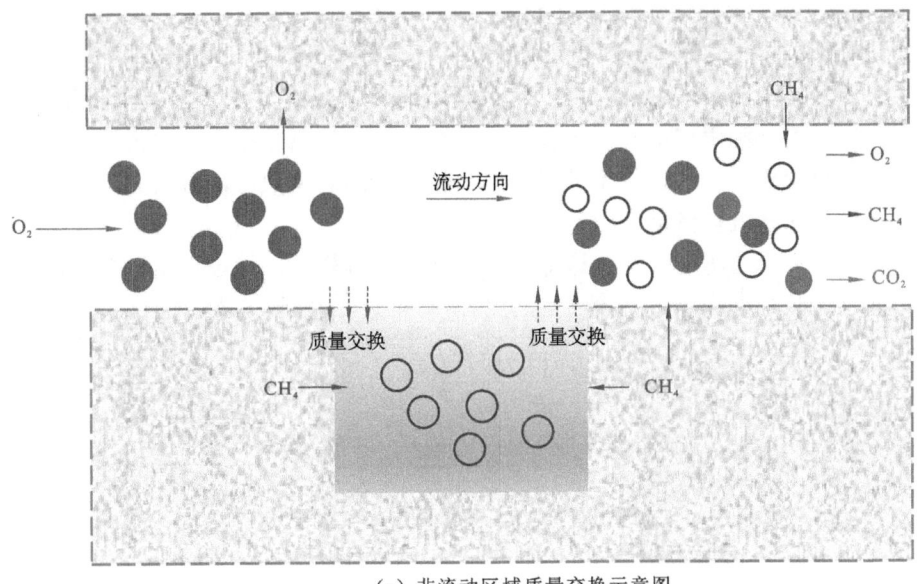

(a) 非流动区域质量交换示意图

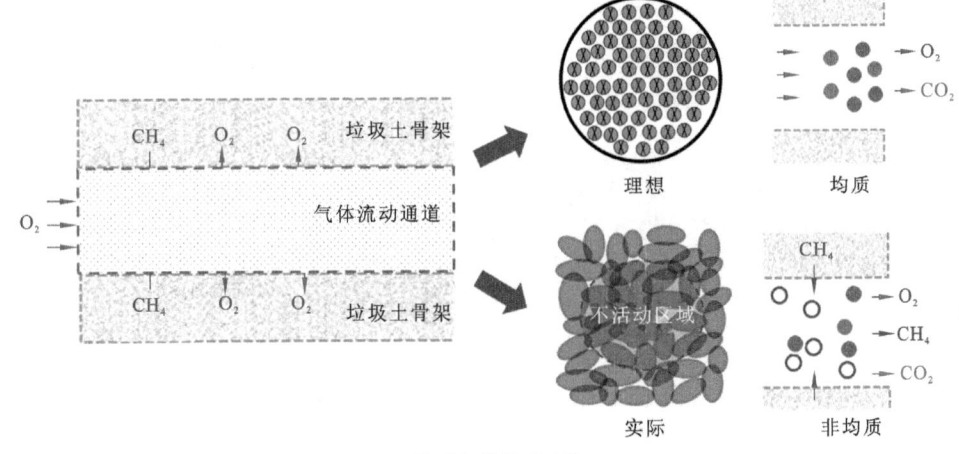

(b) 均质与非均质对比

图 4.8 垃圾土孔隙通道氧气注入过程假想示意图

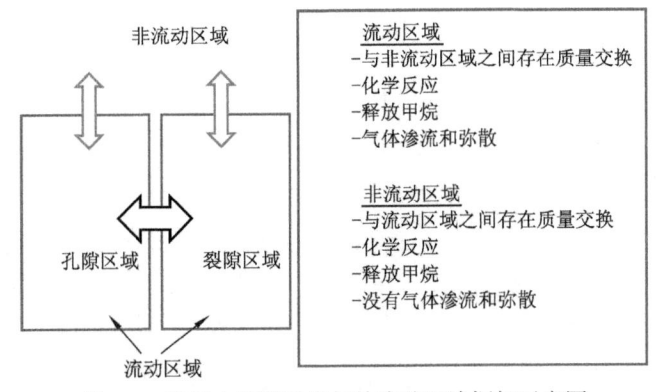

图 4.9 垃圾土孔隙通道气体流动理论框架示意图

4.2.2 考虑优势流和多组分反应的耦合模型

氧气在垃圾填埋场内的运移行为受对流-弥散、生物化学反应和温度效应的影响（Fytanidis et al.，2014；Cossu et al.，2005b）。对流-弥散效应表现为气体压力和浓度的变化。生物化学反应决定了氧气和甲烷的消耗速率。垃圾有机物在好氧状态下产生大量的热，垃圾堆体内的温度随时空变化显著。由于本节只模拟氧气注入的短期效应，假设温度和水分不变化，且不影响生化反应和气体流动。

采用 DAD 模型可描述考虑优势渗透效应下气体运移过程。气体中多组分在双孔隙介质中的运移过程，可通过两个耦合的对流-弥散方程进行描述，如下：

$$\frac{\partial}{\partial t}(n_f C_{if}) = \nabla(n_f D_{if} \nabla C_{if}) - \nabla(V_{if} C_{if}) - n_f R_{if} - \frac{\Gamma_{is}}{w_f} \tag{4.7}$$

$$\frac{\partial}{\partial t}(n_m C_{im}) = \nabla(n_m D_{im} \nabla C_{im}) - \nabla(V_{im} C_{im}) - n_m R_{im} + \frac{\Gamma_{is}}{w_m} \tag{4.8}$$

$$n_t C_i = n_f w_f C_{if} + n_m (1 - w_f) C_{im} \tag{4.9}$$

$$V_i = -\frac{k}{\mu} \nabla P_i \tag{4.10}$$

式中：∇ 为微分算子；P_i 为气体组分 i 的压力；R_i 为气体组分 i 的反应速率 [（mol·s/m³）]；n_t 为总孔隙度；V 为气体平均流速（m/s），下标 f，m 分别表示裂隙域和孔隙域；C_i 为气体组分 i 的总浓度[（mol/m³）]；i 为气体组分（甲烷、氧气）；Γ_{is} 为气体组分 i 的质量交换[kg/(m³·s)]，可写为

$$\Gamma_{is} = \pm \Gamma_{ig} C_{if} + \alpha_{is}(1 - w_f) n_m (C_{if} - C_{im}) \tag{4.11}$$

式中：α_{is} 为一级传导系数（s^{-1}），可写为

$$\alpha_{is} = \frac{\beta}{a^2} D_{ie} \tag{4.12}$$

式中：D_{ie} 为气体组分 i 在孔隙域和裂隙域表面的有效弥散系数（m²/s）；a 为孔隙域的特征半径，取值 1 cm（Gerke et al.，2004）；β 为几何系数，取值 10~15（Gerke et al.，1996）。总弥散系数可写为

$$D' = w_f D_f + (1 - w_f) D_m \tag{4.13}$$

式中：w_f 为裂隙域所占总多孔介质的比例（$0 < w_f < 1$）。Γ_{ig} 为气体组分 i 的交换项——由压力梯度引起，假设与压力差成正比，写为（Gong，2007）

$$\Gamma_{ig} = \alpha_g \frac{\rho_i k_m}{\mu}(P_{im} - P_{if}) \tag{4.14}$$

式中：α_g 为交换项系数[1/（m·s）]；ρ_i 为气体组分 i 的密度；μ 为气体黏度系数；k_m 为孔隙域渗透率；P_{im} 为气体组分 i 在孔隙域的压力；P_{if} 为气体组分 i 在裂隙域的压力。

气体流动的双渗透率模型可采用连续性方程的形式，见式（4.1）~式（4.2）（Liu et al.，2016a）。两个区域的渗透率计算见式（4.3）。两个区域的孔隙度可通过式（4.4）表示。

当不考虑优势渗透效应时，$\Gamma_{is}=0$，$V_f = V_m$，$D_f = D_m$，式（4.7）变形为

$$\frac{\partial}{\partial t}(nC_i) = \nabla(nD_i \nabla C_i) - \nabla(V_i C_i) - nR_i \tag{4.15}$$

上式即为单对流弥散方程（single advective-diffusive，SAD）模型。式中：D_i 为气体组分 i 的弥散系数（m^2/s），可写为

$$D_i = \gamma D_{gas,i} \tag{4.16}$$

式中：$D_{gas,i}$ 为气体 i 在混合气体中的弥散系数；γ 为垃圾土介质的相关系数。

甲烷氧化的生物反应过程可通过下面的方程进行描述：

$$38.25CH_4 + 3NH_3 + 63.75O_2 \longrightarrow 3C_4H_8O_2N + 26.25CO_2 + 69H_2O \tag{4.17}$$

当氧气被注入垃圾堆体时，会和甲烷发生化学反应被消耗掉，二者的浓度均随着反应的进行而降低。这一消耗过程在方程（4.17）的源汇项反映，采用氧化速率进行描述。甲烷的氧化速率符合 Monod 动力学理论，可写为

$$R_{CH_4} = -V_{max} \frac{1}{\left(1 + \dfrac{k_{m,m}}{C_{CH_4}}\right)\left(1 + \dfrac{k_{m,o}}{C_{O_2}}\right)} \tag{4.18}$$

$$R_{O_2} = 1.73 R_{CH_4} \tag{4.19}$$

式中：V_{max} 为甲烷氧化的最大氧化能力 [$mol/(m^3·s)$]；C_{CH_4} 和 C_{O_2} 分别为甲烷和氧气的浓度（m^3/m^3）；$k_{m,m}$ 和 $k_{m,o}$ 分别为甲烷和氧气的半饱和系数（m^3/m^3）。这里假设甲烷的氧化速率与温度和含水率无关。

垃圾堆体中的多孔介质不仅有流动区域，还有非流动区域。这些非流动区域对溶质运移状态影响显著（Woodman et al.，2017；Yazdani et al.，2010）。为了实现气体在两个区域运移的定量表征，需做如下假设：非流动区域不发生渗流和扩散；流动区域和非流动区域（mobile-immobile）之间存在质量交换。

气体在流动区域和非流动区域的质量平衡可以通过如下方程进行描述：

$$\frac{\partial}{\partial t}(n_{im} C_{i,im}) = n_m \alpha_{m,im}(C_i - C_{i,im}) - n_{im} R_i + Q_{im} \tag{4.20}$$

式中：$C_{i,im}$ 为气体组分 i 在非流动区域内的浓度；$\alpha_{m,im}$ 为流动区域与非流动区域的质量交换系数；n_m 和 n_{im} 分别为流动区域与非流动区域的孔隙度；Q_{im} 为非流动区域甲烷的产生速率。非流动区域在垃圾堆体中的比例一般为 20%~30%（Yazdani et al.，2010）。

4.3 优势流效应对注气过程气体分布的影响

4.3.1 注气过程中多组分气体的迁移与演化

1. 工况及条件

现场试验地点位于意大利的某陈旧型填埋场。如图 4.10 所示，现场共设置 2 个监测井（M1 和 M2）和 1 个注气井（P1）[备用井 1 个（P3）]，注气井的钻孔直径为 800 mm、深度为 8 m，打孔段长度为 6.5 m。图 4.10 中监测井钻孔直径为 600 mm、深度为 5.5 m，打孔段长度为 1 m，覆盖层厚度为 1.5 m，填埋层厚度为 8.5 m。M1 和 M2 与 P1 的水平距离分别为 6 m 和 12.5 m。Cossu 等（2005b）在 A 填埋场开展了现场注气及渗透试验。垃圾土和覆盖层的气体渗透率分

别为 2.0×10^{-10} m^2 和 3.0×10^{-15} m^2。注气井 P1 以 85 m^3/h 的强度持续运行，M1 点的甲烷和氧气浓度被记录。计算参数见表 4.6。

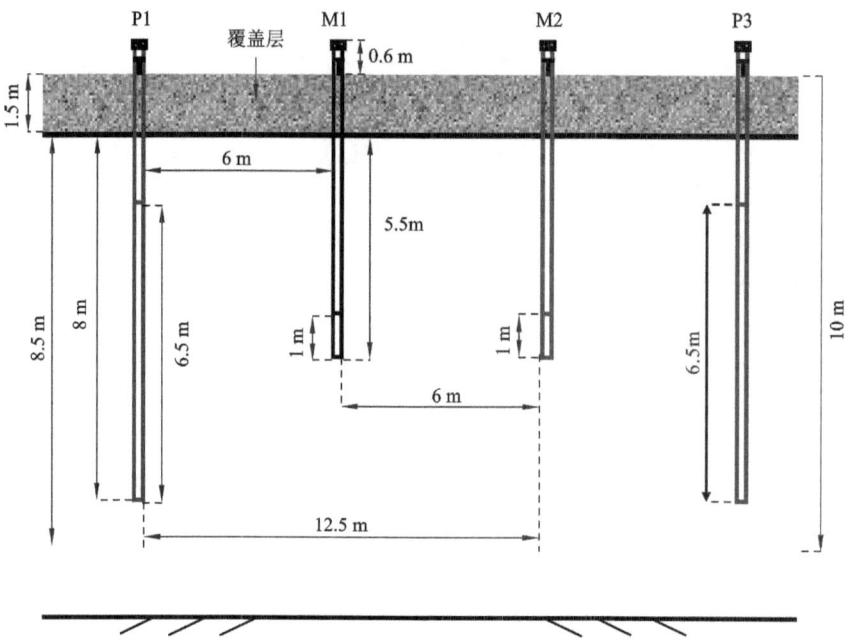

图 4.10 注气井和监测井分布示意图

表 4.6 计算所需参数

参数	取值
覆盖层渗透率（Cossu et al., 2005a）	3.0×10^{-15}
垃圾土渗透率（Cossu et al., 2005b）	2.0×10^{-10}
α/cm	1.0
β	15
n'	0.5
V_{max}/[m^3/(m$^3\cdot$s)]（Han et al., 2010）	10×10^{-3}
$k_{m,m}$/(m^3/m^3)（Han et al., 2010）	1
$k_{m,o}$/(m^3/m^3)（Han et al., 2010）	2
初始氧气浓度/%	0
初始甲烷浓度/%	50

2. 主要影响因素

1）氧化速率的影响

图 4.11 给出了不同氧化速率下甲烷浓度的模拟结果。当氧化速率降低时，氧气和甲烷的消耗体积被消除，残余甲烷浓度增加。当考虑优势流效应时，氧气浓度受氧化速率影响较小。不考虑优势流效应时，氧气浓度随氧化速率的增加而逐渐降低（图 4.12）。

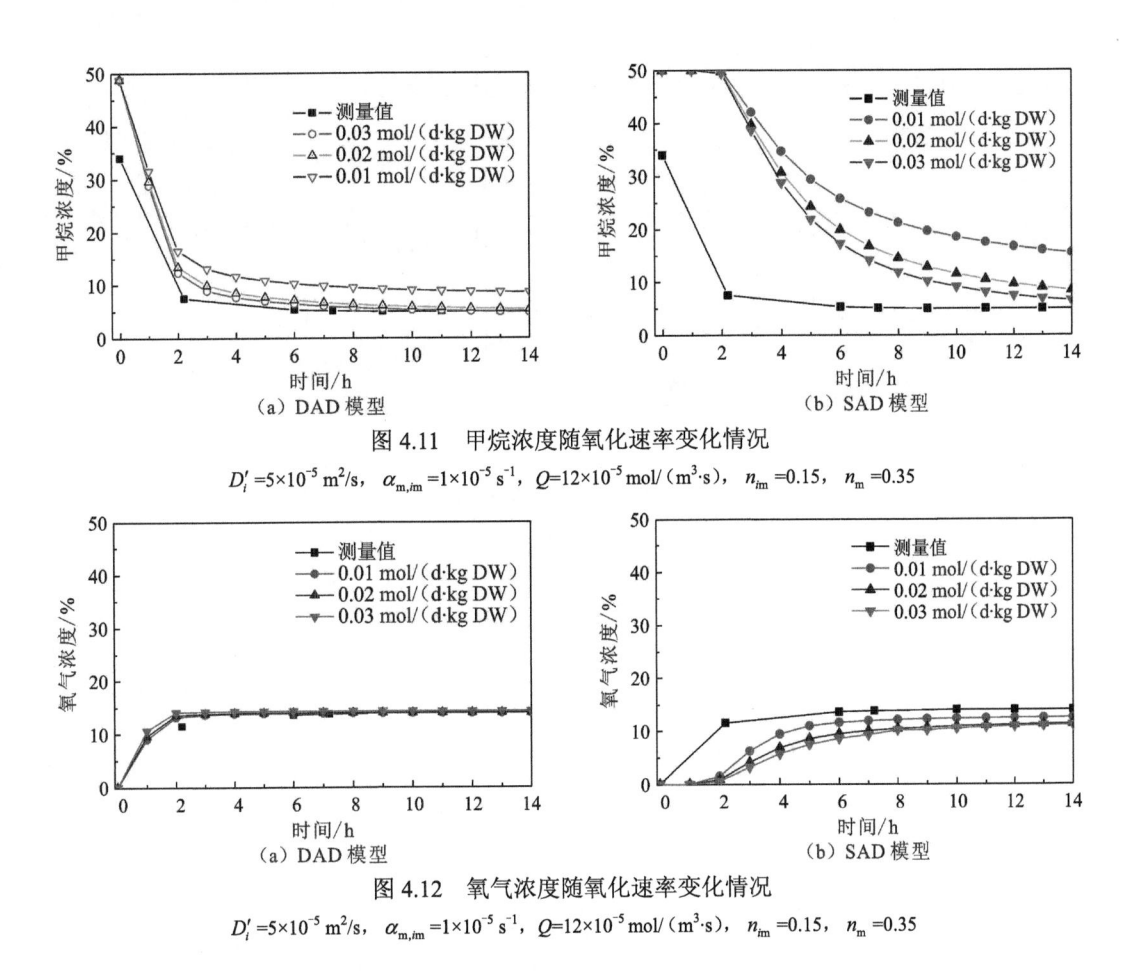

(a) DAD 模型 (b) SAD 模型

图 4.11 甲烷浓度随氧化速率变化情况

$D'_i=5\times10^{-5}$ m²/s, $\alpha_{m,im}=1\times10^{-5}$ s⁻¹, $Q=12\times10^{-5}$ mol/(m³·s), $n_{im}=0.15$, $n_m=0.35$

(a) DAD 模型 (b) SAD 模型

图 4.12 氧气浓度随氧化速率变化情况

$D'_i=5\times10^{-5}$ m²/s, $\alpha_{m,im}=1\times10^{-5}$ s⁻¹, $Q=12\times10^{-5}$ mol/(m³·s), $n_{im}=0.15$, $n_m=0.35$

2）甲烷产气速率对气体浓度分布的影响

随着甲烷产气速率的增加，甲烷总浓度增加，这是因为更多的甲烷从垃圾土孔隙中进入孔隙和非流动区域。产气速率对氧气浓度的影响不大，主要由于氧气是由注气井连续供应的（图 4.13）。

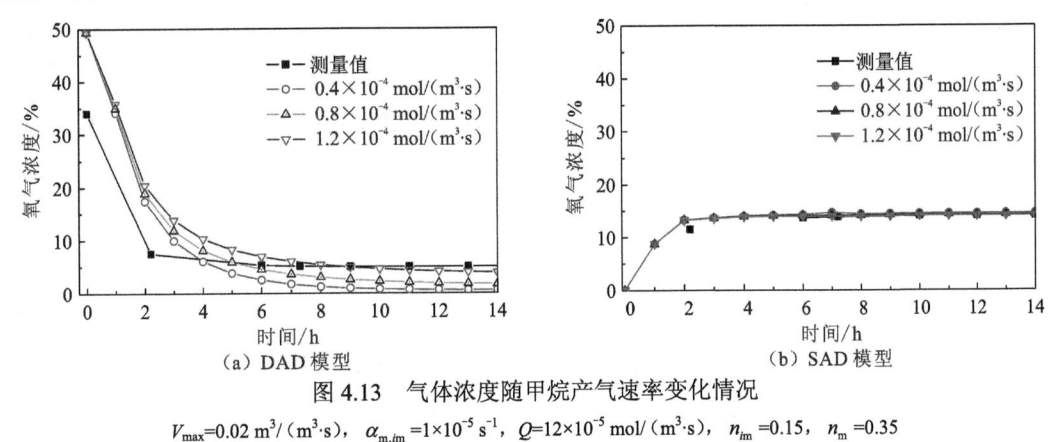

(a) DAD 模型 (b) SAD 模型

图 4.13 气体浓度随甲烷产气速率变化情况

$V_{max}=0.02$ m³/(m³·s), $\alpha_{m,im}=1\times10^{-5}$ s⁻¹, $Q=12\times10^{-5}$ mol/(m³·s), $n_{im}=0.15$, $n_m=0.35$

3）弥散系数对气体浓度分布影响的灵敏性分析

随着弥散系数的增加，堆体内遗留甲烷浓度增大，主要是甲烷的释放能量增强，导致参与反应的量减少。当弥散系数在 $1.0\times10^{-6}\sim1.0\times10^{-5}$ m²/s 时，甲烷浓度基本上一致（图 4.14）。

弥散系数在 $1.0×10^{-5}$~$1.0×10^{-4}$ m²/s 时，甲烷浓度模拟结果更接近监测结果（图 4.15）。

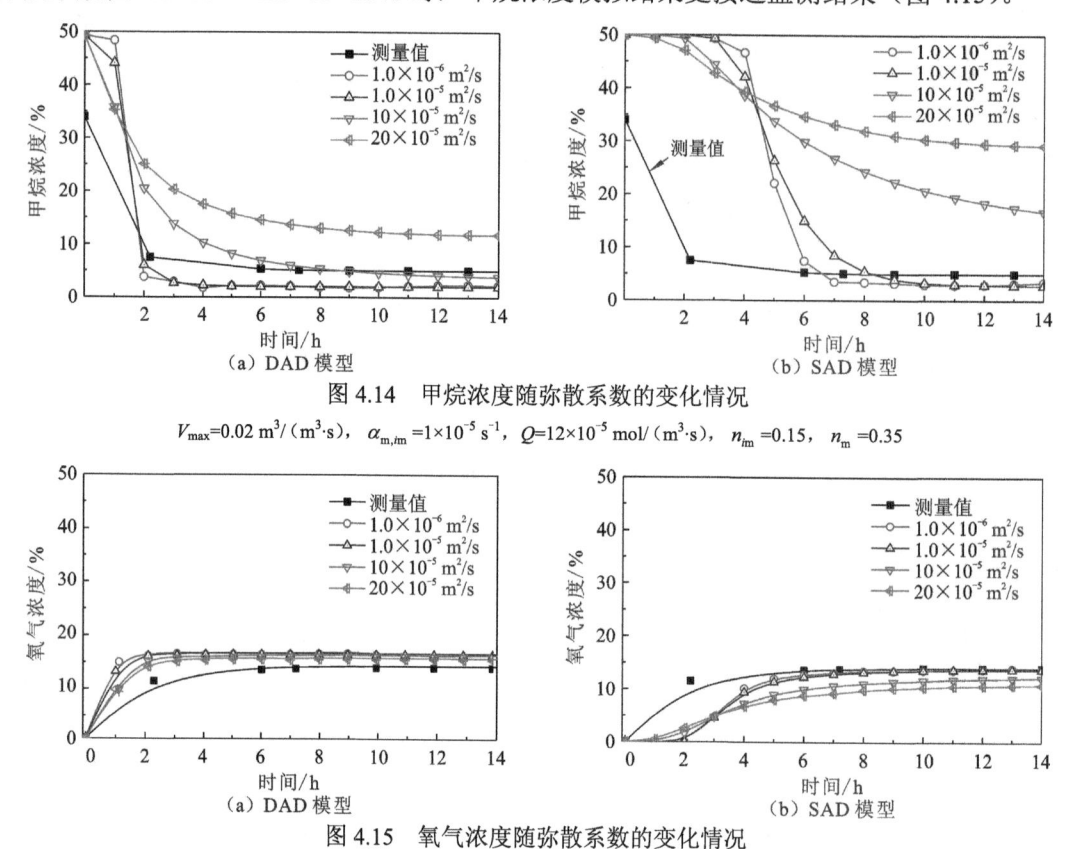

（a）DAD 模型 　　　　　　　　　（b）SAD 模型

图 4.14　甲烷浓度随弥散系数的变化情况

$V_{max}=0.02$ m³/(m³·s)，$\alpha_{m,fm}=1×10^{-5}$ s⁻¹，$Q=12×10^{-5}$ mol/(m³·s)，$n_{fm}=0.15$，$n_m=0.35$

（a）DAD 模型 　　　　　　　　　（b）SAD 模型

图 4.15　氧气浓度随弥散系数的变化情况

4）注气井影响半径的讨论

影响半径 R 随弥散系数变化特征如图 4.16 所示。影响半径随注气流量的增加而增大。随着弥散系数的增加，影响半径的变化曲线变得陡峭，说明弥散系数较大时，随着注气强度的增加影响半径明显增大。弥散系数较小时，注气流量的增加对影响半径的影响不明显。可以推断：在气体弥散特性较差的区域采用提高注气流量进行通风来达到良好的氧环境是很困难的。这一规律与 Ko 等（2013）基于现场试验得到的结论相一致。

影响半径随甲烷产气速率变化特征如图 4.17 所示。随着甲烷产气速率的增加，影响半径曲线无明显变化，表明产气速率的变化对影响半径的影响很小。

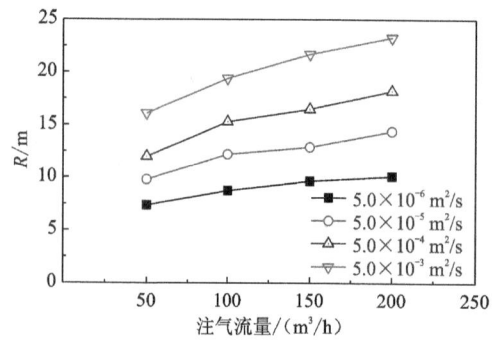

图 4.16　影响半径随弥散系数的变化情况 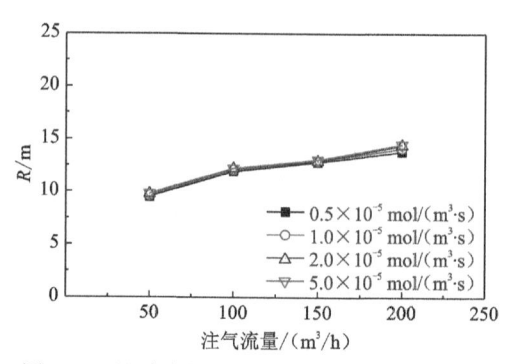　　　图 4.17　影响半径随甲烷产气速率的变化情况

随着 V_m 的增大，影响半径略有（小幅度）降低，且随着注气流量的增加，R 变化不明显（图 4.18）。表明 V_m 的变化对影响半径的影响非常有限，可以忽略。

图 4.19 给出了影响半径随覆盖层渗透率变化情况。当覆盖层渗透率从 $5.0×10^{-13}$ m² 降低至 $1.0×10^{-13}$ m² 时，随着注气流量的增加，影响半径增大的趋势显著。当覆盖层渗透率小于 $1.0×10^{-13}$ m² 时，覆盖层防渗性能的增强对影响半径的影响并不明显。

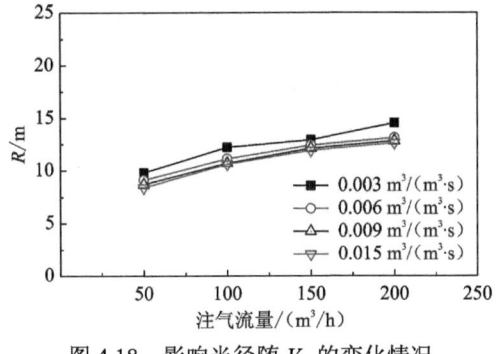

图 4.18　影响半径随 V_m 的变化情况 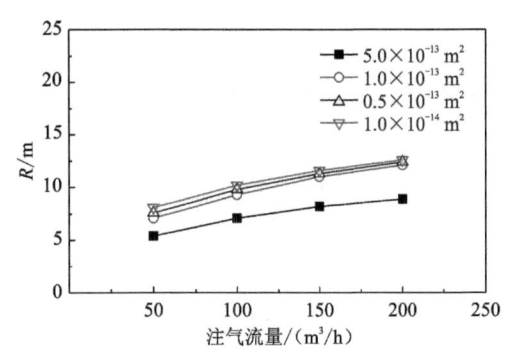　　图 4.19　影响半径随覆盖层渗透率的变化情况

4.3.2　优势流效应对气体分布的影响规律

为了进一步分析运移环境中的主要因素对气体分布的影响，以 Cossu 等（2005b）的现场试验填埋场结构及工况为基础，进行氧气运移过程的参数灵敏性预测，分析典型参数对氧气优势运移及气井影响半径的影响规律。

1. 渗透模型与单区渗透模型对比

采用 SAD 模型和 DAD 模型对 Cossu 等（2005b）的现场注气试验进行模拟预测。

图 4.20 给出了氧气浓度在 M1 监测井的监测和模拟结果。采用双渗透率模型得到的氧气浓度随时间的变化规律与监测结果很接近。注气井初始阶段，监测点的氧气浓度迅速升高。约 2 h 以后，氧气浓度上升幅度明显减弱，并趋于稳定。由于模拟过程是在理想状态下完成

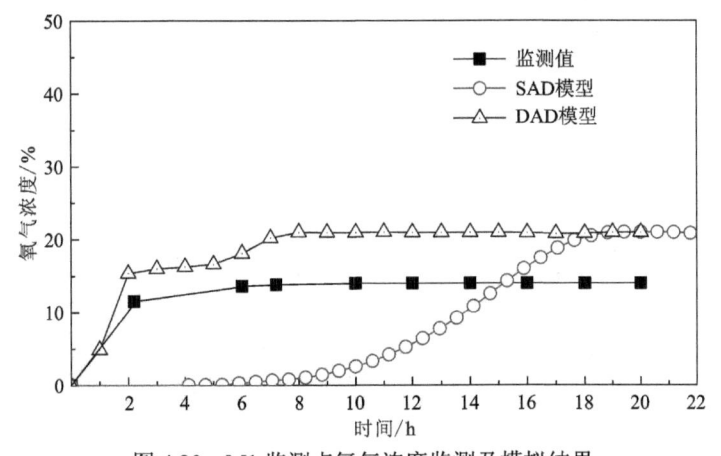

图 4.20　M1 监测点氧气浓度监测及模拟结果

的，两个模型模拟结果中氧气浓度达到稳定时均为21%，而氧气浓度的监测结果在稳定时为13%～14%（Cossu et al.，2005b）。这主要是由于真实填埋场中含有非流动区域（immobile zones），占堆体体积的30%（Yazdani et al.，2010），这些非流动区域很难达到好氧环境，造成监测的氧气浓度低于计算的氧气浓度。同理，堆体内的甲烷也不可能全部被消耗。在稳定阶段，监测点的甲烷浓度约为5%，高于理想状态下的模拟结果（图4.21）。

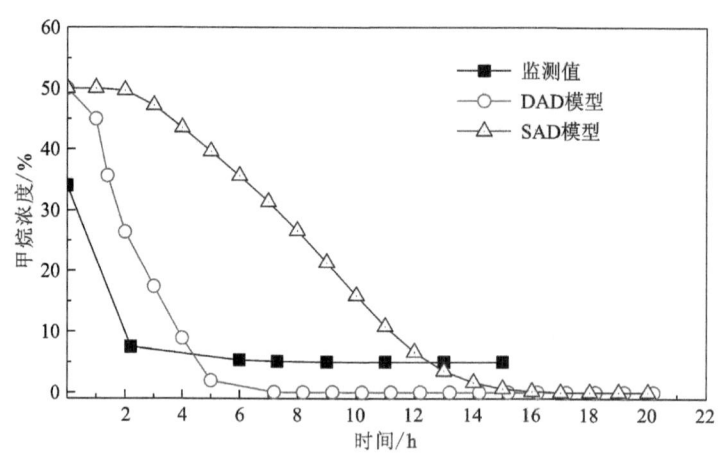

图4.21 M1监测点甲烷浓度监测及模拟结果

DAD模型模拟得到的甲烷浓度达到稳定的时间与监测值比较接近，而SAD模型得到的甲烷浓度达到稳定的时间明显滞后于监测值。这一规律同样出现在图4.20中氧气的模拟结果中。

2. 动区域占比对气体浓度的影响

如图4.22和图4.23所示，随着交换系数α_f的增加，流动区域和非流动区域之间交换的甲烷量增加，参与反应的总甲烷量增加，导致剩余的总甲烷浓度降低。这一规律与Hantush等（2003）关于土壤双孔隙结构对气体迁移影响得到的规律一致。

然而，随着交换系数的增加，流动区域和非流动区域内的氧气消耗量均增加，但氧气是从气井中不断注入的，因此总氧气浓度变化不大。

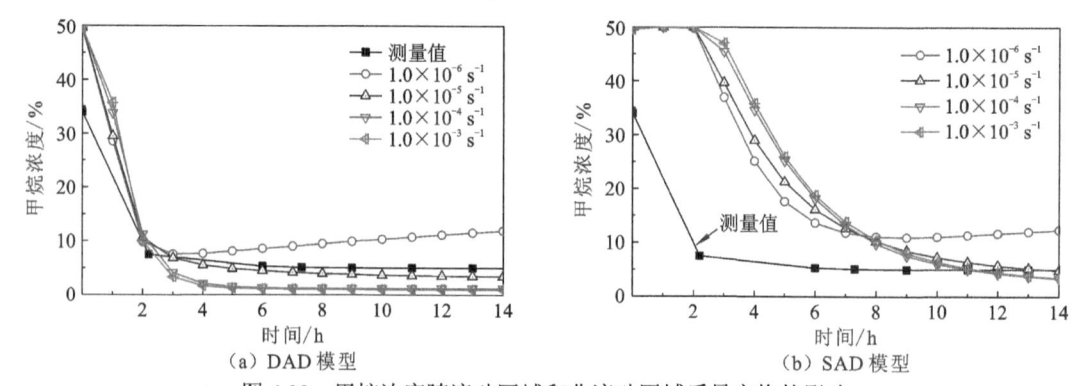

（a）DAD模型

（b）SAD模型

图4.22 甲烷浓度随流动区域和非流动区域质量交换的影响

$V_m=0.03 \text{ m}^3/(\text{m}^3 \cdot \text{s})$，$Q=12 \times 10^{-5} \text{ mol}/(\text{m}^3 \cdot \text{s})$，$D'_i=2.0 \times 10^{-5} \text{ m}^2/\text{s}$，$n_{im}=0.15$，$n_m=0.35$

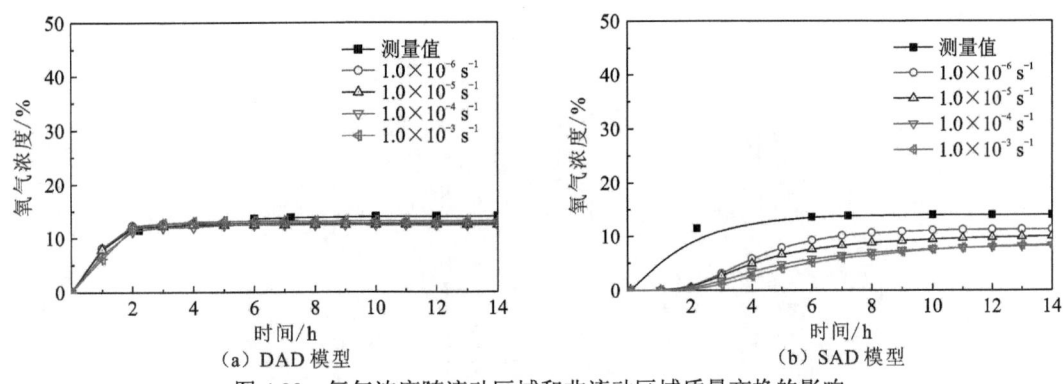

图 4.23　氧气浓度随流动区域和非流动区域质量交换的影响

$V_m=0.03 \text{ m}^3/(\text{m}^3 \cdot \text{s})$，$Q=12\times10^{-5} \text{ mol}/(\text{m}^3 \cdot \text{s})$，$D_i'=2.0\times10^{-5} \text{ m}^2/\text{s}$，$n_{im}=0.15$，$n_m=0.35$

4.4　好氧过程气体浓度现场监测试验——以单井为例

确定氧气分布特征是填埋场好氧通风工程运行管理的关键，而注气过程中的气体压力分布是弄清氧气分布规律的基础和前提。为弄清单井注气过程中氧气浓度在气井周围的分布特征，以现场单井注气试验结果为基础，完成单井注气过程中气体压力、浓度现场监测试验，并分析现场试验过程中填埋气的分布特征，为好氧通风修复工程的设计、运行和维护管理提供重要的依据。

本节介绍现场单井注气试验的方法、设备和试验结果，获取单井注气条件下的气体渗透率，监测注气过程中气井水平方向的气体压力和气体浓度随时间的变化，分别以气体压力和氧气浓度为关键指标分析注气井影响半径。

4.4.1　试验方案及设备

1. 场地概况

现场试验以湖北省赤壁市某陈旧型垃圾填埋场为依托展开，该库区内堆存的生活垃圾约为 14.04 万 m^3，垃圾填埋龄期为 10~13 年，垃圾土上方采用 0.8~2.3 m 黏土覆盖，黏土层覆盖面积约为 1.943 5 万 m^2。试验地点选取填埋场北部区域，垃圾层厚度为 10~11 m，垃圾土基本参数见表 4.7，由表中可知垃圾土 pH 介于 8~9，呈现弱碱性，有机质含量介于 9.77%~17.2%，是垃圾降解至中后期尚未达到稳定化的表征条件，图 4.24 给出了垃圾土的主要组成成分。

表 4.7　垃圾土物理性质表

采样深度	填埋龄期/年	密度/(kg/m³)	含水率/%	有机质/%	pH
上（1~4 m）	10	772	3.5	17.20	8.03
中（4~8 m）	11	824	21.3	10.40	8.12
下（8~11 m）	13	991	29.5	9.77	8.32

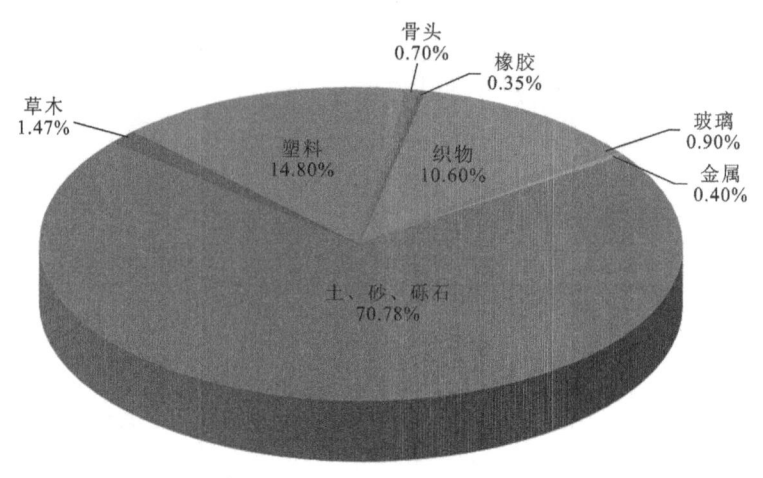

图 4.24　垃圾土主要组成成分

2. 试验方案

在垃圾填埋场好氧修复工程中，国外大都选择低压注气风机（注气压强在 0~10 kPa），在工程实践中有良好的应用，同时，为验证高压风机（20 kPa）是否对垃圾堆体中的氧气浓度有显著的影响，了解国内垃圾填埋场好氧修复工程在低压注气条件下垃圾土堆体内部是否能够达到好氧降解发生的氧气浓度水平。故选择 2 kPa、10 kPa 和 20 kPa 注气风机开展现场试验，由于注气过程中注气管道的形状、长度等因素会造成注气压力损失，注气井处的气体压强分别为 0.20 kPa、0.89 kPa、1.95 kPa。

注气期间，对周围监测井的气体压力和浓度进行采样和测试。气井中的气体可以通过压力表直接读取气体浓度测量的压力，为确保测量的准确性，将软管放置在裸眼段，使用泵将气体泵入袋内，使用沼气分析仪测量浓度，气体流量计记录单井注气过程中的瞬时流量、压力、温度和累积流量。当浓度发生显著变化时，每 15 min 记录一次压力和浓度数据。随着浓度变化范围的减小，记录间隔时间延长，间隔为 30 min 和 1 h。当气体浓度达到稳定时，实验结束。

气体渗透率是得到单井注气过程中气体压力分布的时空间分布特征一个重要的参数，需得到垃圾土内部的气体渗透率，采用不同压强注气风机进行现场注气试验，利用气体流量计记录注入气体的瞬时流量值，同时，记录注气稳定时不同监测井的压力值，通过注气气体渗透率公式计算气井周围的气体渗透率。现场单井抽气测垃圾堆体的气体渗透系数，试验过程中，考虑此次试验为短时单井注气工况和垃圾土的不均匀性，试验过程中也没有发现明显的沉降，同时，现场没有条件开展原位测试试验，无法获得垃圾土堆体的初始含水率、初始孔隙比等参数，因此，忽略了含水率、孔隙比和孔径对气体渗透率的影响。利用注气条件下气体渗透率公式计算气井周围的气体渗透率（Powell et al.，2006）。

利用抽气过程中监测井的稳定压力值、相关的参数和经验公式计算气体渗透率：

$$k = \frac{Q\mu\ln(R - R_\mathrm{I})}{2\pi\Delta P} \tag{4.21}$$

式中：k 为气体渗透率（m^2）；Q 为注/抽气井的抽气流（m^3/s）；μ 为气体黏度系数（Pa·s），取 1.84×10^5 Pa·s；R 为抽气井与监测井的距离（m），取 1.5 m；R_I 为抽气井的半径（m），取

0.025 m；ΔP 为抽气井与监测井之间的压力差（Pa）。

单井注气过程中垃圾堆体内部的气体渗透率计算公式：

$$k = -\frac{QP_{atm}\mu}{\pi(P_w^2 - P_{atm}^2)}f \quad (4.22)$$

式中：k 为气体渗透率（m²）；Q 为注/抽气井的注气流量（m³/s）；P_w 为监测井绝对压强（kPa）；P_{atm} 为标准大气压（kPa）；f 为一个与气井位置、填埋场尺寸有关的函数，计算需要对垃圾填埋场的各向异性程度（k_r/k_z）和填埋场上层覆土的气体渗透率与填埋场垃圾堆体垂直方向的渗透率比值（k_c/k_z）进行假设，其中 k_r、k_z、k_c 分别为垃圾土水平方向气体渗透率、垃圾土垂直方向气体渗透率、覆盖层气体渗透率，本节中参数 f 取值 1.1（Powell et al.，2006）。

试验开始前，需完成建井工作，其中包括 6 口监测井（M1～M6，直径 90 mm）、1 口注气井（I1，直径 90 mm）及 2 口抽气井（P1、P2，直径 90 mm，非抽气条件下作为监测井使用），注气井和抽气井的结构相同，各气井之间间隔 1.5 m，气井深度 5.5 m，钻好的孔内放置开孔聚乙烯管，开孔段长度为 1 m，位于 4.5～5.5 m 处，开孔段使用排水网包裹避免垃圾堆体堵塞聚乙烯管所开花孔，且在聚乙烯管开孔段回填碎石防止垃圾堵塞气孔和加快气体扩散，气井距地面 1 m 位置处开始回填膨润土，在回填过程中边回填边夯实，气井其余深度均回填黏土，这保证了气井的密封性，图 4.25 和图 4.26 分别给出了试验井的剖面图和位置平面图，图 4.27 为气井的结构图。其次，在完成建井工作后，为检查注气管道密封性和气井构造的合理性，按照试验要求连接注气井和注气风机，开展预注气试验，结果表明注气管道和气井满足试验要求。

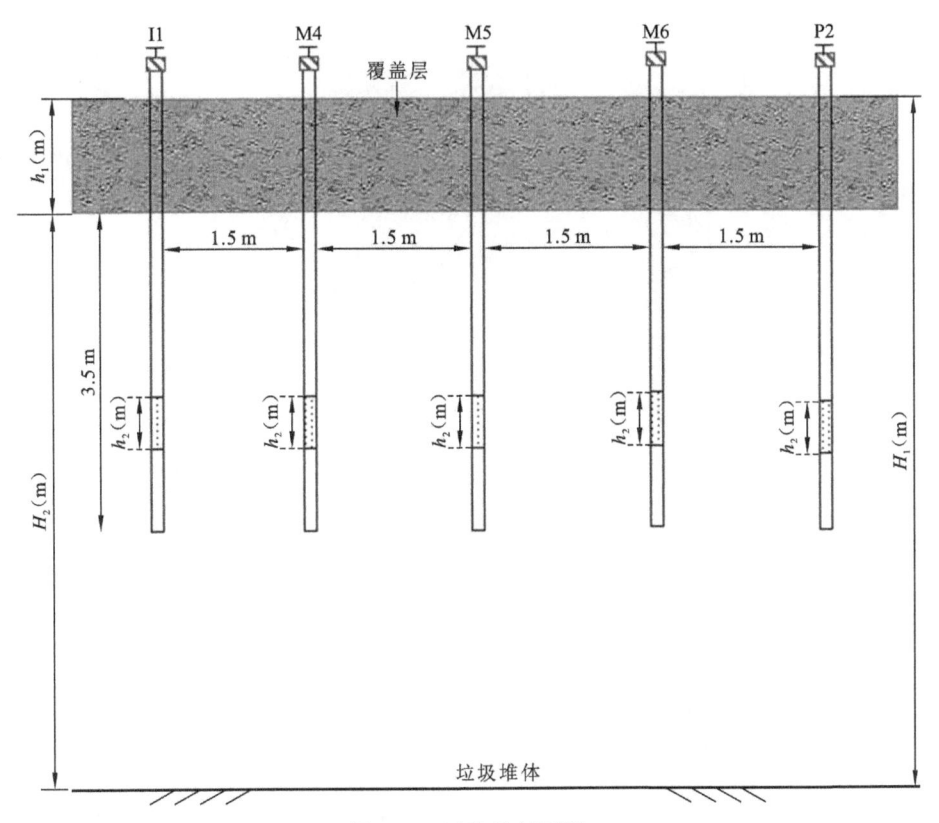

图 4.25 试验井剖面图

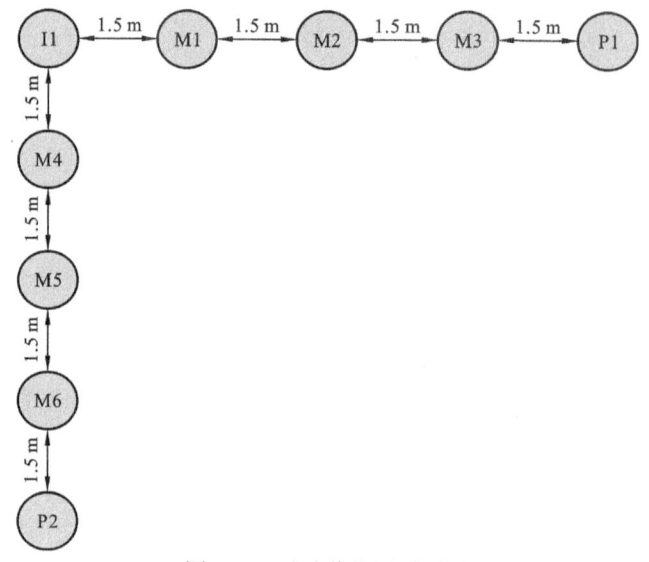

图 4.26 试验井位置平面图

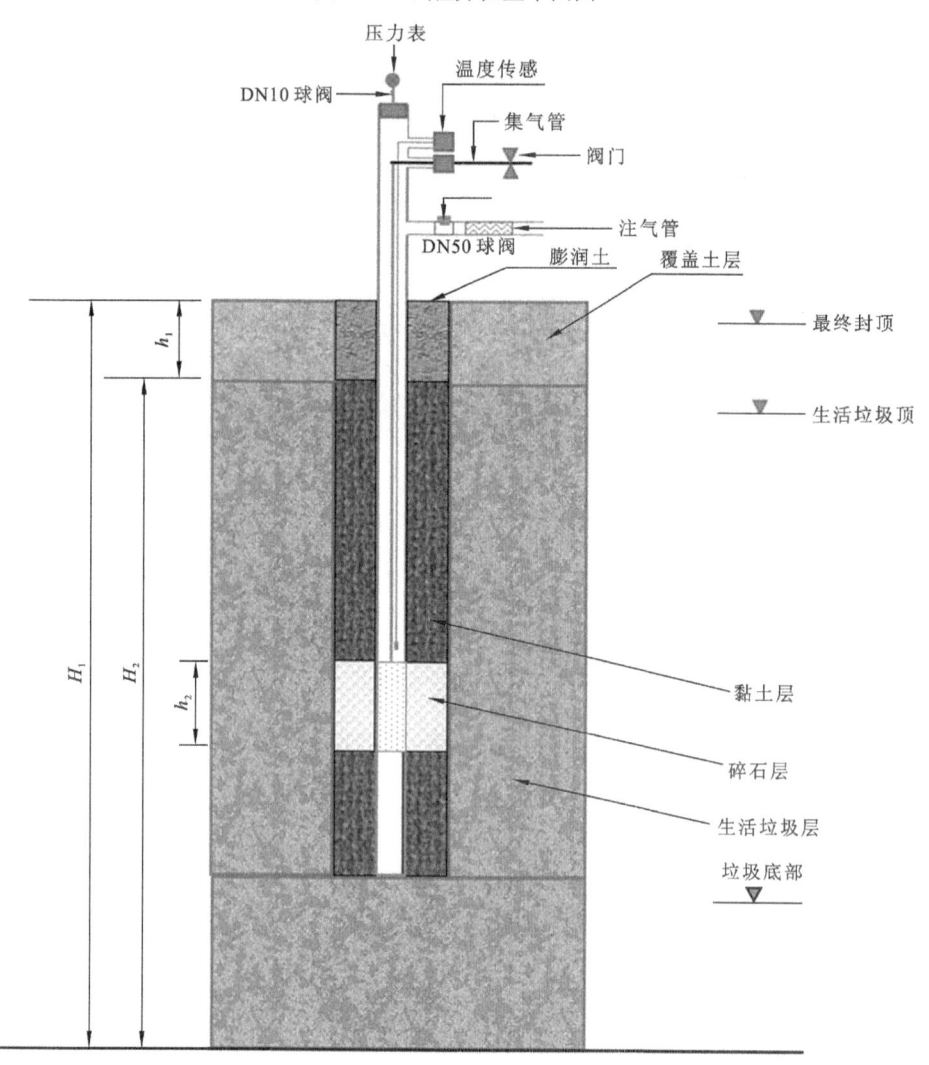

图 4.27 气井结构图

3. 试验设备

本次试验设备包括：注气风机（HG-500FB，浙江杰仕力机电有限公司）、发电机（HS10500DSE，福必达发电机有限公司）、气体流量计（TY-1030，武汉天禹环保科技有限公司）、多参数一体化在线分析仪（自行研制）、抽气泵（STG-DC5，南京善田电子科技有限公司）、集气袋（常德比克曼生物科技有限公司）、双向压力表（MIK-Y290，杭州美仪自动化有限公司），见图4.28。

(a) 注气风机　　(b) 发电机　　(c) 双向压力表　　(d) 集气袋　　(e) 在线分析仪

图 4.28　部分试验设备图

4.4.2　试验原理

垃圾体作为一种多孔介质具有各向异性、不均匀性的特点，由垃圾降解产生的填埋气体在堆体内部的迁移运移往往涉及渗流、浓度扩散和化学反应多个理论，是多个学科的交叉，其迁移运移特点极为复杂（Sowers，1973）。在垃圾堆体内部填埋气体的对流作用对填埋气的影响远大于气体扩散及弥散作用，在开展单井注气条件下气体分布规律研究时，忽略了气体扩散及弥散作用，并且达西定律适用于填埋气在垃圾堆体内部的流动。

在单井注气过程中，利用恒定压强或恒流风机通过注气井将空气注入垃圾堆体内部，堆体内部的原有填埋气体在注入气体的压力及浓度作用下向周围迁移流动，故此导致水平方向上距注气井不同处的堆体内部存在压力、浓度梯度，靠近注气井越近垃圾堆体内部的压力越大、氧气浓度升高越快、甲烷及二氧化碳浓度降低得越快，当监测井监测到的气体压力处于稳定状态，根据监测井距注气井的距离、监测井的气体压力及浓度即可得到气体渗透率和单井注气条件下堆体内部填埋气的分布特征。

在垃圾填埋场单井注气过程中，由于空气和水分的不断注入，原垃圾土堆体内部的填埋气和注入的气体会产生气体运移，垃圾填埋场内部是一个气、液、固三相共存的体系。

垃圾填埋空间中压力梯度和浓度梯度是好氧填埋气运移的两个主要推动力，对应于这两个推动力好氧填埋气主要有以下两种运移方式。

(1) 对流传递，在好氧生物反应器填埋场中，由于注气井的强制通风和抽气井的主动抽排，填埋场内部空间水平方向上形成了稳定的压差，填埋气在此压差的推动下会发生对流传递，这是好氧生物反应器填埋场中填埋气运移的主要方式。

(2) 扩散传递，在好氧生物反应器填埋场中，由于填埋垃圾堆体可生物降解有机物含量的不同，以及在外部注水不均匀的情况下造成填埋空间各处垃圾含水率的差异，好氧填埋场内部各点好氧生化降解速率存在明显的差异。在氧气供应充足的情况下，这势必会造成填埋场内各处填埋气组分浓度的不均匀，因此在这浓度梯度的推动下会发生扩散传递。

4.4.3 气体压力浓度试验结果

1. 气体渗透率试验结果

现场开展抽注气试验来确定试验场区内垃圾堆体的气体渗透率，在单井注气\抽气条件下监测距注气井 1.5 m、3 m、4.5 m、6 m 距离处的压力，见表 4.8 和表 4.9，并利用气体渗透率公式计算监测井 M4、M5、M6 和抽气井 P2 处的气体渗透率。

表 4.8 注气条件下各气井压强值 （单位：kPa）

注气流量	M4	M5	M6	P2
82 m³/h	0.659	0.300	0.224	0.209
60 m³/h	0.241	0.143	0.131	0.092

表 4.9 抽气条件下各气井压强值 （单位：kPa）

抽气流量	I1	M4	M5	M6
9 m³/h	−0.01	−0.038	−0.044	−0.063
12 m³/h	−0.018	−0.09	−0.119	−0.187

通过计算得到监测井 M4 周围的气体渗透率为 $5.952\,84\times10^{-11}\sim1.024\,92\times10^{-11}\,\text{m}^2$，监测井 M5 周围的气体渗透率为 $5.945\,76\times10^{-11}\sim1.024\,92\times10^{-11}\,\text{m}^2$，监测井 M6 周围的气体渗透率为 $5.945\,76\times10^{-11}\sim1.024\,96\times10^{-11}\,\text{m}^2$，注气井 I1 周围的气体渗透率为 $3.991\,54\times10^{-11}\sim5.952\,84\times10^{-11}\,\text{m}^2$，抽气井 P2 周围的气体渗透率为 $1.024\,92\times10^{-11}\sim1.449\,09\times10^{-11}\,\text{m}^2$，监测井得到气体渗透率均值为 $3.09\times10^{-11}\,\text{m}^2$，气井周围气体渗透率的量级与国内外测试结果 $10^{-10}\sim10^{-12}\,\text{m}^2$ 一致（Cao et al.，2019；Wu et al.，2016；Raga et al.，2014；Ritzkowski et al.，2012）。可以看出，气体渗透率在距注气井不同距离处的大小存在差异。为了能够简化计算工况，在后续的计算过程中取气井气体渗透率的平均值 $3.09\times10^{-11}\,\text{m}^2$ 作为本节的气体渗透率值。

2. 单井注气条件下气体压强分布规律

图 4.29 给出了不同注气压强下气井压强随时间变化的曲线图，在气体通过注气井进入垃圾堆体内部时，由于堆体内部的结构对气体流动有一定的阻力作用，因此注气井与监测井的压强是不同的。注气流量为 82 m³/h 时注气井的压强为 1.95 kPa，注气流量为 60 m³/h 时注气井压强为 0.89 kPa；注气流量为 12 m³/h 时注气井压强为 0.2 kPa。注气流量为 82 m³/h 时压强在 0.25 h 达到峰值。随着注气时间的延长，注气井压强会有一个缓慢降低直至趋于稳定压强值 1.68 kPa 的过程，可能是由于垃圾堆体是一种不均匀的多孔介质的传输体，气体通过注气风机注入垃圾堆体内部时，沿径向扩散的距离逐步靠近影响半径边缘而导致的，同样的规律可以在其他注气流量的单井注气试验过程中发现，相对注气流量为 82 m³/h 情况而言，60 m³/h、12 m³/h 注气试验在 0.5 h、0.25 h 基本达稳定值，滞后了 0.5 h 的时间，这可能是由注气流量的作用下，垃圾堆体内部的死区会发生转移、气体通道疏密度提高、气体压力梯度较大而造成的。

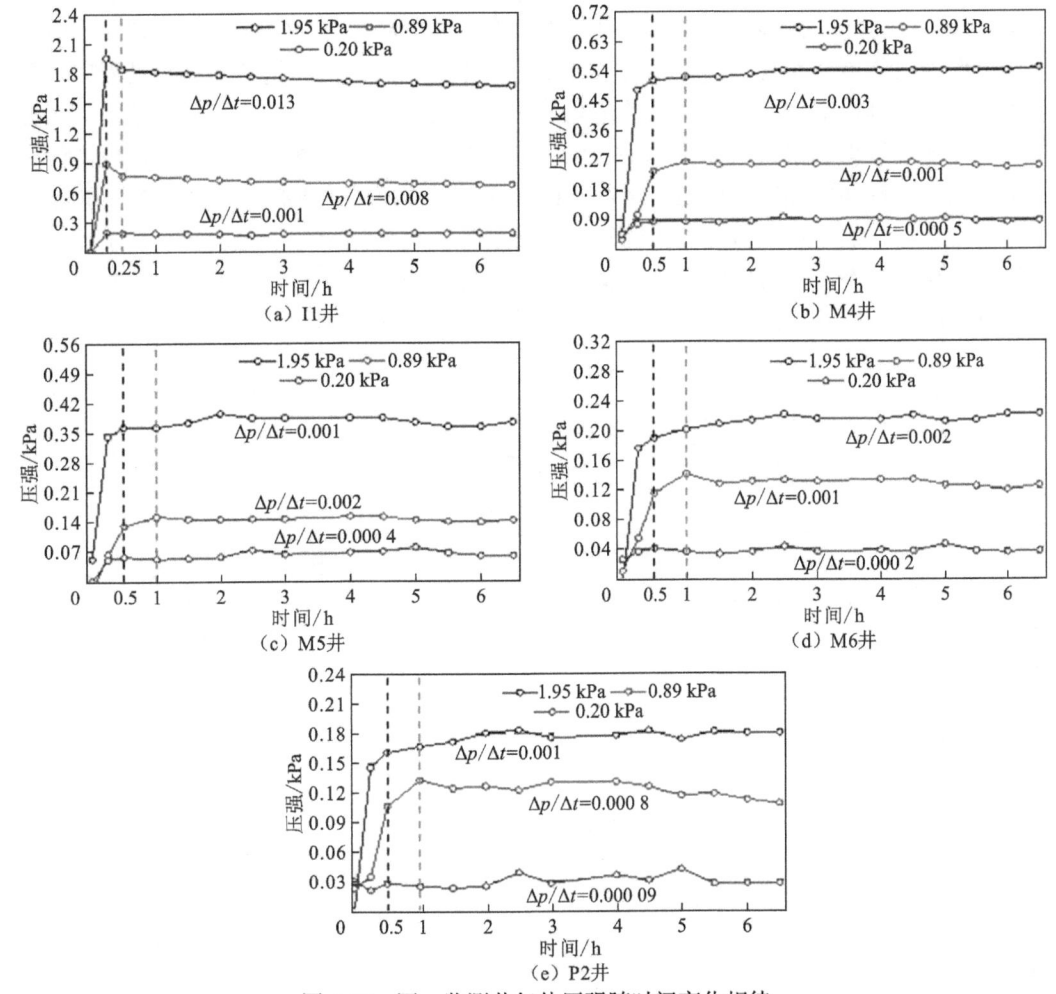

图 4.29 同一监测井气体压强随时间变化规律

监测井 M4、M5、M6 及抽气井 P2 压强随着注气时间的延长呈现先急速增长后趋于平缓的变化规律，在 1 h 内压强基本达到稳定值，与注气井压强变化规律相反，且从图中可以看出监测井 M5、M6、P2 随时间的延长会发生波动，但其压强都在稳定值上下微小起伏波动，可以基本视作为监测井内部的压强达到稳定值。气井周围堆体内的压强随时间分布的特性与规律与 Lee 等（2002a）、Ko（2013）、孙益彬（2012）的研究结果具有一致性。对照单井抽气来说，注气压强随时间的变化会同单井抽气类似出现先增大后趋于平稳的规律（Han et al., 2010）。

现场监测数据表明，各气井的压强随时间的变化关系 p/t 随着注气流量的降低呈现减小的趋势，从 1.95 kPa 到 0.2 kPa 注气压力下，注气井压强变化率从 -0.013 kPa/s 下降至 -0.001 kPa/s，与之相反，监测井压强变化率随着注气压强的不同呈现增加的趋势，M4、M5、M6 和 P2 分别从 0.000 5 kPa/s、0.000 4 kPa/s、0.000 2 kPa/s、0.000 09 kPa/s 增加到 0.003 kPa/s、0.001 kPa/s、0.002 kPa/s、0.001 kPa/s。注气井不同位置距离处的监测井气体压强变化率随着距离的增加而缓慢降低，在 1.95 kPa、0.89 kPa 和 0.2 kPa 注气压强下，压强变化率分别从 0.003 kPa/s、0.001 kPa/s、0.000 5 kPa/s 下降至 0.001 kPa/s、0.000 8 kPa/s 和 0.000 09 kPa/s，垃圾堆体内部同多孔介质中气体的运移规律是一致的（陈馨，2012；Li，2002）。

图 4.30 为不同注气压强下压力-径向距离曲线，由图可知，注气压强为 1.95 kPa 时，垃圾堆体内部的气体压强随着径向距离的增大呈现减小的趋势，在此次现场试验过程中，值得注意的是，注气过程中，不同距离处的监测井内部的气体压强稳定时间与注气井内部气体压强稳定时间都接近于 0.5 h，并不会滞后于注气井很长时间，这可能是由垃圾堆体内部的大孔隙特征及气体在堆体内部向四周运移所导致的，同时，注气井内部的气体压强呈现先增大后减小最后趋于稳定的趋势，监测井内部的气体压强先增大后逐步趋于稳定值，且距注气井越远处的压强越小，不同注气压强下的气体分布规律与 1.95 kPa 注气压强下的规律类似。这和 Cao 等（2019）、Ritzkowski 等（2012）的研究规律相同。

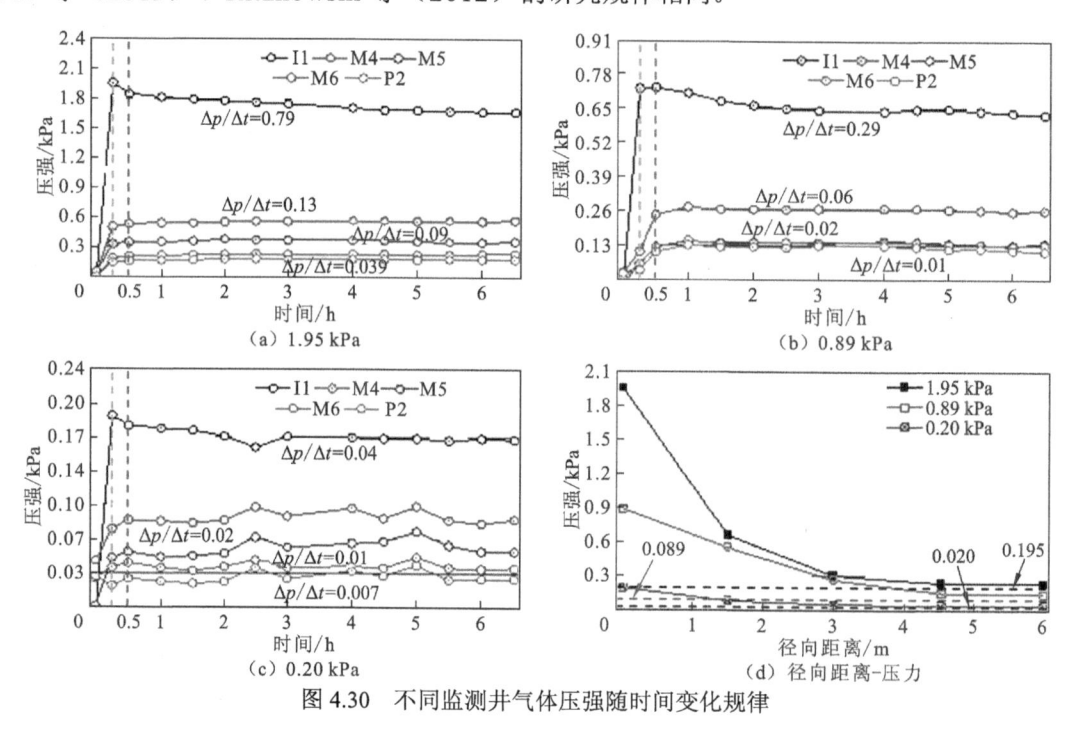

图 4.30 不同监测井气体压强随时间变化规律

不同注气压强下垃圾堆体内部压强随径向距离的关系曲线如图 4.30(d)所示，在 0.20 kPa 注气压强下气井内部压强在 3 m 后其压强变化梯度趋于稳定化，而 1.95 kPa 和 0.89 kPa 注气压强下气井内部压强在 5 m 后压强变化梯度趋于稳定化。这可能是由不同注气压强下气体初始流速不同、气体运移过程中随着迁移距离的变化受到的阻碍作用不同而导致的，靠近注气井气体运移速度快、浓度压力梯度大。这与彭绪亚等（2003）得到的规律的是相同的，较单井抽气规律来说，单井注气规律与之相反（张均龙，2019；马小飞 等，2013；Lee et al.，2002a）。

压强梯度变化对正确认识垃圾堆填体内部填埋气体运移机理有着重要的作用，利用现场试验数据，注气压强分别为 1.95 kPa、0.89 kPa、0.2 kPa 时，压强梯度从 0.79 kPa/m、0.29 kPa/m、0.04 kPa/m 下降至 0.039 kPa/m、0.04 kPa/m、0.007 kPa/m。由此可知，气体压强梯度是逐步降低的，且随着注气流量的减小，压强梯度降低速率也逐渐减小，这主要是因为注气流量减小，气体扩散速率减小，同时也可能是由垃圾堆填体的异质性或垃圾堆体不同粒状分层特征、成分含量差异所致。

3. 单井注气条件下气体浓度分布规律

图4.31给出了在不同注气压强下注气井、监测井内各组分气体浓度随注气时间的变化规律曲线图。分别给出了距注气井0 m、1.5 m、3 m、4.5 m和6 m处的浓度随时间的分布曲线，不同注气压强（1.95 kPa、0.89 kPa、0.2 kPa）下，注气井内部的氧气浓度随时间先上升后趋于稳定的趋势，氧气浓度在1 h内基本达到了稳态，甲烷和二氧化碳浓度也有类似的规律，其中，各组分气体浓度在2 h后会出现小幅波动，这可能是由注气风机在长时间工作状态下注气压强、注气流量损失导致的。垃圾堆体中，气体在压力差、浓度差作用下向径向方向扩散，随着注气时间的延长，甲烷浓度和二氧化碳浓度都呈现先减小后趋于平缓的变化规律，不同注气压强下，甲烷和二氧化碳浓度的差别很小且浓度数值较低，可能是因为开展此次试验的陈旧型垃圾填埋场垃圾堆体降解基本完成和注气间隔时间过短堆体内部的好氧降解还未完全。

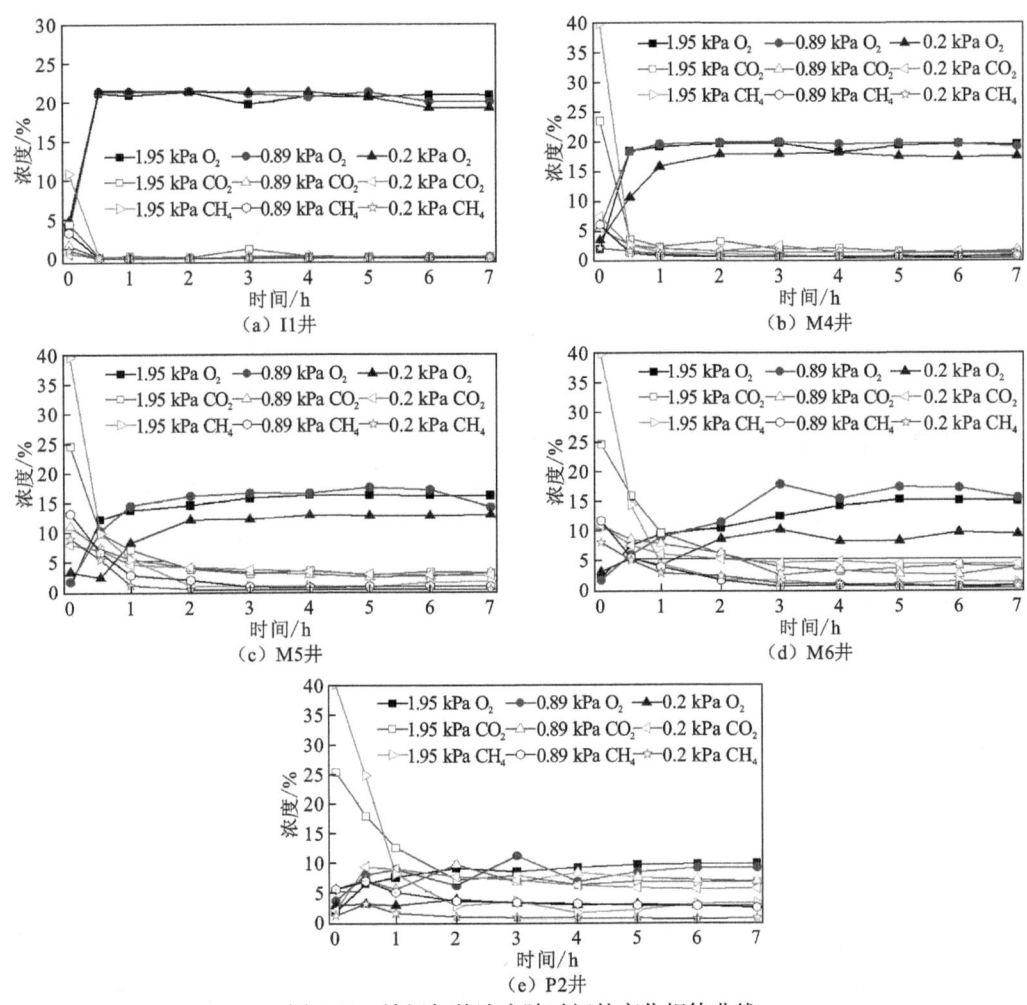

图4.31 填埋气体浓度随时间的变化规律曲线

在注气过程中，曲线的斜率（c/t）随着注气时间的延长有先增大后趋于平缓的变化规律，这同样也验证了上述规律。监测井M4、M5、M6和抽气井P2内各组分气体浓度与注气井有相同的变化规律，注气井中气体浓度相差不大，其余监测井中氧气浓度随注气压强的增大呈现增大的趋势,甲烷和二氧化碳气体浓度随注气压强的增加会有降低最后趋于平缓的变化趋势。在同一监测井中,氧气浓度及其变化率随注气压强的增大有增加的变化规律,甲烷和二氧化碳气体浓度及其变化率随注气压强的增大有降低的变化规律,监测井内氧气、甲烷和二氧化碳气体浓度稳定所需时间随注气强度的增大呈现上升的规律,这是因为在大注气压强下,气体扩散运移速率快,垃圾堆体中存在较大的压差和浓度差。

同一注气压强下,注气井和监测井内氧气浓度有着相同的变化规律,其余各组分气体浓度也有类似的规律,监测井内氧气浓度达稳定所需时间随径向距离的增大呈现延长的规律,注气井气体浓度达稳定所需时间最短,P2 监测井所需时间最长。距离注气井越近氧气浓度越高、甲烷和二氧化碳气体浓度越低且达稳定时间也越快,0.2 kPa 注气压强下,0～6 m 处的氧气、甲烷和二氧化碳气体浓度分别在 5%～20%、9%～1% 和 7.5%～0.8%,浓度差为 15%、8% 和 6.7%,0.89 kPa 和 1.95 kPa 注气压强下的氧气浓度分别在 8%～20% 和 11%～21%,甲烷和二氧化碳浓度分别在 12%～2%、40%～11% 和 11%～1%、25%～5%,氧气浓度差分别为 12% 和 10%,0～6 m 处的各组分气体浓度差随着注气压强的增大而减小。在试验过程中,氧气浓度曲线斜率(c/t)随着水平径向距离的增加逐渐减小,这是对上述规律的再一次验证。其中,20 kPa 注气压强下的甲烷和二氧化碳气体浓度较大可能是因为垃圾堆填体内部的填埋气体聚集导致的。

监测井 M4、M5、M6 和抽气井 P2 内气体浓度的变化规律同注气井有相同的规律,同一注气压强下,监测井内氧气浓度达基本稳定所需时间随径向距离的增大而延长,氧气浓度的变化规律同甲烷、二氧化碳规律相反,不同注气压强下,相同监测井内气体浓度在大注气压强条件下达稳定时间比小注气压强短,氧气浓度在达稳态时的浓度差在 10% 范围内,甲烷和二氧化碳浓度在稳态时的浓度差很小。0.89 kPa 注气条件下监测井内氧气浓度要略高于 1.95 kPa 注气压强下氧气浓度,这可能是由在完成 1.95 kPa 注气试验后,堆体内部的氧气还未消耗、扩散完全到试验开始前的浓度水平就开始不同注气试验导致的。

从图中可以看出,不同注气压强注气开始前气井内部氧气浓度为 1%～3%、二氧化碳氧气浓度为 2%～5%、甲烷气体浓度为 1%～40%,试验开始前气井内氧气浓度存在较大差异可能是因为在开始不同注气压强实验前并没有间隔足够长的时间,在基本达稳态后注气井内氧气浓度在 19%～21% 上下波动,监测井内氧气浓度分别在 17%～20%、13%～16%、8%～13%、2%～10% 内波动,在不同注气压强条件下,距注气井越远处氧气浓度达稳定所需时间越长,而且随着径向距离的增加,氧气浓度会呈现上下起伏波动的趋势,气井监测得到的氧气浓度随着时间的延长会有上下波动,曲线的斜率(c/t)在一个极其微小的范围内波动,这是正常现象,可能是由注气风机压强随着注气时间的延长略有衰减及垃圾堆体中的气体逐渐向更远处运移扩散导致的,同时这可能是由垃圾堆体自身成分复杂、不均质及优先流效应导致的,试验结果同 Cossu 等(2005a)的试验结果是相似的(Raga et al., 2015, 2014; Öncü et al., 2012)。

注气压强为 1.95 kPa 时,注气井内氧气浓度在 1 h 内首先达到稳态,而后监测井内氧气浓度在 5 h 内也逐步趋于稳态,随着注气时间的延长,部分监测井内氧气浓度会出现小幅度的下降,这属于正常的现象。0.89 kPa 注气压强下,部分监测井内氧气浓度会在 1 h 左右达到稳态,部分监测井内氧气浓度在 1 h 左右达到稳态且氧气浓度大小接近于 20 kPa 注气压强,这可能是由注气试验间隔时间太短、现场试验环境复杂和垃圾堆体自身特性导致的。这可能是 1.95 kPa 注气试验后,没有足够的时间来恢复气井内氧气浓度所导致的。注气压强为 0.2 kPa

时氧气浓度随时间在 3 h 左右达到稳态且波动的幅度较小。不同注气压强下不同径向距离处氧气浓度变化速率由快变慢最后趋于 0。

1.95 kPa 注气条件下注气井 0~6 m 内，气井内氧气浓度从 21%下降至 9%左右，其中，在 4.5 m 之前，氧气浓度的下降幅度很小，4.5 m 后氧气浓度下降幅度较大。10 kPa、2 kPa 注气压强下气井内也有同样的规律。稳态后，1.95 kPa 注气压强下，距注气井 6 m 处的氧气浓度高于 10%，气井内部氧气浓度在 12%~21%，0.89 kPa 注气压强下，同样也是抽气井 P2（6 m）内的氧气浓度低于 10%，气井内部氧气浓度分布在 6%~21%，2 kPa 注气压强下，M6（4.5 m）及 P2（6 m）内氧气浓度都低于 10%，其中，抽气井 P2（6 m）氧气浓度低于 5%且上下波动，气井内部氧气浓度分布在 3%~21%。

4.4.4 气体压力浓度影响半径

在填埋场抽/注气条件下抽气井/注气井径向有效作用距离称为影响半径，影响半径的确定对垃圾填埋场好氧通风修复工程的设计、施工、运行和维护有着很重要的意义，影响半径可分为气体压强影响半径和氧气浓度影响半径。

1. 以气体压强计算的影响半径

部分学者对气体压力影响半径阈值开展了研究，Lee 等（2002b）将气体压力为注气压力 10%作为压力影响半径，Cossu 等（2005a）把气体压力为 196 Pa 位置处作为压力影响半径，结合现场监测数据，得到了不同注气压强下的压力影响半径。

图 4.32 给出了不同注气压强在稳态条件下垃圾堆体中气体压强随径向距离的变化曲线，本节将气体压强为注气井压力 10%位置处作为气体压强影响半径，基于监测数据及预测模型得到气体压强影响半径。

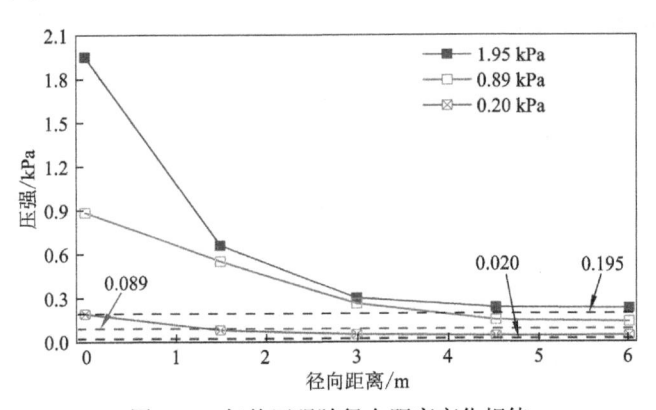

图 4.32　气体压强随径向距离变化规律

由图可知，在 1.95 kPa、0.89 kPa 和 0.20 kPa 注气压强下，垃圾土中气体压强到达 0.195 kPa、0.089 kPa 和 0.020 kPa 即为影响半径处，0.20 kPa 注气压强下气体压强影响半径为 6 m，其余注气压强下的气体压强影响半径都大于 6 m。

2. 以氧气浓度计算的影响半径

好氧生物反应器技术相对于其他生物反应器技术最大的区别在于氧气的供给，主要通过强制通风的手段实现，因此通风费用是好氧生物反应器技术投资最大的一项。氧气是有机废弃物好氧降解的基本反应物之一，是保证好氧降解微生物生存的必要物质条件。填埋场中有机废物好氧降解的适宜氧浓度为 16%～21%。当浓度低于 10%时，只有少量有机废物会进行好氧降解。如果浓度小于 5%，好氧降解反应活动几乎停止。

Hrad 等（2013）将氧气浓度 5%处作为垃圾填埋场好氧曝气工程中的影响半径，部分学者将压力变化为 0.25 cmH_2O 或抽注气压力 10%的径向距离处作为影响半径，适宜的氧气浓度是好氧降解反应开始的必要条件，垃圾填埋场好氧反应的适宜氧浓度为 16%～21%，当氧浓度低于 10% 时，好氧反应被严重抑制（李蕾 等，2021）。将氧气浓度为 10%的径向距离处作为有效氧气影响半径，能够更加合理地优化气井布局，为好氧菌创造良好环境加速垃圾降解促进垃圾填埋场稳定化进程。

图 4.33 给出了稳态条件下氧气浓度随径向距离变化曲线图，由图可知，在单井注气开始前，垃圾堆体内部的甲烷所占体积均大于二氧化碳和氧气体积，这说明未开始注气之前垃圾堆体内部处于厌氧阶段，各组分气体浓度分布规律不明显，这可能是由垃圾堆体自身的非均质性导致的。在单井注气过程中，氧气浓度随径向距离呈现先减小后趋于平缓的变化规律，甲烷、二氧化碳与氧气浓度呈现相反的规律。不同注气压强下的氧气浓度随单位距离的变化存在差异，甲烷、二氧化碳气体浓度差异较小，1.95 kPa 注气压强下氧气浓度变化率最大，0.89 kPa 次之，0.2 kPa 氧气浓度变化率最小，这可能是因为大注气压强下，注气井同有效氧气影响半径处存在较大压差，气体流速快，瞬时氧气浓度在同一监测点处大于其他注气压强，不同注气压强下不同径向距离处氧气浓度变化梯度由大变小最后趋于 0。1.95 kPa 注气压强下，距注气井 0 m、1.5 m、3 m、4.5 m、6 m 处的氧气浓度分别为 21%、20.83%、17%、16%、10.37%，同氧气浓度阈值比较可得到有效氧气影响半径大于 6 m，注气压强为 0.89 kPa、0.2 kPa下有效氧气影响半径分别 5.5～6.0 m、4～5 m。1.95 kPa 与 0.89 kPa 注气条件下，有效氧气影响半径相差不大，这可能是因为两次注气试验没有间隔足够长的时间，垃圾堆体内部的氧气来不及消耗或扩散到远处。

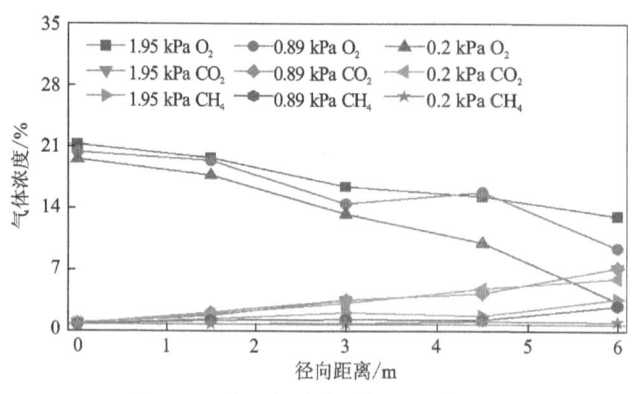

图 4.33 填埋气浓度随径向距离分布

同一注气压强下，氧气浓度随着径向距离的增加呈现减小的趋势，浓度曲线斜率有增大的规律，这也同样证实了前述的规律。在 2～20 kPa 注气压强下，M4、M5、M6、P2 内的氧气浓度差分别为 2%、3%、3%、5%和 8%，随着径向距离的增大，氧气浓度差逐渐增大。这可能是由不同注气压强下气体初始流速不同、气体运移过程中随着迁移距离的变化受到的阻碍作用不同而导致的，靠近注气井气体运移速度快、浓度压力梯度大。从曲线变化规律可以推测,当径向距离大于 6 m 时,氧气浓度随径向距离的增加可能会有逐渐减小最后趋于平缓的变化规律。

通过两种方法得到了注气井影响半径,比较可知,氧气影响半径小于气体压力影半径,同 Lee 等(2002b)的研究发现是相同的,这也说明了使用氧气影响半径是比较合理的,而气体压力影响半径是会对好氧通风修复工程的造成影响。故将氧气浓度为 10%作为气体压力影响半径阈值是较为合理的。

4.5 好氧通风过程气体压强和浓度解析预测

垃圾填埋场注气系统的设计对垃圾填埋场好氧修复工程有重要的作用,而注气井的影响半径、最佳注气速率和气体压强梯度是注气系统设计、运行、维护所必须掌握的技术参数,这些参数可利用现场试验和数学模型来确定。本节基于流体流动控制方程建立在单井注气过程中可预估气体压强、影响半径和氧气浓度的数学模型,讨论分析预测模型得到的气体压强和氧气浓度分布规律,利用现场监测数据初步验证模型的适用性和可靠性,探讨模型参数对预测结果的影响。

4.5.1 以气体压强为变量的定量预测解析模型

由于本次现场试验所在的填埋场填埋龄已超过 12 年,注气试验开始前堆体内的气体压强监测结果均小于 100 Pa,因此假设甲烷产气量对氧气压强影响忽略不计,考虑注气过程中气体压强趋于稳态是一个极短的过程,故此只推导了稳态条件下的气体压强预测模型,且由于垃圾填埋场有覆盖层,对于单井注气过程中,气体的一维运移问题比较复杂。对此,将垃圾堆体看作一个整体,随着注气时间的延长,气体压强瞬态数值解会在很短时间内接近于稳态解析解,故可只求稳态条件下的解析解即可。

单井注气过程中,垃圾土堆体内部填埋气的产生和运移受很多参数的影响,例如,垃圾土堆体的含水率、孔隙度、组成成分等,在推导单井注气过程中填埋气体压强的分布模型时,做了如下的假设。

(1)假设填埋气体的产生和消耗很小,在单井注气过程中垃圾土堆体的产气率为 0,对压强影响忽略不计并将大气压强作为无穷远处的气体压强边界条件。

(2)假设单井注气过程中填埋气的运移遵从达西定律,试验场地的气体渗透率、孔隙度、含水率等参数不随垃圾土堆体位置的变换而发生改变。

(3)在单井注气过程中,垃圾土堆体内部只存在水平方向的流动,垂直方向上没有气体流动扩散。

在推导单井注气过程中,气体稳态压强径向分布模型时选用极坐标形式下的一维连续性方程来描述单井注气过程:

$$\frac{1}{r}\frac{\partial}{\partial r}\left(r\frac{p_0 k}{\mu \varepsilon}\frac{\partial p^2}{\partial r}\right)=\frac{\partial p^2}{\partial t} \quad (4.23)$$

在稳态条件下,$\frac{\partial p}{\partial t}=0$,由此可得到稳态条件下的气体流动连续性方程:

$$\frac{1}{r}\frac{\partial}{\partial r}\left(r\frac{p_0 k}{\mu\varepsilon}\frac{\partial p^2}{\partial r}\right)=0 \tag{4.24}$$

由于式（4.24）在稳态条件下等于0，故

$$r\frac{p_0 k}{\mu\varepsilon}\frac{\partial p^2}{\partial r}=c_1 \tag{4.25}$$

式（4.25）化简后得

$$p^2 = c_1\frac{\mu\varepsilon}{p_0 k}\ln r + c_2 \tag{4.26}$$

在稳态条件下推得了注气条件下压强分布的一维解析解：

$$p = \sqrt{c_1\frac{\mu\varepsilon}{p_0 k}\ln r + c_2} \tag{4.27}$$

式中：参数 c_1、c_2 需要利用边界条件来确定，通过注气井半径处的压强 p_w 来确定 c_2，参数 c_1 需要通过无穷远远处 R 的压强 P_0 来求解，边界条件如式（4.28）所示：

$$\begin{cases} p(r)|_{r=r_w} = p_w \\ p(r)|_{r=R} = p_0 \end{cases} \tag{4.28}$$

将边界条件代入式（4.27），求得参数 c_1 及 c_2：

$$c_2 = p_w^2 - c_1\frac{\mu\varepsilon}{p_0 k}\ln r_w \tag{4.29}$$

将式（4.29）代回式（4.26）可得

$$p_0^2 = c_1\frac{\mu\varepsilon}{p_0 k}\ln R + p_w^2 - c_1\frac{\mu\varepsilon}{p_0 k}\ln r_w \tag{4.30}$$

化简整理得到参数 c_1：

$$c_1 = \frac{p_0^2 - p_w^2}{\dfrac{\mu\varepsilon}{p_0 k}\ln\left(\dfrac{R}{r_w}\right)} \tag{4.31}$$

式中：k 为气体渗透率（m²），取 3.09×10^{-12} m²；μ 为气体的黏度系数（Pa·s），取 1.84×10^{-5} Pa·s；r 为径向距离（m）；ε 为孔隙度，取值 0.7；p_w 为注气井压强（kPa）；P_0 为大气压强（kPa），为 101.325 kPa；R 取值 50 m；r_w 取 0.045 m。

根据现场试验场地的条件，得到边界条件：注气井井口处气体压强为风机注气压强，沿井口向外无穷远处气体压强为大气压。基于微积分求解方法（推导过程见附录），得到稳态条件下解析形式的气体压强预测（analytical gas pressure prediction，AGPP）模型[式（4.27）]。

利用上述方法推导不同控制方程在相同边界条件下得到的解析解，如下所示：

$$k_h\frac{1}{r}\frac{\partial}{\partial x}\left(x\frac{\partial p}{\partial x}\right) = \omega q \tag{4.32}$$

$$\omega = \frac{RT}{MP_A} \tag{4.33}$$

式中：M 为摩尔质量（g/mol）；T 为温度（K）。

$$p = (c_1\ln x + c_2)\frac{RT}{MP_A k_h} \tag{4.34}$$

$$c_1 = \frac{(P_A - P_w)MP_A k_h}{RT \ln(x - x_w)} \tag{4.35}$$

$$c_2 = k_h \frac{MP_A RT}{RT} P_w - c_1 \ln x_w \tag{4.36}$$

$$\frac{\partial p}{\partial t} = \frac{1}{r}\frac{\partial}{\partial r}\left(rp\frac{k_h}{\theta_g \mu}\frac{\partial p}{\partial r}\right) \tag{4.37}$$

在稳态条件下：$\frac{\partial p}{\partial t} = 0$，结合上述边界条件，推导得到如下的解析解：

$$p = \sqrt{\varepsilon \frac{\mu \theta_g}{k_h} \ln r + \varsigma} \tag{4.38}$$

式中：θ 为有效孔隙度；ε 和 ς 需要从边界条件中确定。利用注气井井口半径处的压强得到 ς 值：

$$\zeta = p^2 + \frac{1}{2}\delta r^2 - \varepsilon \ln r \tag{4.39}$$

$$\varepsilon = \frac{k_h(p_0^2 - p_w^2)}{\mu \ln(r - r_w)} \tag{4.40}$$

$$\frac{l}{x}\frac{\partial}{\partial x}\left(x\frac{\partial p}{\partial x}\right)\frac{k}{\varphi \mu \tau} = \frac{\partial p}{\partial t} \tag{4.41}$$

$$p = c_1 \frac{\varphi_1 \mu \tau}{k} \ln x + c_2 \tag{4.42}$$

结合给定边界条件可得

$$c_1 = \frac{\partial p}{\partial x}\frac{kx}{\varphi \mu \tau} \tag{4.43}$$

$$c_2 = p_w - c_1 \frac{\varphi \mu \tau}{k} \ln x_w \tag{4.44}$$

在 Origin 软件指数函数拟合模型基础上，引入注气泵送通量，得到单井注气条件下气体压强经验公式（以注气强度为基准值的气体压强预测模型），并将该模型定义为经验公式形式的气体压强预测（empirical gas pressure prediction，EGPP）模型，该经验公式可在单井注气条件下得到垃圾堆体内部气体压强的一维分布特征，经验公式如下所示：

$$p_{wx} = p_{win} \exp(bx) \tag{4.45}$$

$$b = q_m w / L \tag{4.46}$$

式中：p 为处气体绝对压强；p_{win} 为注气井绝对压强；L 为注气井口沿水方向的有效距离；q_m 为气体质量通量，即单位小时内通过注气管断面的气体质量；w 为参数，取值为 1。

4.5.2 单井注气条件下气体压强分布预测模型结果

图 4.34 是利用不同解析解求解得到的在 1.95 kPa 注气压强下的垃圾土堆体内部的气体压强随径向距离的变化关系曲线，由图可知，不同注气压强下，解析解 1、3、4 得到的气体压强随径向距离的变化有着相同的规律，随着径向距离的增加气体压强逐渐减小最后趋于稳定的规律，在 4～5 m 气体压强有平缓的变化趋势，不同解析解之间的差距较小。解析解 2

气体压强随着径向距离的增加有着线性的变化规律,同现场规律不相符。同现场监测数据对比,解析解 1 与现场监测数据的规律更为接近,故此在本小节中使用了解析解 1 作为稳态条件下的气体压强径向分布规律的预测模型,同理,其余注气压强与 1.95 kPa 注气压强下的规律相同。

图 4.35 给出了利用本节推导的解析解得到的气体压强随径向距离的变化关系曲线,从图中可以看出不同注气压强下垃圾土堆体内部的气体压强随着径向距离的分布规律同现场监测结果是一样的,气体压强有随径向距离的增加而逐渐减小最后趋于平稳的变化趋势,在 20 kPa 压强下,垃圾土堆体内部的气体压强最大值为 2.01 kPa,最小值为 0.12 kPa,其数值同现场监测结果、模拟结果比较接近,当注气强度为 0.89 kPa、0.2 kPa 时,垃圾土堆体内部的气体压强的最大值为 1.97 kPa,最小值为 0.09 kPa,与 1.95 kPa 有相同的变化规律。

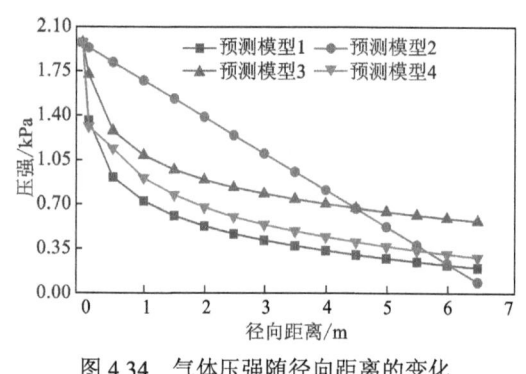

图 4.34 气体压强随径向距离的变化

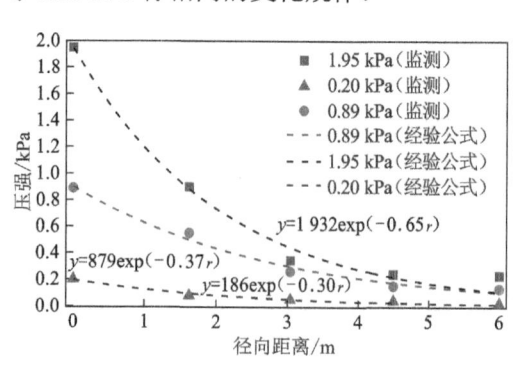

图 4.35 压强随径向距离变化

结合式(4.50)和式(4.51)拟合注气压强为 1.95 kPa 的气体压强监测结果,得到拟合度最高时 L 值为 25 m。q_m 可通过现场监测的流量计算得到,因此,将计算得到的 L 值和 q_m 值分别与注气压强为 0.89 kPa 和 0.20 kPa 进行比对,仍然得到了较好的拟合效果(三组拟合的相关系数分别为 0.985、0.997、0.971)。将该模型定义为经验公式形式的气体压强预测(EGPP)模型,得到的拟合方程如表 4.10 所示。

表 4.10 经验公式拟合表

注气压强	现场监测数据	R^2
1.95 kPa	$y=1\,932\exp(-0.65r)$	0.985
0.89 kPa	$y=879\exp(-0.37r)$	0.997
0.20 kPa	$y=186\exp(-0.30r)$	0.971

EGPP 模型是以注气井压强为基准值并引入气体质量通量的气体压强预测模型,该模型与 AGPP 模型相比,不需要给出渗透率和边界条件,计算过程更加简便。但当现场工况(填埋龄、含水率和密度等)发生变化或者在其他垃圾填埋场进行应用时,气体压强沿水平方向的分布会发生改变,参数 b 也随之改变。因此,EGPP 模型需要先通过一组注气试验(任一注气压强),确定 L 值,即可推算出其他注气压强条件下的气体压力分布。这种方法可以节省传统预测方法中重复进行多组现场试验的成本。

利用上述公式结合现场试验参数,联立求解得到不同注气压强下垃圾堆体内部的气体压强在水平方向的分布(图 4.35)。气体压强沿井口向外方向逐渐降低,降低幅度大小随着距离的增加逐渐降低;随着注气压强的升高,气体压强达到平缓的距离延长,表明影响半径随着注气压强的升高而增大；预测模型得到的水平方向气体压强分布与监测结果和模拟结果基本一致，初步验证了该预测模型的可靠性。

4.5.3 模型参数对气体压强预测模型的影响

预测模型中，气体渗透率、孔隙度和覆盖层厚度等参数会对预测模型的结果产生影响，因此，在本小节中，探讨各个参数对于预测模型的影响。

1. 注气压强

不同注气压强下的气体压强预测模型结果是存在差距的，气体压强预测模型是在达西定律的基础上推导得到的，不同注气压强对预测模型的结果有着重要影响，在不同注气压强作用下，垃圾土堆体内部的气体压强随着径向距离的增加都有着先快速下降后趋于平缓的变化趋势，大注气压强下垃圾堆体内部的气体压强远大于小注气压强下的气体压强，不同注气压强下的气体压强分布规律与现场试验和模拟结果相同。不同注气压强对模拟结果的影响在前述内容中做了具体的探讨。

2. 气体渗透率

利用软件模拟单井注气过程中垃圾堆体内部的气体压强分布时，气体渗透率的取值对模拟结果有着很大的影响，在研究模型参数对预测模型影响过程中，根据以往的研究，渗透率设置为 $k_1=6.91×10^{-12}$ m²～$3.84×10^{-11}$ m²，$k_2=6.91×10^{-11}$ m²～$3.84×10^{-10}$ m²，$k_3=6.91×10^{-10}$ m²～$3.84×10^{-9}$ m²。不同气体渗透率下得到的预测模型结果如图 4.36 所示，随着渗透率的增加，垃圾土堆体内部的气体压强下降速度变慢。高渗透性导致垃圾土堆体内部的略低和不稳定的压强值。

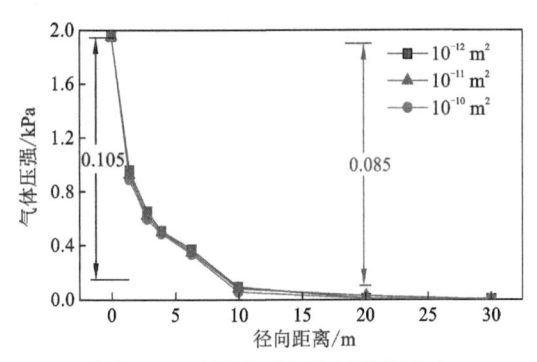

图 4.36 渗透率对气体压强的影响

如图 4.36 所示，在 1.95 kPa 注气压强下，气体渗透率越大，气体压强随径向距离的延长的变化趋势会越来越大，垃圾堆体内部的气体压强会略有降低，气体压强达稳定时间也会延后，气体压强影响半径会有增加。气体在垃圾堆体内部的运移速度越快。与试验结果得到的气体渗透率数量级相比，大气体渗透率下的气体压强差为 0.105 kPa，小气体渗透率下的气体压强差为 0.085 kPa。不同气体渗透率下的差值较模拟结果而言略有减小，其余注气压强与 1.95 kPa 有类似的规律。

3. 孔隙度

同 Comsol multiphysics 模拟结果类似，预测模型分别取孔隙度为 0.3、0.6 和 0.9 来探讨孔隙度对预测模型结果的影响。图 4.37 给出了不同孔隙度下 1.95 kPa 注气压强下的气体压强分布结果，从图中可以看出，孔隙度越大，氧气浓度达稳定时间会滞后，滞后时间并不是很大，氧气浓度随径向距离的变化幅度较大，氧气浓度影响半径会略有降低。孔隙度对预测模型的影响与 Comsol multiphysics 模拟结果是类似的，同孔隙度为 0.6 得到的模拟结果相比，大孔隙度下的气体压强差为 0.053 kPa，小气体孔隙度的气体压强差为 0.056 kPa。对比几个模型参数对模拟结果的影响，气体渗透率的大小对气体压强模拟结果有着很大的影响。

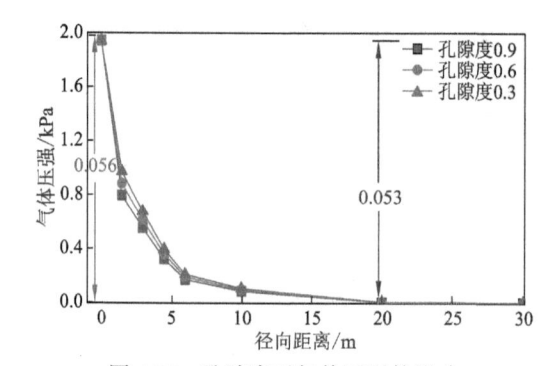

图 4.37 孔隙度对气体压强的影响

4.5.4 单井注气条件下浓度预测模型

在建立模型时，做了如下的假设和简化。好氧曝气后，气体在水平方向上流动扩散，不存在垂直方向上的扩散。几何描述：该模型是水平方向上无限大的圆柱（径向）坐标系下推；垃圾土性质描述。结合此次试验注气工艺和本次现场试验所在的填埋场填埋龄已超过 12 年，垃圾堆体处于后期降解阶段，试验开始前垃圾土堆体内的气体压强监测结果均小于 100 Pa，假设在单井注气过程中填埋气产生和消耗速率很小可忽略，垃圾堆体的自身特性不随堆体内部气体压强发生变化。初始和边界条件：从 $t=0$ 时刻，注气井以恒定流量注入气井内部；在开始曝气时，即 $t=0$ 时，不同位置处的氧气浓度均相同；距离注气井无限远处氧气浓度始终保持不变。

在径向坐标系下，垃圾填埋场单井注气问题中的压力扩散微分方程为

$$\frac{\varepsilon \mu c_t}{K}\frac{\partial p}{\partial t} = \frac{1}{R}\frac{\partial}{\partial R}\left(R\frac{\partial p}{\partial R}\right) \tag{4.47}$$

式（4.47）结合理想气体状态方程（4.57）可得到单井注气条件下垃圾堆体内部浓度扩散微分方程

$$p = cR_g T \tag{4.48}$$

$$\frac{\varepsilon \mu c_t}{K}\frac{\partial c}{\partial t} = \frac{1}{R}\frac{\partial}{\partial R}\left(R\frac{\partial c}{\partial R}\right) \tag{4.49}$$

结合现场工况和环境条件给出初始条件[式（4.50）]及边界条件[式（4.51）、式（4.52）]：

$$c(R, t=0) = c_i \tag{4.50}$$

$$\lim_{R \to 0}\left(\frac{2\pi KHR_g T}{\mu} R \frac{\partial c}{\partial R}\right) = -Q \tag{4.51}$$

$$\lim_{R \to \infty} c(R,t) = c_i \tag{4.52}$$

通过上述公式可得到单井注气条件下氧气浓度同井的径向距离和注气时间的函数关系:

$$c(R,t) = c_i + \frac{\mu Q}{4\pi KHR_g T} \int_{\frac{\varepsilon\mu c_t R^2}{Kt}}^{\infty} \frac{\mathrm{e}^{-u}}{u} \mathrm{d}u \tag{4.53}$$

利用式（4.54）简化扩散方程得到式（4.55）：

$$\eta = \frac{\varepsilon\mu c R^2}{Kt} \tag{4.54}$$

$$\frac{\mathrm{d}}{\mathrm{d}\eta}\left(\eta \frac{\mathrm{d}c}{\mathrm{d}\eta}\right) = -\frac{\eta}{4} \frac{\mathrm{d}c}{\mathrm{d}\eta} \tag{4.55}$$

式（4.55）结合边界条件可得到氧气浓度 c 同变量 η 之间的函数关系式

$$\frac{\mathrm{d}c(\eta)}{\mathrm{d}\eta} = \frac{\mu Q}{4\pi KHR_g T} \frac{\mathrm{e}^{-\frac{\eta}{4}}}{\eta} \tag{4.56}$$

对式（4.56）求积分并代入上下限得

$$p\left(\frac{\varepsilon\mu c_t R^2}{4Kt}\right) = c_i - \frac{\mu Q}{4\pi KHR_g T} \int_{\frac{\varepsilon\mu c_t R^2}{4Kt}}^{\infty} \frac{\mathrm{e}^{-u}}{u} \mathrm{d}u \tag{4.57}$$

式（4.57）中幂积分函数很难计算，将幂积分函数重点幂函数利用泰勒公式展开后转换为对数函数，其中 γ 为欧拉数，取值 1.781，如式（4.58）～式（4.61）所示：

$$\int_{\frac{\varepsilon\mu c_t R^2}{4Kt}}^{\infty} \frac{\mathrm{e}^{-u}}{u} \mathrm{d}u = \int_{\frac{\varepsilon\mu c_t R^2}{4Kt}}^{1} \frac{\mathrm{e}^{-u}}{u} \mathrm{d}u + \int_{1}^{\infty} \frac{\mathrm{e}^{-u}}{u} \mathrm{d}u \tag{4.58}$$

$$\int_{\frac{\varepsilon\mu c_t R^2}{4Kt}}^{1} \frac{\mathrm{e}^{-u}}{u} \mathrm{d}u = \int_{\frac{\varepsilon\mu c_t R^2}{4Kt}}^{1} \frac{1}{u} \mathrm{d}u - \int_{\frac{\varepsilon\mu c_t R^2}{4Kt}}^{1} \mathrm{d}u + \frac{1}{2!}\int_{\frac{\varepsilon\mu c_t R^2}{4Kt}}^{1} u \mathrm{d}u + \cdots \tag{4.59}$$

$$\int_{\frac{\varepsilon\mu c_t R^2}{4Kt}}^{1} \frac{\mathrm{e}^{-u}}{u} \mathrm{d}u = -\ln\left(\frac{\varepsilon\mu c_t R^2}{4Kt}\right) + \frac{\varepsilon\mu c_t R^2}{4Kt} - \frac{1}{2!2}\left(\frac{\varepsilon\mu c_t R^2}{4Kt}\right)^2 + \cdots - \left(1 - \frac{1}{2!2} + \cdots\right) \tag{4.60}$$

$$\int_{\frac{\varepsilon\mu c_t R^2}{4Kt}}^{\infty} \frac{\mathrm{e}^{-u}}{u} \mathrm{d}u = -\ln x - \ln \gamma + x - \frac{1}{2!2}\left(\frac{\varepsilon\mu c_t R^2}{4Kt}\right)^2 + \frac{1}{3!3}\left(\frac{\varepsilon\mu c_t R^2}{4Kt}\right)^3 + \cdots \tag{4.61}$$

当 t 足够长时，单井注气过程中氧气浓度解析解为

$$c(R,t) = c_i + \frac{\mu Q}{4\pi KHR_g T}\left[\ln\left(\frac{Kt}{\varepsilon\mu c_t R^2}\right) + 0.80907\right] \tag{4.62}$$

不同的垃圾填埋场有着不同的气体渗透率，因此在推导的模型中引入气体渗透率比例系数 M（其他垃圾填埋场气体渗透率同文中的气体渗透率的比值），得

$$c(R,t) = M\left\{c_i + \frac{\mu Q}{4\pi KHR_g T}\left[\ln\left(\frac{Kt}{\varepsilon\mu c_t R^2}\right) + 0.80907\right]\right\} \tag{4.63}$$

式（4.63）中的积分部分为幂积分函数，其积分结果可在幂积分函数表中查找得到，当注气持续时间较长时，幂积分函数可转换为对数函数，这对计算来说是十分简便的。

$$c(R,t) = c_i + \frac{\mu Q}{4\pi KHR_g T}\left[\ln\left(\frac{Kt}{\varepsilon\mu c_t R^2}\right) + 0.80907\right] \quad (4.64)$$

式中：c 为氧气浓度（mol/m³）；c_i 为初始氧气浓度（mol/m³）；μ 为气体黏滞系数（Pa·s），取 1.85×10^{-5} Pa·s；K 为气体渗透率（m²），取值 3.09×10^{-12} m²；t 为曝气持续时长（s）；ε 为垃圾堆填体孔隙度，取 0.5；c_t 为压缩系数（1/Pa），其数值为不同注气压强下注气井内的绝对压强的倒数；R 为径向距离（m）；R_g 为气体常数[J/(mol·K)]，取值为 8.34 J/(mol·K)；T 为绝对温度（K），取值为 314 K；Q 为注气流量（m³/s）。

4.5.5 浓度预测模型结果

现场试验结果是验证解析解可靠性的一种重要方法，结合现场试验条件和模型参数，利用解析解预测得到了不同注气压强下的氧气浓度，图 4.38 是不同注气压强下的氧气浓度分布规律曲线图，其中，图 4.38（a）～图 4.38（f）是在 1.95 kPa、0.89 kPa 和 0.2 kPa 注气压强

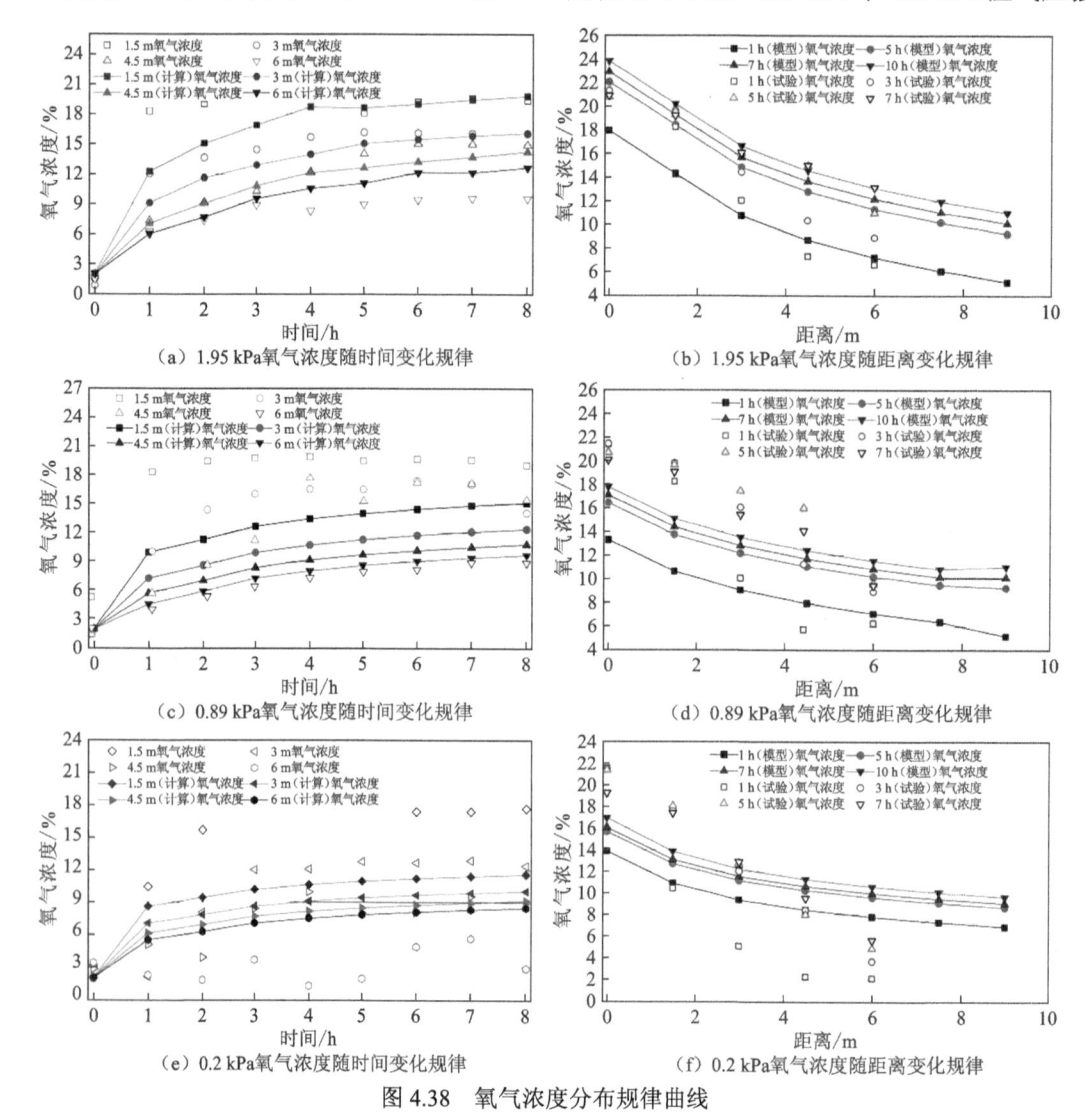

图 4.38 氧气浓度分布规律曲线

下氧气浓度变化曲线图。每幅图中给出了两组数据，曲线数据是利用 OCP 模型求解得到，点数据是现场监测结果。

利用现场氧气浓度监测结果来验证本小节推导的解析解。图 4.38（a）、图 4.38（c）、图 4.38（e）所示为本小节解析解得到的单井注气条件下氧气浓度随曝气时间的分布与现场监测结果吻合，随曝气时间的延长，现场监测结果及解析解都表明垃圾堆体内部氧气浓度都呈现先上升后趋于平缓的趋势，同一些学者（王颢军 等，2020；王慧玲 等，2019；Scheutz et al., 2017；Abichou et al., 2015；Cossu et al., 2005a）开展的现场监测结果有相同的规律。同一监测井中氧气浓度和曲线斜率（c/t）随着注气压强的增大有增大的规律，0.2 kPa 注气压强下氧气浓度最低、0.89 kPa 次之、1.95 kPa 氧气浓度最高，同现场试验结果略有差别，且气井内氧气浓度达稳定所需时间大于现场试验结果，这可能是由现场复杂的试验环境和垃圾堆体自身特性导致的。在基本达稳态后注气井内氧气浓度在 19%～20%，监测井内氧气浓度分别在 12%～18%（M4）、10%～16%（M5）、8%～13%（M6）、7%～11%（P2），同现场试验相比，随着注气压强的增大同一气井内部的氧气浓度增幅大小接近，这说明了用 OCP 模型预测氧气浓度随时间变化规律是可行的。

同一注气压强下，氧气浓度随时间的变化规律同现场试验数据有着相同的规律，与现场试验对比，1.95 kPa 注气压强下解析解和现场试验结果较为接近，0.89 kPa、0.2 kPa 氧气浓度现场监测数据与解析解存在较大的氧气浓度差，不同监测井氧气浓度达稳定所需时间大于现场试验所需时间，这可能是受此次单井注气试验工况和垃圾堆体的复杂特性影响的。0.2 kPa 注气压强下，0～6 m 处的 OCP 模型氧气浓度在 6%～18%，浓度差为 12%，0.89 kPa 和 1.95 kPa 注气压强下的 OCP 模型氧气浓度在 9%～20% 和 12%～21%，浓度差为 11% 和 9%，0～6 m 处的氧气浓度差与现场试验数据所得结果接近。

图 4.38（b）、图 4.38（d）、图 4.38（f）为不同注气压强下氧气浓度分布模型（oxygen concentration profile model，OCPM）氧气浓度随径向距离的变化曲线图，由图可知，垃圾堆体内部氧气浓度随径向距离的增加呈现先快速下降而后趋于平缓的规律，这与现场试验数据规律类似。1.95 kPa、0.89 kPa 和 0.2 kPa 注气条件下的 OCP 模型氧气影响半径分别为 6 m、7.5 m 和 9 m 左右，略大于现场试验数据得到的氧气影响半径，1.95 kPa 与 0.89 kPa 之间的影响半径差约为 3 m，OCP 模型得到的有效氧气影响半径相差不大且与现场试验数据的氧气影响半径差大小接近。这也再一次证明了 OCP 预测模型的可靠性。

从图 4.38 中可以看出，相比较 1.95 kPa 注气压强下，0.89 kPa、0.2 kPa 氧气浓度现场监测结果同解析解结果存在一定的氧气浓度差，这可能是因为在 0.89 kPa、0.2 kPa 条件下开始注气试验前，垃圾堆体内部的氧气浓度没有恢复到原本氧气浓度水平。值得注意的一点是，随着注气时间的延长，解析解得到的氧气浓度会平稳、缓慢上升（上升速率很缓慢），这同现场实际情况是相符的，在靠近注气井位置处的氧气浓度会超过 21%，这是因为该模型采用了对数近似线源解的方法。对于上述存在的问题，将通过级数解析解以及合理的边界条件来解决。不同的垃圾填埋场气体渗透率存在差异，引入气体渗透率比例系数 M，并同 Cossu 等（2005a）现场监测数据对比验证了该系数的合理性。

图 4.38（b）、图 4.38（d）、图 4.38（f）所示为本小节解析解在 1.95 kPa、0.89 kPa 和 0.2 kPa 注气压强条件下氧气浓度随径向距离的分布情况，从图中可知，垃圾堆体内部氧气浓度随径向距离的增加呈现先快速下降而后趋于平缓的规律，随着注气时间的延长，氧气浓度达到稳

定的径向距离即有效氧气影响半径逐渐增长，在 1.95 kPa、0.89 kPa 和 0.2 kPa 注气压强条件下随着曝气时间的延长，注气井有效影响半径分别从 2 m、1.8 m 和 1.5 m 增加到了 8 m、6 m 和 4.5 m。不同注气压强下不同径向距离处氧气浓度变化梯度（$\Delta c/\Delta R$）由大变小最后趋于 0，表明了氧气浓度随径向距离最终也会达到稳态。0.89 kPa、0.2 kPa 注气压强条件下有效氧气影响半径的变化幅度远小于 1.95 kPa 注气压强条件下，这可能是不同注气压强下，垃圾堆体内部气体扩散速率不同和垃圾堆体自身特性导致的。在相同径向距离处，利用解析解得到的氧气浓度略低于现场监测结果，这能充分保证垃圾堆体内部氧气浓度水平达到好氧降解反应的阈值，其中，在靠近注气井位置处的氧气浓度随着时间的延长会有氧气浓度大于 21% 的情况，这说明在该位置处，氧气浓度和注气井内部浓度基本一致。

同一注气压强下，氧气浓度随着径向距离的增加呈现减小的趋势，浓度曲线斜率有增大的规律，与现场试验数据规律相同。在 0.2～1.95 kPa 注气压强下，M4、M5、M6、P2 内的氧气浓度差分别为 2%、6%、6%、5% 和 4%，与现场试验数据对比可知，气井内部的氧气浓度差大小接近。随着径向距离的增大，氧气浓度差逐渐增大。

0.89 kPa、0.2 kPa 注气压强条件下有效氧气影响半径的变化幅度远小于 1.95 kPa 注气压强条件下，这可能是不同注气压强下，垃圾堆体内部气体扩散速率不同和垃圾堆体自身特性导致的。

4.5.6 模型参数对氧气浓度预测模型的影响

1. 注气流量

不同注气流量/压强下的氧气浓度预测模型结果是有差异的，不同注气压强对预测模型的结果有重要影响，在不同注气压强下，垃圾土堆体内部的氧气浓度随时间都有着先上升后趋于平缓的变化规律，随着径向距离的增加都有着先快速下降后趋于平缓的变化趋势，大注气压强下垃圾堆体内部的氧气浓度远大于小注气压强下的氧气浓度。不同注气压强对模拟结果的影响在上述内容中做了具体的描述。

2. 气体渗透率

同气体压强模拟结果类似，气体渗透率的大小对模拟结果有着很大的影响，图 4.39 给出了在模拟过程中气体渗透率对预测模型的影响曲线，根据以往的研究，渗透率设置为 k_1=6.91×10^{-12} m^2 ～ 3.84×10^{-11} m^2、k_2=6.91×10^{-11} m^2 ～ 3.84×10^{-10} m^2、k_3=6.91×10^{-10} m^2 ～ 3.84×10^{-9} m^2。随着渗透率的增加，垃圾土堆体内部的氧气浓度上升速度变慢。高渗透性导致垃圾土堆体内部更高和更稳定的氧气浓度。

同 Comsol multiphysics 模拟结果类似，在同一注气压强下，气体渗透率越大，氧气浓度随径向距离和时间的变化幅度会有增大的趋势，氧气浓度达稳定时间和氧气浓度影响半径随着气体渗透率的增加会延长，气体在垃圾堆体内部的运移速度越快。图中给出了 20 kPa 注气压强下的不同渗透率结果同模拟结果的差值，与试验结果得到的气体渗透率数量级相比，大气体渗透率下的氧气浓度差为 0.99%，小气体渗透率下的氧气浓度差为 0.75%，其差值小于模拟结果差值，其余注气压强下与 1.95 kPa 注气压强有相同的规律。

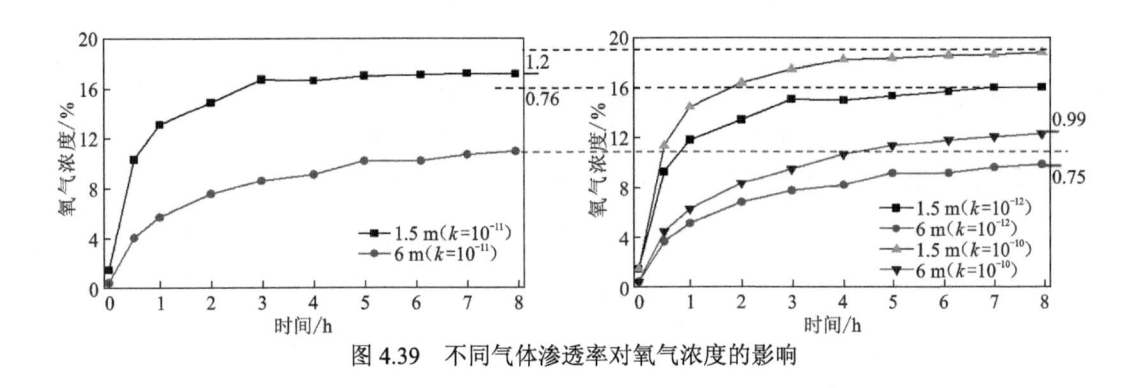

图 4.39 不同气体渗透率对氧气浓度的影响

3. 孔隙度

图 4.40 给出了在模拟过程中孔隙度对预测模型的影响曲线，孔隙度对浓度预测模型有着很重要的作用，同 Comsol multiphysics 模拟结果类似。预测模型分别取孔隙度为 0.3 和 0.9 来探讨孔隙度对预测模型结果的影响。从图 4.40（b）中可以看出，孔隙度越大，氧气浓度达稳定时间会滞后，滞后时间并不是很大，氧气浓度随径向距离的变化幅度较大，氧气浓度影响半径会略有降低，同模拟结果有着类似的规律。与孔隙度为 0.6 得到的模拟结果相比，大孔隙度下的氧气浓度差为 0.20%，小孔隙度的氧气浓度差为 0.18%，其氧气浓度差值小于模拟结果差值，其余注气压强同 1.95 kPa 有类似的规律，对比几个模型参数对模拟结果的影响，气体渗透率的大小对氧气浓度模拟结果有着很大的影响[图 4.40（a）]。

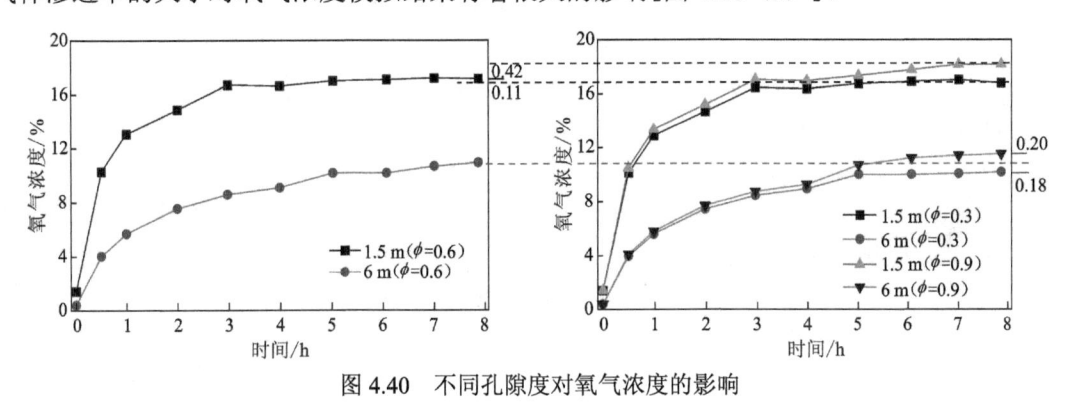

图 4.40 不同孔隙度对氧气浓度的影响

4.5.7 采用气体压强表征的气井影响半径

弄清注气过程中注气井影响半径（气体压强影响半径和氧气影响半径）对好氧通风修复垃圾填埋场工程有着重要的作用，Cossu 等（2005a）、Lee 等（2002a）将气体压强为注气压强 10%位置处作为气体压强影响半径，考虑注气管路中的气体压强损失对气体压强影响半径的影响，本小节中将气体压强为注气井压强 10%位置处作为气体压强影响半径，基于监测数据及预测模型得到气体压强影响半径。

图 4.41 给出了单井注气过程中的气体压强影响半径，由图可知，在 1.95 kPa、0.89 kPa 和 0.20 kPa 注气压强下，气体压强为 0.195 kPa、0.089 kPa 和 0.020 kPa 处为气体压强影响半径，0.20 kPa 注气压强下气体压强影响半径为 6 m，其余注气压强下的气体压强影响半径都

大于 6 m。利用解析解和经验公式预测模型计算了注气井气体压强影响半径，其中 0.20 kPa 注气压强下气体压强影响半径为 6.5 m，1.95 kPa 和 0.89 kPa 注气压强下的气体压强影响半径都大于 6 m。可知，气体压强影响半径随着注气压强的升高而增大，利用本节推导的气体压强预测模型预测单井注气过程中的气体压强影响半径是可行的。

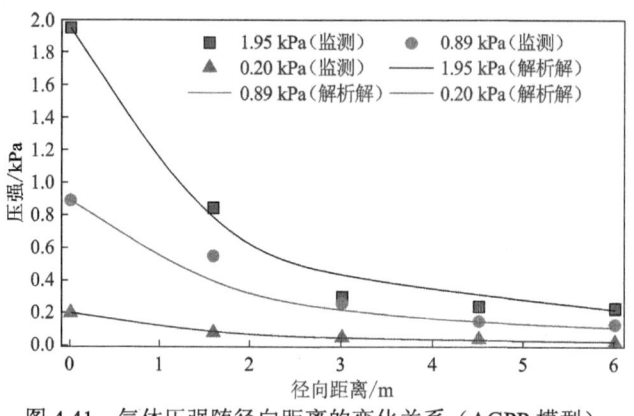

图 4.41　气体压强随径向距离的变化关系（AGPP 模型）

4.5.8　以氧气浓度表征的气井影响半径

图 4.38 给出了不同注气压强下垃圾土堆体内部的氧气浓度随径向距离的变化规律，从图中可以看出，同一注气压强下，随着径向距离的增加，氧气浓度逐渐减小最后趋于稳定，0.2 kPa 注气压强下，不同监测井处的氧气浓度分别为 15.5%（1.5 m）、12.6%（3 m）、10.5%（4.5 m）、8.6%（6 m），氧气浓度的最大值和最小值分别为 15.5% 和 9.6%。0.89 kPa、1.95 kPa，注气压强下的不同径向距离下的氧气浓度分别为 18.2% 和 16.9%（1.5 m）、16.6% 和 14%（3 m）、14.5% 和 12.6%（4.5 m）、12.8% 和 10.53%（6 m），监测井周围的氧气浓度的最大值和最小值分别为 8.2%、16.9% 和 12.8%、10.53%。将垃圾土堆体中氧气浓度为 10% 处作为氧气浓度影响半径。模拟得到不同注气压强下的氧气影响半径为 5.5 m、8.5 m 和 10.5 m。解析解得到的氧气影响半径随着注气压强的减小逐渐减小，同现场模拟和现场监测得到的氧气浓度影响半径接近。

在以上研究中，就现场试验而言，还有部分因素没有考虑，首先，确认如何衡量注气的有效性，以及探讨主动注气过程达到稳定如何定义。其次，对于化学反应过程中涉及碳、氮平衡部分尚未开展；最后，好氧通风后可实现的填埋气排放和剩余排放潜力及剩余有机物含量对注气速率的影响尚需进一步探讨。现场注气试验是通过低压风机完成的，注气压强均小于 5 kPa 条件下完成的，没有考虑高压注气和渗滤液回灌对气体压强的影响。

在定量预测模型方面：气体压强和浓度预测模型是通过一维径向连续性方程推导得到的，没有考虑高维度、温度、有机质降解和非饱和等环境因素，以及气-液迁移的优势流效应的影响。

第 5 章 好氧通风过程温度分布特征

垃圾土在好氧降解过程中释放大量的热能导致温度变化,定量预测温度随时间和空间的变化规律对垃圾填埋场好氧通风系统的安全运行具有重要意义。本章以多孔介质渗流力学和热传导理论为基础,建立考虑对流-回灌-降解反应影响下的渗流-温度耦合数学模型,该模型由内能变化项、热传导项、对流项和内热源项组成,结合典型好氧工程中温度的长期现场监测数据,初步验证该耦合模型的可靠性,分别针对注气压强、注气温度、回灌强度和回灌液温度开展敏感性分析,并在此基础上对比分析几种用于温度预测的模型适用性及预测效果。以上成果为垃圾填埋场长期好氧通风过程中温度的时空分布预测和调控提供了参考。

5.1 好氧通风过程渗流-温度耦合模型

热量的产生和累积主要通过温度进行衡量,故需要建立物体温度分布函数所满足的方程——垃圾降解的热平衡以获得温度场分布。填埋场内部气体的迁移情况对垃圾堆体内热量的传输有一定影响,进而会影响到温度场的温度分布和演化情况,所以在建立热平衡方程时,应考虑气体的对流运动对温度场分布和演化的影响。本节模型的建立参考笔者团队提出的温度场方程和 Omar 等(2017)提出的能量守恒方程,并将注气和回灌两个影响项放在源项中。这样的设计可以忽略水分流动过程中水压力(或含水率)与温度之间的相互作用,带来耦合计算的复杂性。在建立热平衡方程时,将垃圾堆体视为一个三维非稳态导热体,该导热体是一种连续介质,具有各向同性的特点,且存在堆体内均匀分布的内热源——如果将计算模型划分为若干个单元,那么每个单元都是一个微小的热源,且每个单元的热释放速率均相等。

取微元体如图 5.1 所示,在直角坐标系中进行分析。

由于在填埋场内发生非稳态导热现象,所取出进行分析的微元体内温度会随时间发生变化,存在以下几种变化热量:内能的改变量,从微元体各个方向上导入、导出的热量,源汇项产生的热量。

根据能量守恒定律,在任一时间间隔内有以下热平衡关系。

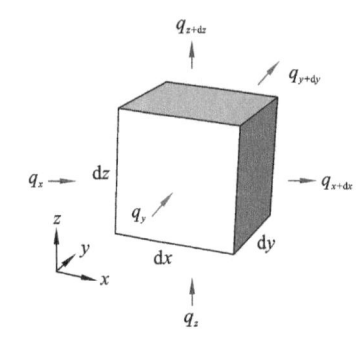

图 5.1 微元体热流动示意图

①导入微元体的热量-②导出微元体的热量+③微元体内热源生成热=
④微元体热力学能(内能)的增量

取 x 轴方向进行热量传递分析。

①导入微元体的热量,即沿 x 轴方向、经 x 表面导入的热量:

$$\Phi_x = -\lambda \frac{\partial T}{\partial x} \mathrm{d}y \mathrm{d}z \tag{5.1}$$

②导出微元体的热量，即沿 x 轴方向、经 $x+\mathrm{d}x$ 表面导出的热量：

$$\Phi_{x+\mathrm{d}x} = \Phi_x + \frac{\partial \Phi_x}{\partial x}\mathrm{d}x = \Phi_x + \frac{\partial}{\partial x}\left(-\lambda\frac{\partial T}{\partial x}\right)\mathrm{d}x\mathrm{d}y\mathrm{d}z \tag{5.2}$$

沿 x 轴方向导入与导出微元体净热量：

$$\Phi_x - \Phi_{x+\mathrm{d}x} = \frac{\partial}{\partial x}\left(\lambda\frac{\partial T}{\partial x}\right)\mathrm{d}x\mathrm{d}y\mathrm{d}z \tag{5.3}$$

同理可得，沿 y 轴方向导入与导出微元体净热量：

$$\Phi_y - \Phi_{y+\mathrm{d}y} = \frac{\partial}{\partial y}\left(\lambda\frac{\partial T}{\partial y}\right)\mathrm{d}x\mathrm{d}y\mathrm{d}z \tag{5.4}$$

沿 z 轴方向导入与导出微元体净热量：

$$\Phi_z - \Phi_{z+\mathrm{d}z} = \frac{\partial}{\partial z}\left(\lambda\frac{\partial T}{\partial z}\right)\mathrm{d}x\mathrm{d}y\mathrm{d}z \tag{5.5}$$

则导入与导出净热量①-②为

$$\Phi = \left[\frac{\partial}{\partial x}\left(\lambda\frac{\partial T}{\partial x}\right) + \frac{\partial}{\partial y}\left(\lambda\frac{\partial T}{\partial y}\right) + \frac{\partial}{\partial z}\left(\lambda\frac{\partial T}{\partial z}\right)\right]\mathrm{d}x\mathrm{d}y\mathrm{d}z \tag{5.6}$$

③微元体内热源生成热为

$$\Phi_v = \dot{\Phi}\mathrm{d}x\mathrm{d}y\mathrm{d}z \tag{5.7}$$

④微元体热力学能（内能）的增量为

$$\Delta E = \rho c \frac{\partial T}{\partial t}\mathrm{d}x\mathrm{d}y\mathrm{d}z \tag{5.8}$$

则导热微分方程的基本形式可写为④=①-②+③，即

$$\rho c \frac{\partial T}{\partial t} = \frac{\partial}{\partial x}\left(\lambda\frac{\partial T}{\partial x}\right) + \frac{\partial}{\partial y}\left(\lambda\frac{\partial T}{\partial y}\right) + \frac{\partial}{\partial z}\left(\lambda\frac{\partial T}{\partial z}\right) + \dot{\Phi} \tag{5.9}$$

除了导热，还存在气体对流换热，于是，描述填埋场内能量变化的一般方程可写为

$$\frac{\partial E}{\partial t} = -\nabla(F) + \dot{\Phi} \tag{5.10}$$

式中：E 为垃圾放热过程的总内能；F 为垃圾介质中的总热通量；$\dot{\Phi}$ 为内热源（热释放速率）。

对于垃圾介质放热过程的总内能，可表达如下：

$$E = E_g + E_w + E_s = nS_\alpha\rho_\alpha e_\alpha + (1-n)\rho_s e_s \tag{5.11}$$

式中：e_α 为 α 相（w 为水相，g 为气相，s 为固相）单位质量的内能；S_a 为 α 相饱和度；ρ_α 为 α 相密度；ρ_s 为固相密度；e_s 为固相单位质量的内能；n 为孔隙度。

对于垃圾土中的总热通量，可表达如下：

$$F = F_i + e_g F_g \tag{5.12}$$

式中：F_i 为平均导热通量，$F_i = -\lambda\nabla T$；F_g 为气相对流热通量，$e_g F_g = V_g \rho_g c_g T$。

在整个填埋场运营过程中，温度和压力变化可忽略，所以可以将能量守恒方程中的内能项以比焓来替代，水相、气相和垃圾骨架的比焓可分别表示为

$$h_w = c_w(T - T_0) \tag{5.13}$$

$$h_g = c_g(T - T_0) \tag{5.14}$$

$$h_s = c_s(T - T_0) \tag{5.15}$$

式中：c_w 为水相的比热容；c_g 为气相的比热容；c_s 为垃圾骨架的比热容。

于是，将热平衡方程等号左侧的能量公式以上述焓的形式表达，可以得到能量守恒方程关于温度变量的表达：

$$\begin{aligned}\frac{\partial}{\partial t}(nS_w\rho_w h_w) &= \frac{\partial}{\partial t}[nS_w\rho_w c_w(T-T_0)] \\ &= nS_w\rho_w c_w\frac{\partial T}{\partial t} + n\rho_w c_w(T-T_0)\frac{\partial S_w}{\partial t} + nS_w c_w(T-T_0)\frac{\partial \rho_w}{\partial t}\end{aligned} \tag{5.16}$$

$$\begin{aligned}\frac{\partial}{\partial t}(nS_g\rho_g h_g) &= \frac{\partial}{\partial t}[nS_g\rho_g c_g(T-T_0)] \\ &= nS_g\rho_g c_g\frac{\partial T}{\partial t} + n\rho_g c_g(T-T_0)\frac{\partial S_g}{\partial t} + nS_g c_g(T-T_0)\frac{\partial \rho_g}{\partial t}\end{aligned} \tag{5.17}$$

$$\begin{aligned}\frac{\partial}{\partial t}[(1-n)\rho_s h_s] &= \frac{\partial}{\partial t}[(1-n)\rho_s c_s(T-T_0)] \\ &= (1-n)\rho_s c_s\frac{\partial T}{\partial t} + (1-n)c_s(T-T_0)\frac{\partial \rho_s}{\partial t}\end{aligned} \tag{5.18}$$

式中：ρ_w 为水相的密度；ρ_g 为气相的密度；ρ_s 为垃圾骨架的密度。

在此假设填埋场内的垃圾骨架不存在变形情况，孔隙水压力（水密度）也不随时间改变，基于上述的假设，填埋场内垃圾土的体积含水率、饱和度和水密度均为常数，如下所示：

$$n\rho_w c_w(T-T_0)\frac{\partial S_w}{\partial t} = 0 \tag{5.19}$$

$$n\rho_g c_g(T-T_0)\frac{\partial S_g}{\partial t} = 0 \tag{5.20}$$

$$nS_w c_w(T-T_0)\frac{\partial \rho_w}{\partial t} = 0 \tag{5.21}$$

$$(1-n)c_s(T-T_0)\frac{\partial \rho_s}{\partial t} = 0 \tag{5.22}$$

经过整理后可以得到温度场耦合方程如下：

$$[nS_w\rho_w c_w + nS_g\rho_g c_g + (1-n)\rho_s c_s]\frac{\partial T}{\partial t} + nS_g c_g(T-T_0)\frac{\partial \rho_g}{\partial t} \tag{5.23}$$
$$= \nabla(\lambda\nabla T) - \nabla(V_g c_g \rho_g T) + \dot{\Phi}$$

$$\dot{\Phi} = \Phi_D - \Phi_C - \Phi_R \tag{5.24}$$

$$\Phi_C = \rho_g F_{g,in} c_g(T - T_{g,0}) \tag{5.25}$$

$$\Phi_R = \rho_w F_{w,in} c_w(T - T_{w,0}) \tag{5.26}$$

式中：Φ_D 为热释放速率（W/m³）；Φ_C 为注气造成的热交换（W/m³）；Φ_R 为回灌造成的热交换（W/m³）；ρ_α 为 α 相密度（kg/m³）；$F_{w,in}$ 为渗滤液流速（m/s）；$F_{g,in}$ 为气体流速（m/s）；c_α 为 α 相单位质量的内能[J/(kg·K)]；T 为温度（K）；$T_{\alpha,0}$ 为 α 相初始温度（K）。

综上，好氧通风过程中的渗流-温度耦合方程由内能变化项、传导项、对流项和源汇项组成，即式（5.23）～式（5.26）。

5.2 好氧通风过程填埋场温度分布模拟

5.2.1 计算模型及参数设置

采用 Comsol multiphysics 多物理场仿真软件开展模拟工作，选取地球科学模块下的流体流动和热传导模型完成耦合模型的建立，选取武汉金口垃圾填埋场 720 d 实测温度数据作为对象，对比验证本小节建立模型的可靠性和适用性，探究填埋场内温度随时间和空间的演化规律，并在此基础上开展注气条件、回灌条件和热释放速率项对填埋场内温度分布影响的模拟预测。

计算模型如图 5.2 所示，将模拟的填埋场设为一个深 40 m、宽 80 m 的矩形区域，该区域又分为三个小域：域 I 为宽 60 m 的垃圾填埋区，域 II 为厚 3 m 的黏土覆盖层，域 III 为宽 20 m 的周边区域。该模型共有 10 条边界，边界条件的设定分为温度边界和压强边界，详见表 5.1。模拟参数设置详见表 5.2。

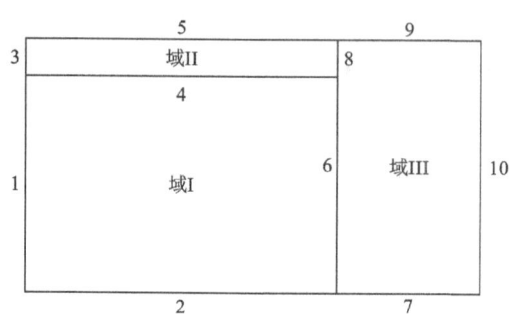

图 5.2 模型边界分布（单位：m）

表 5.1 模型边界条件设置方案

编号	边界条件（温度）	边界条件（压强）
1	对流通量	零通量
2	温度 293 K	压强 1.013×10⁵ Pa
3	热绝缘	零通量
4	（内部边界）	（内部边界）
5	温度 296 K	压强 1.013×10⁵ Pa
6	（内部边界）	（内部边界）
7	温度 298 K	零通量
8	（内部边界）	（内部边界）
9	温度 296 K	压强 1.013×10⁵ Pa
10	对流通量	零通量

表 5.2 模拟参数一览表

基本参数	数值
垃圾密度/(kg/m³)	760
垃圾热传导系数/[W/(m·K)]	0.6

续表

基本参数	数值
垃圾比热/[J/(kg·K)]	1 333
垃圾渗透率/m²	1.0×10^{-12}
覆盖层密度/(kg/m³)	1 500
覆盖层热传导系数/[W/(m·K)]	0.55
覆盖层比热/[J/(kg·K)]	1 406
覆盖层渗透率/m²	1.0×10^{-13}
周边区域密度/(kg/m³)	760
周边区域热传导系数/[W/(m·K)]	2.06
周边区域比热/[J/(kg·K)]	838
周边区域渗透率/m²	6.0×10^{-12}
水密度/(kg/m³)	1 000
水热传导系数/[W/(m·K)]	0.58
水比热/[J/(kg·K)]	4 185
气体密度/(kg/m³)	1.199
气体热传导系数/[W/(m·K)]	0.023
气体比热/[J/(kg·K)]	1 000
气体黏滞系数/(Pa·s)	1.4×10^{-5}
孔隙度	0.7
饱和度（气相）	1

本模拟存在4个变量，分别为：注气强度、注气温度、回灌强度和回灌液温度，模拟方案见表5.3。注入气体流速由 1.7×10^{-6} m/s 分4个步长呈整数倍增大至 6.8×10^{-6} m/s（这个案例的计算是一维的），回灌速度由 8.185×10^{-9} m/s 增大至 2.047×10^{-8} m/s，注入气体的温度以5 ℃为步长由15 ℃变化至30 ℃。在初始方案中，注入气体流速为 6.8×10^{-6} m/s、注气温度为25 ℃、回灌速度为 8.185×10^{-9} m/s、回灌液温度为20 ℃。

表5.3 模拟方案

变量	气体流速/(m/s)	气体温度/℃	回灌速度/(m/s)	回灌液温度/℃
无	1.7×10^{-6}	25	8.185×10^{-9}	20
注气强度	1.7×10^{-6}	—	—	—
	3.4×10^{-6}			
	5.1×10^{-6}			
	6.8×10^{-6}			
注气温度	—	15	—	—
		20		
		25		
		30		

续表

变量	气体流速/(m/s)	气体温度/℃	回灌速度/(m/s)	回灌液温度/℃
回灌强度	—	—	8.185×10⁻⁹	—
			1.228×10⁻⁸	
			1.638×10⁻⁸	
			2.047×10⁻⁸	
回灌液温度	—	—	—	15
				20
				25
				30

5.2.2 温度分布的模拟结果

1. 热释放对温度场的影响

随着好氧降解的进行，垃圾降解产生的热量使填埋场温度上升，但是由于热释放速率到达峰值后开始下降，再考虑热量向外界的释放情况，填埋场内的温度峰值在以下 4 个时间点（第 6 个月、第 12 个月、第 18 个月和第 24 个月）呈现逐渐降低的趋势，填埋场内 20 m 深度附近（填埋场中部）温度最高，且在同一时间间隔内变化幅度最大，填埋场顶部和底部温度分别受上、下温度边界条件控制，如图 5.3 所示。

图 5.3 填埋场内温度与深度的关系

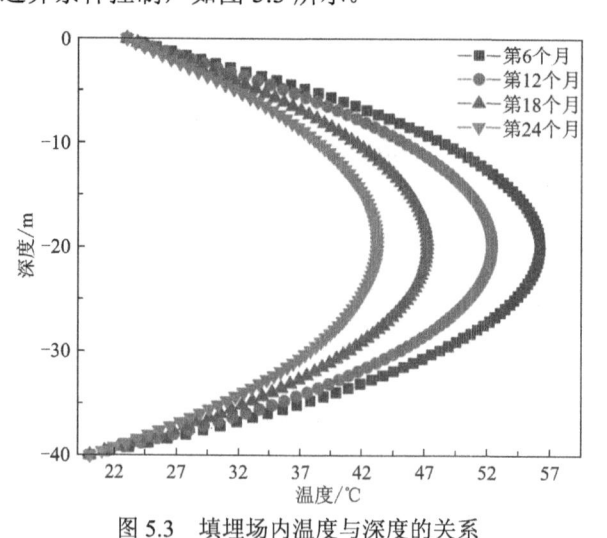

图 5.4～图 5.7 给出了填埋场温度等值线分布模拟结果，选取 $x = 30$ m 处纵剖面数据，分析发现传热能力在周边区域水平方向上较强，可见温度向周边扩散较为明显。

2. 考虑对流-回灌-降解对温度场的影响

通风和渗滤液回灌两个条件对垃圾填埋场内部好氧降解过程中的温度分布起重要影响作用。在本模型中分别考虑仅有好氧降解的热源项、热源项+对流、热源项+回灌及热源项+对

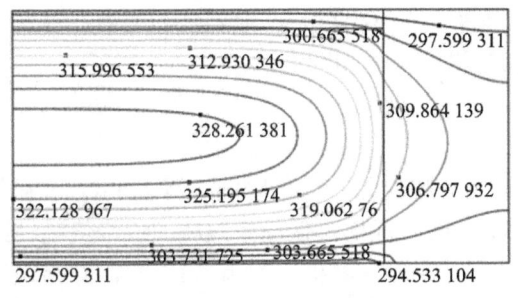

图 5.4 温度场等值线分布图（第 6 个月，单位：K） 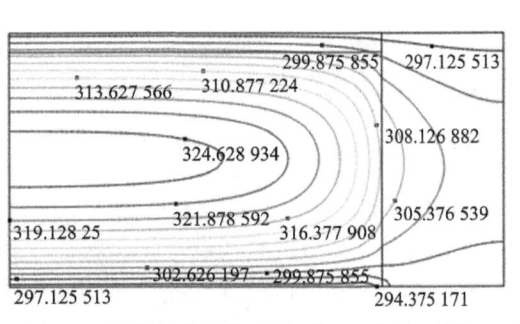　　图 5.5 温度场等值线分布图（第 12 个月，单位：K）

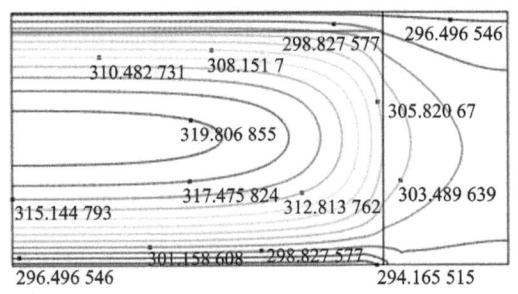

图 5.6 温度场等值线分布图（第 18 个月，单位：K） 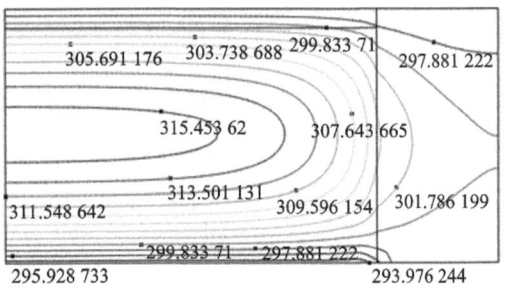　　图 5.7 温度场等值线分布图（第 24 个月，单位：K）

流+回灌 4 种情况进行模拟，参数选取见表 5.3，温度监测点坐标(30 m，-20 m)。且为验证该模拟方案的可靠性，选取武汉金口垃圾填埋场的 720 d 温度实测数据进行对比。

观察图 5.8 可得，仅考虑好氧降解反应时，在第 285 d 时温度达到峰值 71.4 ℃；考虑对流对好氧生物反应器影响时，在第 260 d 时温度达到峰值 69.7 ℃，相比降低 2.38%；考虑渗滤液回灌对好氧生物反应器影响时，在第 213 d 时温度达到峰值 55.2 ℃，相比仅考虑好氧降解时降低 22.69%；同时考虑对流和渗滤液回灌对好氧生物反应器影响时，在第 213 d 时温度达到峰值 54.7 ℃，相比仅考虑好氧降解时降低 23.39%，该温度曲线较好地拟合了现场数据，验证了该模型的适用性。分析以上温度曲线可知，渗滤液回灌对填埋场内温度的影响较大，而气体对流影响较小，渗滤液回灌可以有效提前温度峰值的到达时间并明显降低温度峰值。温度曲线达到峰值之后，随时间变化而温度逐渐下降，这一现象与填埋场内有机质成分的降解情况有关，随着好氧反应的进行，有机质逐渐减少，产热量也随之下降，直至最终接近环境温度。

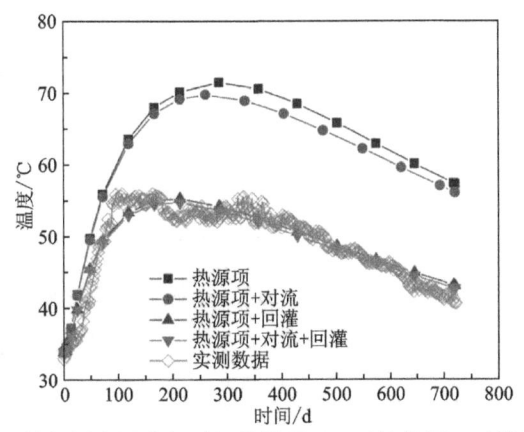

图 5.8 填埋场内温度与时间的关系——对比热源、对流和回灌

在验证了模型的适用性之后，分别开展注气强度、注气温度、回灌强度和回灌液温度 4 个参数对填埋场内温度演化的影响分析，持续 24 h 进行注气和回灌。

3. 注气强度对温度场的影响

分析图 5.9 可知，各注气强度曲线走向近似平行，在较为接近的时间（第 213 d）达到各自的温度峰值，但可以看出峰值时间随注气强度增大略有提前。低注气强度曲线峰值温度为 54.7 ℃，高注气强度曲线（气体流速为低注气强度的 4 倍）峰值温度为 53.2 ℃，降幅仅为 2.74%，可以认为注气强度对填埋场内部温度演化影响较小。

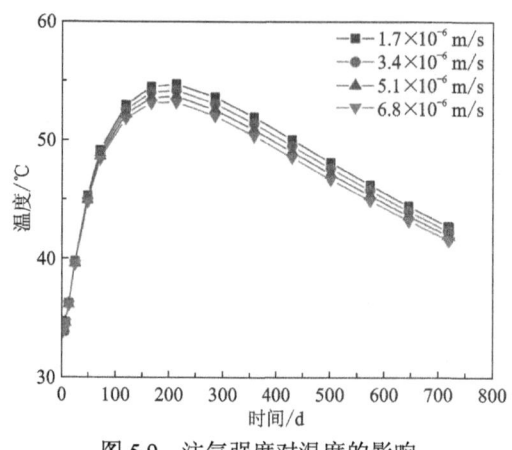

图 5.9　注气强度对温度的影响

4. 注气温度对温度场的影响

观察图 5.10 可见 4 条注气温度曲线差别非常小，可见注气温度的改变对填埋场内部温度演化影响很小，4 条曲线都在第 213 d 到达温度峰值，注气温度 30 ℃时的填埋场内部峰值温度为 54.8 ℃，而注气温度 15 ℃时的峰值温度为 54.4 ℃，降幅仅为 0.73%，因此认为注气温度对填埋场内部温度演化影响非常小。

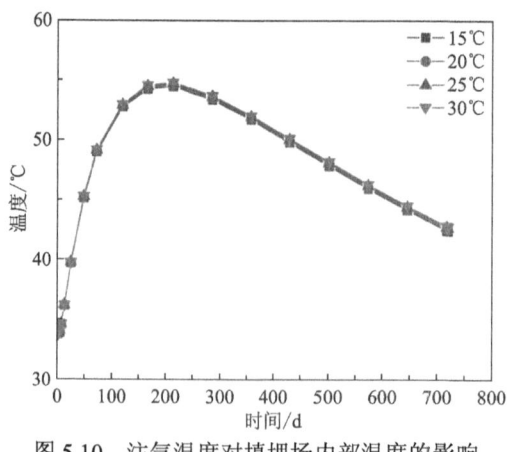

图 5.10　注气温度对填埋场内部温度的影响

5. 回灌强度对温度场的影响

渗滤液回灌强度对填埋场内温度影响如图 5.11 所示。在其他因素相同的条件下，温度到达峰值后都逐渐下降，且随着回灌强度的增大，温度峰值点到达时间出现提前。回灌速度最小时，温度峰值点出现在第 213 d 附近；回灌速度较小时，温度峰值点出现在第 166 d 附近；回灌速度较大时，峰值点出现在第 119～166 d 时间范围内，靠近第 166 d；回灌速度最大时，峰值点出现在第 119～166 d 范围内。最小回灌强度的温度峰值为 54.7 ℃，最大回灌强度的温度峰值为 43.7 ℃，降幅达 20.11%。

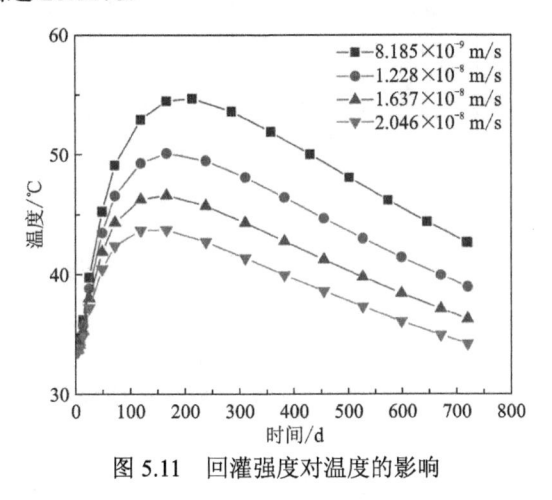

图 5.11 回灌强度对温度的影响

6. 回灌液温度对温度场的影响

回灌液温度对填埋场内部温度的影响如图 5.12 所示。不同回灌液温度对填埋场内温度峰值到达时间有一定影响，但不是特别显著，但是对温度峰值有比较明显的影响。回灌液温度最高（30 ℃）时，在第 213 d 到达峰值温度为 58.5 ℃；回灌液温度最低（15 ℃）时，在第 166～213 d 范围内峰值温度为 52.8 ℃，降幅达 9.74%；随着回灌液温度的降低，可以观察曲线发现峰值温度的出现略有提前，可见渗滤液回灌的初始温度对填埋场内部温度有一定影响。

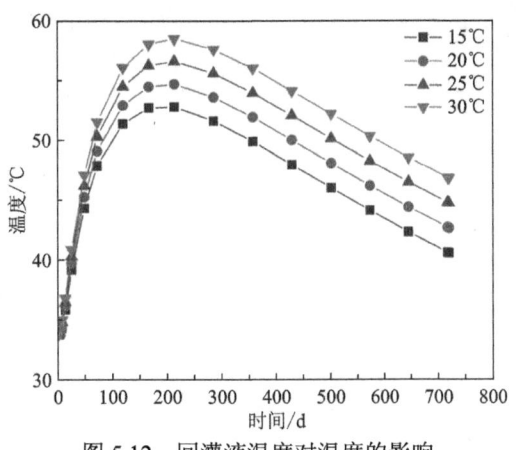

图 5.12 回灌液温度对温度的影响

7. 模型适用性分析

为了进一步分析本章建立的温度分布预测模型的可靠性，对比分析本节模型、仅改变本节模型的氧气消耗速率项[采用 Borglin 等（2014）氧气消耗速率方程]和 Hao（2017）文献中的模型（只考虑好氧降解项、气体对流项和液体项），如图 5.13 所示。结果表明：本节采用的模型计算结果更贴近于武汉金口垃圾填埋场的实测数据。

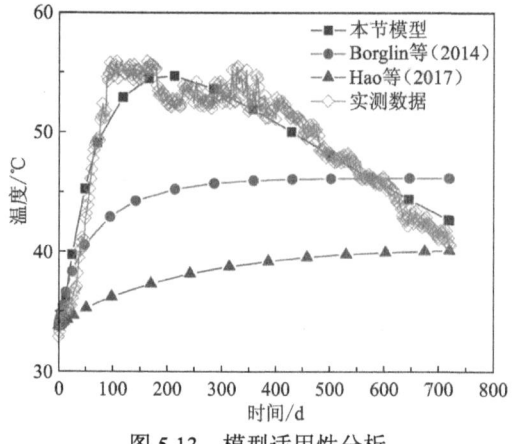

图 5.13 模型适用性分析

分别将本小节模型、结合 Borglin 等（2014）氧气消耗速率方程的模型及 Hao 等（2017）文献中的模型代入模拟，监测点坐标(30 m，-20 m)，可得温度变化图（图 5.13）。

采用 Hao 等（2017）模型计算的结果显示，其温度与实测数据差距较大。可见相对于大型填埋场的温度演化规律探究，本小节中建立的模型相比于 Hao 等（2017）提出的垃圾单元体温度随时间变化模型更合适，在大型填埋场中应考虑由热传导带来的热量耗散，而不能仅考虑一个垃圾单元的热量变化情况，温度随空间的变化情况应考虑，以实现更贴近现实填埋场内部温度演化规律的模拟预测。

8. 氧气消耗速率模型对比分析

温度连续性方程的内热源项是探讨填埋场温度变化的关键，而内热源项又建立在与生物降解产热有关的氧气消耗速率模型之上。为了探究氧气消耗速率模型对温度场的影响情况，在 NAS 模型基础上分别提出了线性上升段（linear ascent stage，LAS）模型和缺失上升段（absent ascent stage，AAS）模型。

LAS 模型如下：

$$R_{O_2} = \begin{cases} k \cdot x, & t \leqslant t_0 \\ a \cdot [1-\exp(-b' \cdot t)] + a \cdot \exp(-b \cdot t), & t > t_0 \end{cases}$$
（5.27）

式中：R_{O_2} 为氧气消耗速率；a，b 为常数；t_0 为过渡时间节点。

AAS 模型如下：

$$R_{O_2} = a \cdot [1-\exp(-b' \cdot t)] + a \cdot \exp(-b \cdot t), \quad t \geqslant t_0$$
（5.28）

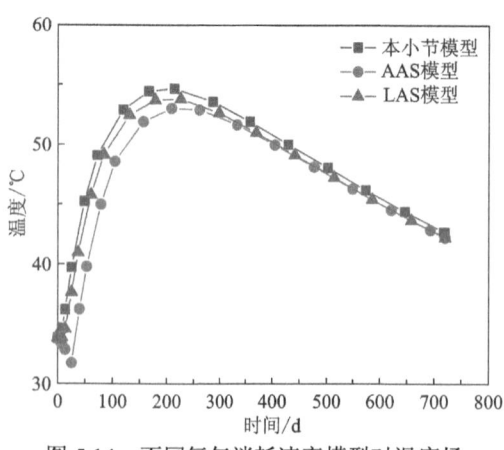

图 5.14 不同氧气消耗速率模型对温度场影响对比图

根据图 5.14，可以发现氧气消耗速率采用 LAS 模型和 AAS 模型得到的温度曲线和本小节模型得到的曲线有一定的差距，差距在 300 d 之前较为明显，但是 300 d 之后曲线之间的差距很小，且对峰值温度的预测结果最大差距仅有 3.09%，初步认为 LAS 和 AAS 可用于温度模拟计算。

在此基础上分别探究 LAS 模型和 AAS 模型中参数 t_0 对温度场的影响。在已有的氧气消耗速率研究中，氧气消耗速率是一条在不同时间点取样，由数据点拟合得到的曲线，故氧气消耗速率到达峰值所对应的时间点 t_0 并不是准确的。

图 5.15 和图 5.16 分别为采用 LAS 氧气消耗速率模型，模拟不同 t_0 时无回灌和有回灌条件对温度场的影响。回灌条件可以明显提前温度峰值到达时间，并且对温度峰值降低有积极影响。随着 t_0 的提前，温度峰值呈降低趋势，且峰值到达时间也出现提前，但是 t_0=45 d 及之前的曲线差别不明显，t_0=60 d 相对来说有较大差别。

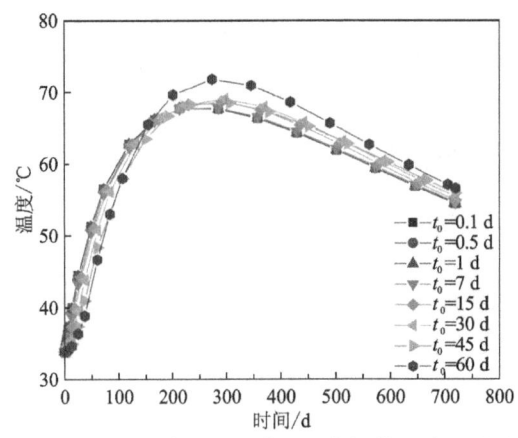

图 5.15 LAS 模型无回灌对温度场的影响对比图 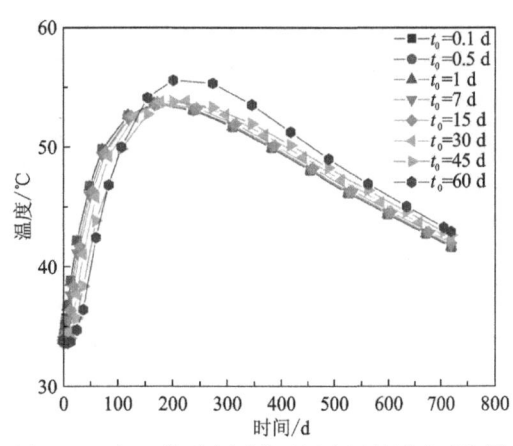　　图 5.16 LAS 模型有回灌对温度场的影响对比图

图 5.17 和图 5.18 分别为采用 AAS 氧气消耗速率模型，模拟不同 t_0 时无回灌和有回灌条件对温度场的影响。由于氧气消耗速率缺少第 1 段，在 t_0 时间之前会出现温度下降情况，无回灌时温度下降幅度较有回灌时少，可以看出回灌条件对温度峰值有较大影响。采用 AAS 模型的模拟中，t_0=45 d 之前的曲线差别不明显，t_0=45 d 之后相对来说有较大差别；随着 t_0 的提前，温度峰值呈降低趋势，且峰值到达时间也出现提前。

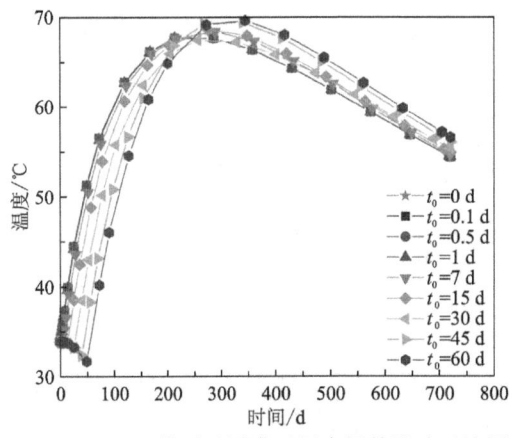

图 5.17 AAS 模型无回灌对温度场的影响对比图 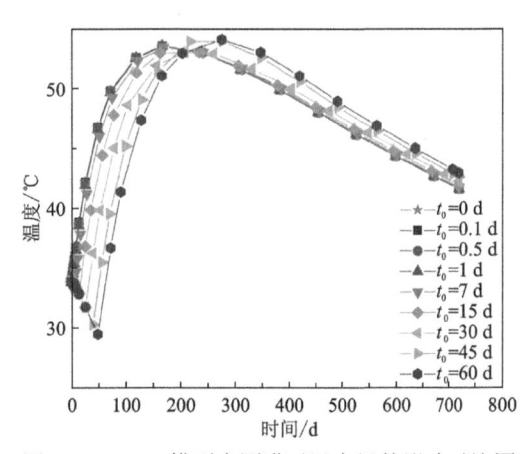　　图 5.18 AAS 模型有回灌对温度场的影响对比图

第6章 垃圾填埋场渗滤液回灌优势流效应

6.1 渗滤液回灌过程的优势渗透模拟

6.1.1 渗滤液回灌计算模型及参数

由连续性原理和达西定律推导的一维状态非饱和土壤 Richards 方程（Richards，1931）可表述为

$$\frac{\partial \theta}{\partial t} = \frac{\partial}{\partial z}\left[K_s \frac{\partial h}{\partial z} + K(h)\right] - S \tag{6.1}$$

式中：θ 为含水率；K_s 为渗透系数；z 为位置；h 为水头；S 为源汇项。由于假设只有一个渗透系数，式（6.1）也被称为单渗透率模型（signal permeability model，SPeM）。

土水特征曲线（水头 h 与含水率 θ）、非饱和渗透系数 $K(\theta)$ 的本构关系是求解式（6.1）的关键，相关学者提出了一系列描述土水特征关系、非饱和导水率的经验数学模型，其中 VG 模型（Mualem，1976）在土壤和垃圾中应用最为广泛，可写为

$$S_e = \begin{cases} \dfrac{1}{\left[1+(\alpha g |h|)^n\right]^m}, & h<0 \\ 1, & h \geqslant 0 \end{cases} \tag{6.2}$$

$$K(S_e) = K_s S_e^l [1-(1-S_e^{1/m})^m]^2 \tag{6.3}$$

式中：S_e 为有效饱和度，定义为 $(\theta-\theta_r)/(\theta_s-\theta_r)$，$\theta_r$ 为残余含水率，θ_s 为饱和含水率；α 为进气压力值的倒数；n 为孔径分布参数；m 为土水特征曲线对称性参数，一般常假设为 $m=1-1/n$；K_s 为饱和导水率；l 为扭曲因子。

双渗透率模型（dual permeability model，DPeM）假定多孔介质域由两个子域组成，包括一个孔隙尺寸较大的裂隙域，以及一个孔隙尺寸小的基质域，在大孔裂隙域中水分流动被假定为垂直的、层流的，只由重力驱动，没有毛细效应，两域内的水分均可流动且允许两域之间存在质量交换，由一维非线性 Richards 方程定义裂隙域和基质域控制方程如下：

$$\begin{cases} \dfrac{\partial \theta_f}{\partial t} = \dfrac{\partial}{\partial z}\left[K_f(h_f)\dfrac{\partial h_f}{\partial z} + K_f(h_f)\right] - S_f - \dfrac{\Gamma_w}{w_f}, & \text{裂隙域} \\ \dfrac{\partial \theta_m}{\partial t} = \dfrac{\partial}{\partial z}\left[K_m(h_m)\dfrac{\partial h_m}{\partial z} + K_m(h_m)\right] - S_m + \dfrac{\Gamma_w}{1-w_f}, & \text{基质域} \end{cases} \tag{6.4}$$

式中：θ_f、θ_m 分别为裂隙域和基质域的含水率；K_f、K_m 分别为裂隙域和基质域的导水率；h_f、h_m 分别为裂隙域和基质域的水头；S_f、S_m 分别为裂隙域和基质域源汇项；w_f（$0<w_f<1$）为裂隙域体积除以总流动域体积；Γ_w 为裂隙域与基质域间水分质量交换项，可写为（Reinhart et al.，2002）：

$$\varGamma_\mathrm{w} = \frac{\beta}{a^2}\gamma_\mathrm{w} K_a(h_\mathrm{f} - h_\mathrm{m}) \tag{6.5}$$

式中：β 为材料形状决定的几何因子；a 为有效扩散路径长度，即从基质中心到裂隙边界的距离；γ_w 为经验尺度因子；K_a 为裂隙域与基质域交界面有效渗透系数。

双渗透率模型对描述垃圾中的渗滤液优势流动具有很强的适用性，但参数复杂难以获取，研究相对较少。Audebert 等（2016）假设垃圾是由裂缝网络组成的非均质介质，由电阻率层析成像反演法系统性探讨了双渗透率模型的各个参数取值，具有较高准确性，因此选用具有一定工程背景下的双渗透率模型相关参数，如表 6.1 所示。

表 6.1 数值模型参数取值（Audebert et al.，2016）

模型		参数	取值
孔洞扩张模型（void growth model，VGM）		θ_r	0.15
		θ_s	0.69
		$\alpha/(1/\mathrm{m})$	2
		N	1.5
		$K_\mathrm{s}/(\mathrm{m/d})$	0.518
		L	0.5
双渗透率模型（DPeM）	基质域	θ_rm	0.17
		θ_sm	0.66
		$\alpha_\mathrm{m}/(1/\mathrm{m})$	2
		n_m	1.5
		$K_\mathrm{sm}/(\mathrm{m/d})$	4.32
		l_m	0.5
	裂隙域	θ_rf	0
		θ_sf	1
		$\alpha_\mathrm{f}/(1/\mathrm{m})$	10
		n_f	1.5
		$K_\mathrm{sf}/(\mathrm{m/d})$	86.4
		l_f	0.5
	质量交换项	w_f	0.1
		a	0.1
		β	3
		γ_w	0.4
		$K_a/(\mathrm{m/d})$	8.64×10^{-2}

注：θ_r 为残余含水率；θ_s 为饱和含水量；θ_rm、θ_sm 分别为基质域的残余含水量和饱和含水率；θ_rf、θ_sf 分别为裂隙域的残余含水率和饱和含水率。

6.1.2 渗滤液回灌过程预测

模拟填埋深度为 30 m 的生物反应器填埋场，以点源形式进行渗滤液回灌，上、下边界分别设定为通量边界、渗透面边界，初始条件为含水率。国内填埋场基本物理特性的调查研究显示，我国垃圾初始含水率在 21%～48%，本小节设定初始含水率为 30% 和 35%，并考虑垃圾成层性分布（冯世进 等，2014）的影响。参考相关生物反应器填埋场典型回灌工况的参数设置（冯世进 等，2014；陈馨 等，2013；李守升，2009），有利于垃圾填埋场稳定和渗滤液利用率提升的最佳回灌速率在 0.1～0.5 m/d、回灌频率在 1～4 d/次，基于此，模拟方案设定如表 6.2 所示。

表 6.2 渗滤液回灌模拟方案

编号	回灌速率 v/(m/d)	回灌频率 n/(d/次)	单位面积回灌量 q/(m³/m²)	初始含水率 θ_0
A1	0.15	1	4.5	0.35
A2	0.25	1	4.5	0.35
A3	0.35	1	4.5	0.35
B1	0.15	2	4.5	0.35
B2	0.15	4	4.5	0.35
C1	0.15	1	3	0.35
C2	0.15	1	6	0.35
D1	0.15	1	4.5	0.30
D2	0.15	1	4.5	埋深 0～15 m：0.35 埋深 15～30 m：0.30

1. 回灌速率对渗滤液迁移的影响

回灌速率可控制渗滤液入渗过程与填埋垃圾既有非饱和孔隙接触的时间，以低速率回灌时水分流动慢且影响深度低，不能满足各位置垃圾层微生物降解所需的最佳水分；而以高速率回灌时会减少渗滤液在填埋场内部的滞留时间，还可能引起垃圾堆体中微生物被冲刷。

图 6.1 为不同回灌速率下 DPeM 和 SPeM 预测的含水率与埋深曲线，增大回灌速率促进

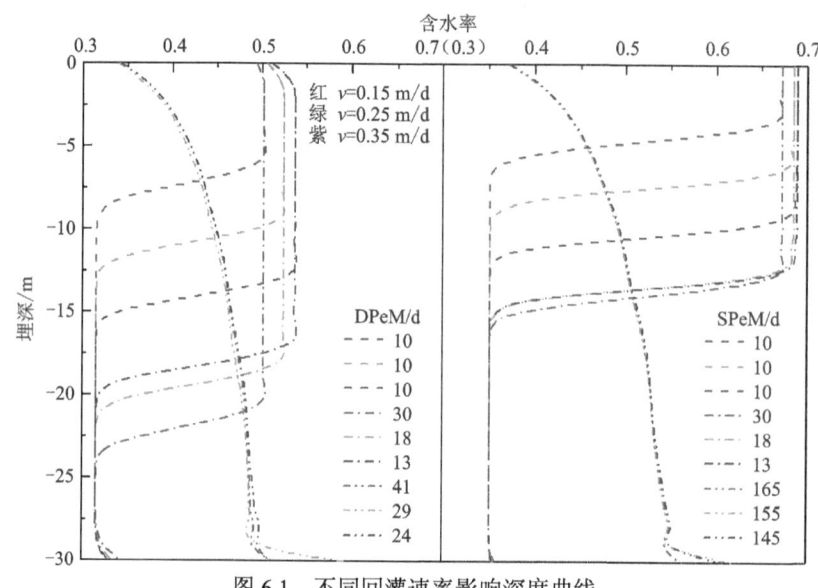

图 6.1 不同回灌速率影响深度曲线
扫描封底二维码看彩图

了渗滤液向底部延伸，以 10 d 为例，回灌速率从 0.15 m/d 增大至 0.35 m/d 时，DPeM 预测渗滤液影响深度从埋深 6 m 延伸至 14 m，这是由于垃圾堆体的非饱和渗透性与含水率正相关，回灌速率的增大使渗透性增强，进而加速了干燥区的湿润。但回灌结束时速率 0.35 m/d 却比 0.15 m/d 的影响深度小 5 m，这是由于控制同等回灌量下，低回灌速率比高回灌速率要长 17 d，时间的加剧效应较回灌速率占主导，与冯世进等（2014）的研究相符合。相同条件下 SPeM 的影响深度、流速仅占 DPeM 的 64.3%、53.5%，要小于 Feng 等（2018）利用 VGM 预测影响深度、流速为 DPeM 的 80%，渗滤液达到底部 DPeM 比 VGM 平均快 124 d。

图 6.2 为回灌速率 0.25 m/d 时的水分质量交换曲线，初期渗滤液先从渗透性较高的裂隙域进入形成优势流，在第 15 d、埋深 15 m 处达到 0.017（1/d），由于持水性差，流向持水性高的基质域，裂隙域含水量下降、基质域含水量升高，基质域水分达到一定限度且裂隙域水分向深部流动时，基质域的水分再次回流到裂隙域，但此时因为基质域吸持了一定的水分，只有一部分质量交换项回流到裂隙域，质量转移项即随深度而减小。

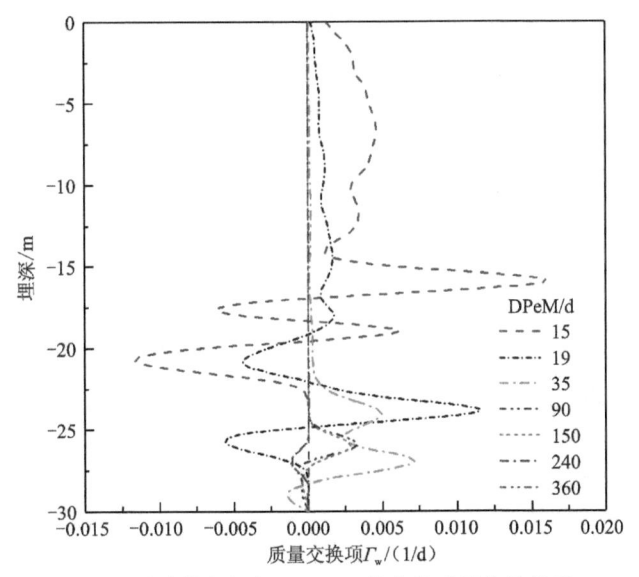

图 6.2 回灌速率为 0.25 m/d 的水分质量交换曲线

图 6.3 为不同回灌速率单位面积上、下边界累积流量随时间变化曲线，入渗曲线先线性增大到回灌量后趋于不变，回灌速率越大，斜线越陡。DPeM 预测渗滤液几乎全是由裂隙域流入，而下边界近 96%渗滤液从基质域中流出，大部分渗滤液在垃圾堆体内部发生了质量交换。当回灌速率增大时，不同的回灌速率单位面积累积流出量几乎保持一致，意味着贮水率相等，将贮水率定义为渗滤液流入与流出的差值占回灌总量的比值，如图 6.4 所示，SPeM 预测一年模拟结束时平均流出 1.35 m³/m²，贮水率均达 70%以上，比 DPeM 预测贮水率要高出 56%，极大高估了垃圾堆体对渗滤液的吸持性。

2. 回灌频率对渗滤液迁移的影响

回灌频率即渗滤液的配水次数，当配水次数过少时，渗滤液的影响深度只局限于填埋场上部垃圾的降解，不能缓慢释流延伸到底部；而当频率过高时，反复收集、导排和回灌的运行成本会明显增多。

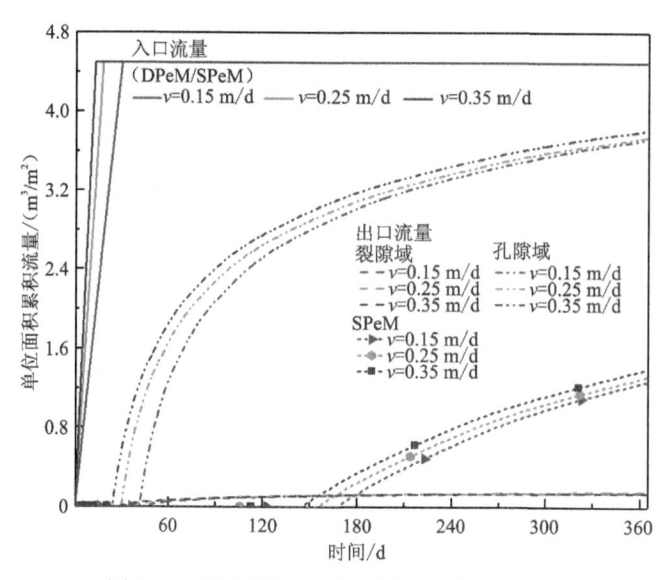

图 6.3 不同回灌速率单位面积累积流量曲线

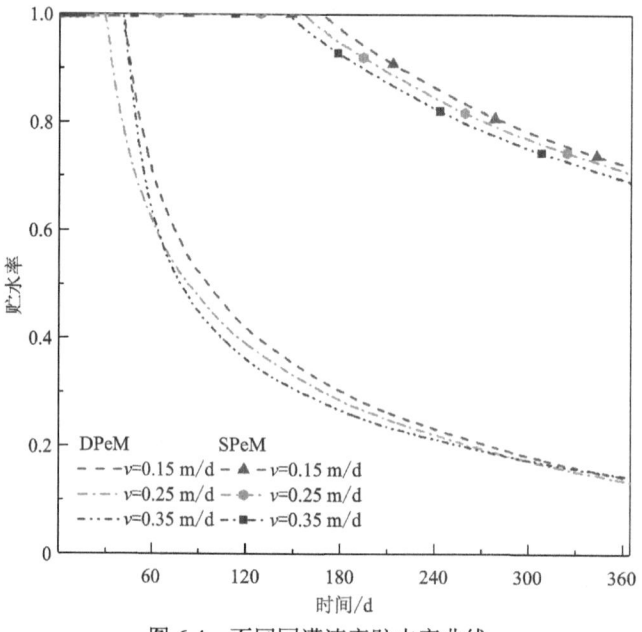

图 6.4 不同回灌速率贮水率曲线

图 6.5 为不同回灌频率下 DPeM、SPeM 预测的含水率与埋深曲线,渗滤液的影响深度随着回灌频率的减小而逐渐缩短,仍以 10 d 为例,回灌频率从 1 d/次减小至 4 d/次时,DPeM 预测渗滤液的影响深度由埋深 7 m 减小至 2 m,配水次数 n=1 d/次、2 d/次、4 d/次回灌结束时渗滤液的影响深度为埋深 20 m、25 m、30 m,与回灌频率呈负相关,配水频次的降低虽减少了入渗量、湿润面积,流速变慢,但增加了渗滤液在垃圾堆体内部渗流的时间,使得影响深度更深。同等回灌频率下渗滤液到达底部 DPeM 预测的时间要比 SPeM 快 127 d,因为在回灌前期优势流模型流速是均质性模型流速的 1.67 倍,SPeM 流速已渐渐趋近于 0,但 DPeM 预测底部仍以 0.1 m/d 的最大流速进行释水。

图 6.5　不同回灌频率影响深度曲线
扫描封底二维码看彩图

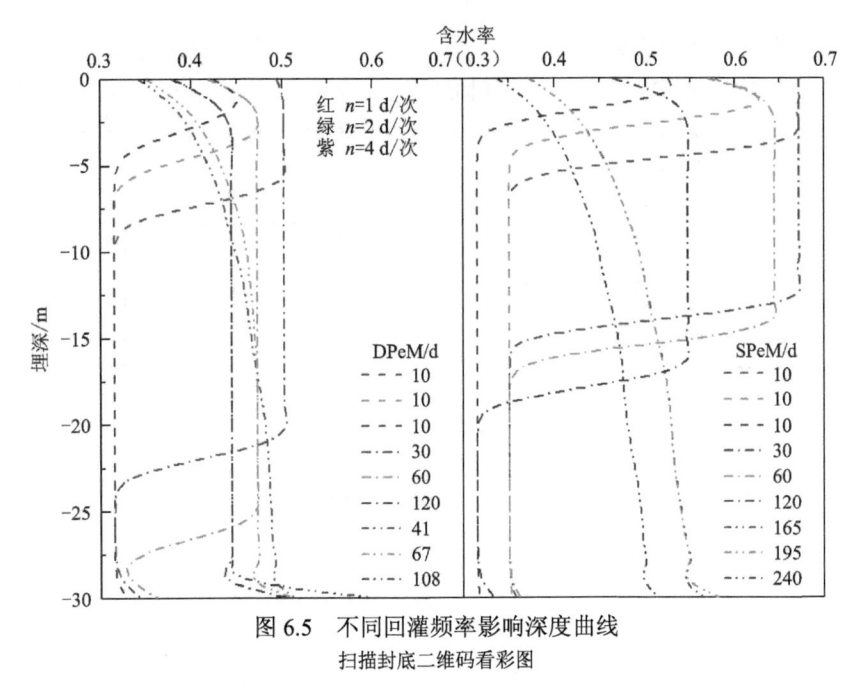

图 6.6 为回灌频率 2 d/次的水分质量交换曲线，在 4 d、埋深 1 m 处达到 0.045（1/d），同时发生从基质域到裂隙域的质量交换，这是由于当回灌具有一定时间间隔后，裂隙域快速释水、优势入渗，含水量降低，储存在基质域中的水分向裂隙域中回流，在 61 d 具有最大的质量交换项 0.08（1/d），而到 16~61 d、埋深 10~20 m 处，发现质量交换几乎为 0，推测堆体内部已形成稳定渗流。

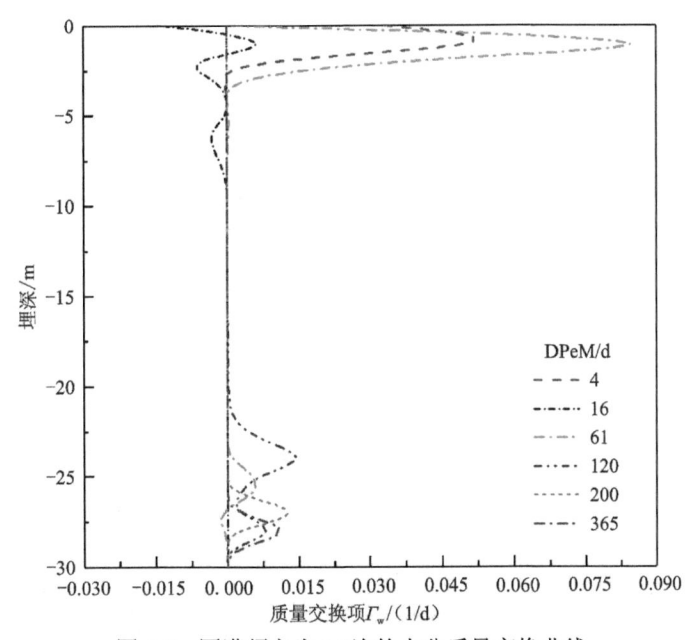

图 6.6　回灌频率为 2d/次的水分质量交换曲线

图 6.7 为不同回灌频率单位面积上、下边界累积流量随时间变化曲线，渗滤液入渗随着回灌频率的不同呈阶梯化上升后不变。减小回灌频率后单位面积的累积流出量也逐渐减小，合适的回灌频率可以延长回灌过程中渗滤液的滞留时间，进而为增加垃圾堆体既有的非饱和

孔隙接触吸持、微生物降解消耗提供可能。如图 6.8 所示，当回灌频率减小，贮水率明显减小得更慢，以 1 d/次、2 d/次、4 d/次频率回灌时的 DPeM 贮水率在 60%以上的时间分别是前 74 d、103 d、161 d，模拟结束时仍有 16%的贮水率，而均质化的 SPeM 预测几乎每种回灌频率下渗滤液贮水率都能达到 60%。

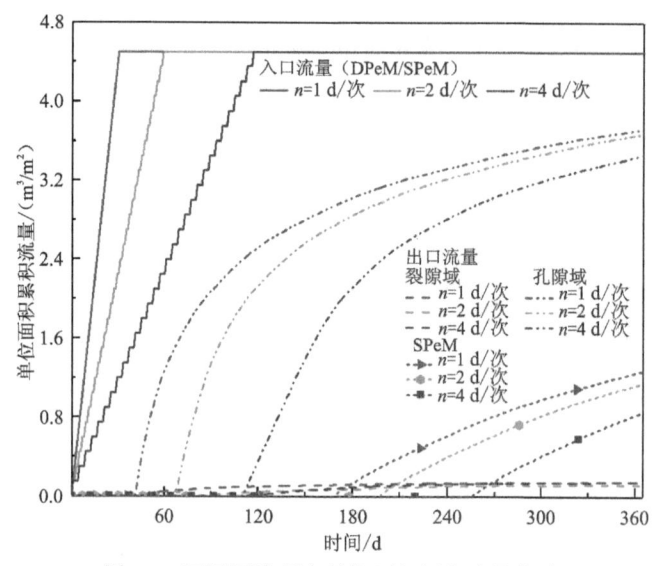

图 6.7　不同回灌频率单位面积累积流量曲线

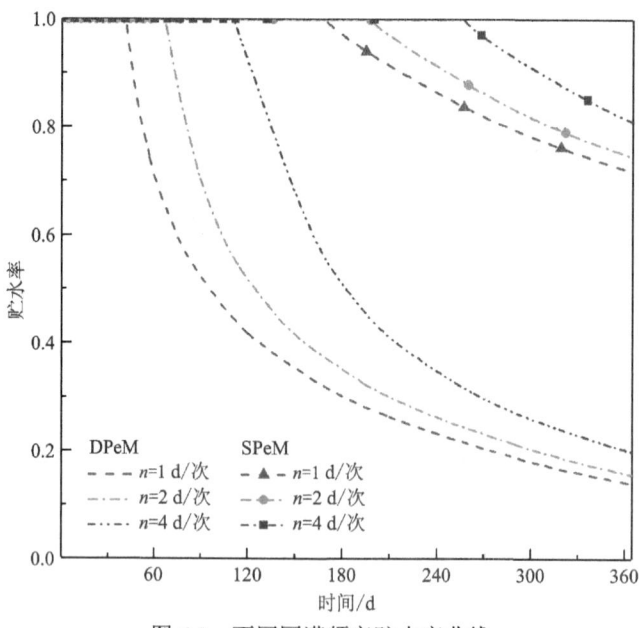

图 6.8　不同回灌频率贮水率曲线

3. 单位面积回灌量对渗滤液迁移的影响

回灌量即从导排系统中收集的渗滤液重新回灌到垃圾堆体中的总量，回灌量过低时不能满足微生物降解所需要的水分和养分，而回灌量过高时再循环渗滤液可能会引发环境岩土灾害，以及给渗滤液收集系统带来沉重的工作负荷。

图 6.9 为不同单位面积回灌量 DPeM 预测含水率与埋深曲线,当单位面积回灌量由 3 m³/m² 增大 1 倍时,DPeM 预测影响深度由埋深 13 m 延伸至 27 m,三种单位面积回灌量下渗滤液到达底部的时间分别为 60 d、41 d、41 d,回灌量的增加对渗滤液向底部延伸具有一定促进作用,但单位面积回灌量为 4.5 m³/m² 和 6 m³/m² 时水分到达底部的时间相同,这是由于垃圾堆体的最大渗流能力是恒定的,回灌量过高时渗滤液并不会产生良好的回灌效果。SPeM 预测回灌量为 3 m³/m²、4.5 m³/m²、6 m³/m² 时水分到达底部时间较 DPeM 结果分别晚 305 d、124 d、54 d,孔隙均质化后流速要小得多,优势流模型流速是均质化模型的 1.2 倍,靠近下边界 DPeM 有突然释水、流速产生突变,而此时 SPeM 水分流速已减小至 0~0.3 m/d,与埋深拟线性分布。

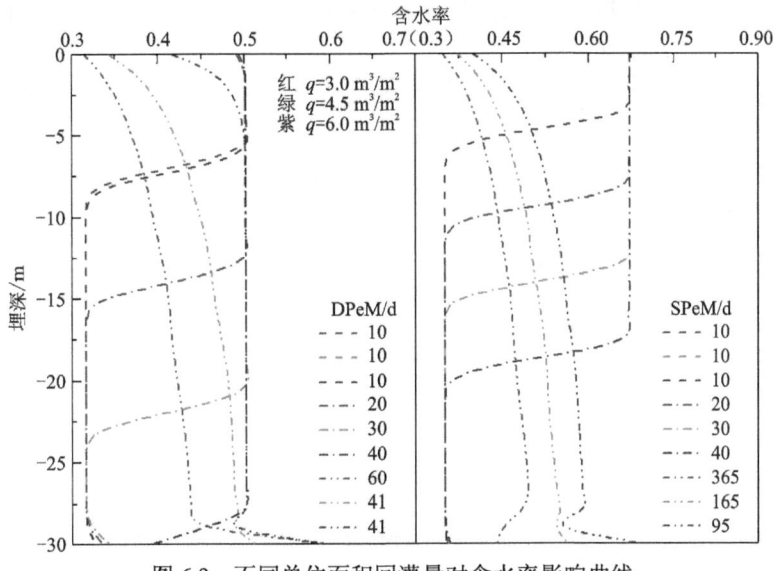

图 6.9 不同单位面积回灌量对含水率影响曲线
扫描封底二维码看彩图

图 6.10 为回灌量 6 m³/m² 的水分质量交换曲线,回灌初期基质域孔隙开始吸持大量渗滤

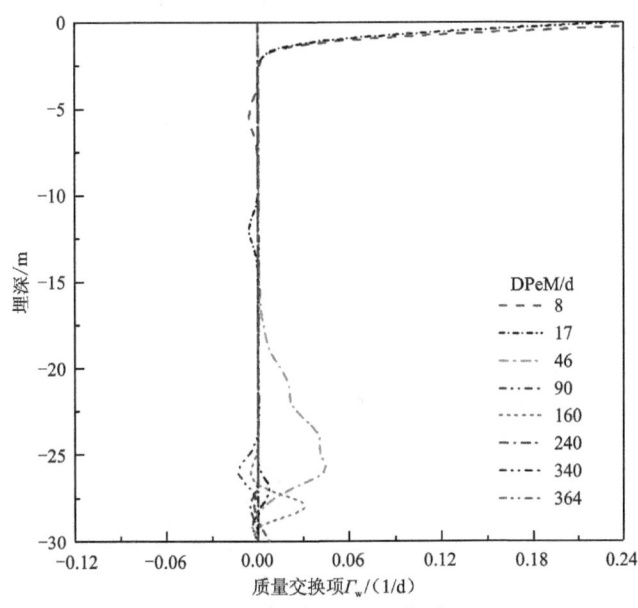

图 6.10 单位面积回灌量为 6 m³/m² 的质量交换曲线

液，在 8 d、17 d 时水分的质量交换最大，埋深 5～15 m 处以 0.015（1/d）质量交换从基质域向裂隙域回流。回灌过程在 45 d、埋深 25 m 处再次产生较大的质量交换，这是由于下边界出水量小于受重力作用向底部流动的渗滤液聚集量，裂隙域中水分被吸持、贮存到基质域中。

图 6.11 为不同回灌量单位面积上、下边界累积流量随时间的变化，单位面积的入渗曲线均保持相等斜率线性增大后保持不变。随着单位面积回灌量的增大，DPeM 中的裂隙域和基质域中的流出量也随之增大，当单位面积回灌从 3 m³/m² 增大 1 倍，DPeM 从基质域中流出的渗滤液从 2.2 m³/m² 增大到 5.14 m³/m²，垃圾净吸持量仅增加 5%，单位面积回灌量为 4.5 m³/m²、6 m³/m² 模拟结束时最终贮水率均为 14%。如图 6.12 所示，SPeM 单位面积

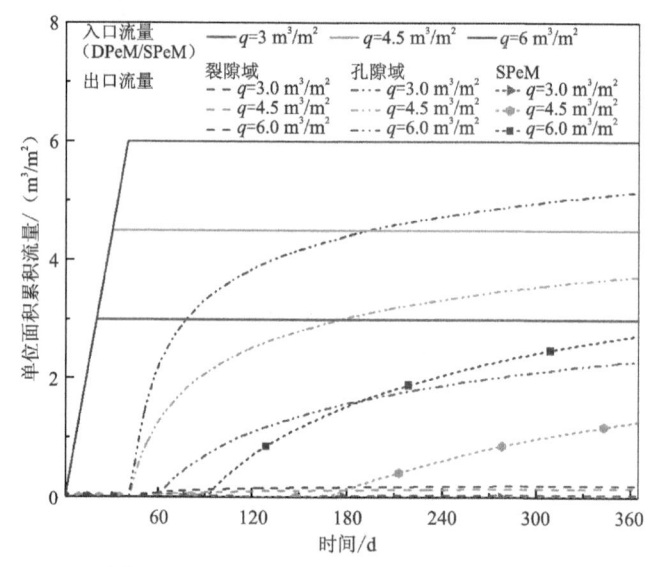

图 6.11 不同回灌量单位面积累积流量曲线

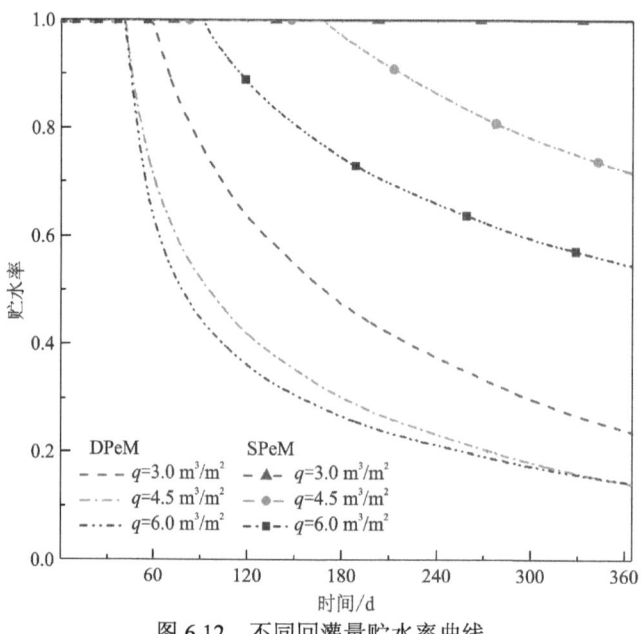

图 6.12 不同回灌量贮水率曲线

回灌量为 3 m³/m²、4.5 m³/m² 时贮水率均达到 60%以上，6 m³/m² 时达到 60%贮水率为前 300 d，表明提高回灌量可以有效缩短回灌周期，但回灌量过大只会增加渗滤液收集导排系统的负担。

4. 初始含水率对渗滤液迁移的影响

垃圾的初始含水率高，渗滤液回灌时水分迁移速度快，吸持、贮存的渗滤液少；含水率低，非饱和区域大，渗流速度慢，所能吸持的回灌渗滤液量也就较大，在设计渗滤液回灌工艺时必须考虑垃圾自身初始含水率。

图 6.13 为不同初始含水率下 DPeM 和 SPeM 预测含水率与埋深变化曲线，仍以 10 d 为例，初始含水率从 0.3 增加至 0.35 时，DPeM 预测渗滤液的影响深度分别由埋深 4 m 延伸至 6 m，SPeM 流速与之相比要小 0.02 m/d，在渗滤液到达深部时，DPeM 的流速与垃圾层深度拟线性分布，而 SPeM 流速已趋近于 0。不同深度、不同时间 SPeM 预测的垃圾最大含水率始终比 DPeM 要大，由于 DPeM 预测含水率为裂隙域和基质域含水率的加权平均值，而裂隙域没有持水性，只有基质域持水，含水率经过加权平均后会减小，这也符合垃圾堆体内部渗滤液优先大孔隙通道流动但不贮存的迁移特征。

图 6.13 不同初始含水率影响深度曲线

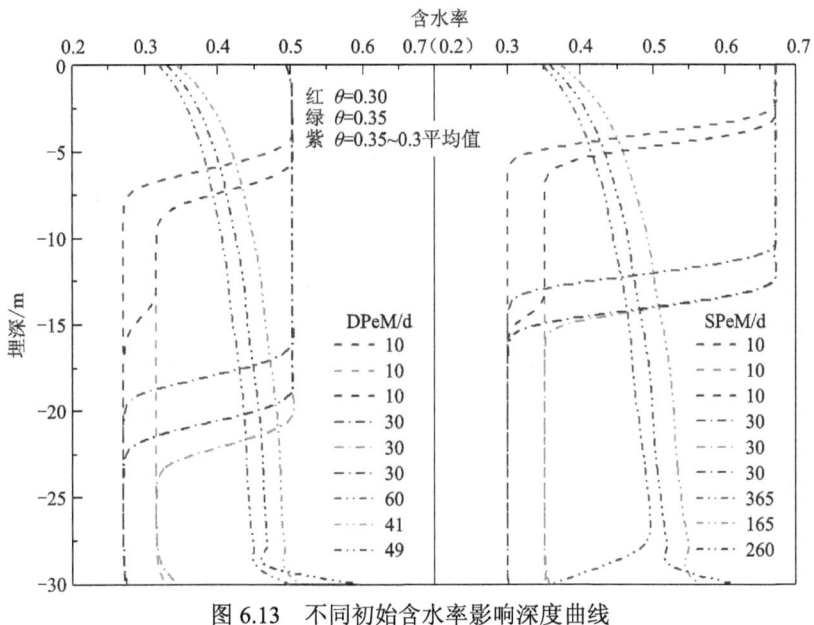

图 6.14 为考虑垃圾分层初始含水率 0.3~0.35 的水分质量交换。可以看出，在 10 d、31 d 时裂隙域和基质域之间水分的质量交换最大，达到 0.24（1/d），由于埋深 0~15 m 的含水率低（θ_0=0.3），渗流速度慢，回灌的渗滤液从裂隙域向基质域中流动。在 31~50 d 期间埋深 5~15 m 质量交换项几乎为 0，50 d 后埋深 20~30 m 有频繁的水分质量交换，这是由于下边界的不断流出，上部裂隙域和基质域水分随流出量的多少而动态转化。

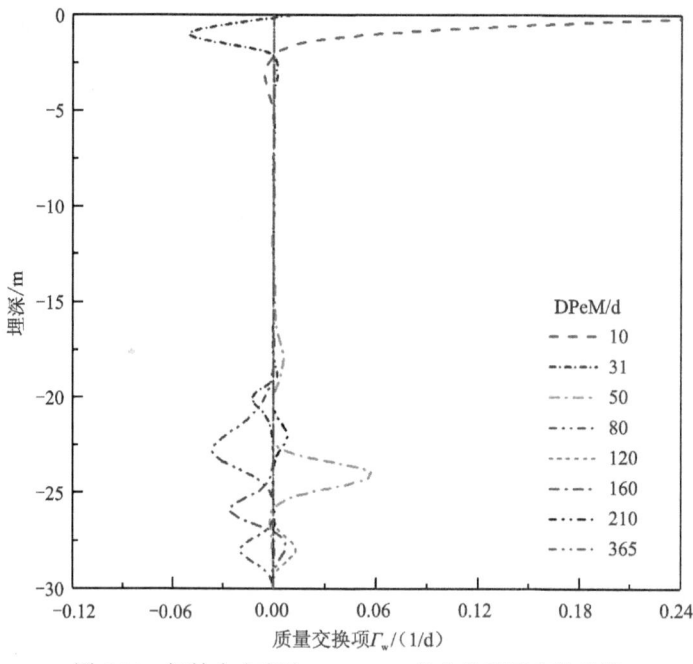

图 6.14 初始含水率为 0.3~0.35 的水分质量交换曲线

图 6.15 为不同初始含水率单位面积上、下边界累积流量随时间的变化曲线，单位面积累积入渗流量时间曲线重合。随着初始含水率的增大，单位面积的累积流出量也随之增大，初始含水率增大 0.05 时 DPeM 预测下边界多流出 0.678 m³/m²，这是由于垃圾的持水性是恒定的，所能吸持渗滤液也有限。如图 6.16 所示，在考虑垃圾成层性分布特征、初始含水率 θ_0 介于 0.3~0.35 时，DPeM 和 SPeM 单位面积流出曲线介于 0.3~0.35 的平均值，初始含水率越小，贮水率随时间减小越慢。

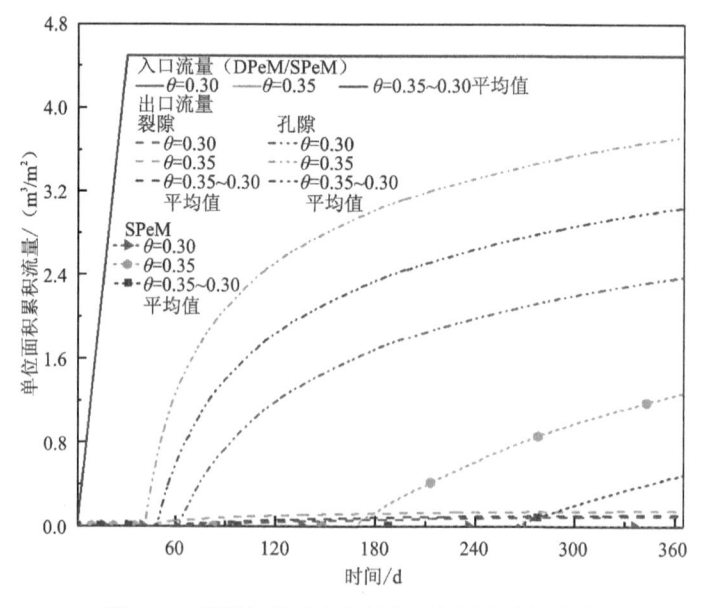

图 6.15 不同初始含水率单位面积累积流量曲线

图 6.16 不同初始含水率贮水率曲线

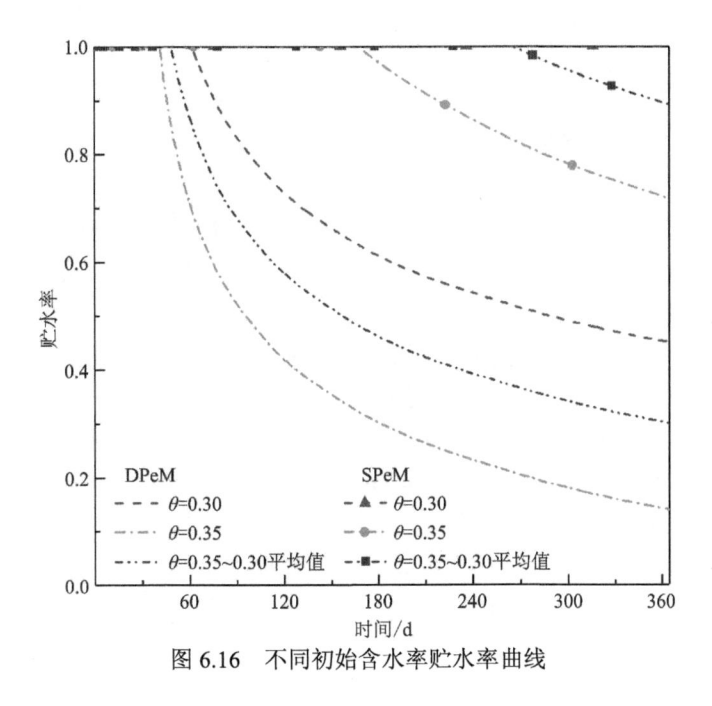

6.2 渗滤液抽排对填埋场水位影响现场试验

6.2.1 单井抽排过程中渗滤液水位监测试验

1. 试验设备

非稳定流抽水试验所用设备主要包括：潜水泵、控制箱、液位变送器、液位计、流量控制阀、储水箱、秒表等，部分设备如图 6.17 所示。液位变送器测量精确且读数方便，保证同一时间记录降水井、监测井水位降深。流量控制阀可实现不同流量进行抽水直至稳定，普通流量计对测量含杂质较多的渗滤液误差较大，而高精度流量计价格昂贵，本试验将抽水引至带刻度储水箱，根据记录一定时间储水箱渗滤液的体积增量准确计算实时抽水流量。

图 6.17 场地抽水试验设备

2. 非稳定流抽水试验

以一定流量对完整井进行抽水，井内渗滤液被排出，井周围垃圾层中渗滤液在水头差的作用下向井内汇集，越靠近井壁汇水速率越快，从而形成降水漏斗。当抽水流量与抽水影响距离范围内的垃圾向抽水井的补给量基本相等时，抽水井达到稳定状态，根据抽水井、监测井的降深-时间曲线即可推算渗透系数（直线法、配线法）（中华人民共和国水利部，2005）、影响半径和单井产流能力。

非稳定流抽水试验拟开展 4 个阶段，每个阶段持续 2.5 h，通过调节自力式流量控制阀设定抽水流量分别为 0.1 m³/h、0.2 m³/h、0.3 m³/h、0.4 m³/h，根据《水利水电工程钻孔抽水试验规程》（SL 320—2005）要求观测出水量和动水位。由于水泵和流量控制阀受到一定的干扰，4 个阶段实际抽水流量为 0.099 m³/h、0.142 m³/h、0.3 m³/h、0.412 m³/h，并由于项目现场施工，第三阶段持续抽水近 23 h、第 480～1 354 min 降深数据未能采集，抽水全阶段抽水井（C1#）、监测井（J1#～5#）的体积流量/初始含水层与抽水过程测孔孔壁含水层厚度的平方差随时间变化如图 6.18 所示，J6#井降深变化极小、J7#井无变化，未在图中给出。

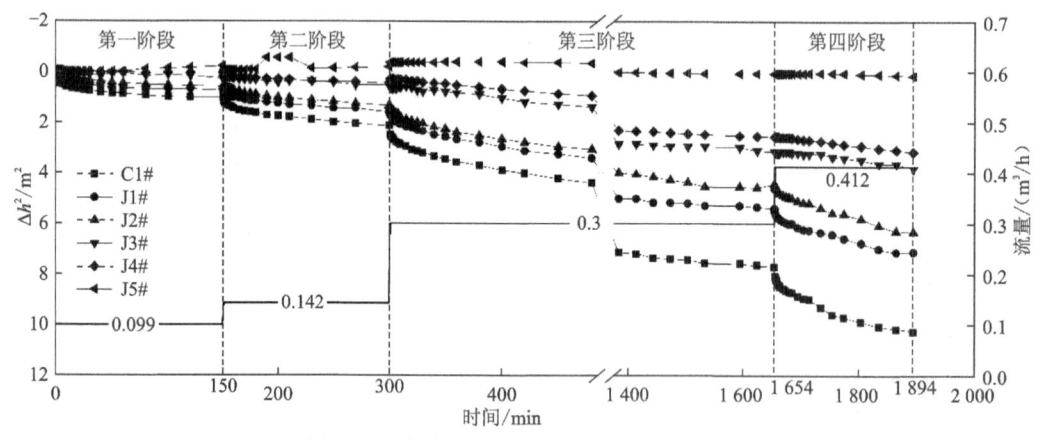

图 6.18 全阶段抽水降深/流量与时间曲线

试验表明：抽水试验开始后，抽水井、监测井的水位迅速降低，越靠近抽水井水位下降速度越快、降深越大。随着抽水流量的增大，降深曲线变得更陡，动水位达到稳定的时间会更长，当抽水流量为 0.099 m³/h 时，抽水井和监测井在 2 h 都接近稳定，这是因为此时抽水速率小于井壁周围渗滤液向井内的汇聚速率，而抽水流量以 0.3 m³/h 时井内水位在近 23 h 后才趋于稳定，推定抽水井单井产流量在 0.3 m³/h，与张文杰（2010）现场抽水试验确定单井产流量 0.33 m³/h 相近。有趣的是 J5#降深数据与常规均质土体不符，井内水位表现为先升高再降低，且在抽水阶段影响初期变化较为明显，这是因为远距离监测井与抽水井之间的孔隙未完全贯通，具有低渗透性，在抽水井与 J5#间较大水头作用下，渗滤液优先向监测井流动，水位小幅升高后缓慢渗流至抽水井被抽出。

抽水 4 个阶段仅有第一、三阶段动水位趋于稳定，根据 4 个阶段抽水井的流量/降深曲线及式（6.6）计算垃圾层的渗透系数分别为 5.33×10^{-5} m/s、1.15×10^{-5} m/s、7.49×10^{-6} m/s、3.89×10^{-6} m/s，渗透系数逐渐减小，这是由于水位降低、渗滤液流动的是埋深更大的垃圾层，底部垃圾压得更密实，渗透系数随埋深增大而减小。由于全阶段是非稳定流抽水试验，Dupuit（裘布依）潜水井稳定流抽水影响半径不再适用（中华人民共和国水利部，2005），可利用库森金公式（6.7）（张文杰 等，2010）估算抽水的影响半径。

$$k = \frac{2.3Q}{2\pi(\Delta h_2^2 - \Delta h_1^2)} \lg \frac{t_2}{t_1} \tag{6.6}$$

$$R = 600S\sqrt{Hk} \tag{6.7}$$

式中：S、H、k 分别为降深、含水层厚度、渗透系数。由监测的降深数据和渗透系数概略计算抽水影响半径为 15.006 m，与监测井 J6#水位下降（距 C1#井 15 m）、J7#井（距 C1#井 31 m）无变化推知影响半径在 15～31 m 相符。

3. 水位恢复试验

水位恢复试验是指停泵后在影响范围内的渗滤液水位会逐渐回升，最终趋于稳定，与抽水试验互逆，且水位恢复试验不受抽水流量干扰。图 6.19 为抽水试验停泵后水位恢复过程抽水井和监测井的动水位与时间曲线，抽水井在 3 h 内恢复水位 2.25 m，监测井恢复水位 0.025～1.24 m，越靠近抽水井的监测井水位恢复得越多、越快，这是因为近监测井与抽水井之间水力梯度大，渗流速度快，而远监测井反之。

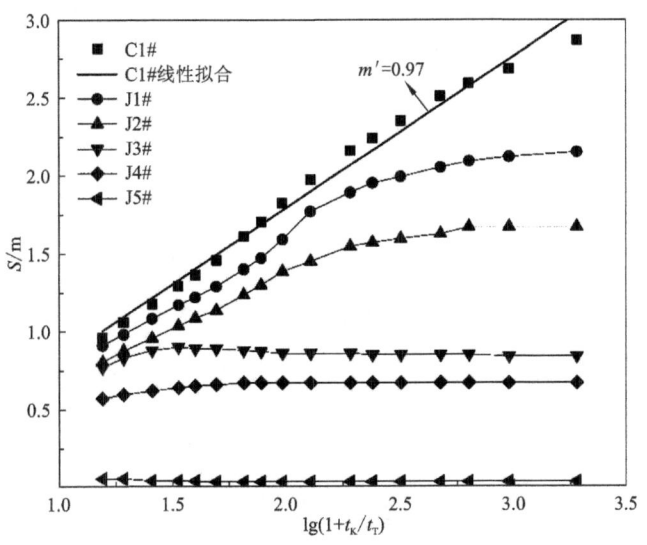

图 6.19 抽水井和监测井的动水位与时间关系

水位恢复数据可利用非稳定流公式（6.8）和稳定流 Theis-Jacob 直线图解法计算渗透系数，采用这两种方法进行计算对比分析，这是因为尽管在停泵前动水位未趋于稳定，但在非稳定抽水试验分析出稳定流量约为 0.3 m³/h，且抽水井 S-$\lg(1+t_\mathrm{K}/t_\mathrm{T})$ 线性关系很高。结果表明，C1#井水位恢复数据用式（6.8）和 Theis-Jacob 直线图解法计算的垃圾层渗透系数分别为 1.38×10^{-5} m/s、8.85×10^{-6} m/s，数值相差不大。

$$k = \frac{2.3Q}{2\pi(H^2 - h_\mathrm{w}^2)} \lg\left(1 + \frac{t_\mathrm{K}}{t_\mathrm{T}}\right) \tag{6.8}$$

$$k = \frac{2.3Q}{4\pi Hm'} \tag{6.9}$$

式中：Q 为非稳定流抽水试验的流量；H 为初始含水层厚度；h_w 为水位恢复过程中含水层厚度；t_K 为从抽水开始算起的时间；t_T 为抽水停止时算起的时间；m' 为恢复水位 S-$\lg(1+t_\mathrm{K}/t_\mathrm{T})$ 曲线斜率。

4. 降水头注水试验

降水头注水试验是向钻孔内以一定流量注入水并达到稳定水头，监测钻孔水位降深随时间的变化，根据降深曲线采用公式法或图解法计算垃圾层渗透系数（中华人民共和国水利部，2005）。用潜水泵（额定流量 1.5 m³/h）向 C1#井抽水井注入渗滤液，为了减少试验误差，进行两次试验（第二次试验与第一次试验间隔 2 d，水位保持稳定），两次试验在注水 4 min、6 min 后达到稳定水位-1.95 m、-0.9 m，停泵后由监测的降深计算水头比 H_t/H_0 随时间 t 曲线如图 6.20 所示。

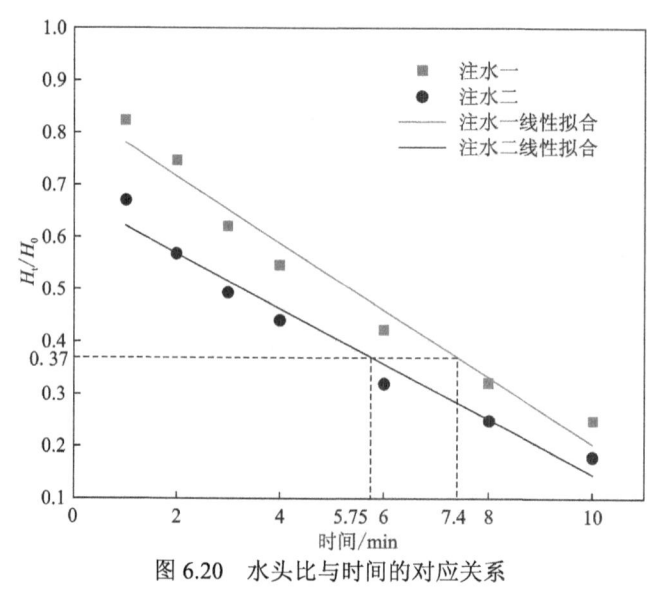

图 6.20 水头比与时间的对应关系

假定垃圾层渗流为层流，基于达西定律及综合现有规范、规程，计算钻孔降水头注水试验渗透系数的公式法和图解法如下。

公式法：

$$k = \frac{\pi r^2}{A} \frac{\ln(H_1/H_2)}{t_2 - t_1} \tag{6.10}$$

图解法：

$$k = \frac{\pi r^2}{AT_0} \tag{6.11}$$

式中：r 为套管内半径；A 为形状系数，$A = \dfrac{2\pi l}{\ln(2ml/r)}$，$l$、$m$ 分别为试验段长度和传导比；H_1、H_2 为在时间 t_1、t_2 时对应的试验水头；T_0 为特征时间。

水头比 H_t/H_0 与时间的最佳拟合直线在 H_t/H_0 为 0.37 时所对应的时间即为特征时间 T_0，由图 6.20 注水试验一、二图解法的特征时间 T_0 分别为 7.4 min、5.75 min，代入式（6.10）求得渗透系数为 5.78×10^{-6} m/s、7.39×10^{-6} m/s。当用公式法计算时，由图解法最佳拟合直线确定注水试验一、二观测时间应分别为 6 min、8 min 和 4 min、6 min，由式（6.6）求得渗透系数为 2.8×10^{-6} m/s、3.75×10^{-6} m/s。结果表明，垃圾层的渗透系数为 10^{-6} m/s 量级，与 Jain 等（2014）、Wu 等（2012）现场注水试验测得埋深 8 m 垃圾层的渗透系数大小一致，且公式法结果是图解法的 2 倍,与土体两者计算结果相等不同(储洁 等,2017),这是因为垃圾层的孔隙结构大、渗流能力强。

6.2.2 单井抽排过程的非饱和水力特性参数反演

1. 计算模型的构建

竖井抽水采用可模拟变饱和介质中水、热和多种溶质的二维或三维运动软件 Hydrus 3.x(Simunek et al.,2016),水分流动用 Richards 方程(Richards,1931)描述,采用 van Genuchten(1980)和 Mualem(1976)的非饱和土壤水力特性模型。根据现场非稳定流抽水试验的场地和监测的影响半径,建立长 20 m、深 10 m 的轴对称计算域,由于实测最大降深水位为 6.2 m,设定抽水井深 6.2 m、直径为 0.15 m,垃圾层剖面初始条件为静水压力,渗滤液入渗到井中包括井壁和井底,设定为储层边界条件(Sasidharan et al.,2018;Simunek et al.,2018)(随时间变化的水头和渗流面边界条件分别应用于井中水位以下和上方的井边界),右边界指定为与初始压头条件相对应的恒定压头边界条件,其他边界为零通量边界条件,如图 6.21 所示。

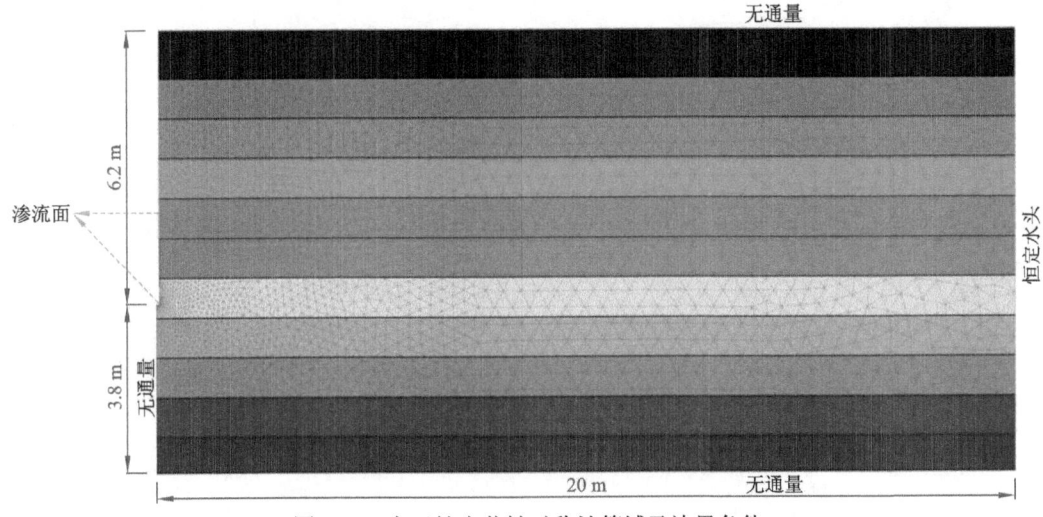

图 6.21 实况抽水井轴对称计算域及边界条件

2. 垃圾土水力特性参数反演与讨论

为评估反演水力特性参数的误差,将抽水试验分 4 个阶段分步反演,分步反演时将前一阶段的最后一个时间步的压力水头作为下一个阶段的初始条件(水头)。将非稳定流抽水试验测定的饱和渗透系数作为反演的初始值,根据 Korfiatis 等(1984)测得的垃圾的容重与本小节现场测量所得容重相同,饱和含水率设置为 0.55;弯曲参数 l 与大多学者(Kazimoglu et al.,2006;Kool et al.,1985;Johnsyon,1972)一样被假定为 0.5,对残余含水率 $θ_r$、进气压力的倒数 $α$、孔径分布指数 n 及饱和渗透系数 K_s 进行拟合。

图 6.22 为非稳定流抽水试验 4 个阶段反演后的水位和水量图,抽水初期水位降深迅速增大后逐渐放缓,这是因为初期汇水量少、后期井内与周边域水头差变大使汇水量增多,每阶段的模拟抽水量为通过井壁以下(外渗量)和井内水位以上(渗透面量)之和,前三阶段外

渗量约占总抽水量的94%,且模拟抽水量大于由储水箱监测的体积量。从拟合水位上看,第一阶段模拟值与实测水位拟合较好,第二、三阶段后期模拟水位高于观测值,第四阶段模拟值始终低于观测值。抽水阶段的往后,水位拟合误差逐渐增大,表6.3显示了非稳定流抽水试验反演的垃圾层水力特性参数中决定系数 R^2 值由0.9254逐渐减小到0.8568,误差的原因推测为三个方面:第一是反演时将前一阶段的最后一个时间步的压力水头作为下一个阶段的初始条件,每一阶段都存在误差引起累积效应;第二是模拟抽水量大于由储水箱监测的体积量;第三是垃圾具有大孔隙特征的优势流效应,单域的均质化模型描述堆体内部水分迁移与实际流动存在一定偏差。

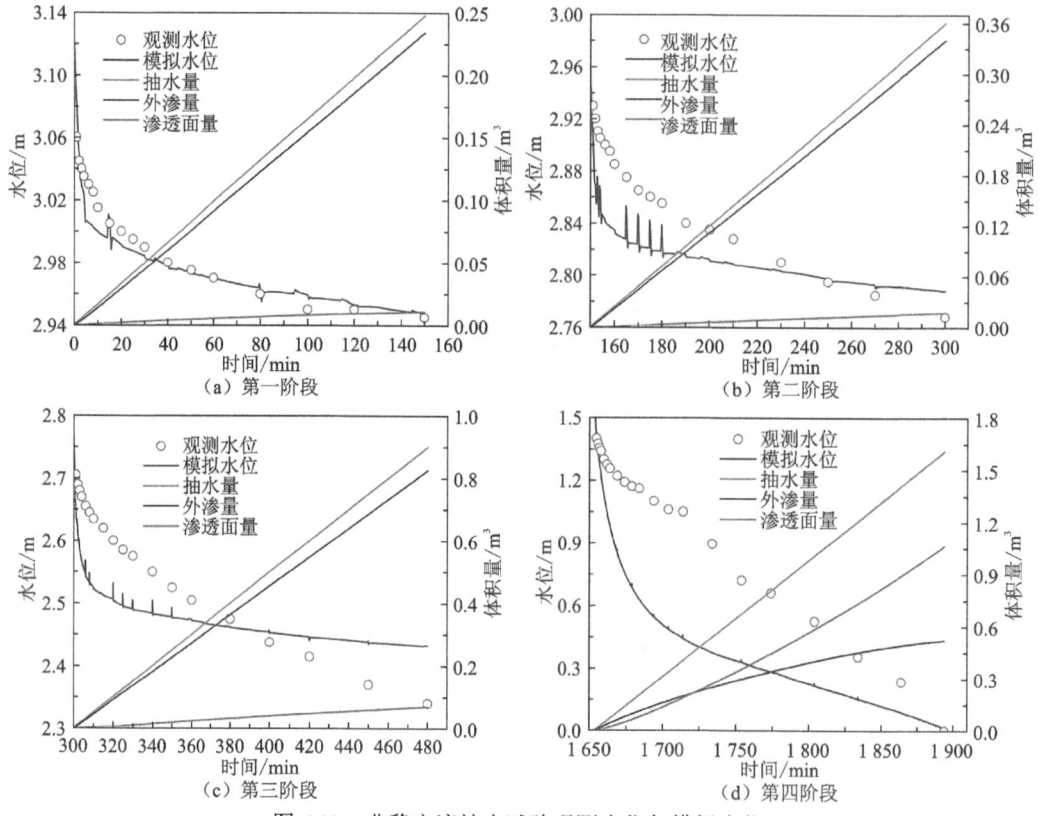

图6.22 非稳定流抽水试验观测水位与模拟水位

在抽水井水位模拟的基础上反演得到的水力特性参数,见表6.3。结果表明:垃圾层的残余含水率 θ_r 在0.26~0.35,高于多数学者(Breitmeyer et al., 2019, 2014; Jain et al., 2014; Tinet et al., 2011)的室内试验值,其原因是室内试验测定时垃圾样因异位产生扰动,且室内试验测定时需根据所用装置设备的大小对垃圾样进行规范尺寸化处理,孔隙大小和排列方式的差异使得与原位测定相比减小,在设计填埋场渗滤液回灌工艺时需对回灌量有所减小。模型参数 α、n 分别稳定在0.5 1/kPa、1.20附近,表明垃圾层的进气值在2 kPa、孔径分布指数为1.20,与Stoltz等(2012)、Breitmeyer等(2019,2014,2011)室内试验压力板仪、悬挂柱法测定数据一致,室外抽水试验反演土水特性较室内也具有可靠性。反演后的饱和渗透系数 K_s 在 $1.237 \times 10^{-5} \sim 1.405 \times 10^{-5}$ m/s,平均值约为现场抽水试验测得的2倍,在同等埋深下与Feng等(2017,2015)、Wu等(2012)均在 10^{-5} m/s量级,在分析填埋场水分迁移时需着重考虑室内测定垃圾残余含水率值与现场值之间的误差。

表 6.3 抽水试验反演垃圾层水力特性参数

阶段	θ_r^*	θ_s	a^*/(1/kPa)	n^*	k_s^*/(m/s)	l	R^2
第一阶段	0.279	0.55	0.75	1.20	1.405×10^{-5}	0.5	0.925 4
第二阶段	0.349	0.55	0.5	1.20	1.518×10^{-5}	0.5	0.904 4
第三阶段	0.350	0.55	0.5	1.20	2.032×10^{-5}	0.5	0.881 9
第四阶段	0.260	0.55	0.5	1.21	1.237×10^{-5}	0.5	0.856 8

注：*为拟合参数。

第 7 章　垃圾土优势渗透定量表征模型参数

垃圾填埋场中渗滤液的迁移和分布规律通过非饱和流动理论进行预测，当采用数值模型模拟时所需输入的垃圾水力特性（渗透性、土水特征关系）是最为关键的参数（Kulkarni et al., 2011；Reddy et al., 2009）。传统测试方法烦琐、耗时，且一般将垃圾视为均匀的多孔介质获取模型参数，但垃圾土自身的大孔隙特征引起的优势流效应使孔隙均质化模型参数很难准确预测工程实践中渗滤液迁移规律。因此，考虑垃圾土优势流效应研究非饱和水力特性具有重大理论意义和工程价值。本章中室内试验测定从武汉市北洋桥垃圾填埋场现场取样垃圾土的饱和含水率、渗透系数，开展多步重力自由流出试验，并基于监测的流出量瞬态数据在 Hydrus-1D 中反演 VGM 和 DPeM 参数，分析不同密度、粒径和降解龄期对垃圾土非饱水力特性变化规律。

7.1　多步重力自由排水试验方案

7.1.1　试验装置

试验装置包括反应釜、常水头渗透系统、数据采集系统三个部分。反应釜包括盖板、若干螺杆、穿孔透水板、筒体、陶土板、底座、若干张力计、若干含水率传感器等，直径为 206 mm、高为 200 mm，上下口分别嵌入盖板、底座，并用螺钉固定和橡胶垫圈密封，上盖板拧入螺杆，螺杆下侧连接一块不锈钢穿孔透水板，提供垃圾土不同的压实密度且在压实后防止垃圾的回弹，在距上盖板 7 cm、14 cm 高度位置对称安装 2 个张力计、含水率传感器，底座为圆锥台结构，易于水分自由流出。试验装置示意图见图 7.1。

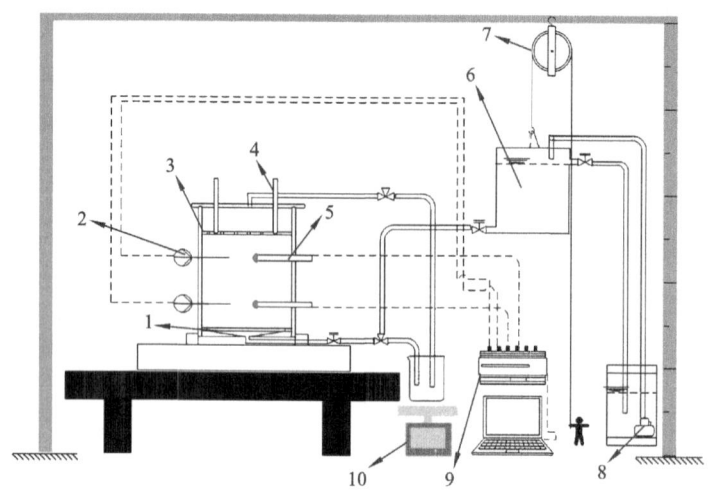

1—底座，2—含水率传感器，3—透水板，4—螺杆，5—张力计，6—刻度水桶，
7—滑轮，8—抽水泵，9—数据采集仪，10—电子天平
图 7.1　反应釜装置示意图

常水头渗透系统包括水桶支架、定滑轮、刻度水桶、渗透收集杯、储水箱、抽水泵等，水桶支架固定在试验场地上，定滑轮固定在水桶支架上，刻度水桶通过绳子吊挂在定滑轮上，刻度水桶与储水箱通过输水管连通，抽水泵设置在输水管上，刻度水桶的底部通过三通管连接反应釜的筒体及渗透收集杯，以 2.5 m 高的钢质圆杆作为支柱，通过滑轮悬挂刻度水桶，底部和 8.5 L 位置处有两个阀门，分别作为渗透试验的出水口、溢流口，通过微型抽水泵将储水箱的水抽到刻度水桶，保持稳定渗流过程的常水头梯度。

数据采集系统包括渗透收集杯、电子天平、数据采集仪、电脑等，渗透收集杯放置在电子天平上，数据采集仪与张力计及含水率传感器电性连接，数据终端与数据采集仪及电子天平电性连接，重力自由排水试验中监测不同压力步下垃圾水分的出流量、基质吸力、含水率，并通过数据采集仪反馈到电脑上。

7.1.2 试验材料

试验所用样本为取自武汉市北洋桥垃圾填埋场的重塑垃圾土，垃圾填埋龄在 10 年以上，现场取样样品容器采用白色塑料桶按不同深度取样运回至实验室密封保存，并贴好标签记录样品信息。如图 7.2 所示为烘干前/后的垃圾样品，现场取样垃圾颜色各异，主要成分是木材、塑料、纺织物和少量的玻璃、金属。随着填埋深度的增加，陈腐垃圾中腐殖质的含量在逐渐增加，有机物的含量在减小，有机物组成主要是木材和庭院垃圾。塑料、玻璃、金属及其他类型组分的比例变化不大，随着填埋龄的增加，垃圾中的有机物在微生物的作用下逐渐降解，剩下一些不易降解的垃圾成分，见表 7.1。通过烘干法测定垃圾样品的含水率，在 60~70 ℃ 条件下烘至 2 h 内质量变化小于试样量的 1%，测定垃圾平均质量含水率为 60%。

(a) 烘干前　　　　　　　　　　　(b) 烘干后

图 7.2　烘干前/后试验垃圾样品

表 7.1　武汉市北洋桥垃圾填埋场废弃物组成及干重比　　　　（单位：%）

组成	干重比
塑料	23.42
纺织品	0.95
木材	1.80
橡胶制品	0.96

续表

组成	干重比
腐殖质	64.66
其他	8.21

根据《生活垃圾土土工试验技术规程》(CJJ/T 204—2013) 的要求，制备的垃圾样本尺寸需满足扰动垃圾和原状垃圾的颗粒最大颗粒粒径小于测定仪内径的 1/8，将烘干垃圾样剪碎到规定尺寸，制备最大粒径为 2.575 cm 的垃圾样（A 组、B 组）；另外考虑尺寸效应、龄期对优势流模型参数的影响，增加最大粒径不超过内径 1/4 的 C 组（d_{max}=5.15 cm）；D 组采用好氧通风 1 年的生活垃圾为试验材料,该样本为模拟好氧降解若干时间后水力特性的变化。具体试验方案见表 7.2。

表 7.2　不同属性垃圾反演水力特性试验方案

组号	干密度 ρ_d/（kg/m³）	最大粒径 d_{max}/cm	降解龄期/年
A	205	2.575	13
B	312.5	2.575	13
C	312.5	5.15	13
D	205	2.575	1

7.1.3　饱和含水率、渗透系数测试

在装填试样之前，首先检查渗透仪器的气密性，将下进水口与供水管相连，当仪器充满水时观测各部件是否有漏水问题。排除气密性无误后，在下透水板上放一层透水布，避免垃圾中细料流失及堵塞下透水板。连接各处采用橡胶垫圈密封，传感器连接线用防水接头锁死，展开多次预试验确保不漏水。除此之外，试验的渗流管道可能影响测定垃圾土的饱和渗透性，试验前在反应釜未装样，测定的渗透系数为 $10^{-2} \sim 10^{-1}$ cm/s 量级，是试验垃圾土饱和渗透性的 10~100 倍，远大于测定垃圾土的饱和渗透系数，误差可忽略。

将剪碎的垃圾试样混合均匀后分成 5 份，分层击实放入反应釜中，为保证传感器与垃圾紧密接触，在张力计上涂抹一层黏土。用无气水对试样进行饱和：初始状态使刻度水桶液面略高于试样底面，再以 1 cm/10 min 速度缓慢，随着刻度水桶的上升，水由仪器底部向上入渗，流入的水逐渐排除试样中空气以达到完全饱和，并记录往反应釜中的总注水量 V_w，饱和垃圾土孔隙空间完全被水充满，此时饱和含水率即等于孔隙度，表达式为

$$W_s = n = \frac{V_w}{V} \tag{7.1}$$

垃圾试样达到饱和后，继续提升刻度水桶的高度，并将微型抽水泵和溢流口都打开，保证刻度水桶液面稳定处于 8.5 L 刻度处，形成初始水力梯度 i。根据连接到反应釜中的数字信号张力计（-100~100 kPa）示数 h_1、h_2 及两传感器的距离 L，水力梯度为 $i=(h_1-h_2)/L$，施加 6 个水力梯度（1.25、1.5、1.75、2、2.5、3），上导水口接入电子天平中称量流出量，待传感器读数稳定后记录 Δt 时间内流出体积量 V，由达西定律可知饱和渗透系数为

$$K_{\mathrm{s}} = \frac{v}{i} = \frac{V}{iA\Delta t} \tag{7.2}$$

7.1.4 多步重力自由排水过程控制方法

饱和含水率、饱和渗透性测试完成后,开展多步重力自由排水试验。将垃圾中的孔隙水排出,高度分4个梯度会降低出流流速,从而使速率数据的测量更加准确。首先将柱中多余的水通过调节下导管高度和样品顶部平齐来排出,再依次施加4个压力步直到下导管高度与样品底部平齐(14 cm、9 cm、4 cm、0 cm)。排水试验完成后,A～D 4组垃圾样分别在540 min、1 344 min、904 min、450 min 对应流出渗滤液 2.32 L、1.317 L、1.6 L、2.08 L,B组流出时间最长、流出量最少,假定多步重力自由排水试验流出量对应裂隙域体积占比 w_{f} (Han et al.,2011),4组垃圾样的 w_{f} 分别为 0.418、0.263、0.319、0.37。

7.2　饱和-非饱和水力参数的数值反演

7.2.1　饱和含水率与饱和渗透系数

图7.3给出了垃圾饱和含水率与干密度关系。根据水头饱和度法,A～D组的总进水量为 5.55 L、5 L、5.02 L 和 5.57 L,用式(7.1)测定的饱和含水量分别为 0.877、0.790、0.793 和 0.880。在相同的干密度下,饱和含水量几乎相等,粒径和降解龄期对其影响很不大,因为在恒定的干重下,不同年龄和粒径的孔径和排列不同,但总孔隙体积变化不大。因此,干密度是影响饱和水含量的决定性因素。测定的不同干密度饱和含水率与 Stoltz(2012)、Breitmeyer 等(2011)测得不同干密度 ρ_{d} 下饱和含水率 W_{s} 具有极强线性相关性,函数关系式为

$$W_{\mathrm{s}} = -7.818\,3\times10^{-4}\rho_{\mathrm{d}} + 1.039\,9$$

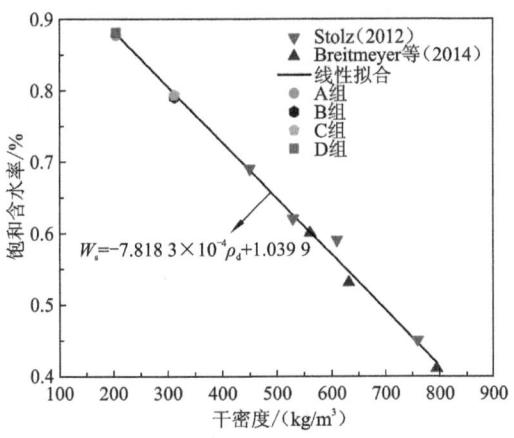

图 7.3　垃圾饱和含水率与干密度关系

本次计算改变以往学者采用多种水力梯度对应渗透系数求均值的方法,采用不同水力梯度下垃圾试样的渗透速率线性关系的分析方法,由图线斜率获得渗透系数数值(Zhang,2015)。图7.4显示了4组垃圾试样的饱和渗透系数与干密度关系,A组、B组试样饱和渗透

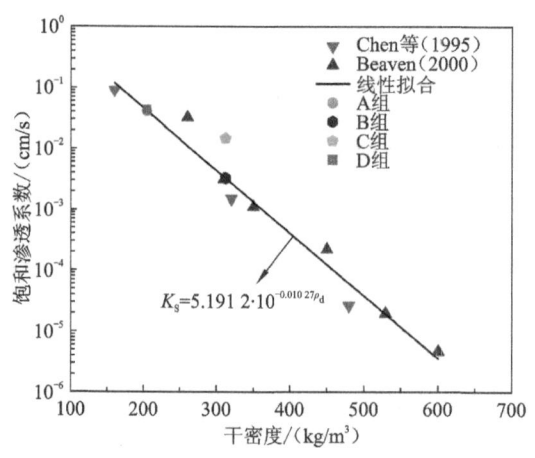

图 7.4 垃圾饱和渗透系数与干密度关系

系数分别为 4.07×10⁻² cm/s、3.2×10⁻³ cm/s，垃圾渗透性随密度的增大而减小，密度大时水分迁移路径少、阻力大，密度小时反之，将本试验测得 4 组垃圾试样渗透系数与 Chen 等（1995）、Beaven（2000）文献数据拟合，在对数坐标下拟合度达到 0.97。密度相同、粒径为 B 组两倍的 C 组测得渗透系数为 1.44×10⁻² cm/s，约为 B 组试样的 4.5 倍，与 Han 等（2011）测定的粒径扩大一倍、渗透系数变为 4.95 倍相近，粒径扩大使垃圾骨架、孔隙分布更不均匀，大孔隙通道引导优势流使渗透性变大。仅 1 年降解龄期的 D 组与 B 组相比，渗透系数有极小的增大，表明降解龄期单一因素对垃圾渗透性影响不大，这与王文芳（2012）、吴小雯（2016）研究结果一致。

7.2.2 Hydrus-1D 模型构建

根据室内试验的条件和方案，在 Hydrus-1D 建立高 19 cm 的垃圾模型，剖面划分为具有 101 个节点的均匀材料，选用 VGM 和 DPeM，初始条件为恒定静水压力，上边界条件通量被设置为 0，柱顶没有水进入和流出，下边界条件被设置为变压力水头，4 个压力步通过从上降低流出管的高度，直到流出水平与样品的底部平齐。由于多步流出试验基质吸力和含水率监测过程存在较大误差，本小节仅用累积流出量数据进行 VGM、DPeM 参数反演。

为提高优化参数的确定性、唯一性，需限制反演未知参数的数量。对于 VGM，直接采用独立测量的饱和含水率 W_s、饱和渗透系数 K_s，弯曲参数 l 与大多学者（Breitmeyer et al., 2014；Han et al., 2011；Kazimoglu, 2006；Johnson et al., 2001）一样假定为 0.5，对 VGM 参数 α、n 和残余含水率 W_r 进行反演。对于 DPeM，共包括 17 个参数，几乎是 VGM 参数的 3 倍，本小节对模型参数也进行了一些合理假定：由于裂隙域尺寸大，没有其他较小的颗粒，水极易在适度的毛细管力下排出，假定裂隙域的残余含水率 θ_r、饱和含水率 θ_s 为 0、1（Audebert et al., 2016；Zardava, 2012；Han et al., 2011）；排水试验大部分水在重力作用下直接从裂隙域排出，假设裂隙域参数 α_f、n_f 等于 VGM α、n（Zardava, 2012）；Audebert 等（2016）指出裂隙域饱和渗透系数 K_{sf} 为单域 K_s 的 10～10³ 倍，假定 $K_{sf}=100K_s$；双域弯曲因子 l_f、l_m 均为 0.5；基质域饱和含水率可通过如下公式计算：

$$W_{sm} = \frac{W_s - w_f W_{sf}}{1 - w_f} \tag{7.3}$$

质量交换项系数 β、a、γ_w、K_a 引用文献（Audebert et al.，2016；Zardava，2012；Han et al.，2011；Scicchitano，2010；Johnson et al.，2001；Gerke et al.，1993）分别假定为 8、10 cm、0.4、10^{-6} cm/min；对 DPeM 中基质域 θ_{rm}、α_m、n_m、K_{sm} 4 个参数进行反演。

7.2.3 不同属性垃圾多步排水试验流出量拟合

由于采用 DPeM 反演时 Hydrus-1D 收敛性极差，采用正演的方法合理调参使误差最小，图 7.5 为 A～D 4 组下边界累积流出量实测值、VGM 和 DPeM 拟合随时间变化曲线，每个压力步排水前期流出量随时间线性增大，再缓慢减小直至流出量达到平衡，累积流出总量和达到稳定时间与干密度负相关、与粒径正相关，降解龄期影响不大，这是因为垃圾干密度大、粒径小时垃圾内部孔隙小，垃圾中的水排出得更少、更缓慢，而降解龄期越长，排水时间越长、流出量越少。对比拟合结果可知，排水前期两模型预测值和实测值均有一定误差，但 DPeM 比 VGM 拟合度更高，决定系数 R^2 达到 0.99，这是因为排水试验前期大孔隙的水优先流出，而 DPeM 中较大的渗透性和流速的裂隙域恰好能"捕捉"这一动态优势流动特性，而排水后期垃圾孔隙含水率降低，渗透性减小，VGM 和 DPeM 都能较好拟合。理论上优势流模型与

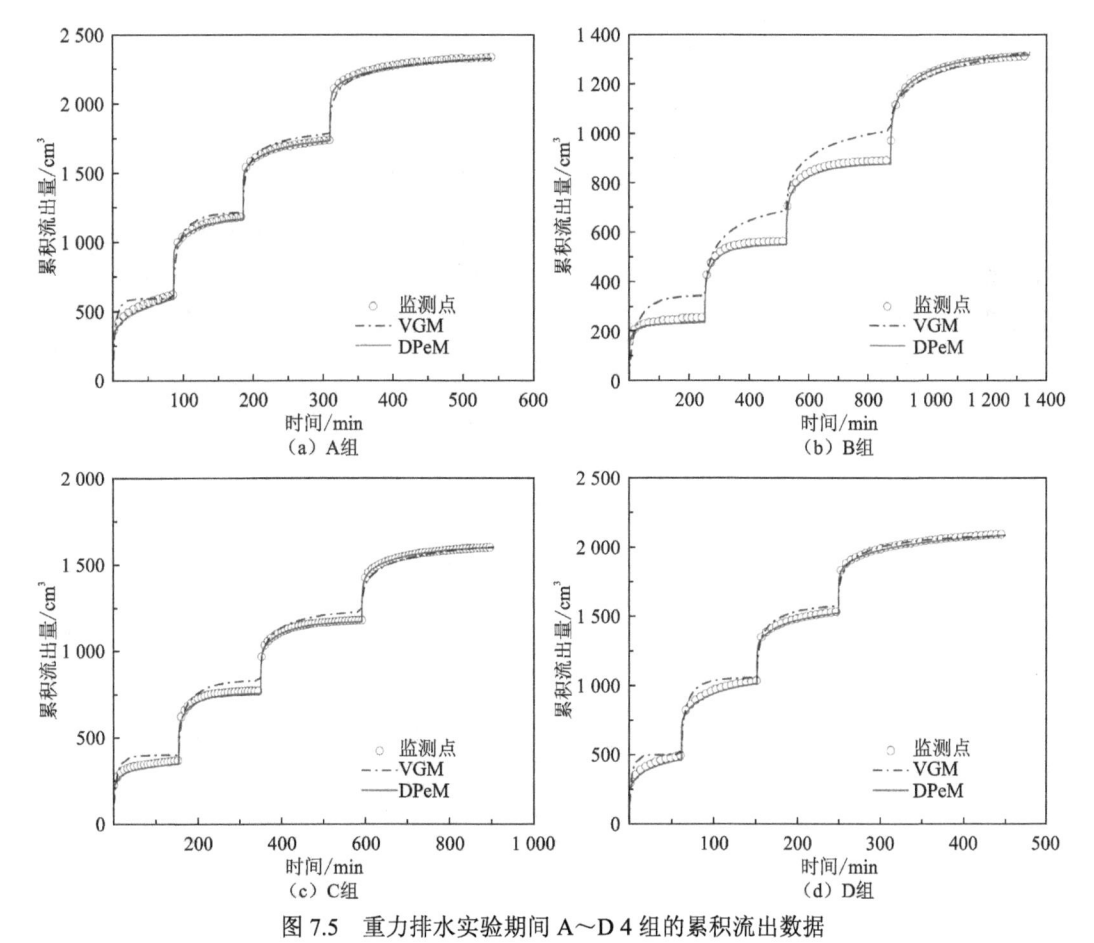

图 7.5 重力排水实验期间 A～D 4 组的累积流出数据

废物的孔隙特征更一致，DPeM 拟合误差小于 VGM，数值反演的结果完全相同与理论一致，虽然 DPeM 更多的参数使水分迁移过程复杂化，但它们也提高了描述渗滤液时空特征的准确性。

图 7.6 为 A～D 4 组试样 VGM、DPeM 的土水特征曲线，不同属性垃圾土水特征曲线"形态"具有明显的差异。可以看出，运用 DPeM、VGM 4 组试样存在交点，分别于含水率为 0.7、0.6 左右相交，且在含水率交点的后阶段相同干密度试样土水特征曲线趋于重合，表明试样接近饱和时垃圾土水特性只与压实密度有关，粒径、龄期因素影响不大，与 Han 等（2011）研究结论一致；而在未接近饱和的前阶段，随着干密度（A 组、B 组）、粒径（B 组、C 组）的增大、降解龄期（A 组、D 组）的减小，垃圾土水特征曲线变得更为"陡立"，这是由于垃圾孔隙比减小，内部孔隙水更难排出，脱湿更为缓慢。在同一吸力下 DPeM 比 VGM 含水率要低，DPeM 表现出更强的释水性，符合大孔隙水优先流动的迁移特征。

图 7.6 不同物理属性垃圾土水特征曲线

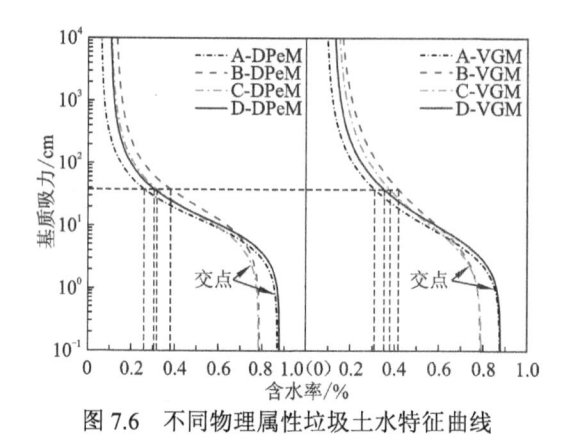

图 7.7 为 A～D 4 组试样 VGM、DPeM 的非饱和渗透性与含水率变化曲线，渗透系数随着体积含水率的增大而增大，4 组试样 DPeM、VGM 渗透系数变化范围分别跨越 13、11 个数量级，且 DPeM 的渗透性始终大于 VGM。随着干密度的增大，渗透函数曲线向右"平移"，含水率、渗透系数变化范围变小，渗透系数峰值也减小。由于 B 组、C 组试样区别在于粒径不同，这两组裂隙域应该是不同的，而水在垃圾孔隙的基质域应该几乎相同，图示 DPeM 渗透函数曲线 B 组、C 组试样在低含水率（基质域）几乎重合、在高含水率时分形，恰好吻合

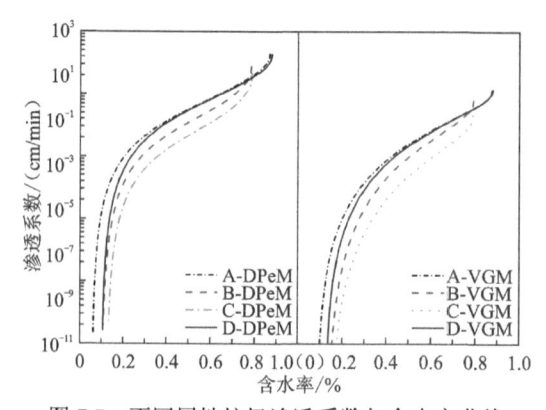

图 7.7 不同属性垃圾渗透系数与含水率曲线

了低含水率基质流、高含水率裂隙流的特征，而孔隙均质化的 VGM 并不能反映这一流动行为。对于不同降解龄期的 A 组、D 组试样，在 $W \leqslant 0.4$ 时 A 组比 D 组渗透性大、在 $W \geqslant 0.4$ 时渗透函数也几乎重合，这是因为在密度、粒径相同时，降解龄期较短的 D 组会含有一定的有机成分，残余含水率会高于 A 组，此时 D 组基质域占比（$w_m=0.63$）会高于 A 组（$w_m=0.592$），因此对于相同平均体积含水率，D 组的基质域的体积含水量将明显小于 A 组基质域。

7.3 水力特性参数的影响因素

7.3.1 VGM 参数

表 7.3 为 A～D 4 组试样多步排水试验采用 VGM 反演的水力特性参数，不同干密度、粒径大小、降解龄期均对垃圾水力特性有影响，A 组的进气压力值、残余含水率最小，B 组最大。4 组垃圾样 VGM 参数 α、n 的变化范围分别 0.173～0.210、1.450～1.618，残余含水率 W_r 变化范围在 0.092～0.147，与 Zardava（2012）、Breitmeyer 等（2020）研究 $\alpha \in [0.047, 0.355]$、$n \in [1.25, 2.6]$ 范围相一致，但小于其所提出残余含水率 $W_r \in [0.15, 0.34]$，偏小的原因是本试验采用降解龄期长达 13 年的陈腐垃圾样，微生物降解使有机物组分、含量明显减少，残余含水率降低。

表 7.3 不同属性垃圾 VGM 水力特性参数

分组	W_r^*	W_s	α^*/(1/cm)	n^*	K_s/(cm/min)	l
A	0.092	0.877	0.210	1.610	2.442	0.5
B	0.147	0.790	0.173	1.450	0.192	0.5
C	0.139	0.793	0.189	1.500	0.864	0.5
D	0.128	0.880	0.181	1.618	2.550	0.5

注：*表示拟合参数。

对比不同粒径大小的 B 组、C 组（同一干密度、降解龄期）参数可知，粒径越大，参数 α、n 也越增大，残余含水率越小，其原因在于材料粒径变大时，垃圾内部孔隙分布不均匀，大孔隙数量增多，在很小的基质吸力下即可脱湿（进气值减小）、持水性变弱（残余含水率减小），与 Han 等（2011）用均一纸张材料、不同粒径尺度反演的水力学参数变化规律一致。降解龄期与粒径大小对水力特性的影响相反，降解龄期为 1 年的 D 组较龄期为 13 年的 A 组，参数 α 要小 0.029（1/cm）、残余含水率大 0.036，孔径分布指数 n 基本相等，降解龄期延长导致进气压力值增大、残余含水率减小，表明微生物降解反应消耗了垃圾富含的有机组分，细小颗粒增多、持水性降低。

随着干密度的增大，VGM 参数 α、n 明显减小，残余含水率增大，这是由于增大压实密度不仅会减小孔隙率，导致垃圾的进气压力值增大，还会将原有大孔隙转为小孔隙（增加小孔隙的数量），使得孔隙分布更加均匀，储存在小孔隙中的渗滤液在重力作用下极少排出甚至不能排出，残余含水率增大，图 7.8 为相关学者研究 VGM 中 α、n 与干密度的参数值，与本小节参数范围一致，并为垃圾干密度 200～400 kg/m³ 时模型参数取值提供借鉴。

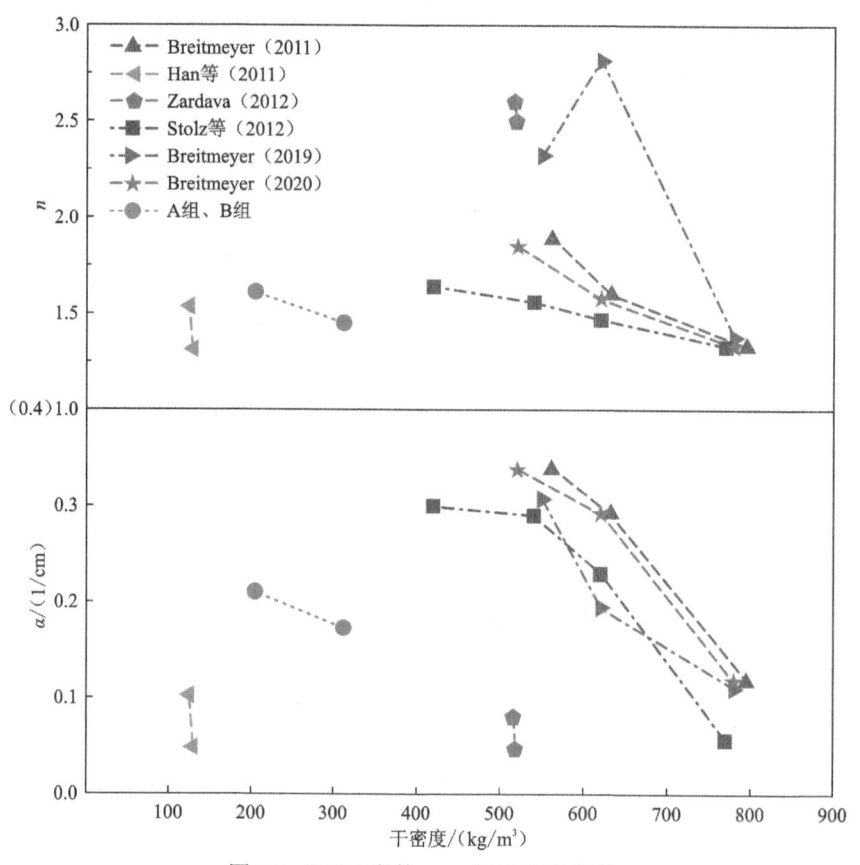

图 7.8 VGM 参数 α、n 与干密度关系

7.3.2 DPeM 参数

表 7.4 为 A～D 4 组试样多步排水试验采用 DPeM 反演与相关学者提出的水力特性参数，4 组垃圾样 DPeM 基质域参数 α_m、n_m 的变化范围分别 0.067～0.102、2.03～2.15，残余含水率 W_{rm} 变化范围在 0.102～0.171，B 组垃圾基质域进气压力值、残余含水率最大。在假设裂隙域 α_f、n_f、K_{sf} 等于 VGM 中 α、n、$100k$ 的前提下对比 DPeM、VGM 参数，基质域残余含水率 W_{rm} 比 VGM W_{rm} 平均大 13.7%，其原因在于基质域主要为小孔隙，垃圾骨架、孔隙分布更均匀，储存在内部渗滤液不易释出，持水性更大，取值上与 Audebert（2016）研究大 10.2% 相近。基质域 α_m、n_m 约为 VGM 中 α、n 的 0.46 倍、1.36 倍，表现出基质域小孔隙孔径分布均匀及具有大的进气值压力，取值上远小于 Han 等（2011）、Audebert（2016）提出的 $\alpha_m \approx 0.01\alpha$，推测是陈腐垃圾的颗粒粒径更小及拟合参数的不唯一，需进一步试验研究与论证；而基质域孔径分布指数 n_m 为 VGM 中 n 的 1.29 倍与本小节研究相近。

表 7.4 不同属性垃圾 DPeM 水力特性参数

孔隙域	W_{rm}^*	W_{sm}	α_m^*/(1/cm)	n_m^*	K_{sm}/(cm/min)	l_m
A 组	0.102	0.778	0.098	2.15	0.198	0.5
B 组	0.171	0.715	0.067	2.03	0.072	0.5

续表

孔隙域	W_{rm}^*	W_{sm}	α_m^*/(1/cm)	n_m^*	K_{sm}/(cm/min)	l_m
C 组	0.152	0.686	0.084	2.12	0.133	0.5
D 组	0.165	0.81	0.102	2.10	0.203	0.5
Breitmeyer 等（2020）、Audebert（2016）、Zardava（2012）、Han 等（2011）	0.15～0.22	0.65～0.83	0.001 5～0.250 0	1.5～2.5	0.003～0.600	0.5

裂隙域	W_{rf}	W_{sf}	α_f/(1/cm)	n_f	K_{sf}/(cm/min)	l_f
A 组	0	1	0.210	1.620	244.2	0.5
B 组	0	1	0.173	1.450	19.2	0.5
C 组	0	1	0.189	1.500	86.4	0.5
D 组	0	1	0.181	1.618	255.0	0.5
Breitmeyer 等（2020）、Audebert（2016）、Zardava（2012）、Han 等（2011）	0	1	0.08～0.72	1.5～2.0	6.00～178.55	0.5

交换项	w_f	β	γ_w	a/cm	K_a/(cm/min)
A 组	0.418	8	0.4	10	10^{-6}
B 组	0.263	8	0.4	10	10^{-6}
C 组	0.319	8	0.4	10	10^{-6}
D 组	0.370	8	0.4	10	10^{-6}
Breitmeyer 等（2020）、Audebert（2016）、Zardava（2012）、Han 等（2011）	0.100～0.657	3～15	0.4	2.5～10	10^{-6}～10^{-1}

参数影响因素分析可知：干密度、粒径、降解龄期对 DPeM 基质域、裂隙域水力特性参数的影响与 VGM 参数相同，基质域（裂隙域）$\alpha_{m(f)}$、$n_{m(f)}$ 与干密度、降解龄期负相关、粒径正相关，残余含水率 W_{rm} 与干密度、粒径正相关、降解龄期负相关。

第 8 章　好氧降解对垃圾土沉降变形影响试验

好氧通风过程会加快垃圾土中剩余有机质的降解，加之垃圾土的堆载作业将进一步影响垃圾土的沉降。《生活垃圾填埋场稳定化场地利用技术要求》（GB/T 25179—2010）中给出了垃圾土降解达到稳定化的相关指标，也包含了垃圾土沉降的限值。但好氧过程对垃圾土沉降的机理、变化规律，特别是厌氧结束-好氧开始的环境转换对沉降影响的演化规律更是值得进一步探讨的关键要点。为了探讨这些规律的变化，建立对应的数学模型以便于开展定量化描述，本章设计室内模型体试验，并基于试验结果建立好氧沉降预测模型。

8.1　垃圾土厌氧-好氧联合沉降特性试验

好氧降解作用对垃圾土沉降变形特性的定量评价是预测和评估好氧降解稳定化的重要基础。本节以武汉市典型生活垃圾组成配比人工制作的垃圾土为样本，分别开展 6 组相同组分、相同温度、相同恒定上覆压力作用下垃圾土在不同通风条件、不同排水条件下的垃圾土沉降特性试验，分析好氧通风频率、水位情况、排水情况对沉降变形的影响，同时确定相关物理力学参数及垃圾土的水力特性，为垃圾填埋场好氧通风工程的运用提供详细的试验基础和理论指导。

8.1.1　试验材料

根据武汉市典型生活垃圾组分数据配置垃圾土各组分（表 8.1、图 8.1），垃圾样本经过筛选和剪裁进行混合后填入模型柱。6 组垃圾样本装样后的初始堆积密度分别为 787 kg/m³（CDU-1）、776 kg/m³（CDU-2）、752 kg/m³（CAL）、799 kg/m³（CDN）、784 kg/m³（GFS-1）、769 kg/m³（GFS-2），初始含水率为 48.25%（湿基百分比），初始有机质含量为 46.21%。在制备垃圾试样的过程中，对所有组分不进行加水或烘干处理，仅在自然状态下对各组分进行人工裁剪，颗粒尺寸控制在 70 mm 以下（尺寸小于试验柱尺寸 300 mm 的 1/4）（Ivanova et al., 2007），之后立即搅拌并混合均匀。垃圾样本见图 8.2。

表 8.1　垃圾土试样物理组分及百分比

项目	厨余垃圾	塑料	草木	纸张	纤维	金属	其他	合计
比例/%	55.30	4.50	8.30	1.50	2.00	1.10	27.30	100
质量/kg	18.74	1.52	2.81	0.51	0.67	0.37	9.28	33.90
含水率/%	123.85	0.20	30.24	4.80	0	0	9.71	48.25
有机质/%	42.17	—	36.10	39.10	0	0	1.20	27.2

试验样本对应的试验方案如下：CDU-1 代表先厌氧封存 67 d，再在高频通风速率下好氧至 154 d，水位保持为零；CDU-2 代表先厌氧封存 67 d，再在低频通风速率下好氧至 154 d，

水位保持为零；CAL 代表始终厌氧封存 154 d，水位随渗滤液的产生逐渐上升；CDN 代表先厌氧封存 87 d，再在低频通风速率下好氧至 154 d，水位保持为零；GFS-1 代表先厌氧封存 87 d，再在低频通风速率下好氧至 154 d，厌氧阶段水位保持在堆体高度的 1/2 处，好氧阶段分段逐渐排水；GFS-2 代表先厌氧封存 87 d，再在低频通风速率下好氧至 154 d，水位始终保持在垃圾堆体高度的 1/2 处。其中低频通风速率选择 0.1 L/（min·kg）DOM（dry organic matter），高频通风速率为 0.2 L/（min·kg）DOM。

(a) 金属　　　　　　　　　(b) 草木　　　　　　　　　(c) 塑料

(d) 厨余垃圾　　　　　　　(e) 纸张　　　　　　　　　(f) 纤维

图 8.1　垃圾组分类别

(a) 灼烧前　　　　　　　　　　　　　　　　(b) 灼烧后

图 8.2　有机质测量样本

其中厨余垃圾取自湖北省机关四食堂，草木取自中国科学院武汉分院内花园自然掉落的树枝树叶，塑料选择聚乙烯轻薄塑料袋，纸张为报纸和打印纸，纤维取自武汉市张家湾小区垃圾分类站，金属为网购铁粉，其他垃圾用建筑用的沙土代替。

8.1.2　试验设备

试验设备为作者自主设计的厌氧-好氧联合型压缩模型试验系统（图 8.3），系统由主体压缩柱、预压系统、保温系统、注气系统和数据采集系统组成。

(a) 模型柱实物图

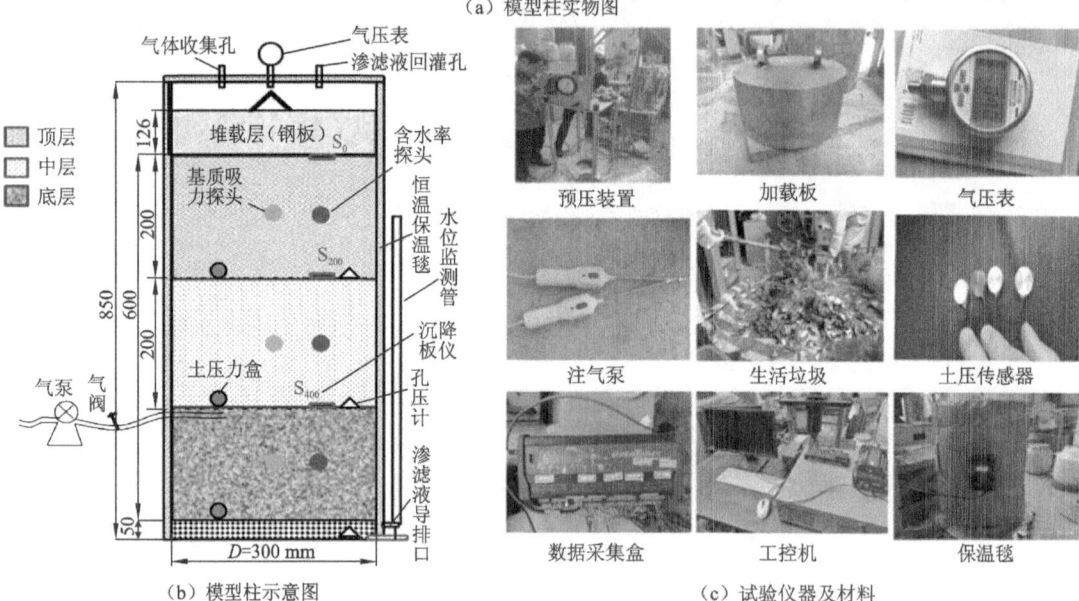

(b) 模型柱示意图

(c) 试验仪器及材料

图 8.3 厌氧-好氧联合型压缩模型试验系统示意图

主体压缩柱包括沉降可视化模型试验有机玻璃柱、分层沉降板，该反应器克服了过去小模型反应器无法计算分层沉降的弊端，通过刻度可视化结合分层沉降板可观测任意时刻各垃圾土柱内垃圾沉降情况，所测沉降为沉降板所在位置的绝对沉降量。模型尺寸选择普遍认为不能过小，至少要比最大垃圾成分的尺寸大几倍，Athanasopoulos（2011）建议模型箱尺寸最小直径应不小于 300 mm，为方便试验，模型柱选用直径为 300 mm、壁厚 20 mm、高 850 mm 的有机玻璃圆柱，其中垃圾填装区高约为 600 mm，恒压加载区高约为 200 mm，碎石层高约为 50 mm。

保温系统选用天津华诚展宇公司提供的 HCDZ（定制）型微电脑数字温控仪。

如图 8.3（c）所示，预压系统由 1.5 m 高加载活塞、压力控制器和支架组成，该预压装置最大可提供 300 kPa 的预压力。加载装置使用恒压加载钢板为垃圾提供上覆 10 kPa 恒压。

注气系统使用南京善田电子科技有限公司提供的微型注气泵（STG-DC5 型，中国），注气速率为 4 L/min。

试验所用数据采集系统分别是北京恒瑞长泰提供的微型土压力传感器（HCYB-25型，中国）及孔隙水压力传感器（HCYB-16型，中国），METER公司提供的土壤含水率传感器（EC-5型，美国），Roctest公司提供的土壤温度传感器（Roctest型，加拿大）及DATATAKER公司提供的数据采集仪（CR1000型，澳大利亚）。

8.1.3 试验方案

垃圾土共分6次预压，将垃圾土均匀地分成三层，通过放置在每层垃圾顶部的沉降板仪可测得沉降板仪所在位置的绝对沉降值。以垃圾土顶部为坐标原点（沉降板仪编号自上而下，下标代表该层垃圾土的厚度），垃圾土柱各位置沉降分别用 CDU1-S_{169}、CDU1-S_{354}、CDU1-S_{600}、CDU2-S_{191}、CDU2-S_{408}、CDU2-S_{600}、CAL-S_{176}、CAL-S_{370}、CAL-S_{638}、CDN-S_{216}、CDN-S_{408}、CDN-S_{600}、GFS1-S_{182}、GFS1-S_{384}、GFS1-S_{612}、GFS2-S_{207}、GFS2-S_{430}、GFS2-S_{624}等表示，如图8.3（b）所示。垃圾土填装完毕后，如图8.3（a）所示。

试验前检查模型柱密封性良好，垃圾上方用一块直径为280 mm、重66.1 kg的钢板作为上覆荷载，等同于在垃圾顶部均匀地施加10 kPa的荷载。试验开始后，先保持厌氧状态（其中CDU-1、CDU-2厌氧期67 d，CAL、CDN、GFS-1、GFS-2厌氧期87 d），按时记录6个模型柱沉降数值，CDU-1与CDU-2两个柱体在模型柱填装后第13 d加装保温毯，CAL、CDN、GFS-1与GFS-2 4个模型柱从填装第1 d开始控制柱内温度始终保持在（35±3）℃，检查压力传感器、温度传感器等是否正常，并保持长期监测。温度变化如图8.4～图8.6所示。

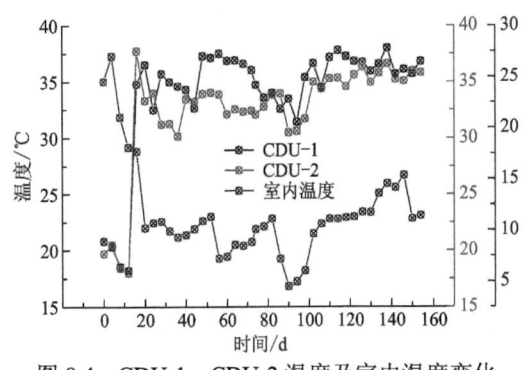

图8.4 CDU-1、CDU-2温度及室内温度变化

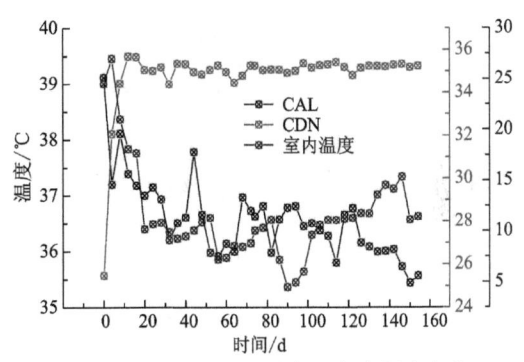

图8.5 CAL、CDN温度及室内温度变化

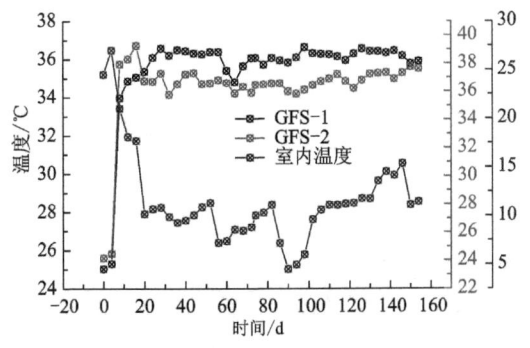

图8.6 GFS-1、GFS-2温度及室内温度变化

通常，国内填埋场总沉降量可以达到填埋场深度的 25%～50%，且生物降解引起的沉降可占总沉降量的 50%以上（刘疆鹰 等，2002；O'Leary et al.，1986），因此当沉降值接近垃圾体高度的 25%，认为机械压缩及蠕变压缩基本完成。此时，开始好氧通风阶段，默认此时沉降完全由生物降解产生，沉降速率为 0.015 m/d，沉降应变率为 0.000 25%/d（小于 0.000 3%/d），也可认为垃圾土仅由应力造成的主压缩阶段完成，由于蠕变沉降会持续数十年，所以该阶段沉降主要由生物降解产生。好氧通风阶段共持续 87 d，如表 8.2 所示，其中 CDU-1 柱每天通风 2 次，每次 2 h，CDU-2 柱每天通风 1 次，每次通 2 h。柱体内部通风完成后柱内氧气浓度接近 21%，且每周通过集气袋、渗滤液收集瓶控制柱内气压为 0，水位始终保持为 0。

表 8.2 模型柱内部环境条件控制

编号	通风频率	水位控制	气压控制
CDU-1	1～67 d（柱体保持厌氧降解状态），67～154 d（2 次/天，2 h/次）	水位每周排放 1 次，始终保持水位位于主体底部沙砾层中（水位为 0）	每周排 1 次气至气压为 0
CDU-2	1～67 d（柱体保持厌氧降解状态），67～154 d（1 次/天，2 h/次）	水位每周排放 1 次，始终保持水位位于主体底部沙砾层中（水位为 0）	每周排 1 次气至气压为 0
CAL	始终保持厌氧环境	水位随渗滤液的产生逐渐升高，保持自然升高的状态	每周排 1 次气至气压为 0
CDN	1～87 d（柱体保持厌氧降解状态），87～154 d（1 次/天，2 h/次）	水位每周排放 1 次，始终保持水位位于主体底部沙砾层中（水位为 0）	每周排 1 次气至气压为 0
GFS-1	1～87 d（柱体保持厌氧降解状态），87～154 d（1 次/天，2 h/次）	水位始终保持垃圾主体水位 1/2 处，通风开始后分数次排净渗滤液	每周排 1 次气至气压为 0
GFS-2	1～87 d（柱体保持厌氧降解状态），87～154 d（1 次/天，2 h/次）	水位始终保持垃圾主体水位 1/2 处	每周排 1 次气至气压为 0

8.1.4 垃圾土沉降试验结果

1. 沉降速率

如图 8.7 所示，CDU-1、CDU-2 模型柱保温前沉降速率逐渐减小，加装保温毯后，柱体温度上升，沉降速率随即短暂上升。因此通过沉降速率的变化可发现适当地提高温度对垃圾土沉降具有促进作用，这与 Tremier 等（2005）认为生活垃圾土在低于最优降解温度 40 ℃时，

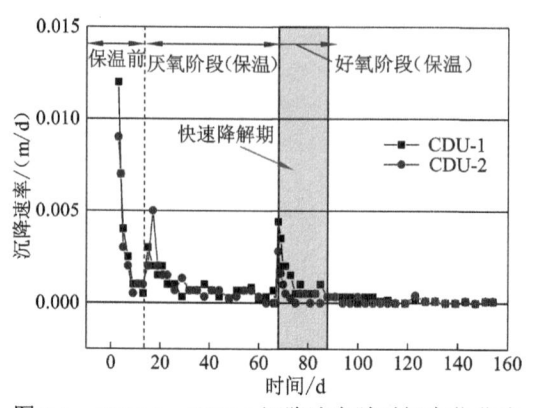

图 8.7 CDU-1、CDU-2 沉降速率随时间变化曲线

升高温度可促进生物降解反应发生的研究结论相吻合。随着厌氧阶段的发生，沉降速率逐渐减小，厌氧阶段后期沉降速率逐渐趋于稳定，而好氧通风开始后，短时间内好氧阶段的垃圾降解速率呈迅速上升趋势，67~88 d 期间为快速降解期，快速降解期持续 21 d，之后逐渐回落至略低于主压缩阶段稳定后的沉降速率，其中 CDU-1 柱因为更高的通风频率沉降速率明显高于 CDU-2 柱。120 d 后 CDU-1、CDU-2 柱内易发生降解的厨余垃圾基本降解完成，此时沉降速率变化已不明显。

如图 8.8 所示，CAL、CDN 模型柱在垃圾填装后即加装了保温毯。随着厌氧阶段的发生，沉降速率逐渐减小，厌氧阶段后期沉降速率逐渐趋于稳定，而好氧通风开始后，短时间内好氧阶段的垃圾降解速率呈迅速上升趋势，87~107 d 期间为快速降解期，降解期持续 20 d，之后逐渐回落至略低于主压缩阶段稳定后的沉降速率，其中 CAL 柱垃圾土填装后无排水过程，CDN 柱垃圾土水位始终保持为 0，受排水作用的影响，图中可明显看出 CDN 柱的沉降速率普遍高于同一时期 CAL 柱的沉降速率。值得注意的是在 63 d 至好氧通风开始这段时间，CAL 沉降速率更高，笔者认为这是由 CDN 柱的垃圾土提前发生沉降导致的，即前期偏高的沉降压缩速率使得厌氧沉降的进程被提前。

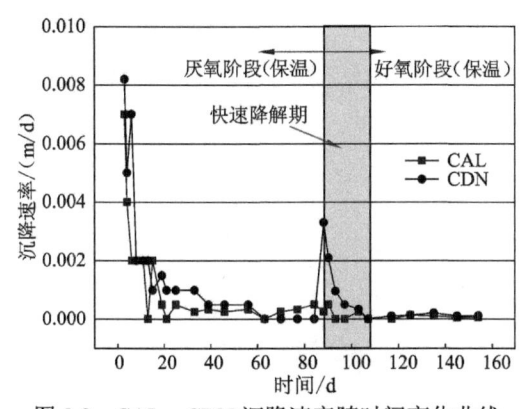

图 8.8 CAL、CDN 沉降速率随时间变化曲线

如图 8.9 所示，随着厌氧阶段的发生，沉降速率逐渐减小，厌氧阶段后期沉降速率逐渐趋于稳定，而好氧通风开始后，短时间内好氧阶段的垃圾降解速率呈迅速上升趋势，87~107 d 期间为快速降解期，降解期持续 20 d，之后逐渐回落至略低于主压缩阶段稳定后的沉降速率。如表 8.2 所示，GFS-1、GFS-2 对模型柱水位控制，图 8.9 中可明显看出厌氧阶段两个模型柱

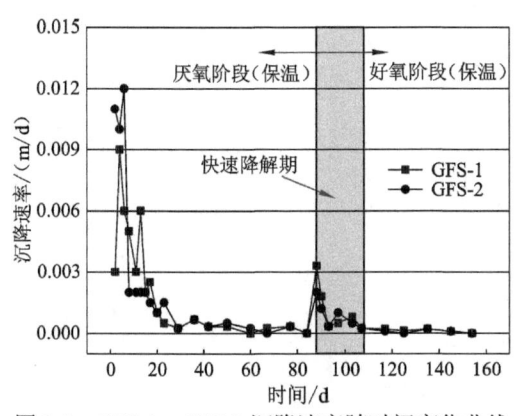

图 8.9 GFS-1、GFS-2 沉降速率随时间变化曲线

沉降速率变化基本一致，好氧阶段开始后 GFS-1 因排水好氧降解的双重作用沉降速率高于同一时期 GFS-2 的沉降速率。厌氧阶段初期由于前期垃圾渗滤液产生量大，水位控制不够准确使得前期沉降速率稍显混乱。

2. 压缩特性

通常，土壤沉降的特征是应变 ε，或与应变 ε 有关，简单地定义为试样或地层高度的变化与初始高度的比值：

$$\varepsilon = \frac{\Delta h}{h} \tag{8.1}$$

式中：Δh 为总试件或地层高度变化量；h 为初始试样或地层高度。

对于垃圾土来说沉降可能很大，因此在数值上，工程应变（定义为在有限的应力增量上的高度变化除以初始高度，如上所述）和真实应变（定义为 $\delta h/h$ 在一系列无穷小增量 δh 上的积分）。在解释实验室试验数据时，沉降可能占原始试样高度 h 的很大比例，难点为是否在每次加载增量开始时重新设置用于确定应变的初始高度。

1) 修正主压缩指数

城市固体废物的总压缩包括主压缩、次压缩及生物降解压缩，通常很难区分压缩的三个部分。主压缩指数的求解公式：

$$C_c' = \frac{\Delta H}{H_0 \cdot \log(\sigma_1 / \sigma_0)} \tag{8.2}$$

式中：C_c' 为修正主压缩指数；σ_1 为最终竖向有效应力；σ_0 为初始竖向有效应力；ΔH 为垃圾层厚度的改变量；H_0 为垃圾层的初始厚度。

由式（8.2）可得

$$C_c' = \frac{\Delta \varepsilon_p}{\Delta \lg \sigma_v} \tag{8.3}$$

式中：$\Delta \varepsilon_p$ 为主压缩应变的变化量；$\Delta \lg \sigma_v$ 为有效应力半对数函数变化量。

如图 8.10～图 8.12 所示，对比模型柱内各层沉降值，发现 CDU-1 中层、CDU-2 中层沉降值大于 CDU-1 顶层，CDU-2 顶层大于 CDU-1 底层、CDU-2 底层沉降值。主要因为 CDU-1 中层、CDU-2 中层垃圾较 CDU-1 顶层、CDU-2 顶层承受了更大的应力，而 CDU-1 底层、CDU-2

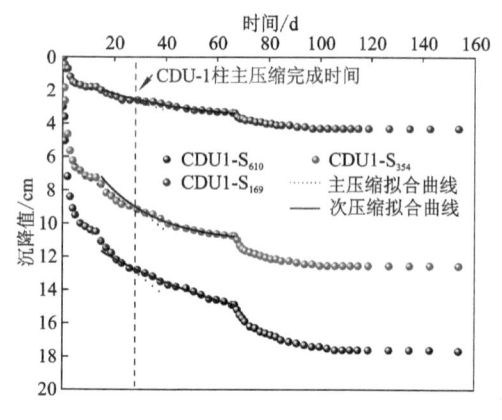

图 8.10　CDU-1 柱垃圾土主、次压缩阶段划分

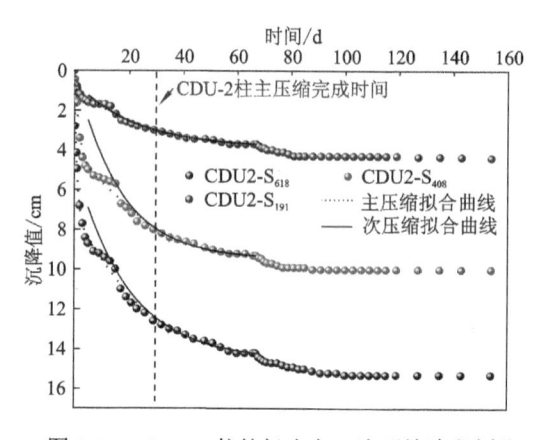

图 8.11　CDU-2 柱垃圾土主、次压缩阶段划分

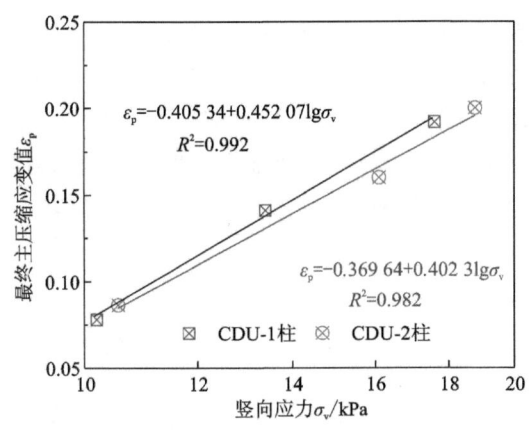

图 8.12 CDU-1、CDU-2 柱垃圾土主压缩应变和竖向有效应力

底层因前期填埋时预压次数多，初始重度略大与上方垃圾。因此，压缩能力较上方垃圾差。这与老港填埋场长期监测发现填埋场封场后中部沉降值远高于顶部沉降值的研究结果相类似（徐晓兵 等，2011）。

Shi 等（2016）利用最小二乘法的计算理论计算次压缩系数及其修正参数，认为当次压缩系数趋于稳定时，取该拐点处的时间作为主压缩的结束时间。Heshmati 等（2014）则以一阶速率方程法为基础，对垃圾土的主、次压缩阶段进行划分。具体方法即利用半对数函数分别对主压缩和次压缩沉降或应变发展进行拟合，主、次压缩拟合曲线的交点对应的时间即为主压缩完成时间，如图 8.10～图 8.18 所示。其中，受温度影响主压缩完成时间延后，CDU-1 柱主压缩完成时间为 29 d 左右，CDU-2 柱主压缩完成时间在 30 d 前后，CAL 柱主压缩完成时间为 9 d，CDN 柱主压缩完成时间为 13 d，GFS-1 柱主压缩完成时间为 17 d，GFS-2 柱主压缩完成时间为 13 d。根据 6 组垃圾柱主压缩完成时间可以发现，CDU-1、CDU-2 柱由于前 13 d 为加装保温毯，低于最适生物降解的温度条件下会造成主压缩完成时间的延后性，其余 4 组在无干扰因素作用下垃圾土在 10 kPa 上覆应力的作用下主压缩完成时间在（13±4）d。

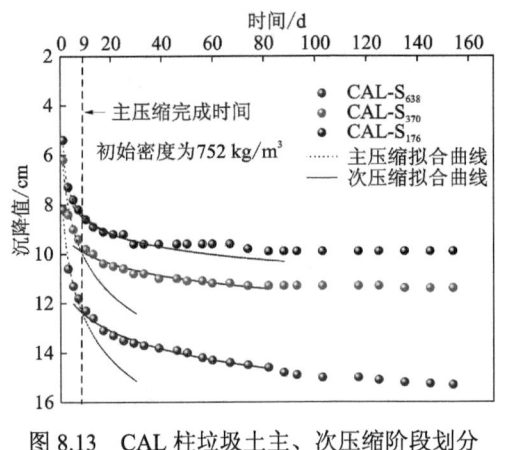

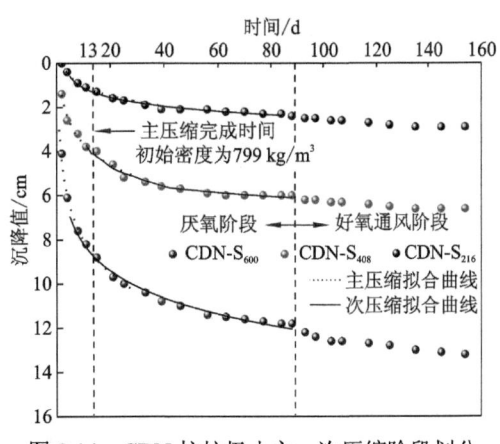

图 8.13 CAL 柱垃圾土主、次压缩阶段划分　　图 8.14 CDN 柱垃圾土主、次压缩阶段划分

根据主压缩完成时间，可以得到该级应力 σ_v 作用下的主压缩应变 σ_p。再利用半对数函数分别对 CDU-1 和 CDU-2 顶层、中层、底层有效应力变化量与应变变化量对数据进行线性拟合，可以得到线性函数的斜率即为垃圾的修正主压缩指数值。根据这种方法分别得到三个数

据点，如图 8.12、图 8.15、图 8.18 所示，CDU-1、CDU-2、CAL、CDN、GFS-1、GFS-2 6 个垃圾土柱的修正主压缩指数 C'_c 分别为 0.452、0.402、0.347、0.493、0.174、0.175。从修正主压缩参数的大小可以看出，CDU-1、CDU-2、CDN 柱垃圾土的压缩性强于 CAL 柱的压缩性，CAL 柱的压缩性强于 GFS-1、GFS-2 的压缩性。也可说明水的存在影响垃圾填埋场堆体的压缩能力，导排系统良好的垃圾填埋场更利于垃圾堆体沉降的发生，高水位垃圾填埋场会严重抑制堆体沉降的发生。

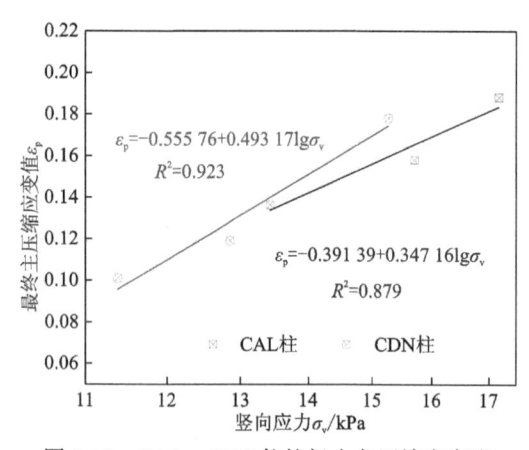

图 8.15 CAL、CDN 柱垃圾土主压缩应变和竖向有效应力

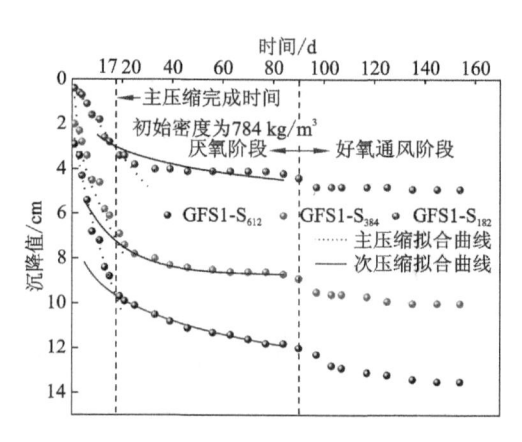

图 8.16 GFS-1 柱垃圾土主、次压缩阶段划分

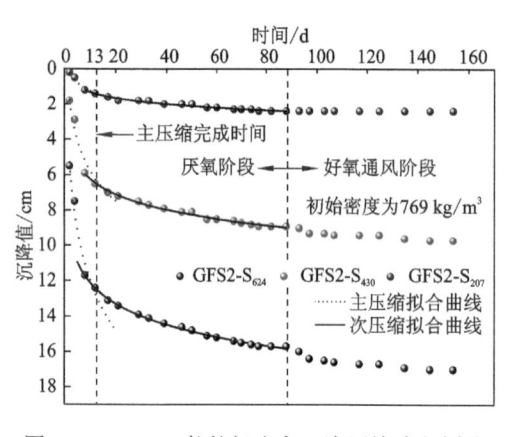

图 8.17 GFS-2 柱垃圾土主、次压缩阶段划分

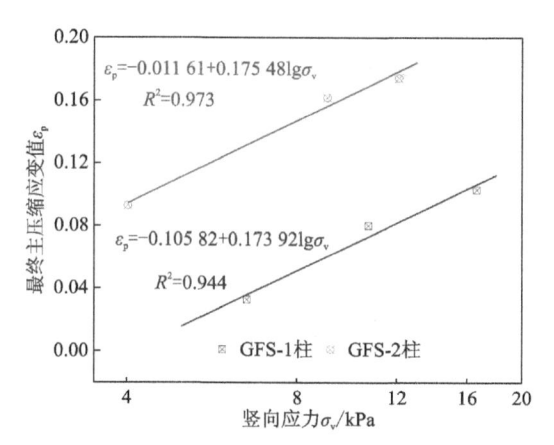

图 8.18 GFS-1、GFS-2 柱垃圾土主压缩应变和竖向有效应力

2）修正次压缩指数

垃圾土次压缩沉降主要是由有机物发生生物降解反应产生的降解沉降及垃圾骨架机械蠕变，颗粒骨架相互作用产生的蠕变沉降。垃圾土在恒载作用下一般用次压缩指数 C_α 或修正次压缩指数 C'_α 来估算主压缩完成后的次压缩沉降值。

$$C_\alpha = \frac{\Delta e}{\log(t_2/t_1)} \tag{8.4}$$

$$C'_\alpha = \frac{\Delta H}{H_0 \cdot \log(t_2/t_1)} = \frac{\Delta \varepsilon}{\log(t_2/t_1)} = \frac{C_\alpha}{1+e_0} \tag{8.5}$$

式中：$\Delta\varepsilon$ 为垃圾层应变变化量；Δe 为孔隙比的变化；e_0 为初始孔隙比；t_1 为发生次压缩的初始时刻；t_2 为次压缩的结束时刻。

由机械蠕变引起的二次沉降一般采用以下形式的简单方程来模拟：

$$d\varepsilon_c / dt = b/t \tag{8.6}$$

式中：b 为蠕变系数；ε_c 为蠕变应变。

将式（8.6）积分得到蠕变应变与时间自然对数之间的线性关系：

$$\varepsilon_c = b\ln\frac{t}{t_m} \tag{8.7}$$

式中：t_m 为机械蠕变的参考时间。

Watts 等（1999）认为 $b = C_\alpha / \ln 10 = C_\alpha / 2.303$。Park 等（2002）认为垃圾土随着填埋龄的增加，有机质含量下降，新鲜垃圾的蠕变沉降系数从 0.042~1.602 下降到 15~30 年的垃圾为 0.347~0.434。相比之下，Hossain（2009a）发现 α_c 与废物分解状态无关，而 Ivanova 等（2007）发现 b 与垃圾降解状态无关并认为影响 b 的因素是自身的堆积密度，与应力无关。根据式（8.5）、式（8.7）可以认为修正次压缩指数即为 ε-$\lg t$ 曲线斜率。

图 8.19 给出了 6 组不同水位、通风频率条件下室内试验的修正次压缩指数 C'_α-$\lg t$ 的关系图。厌氧阶段的修正次压缩指数 C'_α 小于好氧阶段的，零水位的 CDU-1、CDU-2、CDN 柱修正次压缩指数 C'_α 大于垃圾土柱 CAL 大于高水位（1/2 水位处）的 GFS-1、GFS-2 柱的修正次压缩指数 C'_α。笔者认为生物降解的效率越高，次压缩值越大，因此可以说垃圾土好氧通风可

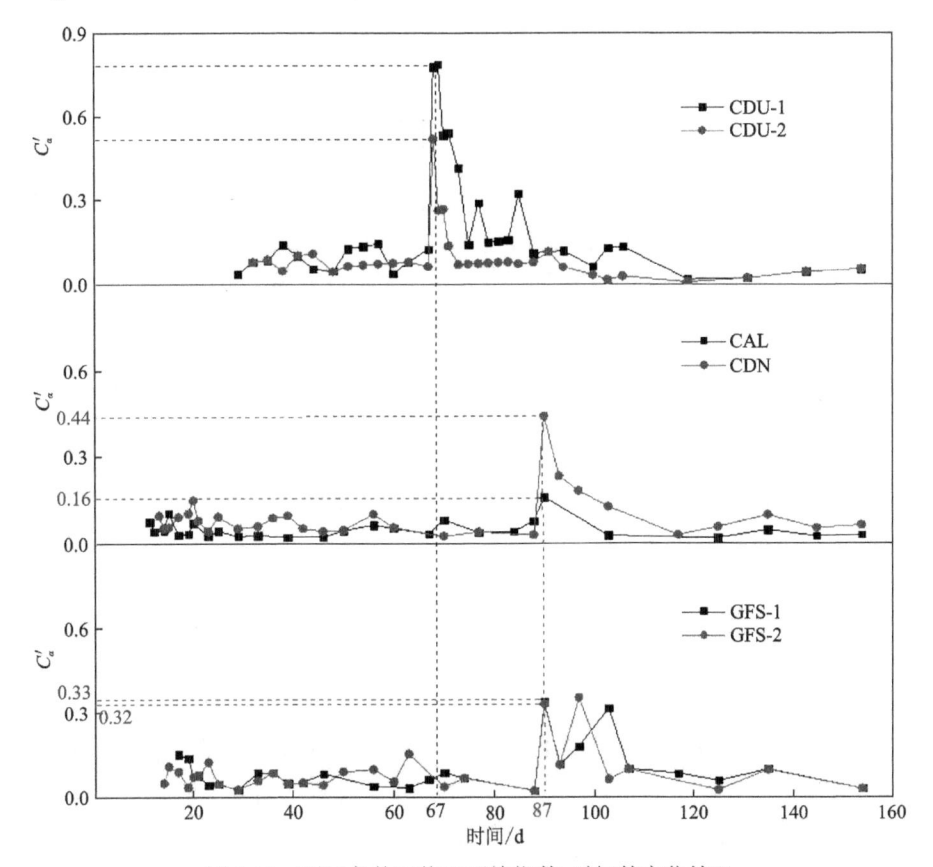

图 8.19 不同条件下修正压缩指数-时间的变化情况

以增大修正次压缩指数 C_α' 的值,高水位对次压缩具有抑制作用,所有高水位垃圾堆体的修正次压缩指数 C_α' 小于未人为控制水位的 CAL 垃圾柱修正次压缩指数 C_α',小于零水位垃圾堆体修正次压缩指数 C_α'。厌氧阶段 6 组垃圾土柱修正次压缩指数值显示 C_α' 的范围在 0.015 4～0.150 3。5 组参与好氧通风的垃圾土柱的修正次压缩指数值在 0.01～0.55。

表 8.3 给出的试验结果与 Sowers（1973）、柯瀚等（2010）给出的结果较为接近。影响垃圾土主固结参数的因素主要为垃圾土初始密度、初始孔隙比、含水率,国内填埋场的垃圾普遍有机质含量高、含水率高,这导致修正主压缩指数范围上限较高、垃圾土压缩性较高。国外垃圾中厨余垃圾比例较小,有机质含量较低,含水率较低,垃圾土压缩性较低。

表 8.3　试样性质和加载情况对垃圾土修正主压缩指数的影响

文献	垃圾土性质		修正主压缩指数	修正次压缩指数
何超（2020）	初始孔隙比 e_0=5.67,含水率 W=50.78%,干密度 0.279 g/cm³,有机质含量 59.64%		100kPa 组 0.162 200kPa 组 0.381	0 kPa 组 0.010～0.425 50 kPa 组 0.010～1.0 100 kPa 组 0.008～0.51 200 kPa 组 0.004～0.67
Sowers（1973）	初始孔隙比 3.0		0.1～0.41	0.02～0.07
Wall 等（1995）	有机质含量 63%,含水率 W=53.6%		0.21～0.25	0.033～0.056
Hossain（2003）	不同降解阶段的垃圾试样		0.16～0.37	0.05～0.22
刘荣等（2003）	有机质含量为 48%、58%、68%、78%的 4 种新鲜垃圾,干密度 0.4 g/cm³		0.13～0.46	—
柯瀚等（2010）	杭州天子岭填埋场的新鲜样品,有机质含量 68.4%,初始孔隙比 4.96		0.177～0.428	0.020～0.179
本试验	湿基百分比为 48.25%,初始有机质含量为 46.21%	787 kg/m³（CDU-1）	0.452	厌氧阶段：0.015 4～0.150 3 好氧阶段：0.01～0.55
		776 kg/m³（CDU-2）	0.402	
		752 kg/m³（CAL）	0.347	
		799 kg/m³（CDN）	0.493	
		784 kg/m³（GFS-1）	0.174	
		769 kg/m³（GFS-2）	0.175	

3. 好氧应变效率

目前,由于垃圾土的复杂性,国内外学者开展了众多关于最优通风速率的研究。目前仍没有一个统一的标准,根据已知结论可以总结得到通风速率不足体现在氧气的分布上,在低好氧通风条件下,垃圾土内部可能在厌氧状态,抑制好氧微生物活性,氧气不足可能限制产热反应的发生,垃圾土体内部温度低于最优温度。与低好氧通风及过好氧通风相比,适宜的好氧通风速率可平衡氧气浓度、温度、含水率的条件,促进垃圾土的好氧降解。

垃圾土经过长期降解会导致有机质含量下降,且有机质中易降解部分的有机质所占比例降低,可能会影响好氧降解效率。

水的存在对垃圾填埋场来说一直都是一项问题难点,填埋场内降低水位一般采用污水泵进行抽排,但目前国内存在大量的陈旧型垃圾填埋场,很多陈旧型的填埋场没有水位下降的导排系统,这就导致填埋场内水位一直居高不下。

作为生活垃圾沉降的重要组成部分,垃圾生物降解在填埋场后期沉降过程中起到至关重要的作用。本小节主要研究不同垃圾土填埋龄、通风频率、水位高度对生物降解作用的影响。因此，为了定量表征好氧通风条件对沉降的影响，本小节提出垃圾土好氧应变效率（municipal solid waste aerobic strain ratio，ASR）表达式：

$$\eta_c = \frac{\Delta\varepsilon_{HA} - \Delta\varepsilon_{LA}}{\Delta\varepsilon_{LA}} \tag{8.8}$$

式中：$\Delta\varepsilon_{HA}$ 为好氧阶段通风条件下的垃圾土应变变化值；$\Delta\varepsilon_{LA}$ 为同一时间厌氧阶段垃圾土应变变化值。

由式（8.8）可知，当 $\eta_c > 0$ 时，好氧降解对垃圾土沉降值高于厌氧降解垃圾土沉降。反之，则好氧降解对垃圾土沉降的影响起抑制作用。

好氧环境对垃圾土中的有机质分解速率明显高于厌氧环境。从图 8.20 中应变随时间变化数据可以发现垃圾土填埋龄、通风频率、水位高度对生物降解作用有很大不同。其中 CDU-1、CDU-2 好氧阶段应变变化值分别为 5%、2.333 3%，对应同时期（67~154 d）CAL 厌氧阶段应变变化值为 1.410 1%；CDN、GFS-1、GFS-2 好氧阶段应变变化值分别为 2.333 3%、2.777 8%、2.083 3%，对应同时期（87~154 d）CAL 厌氧阶段应变变化值为 0.940 4%。根据式（8.8）可以分别计算出 CDU-1、CDU-2、CDN、GFS-1、GFS-2 共 5 个好氧通风垃圾土柱在不同条件下 ASR 分别为 254.6%、65.5%、148.1%、195.4%、121.5%。

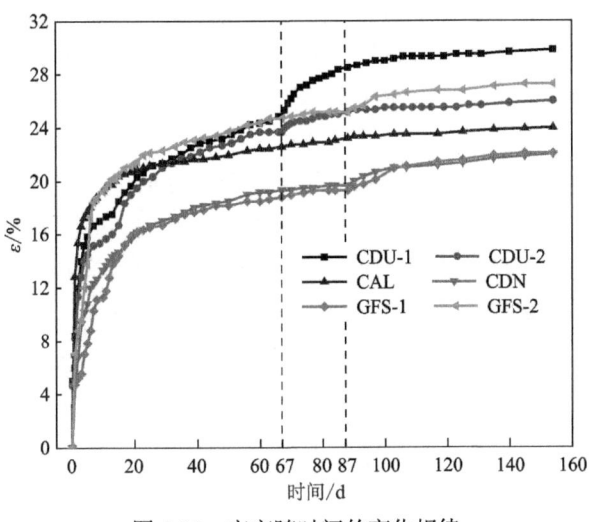

图 8.20 应变随时间的变化规律

微型注气泵的通风速率为 4 L/min，可通过表 8.1 有机质含量、垃圾土初始质量和含水量及表 8.2 注气方式和时间，计算间断通风方式下高通风速率为 0.029 8 L/(min·kg DM)，低通风速率为 0.014 9 L/(min·kg DM)，其中 DM 指垃圾土的干基质量（dry matter）。

对数据进行分类讨论，CDU-1、CDU-2 共两组数据可以发现本试验中高通风频率下好氧应变效率远高于低通风频率下的好氧应变效率，说明 0.014 9 L/(min·kg DM) 的通风速率下垃圾土没有达到最优的通风速率；由 CDU-2、CDN 两组数据可知短期内高填埋龄垃圾土的好氧应变效率高于地填埋龄的好氧应变效率；由 CDN、GFS-2 两组数据可知同一填埋龄下高水位垃圾土的好氧降解效率低于低水位垃圾土；由 GFS-1、GFS-2 可知同一水位、同一填埋龄下的垃圾土后期排水对好氧降解效率有促进作用。

8.2 垃圾土厌氧-好氧联合生物降解特性试验

本节对新鲜垃圾土降解特性进行分析,首先利用土的三相指标推导垃圾土的一维降解压缩的计算模型。其次,结合以往研究结论通过三组降解试验开展垃圾土中有机物降解规律的研究,利用 Logistic 模型和 Richards 生物生长模型来描述垃圾土降解特性。通过两组模型对实验数据拟合得到相对准确的垃圾土质量降解率与降解速率的规律。比较各模型的拟合优度、参数的生物可解释性和计算的易用性。

8.2.1 垃圾土一维降解计算值

本小节主要将垃圾土分为孔隙、可降解有机物、无机物三部分,以普通土的三相研究方法为基础,通过计算得到垃圾土一维降解计算模型,并通过设计垃圾土在厌氧-好氧反应过程中的生物降解特性试验,得到降解率及降解速率的变化情况,同时与推导得出的一维降解计算公式进行拟合,验证公式推导的可靠性。推导结果也可通过变化形式得到垃圾土沉降压缩潜力值或极限值,即当垃圾土生物降解完成后垃圾土的压缩值。

垃圾土中有机物的存在一直以来都是固体废弃物处置工作的重点和难点问题,其降解过程主要受温度、湿度、菌落、压力、水位等因素影响,且在发生生物降解过程中自身湿度、温度等会因降解的发生而不断变化。本小节根据陈继东等(2008)提出的利用土三相指标的方法推导一位降解沉降计算模型。

垃圾土在无上覆荷载仅靠自重应力的作用下,经过 Δt 时间的降解作用和压缩作用后发生沉降,沉降值计作 Δh,初始时刻及经过 t 时间后的垃圾土状态如图 8.21 所示。假设垃圾土的体积经过 t 时间后有机物体积减小,空隙体积由于压缩作用也会减小,无机物体积不变,垃圾土单元的总沉降为 $\Delta h = h_0 - h$。

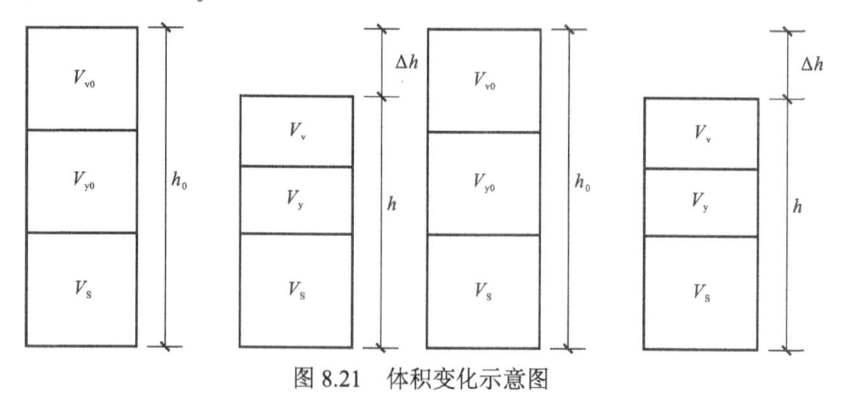

图 8.21 体积变化示意图

假设垃圾土的压缩过程仅为孔隙体积的压缩,且只考虑垃圾土发生一维沉降的情况下,可得

$$\frac{V_{v0} + V_{y0} + V_s}{h_0} = \frac{V_v + V_y + V_s}{h} \tag{8.9}$$

式中:V_s 为无机物体积(cm³);V_{y0} 为可降解有机物的体积(cm³);V_{v0} 为孔隙体积(cm³);h_0 为垃圾土初始高度(cm);h 为垃圾土降解后的高度(cm)。

假设有：$V_{y0} + V_s = 1$，则 $V_{v0} = e_0$。可以得到

$$V_{y0} + V_s = \frac{W_{y0} + W_s}{\gamma_{d0}} \tag{8.10}$$

式中：W_{y0}、W_s 分别为填埋初始时刻的垃圾土中有机物重量和不可降解成分重量（kN）；γ_{d0} 为初始时刻垃圾土的重度（kN/m³）。

$$V_{v0} = e_0 \times \frac{W_{y0} + W_s}{\gamma_{d0}} \tag{8.11}$$

令

$$\lambda_m = \frac{W_{y0} + W_y}{W_{y0}}$$

则

$$V_y + V_s = \frac{W_y + W_s}{\gamma_d} = \frac{W_{y0}(1 - \lambda_m) + W_s}{\gamma_d} \tag{8.12}$$

式中：λ_m 为质量降解率；γ_d 为某一时刻垃圾土的重度（kN/m³）。

$$V_v = e \frac{W_{y0}(1 - \lambda_m) + W_s}{\gamma_d} \tag{8.13}$$

将式（8.10）～式（8.13）代入式（8.9）可得

$$\frac{(1 + e_0)\dfrac{W_{y0} + W_s}{\gamma_{d0}}}{h_0} = \frac{(1 + e)\dfrac{W_{y0}(1 - \lambda_m) + W_s}{\gamma_d}}{h} \tag{8.14}$$

经计算可得

$$h = \frac{(1 + e)\left[W_{y0}(1 - \lambda_m) + W_s\right] h_0 \gamma_{d0}}{\gamma_d (1 + e_0)(W_{y0} + W_s)}$$

$$\begin{aligned}
\Delta h = h_0 - h &= h_0 \left\{ 1 - \frac{(1 + e)\left[(1 - \lambda_m)W_{y0} + W_s\right] \gamma_{d0}}{\gamma_d (1 + e_0)(W_{y0} + W_s)} \right\} \\
&= h_0 \left[\frac{(1 + e) - (1 + e)\gamma_{d0}/\gamma_d}{1 + e_0} + \frac{(1 + e)\dfrac{\gamma_{d0}}{\gamma_d}\dfrac{\lambda_m m_{y0}}{m_{y0} + m_s}}{1 + e_0} \right]
\end{aligned} \tag{8.15}$$

令 ∂ 为比重变化系数：$\partial = \dfrac{\gamma_{d0}}{\gamma_d}$；$A_{m0}$ 为有机物质量占垃圾土总质量的百分含量：$A_{m0} = \dfrac{m_{y0}}{m_{y0} + m_s}$。代入式（8.15）中得

$$\Delta h = \left[\frac{(1 + e_0) - (1 + e)\partial}{1 + e_0} + \frac{(1 + e)\partial \lambda_m A_{m0}}{1 + e_0} \right] h_0 \tag{8.16}$$

或

$$\varepsilon = 1 - \frac{(1 + e)\partial(1 - \lambda_m A_{m0})}{1 + e_0} \tag{8.17}$$

若不考虑垃圾土中有机质的降解，且不考虑垃圾土长历时过程中比重的变化，则 $\partial = 1$，$A_{m0} = 0$，式（8.17）可变化为

$$\Delta h = \left[\frac{(1+e_0)-(1+e)\partial}{1+e_0} + \frac{(1+e)\partial \lambda_m A_{m0}}{1+e_0} \right] h_0 = \frac{\Delta e}{1+e_0} h_0 \tag{8.18}$$

式（8.18）与土力学中的压缩一致，即不发生降解的情况下垃圾土压缩规律与普通土的压缩规律一致，证明垃圾土压缩的一维降解计算模型是正确的。另外通过试验对各工况下的实验参数进行确定可得到沉降实际数据，在与计算数据进行对比来验证模型的可靠性，各参数计算方法如下。

根据 Richards 生物生长规律提出降解率公式：

$$\lambda_m = \frac{m_{y0} - m_y}{m_{y0}} = \left[1 + (d-1)\mathrm{e}^{-k(T-T_0)} \right]^{\frac{1}{1-d}} \tag{8.19}$$

也可根据 Logistic 生物生长规律提出质量降解率公式：

$$\lambda_m = A_{m0} \left[A_2 + \frac{A_1 - A_2}{1 + \left(\dfrac{T}{T_0} \right)^p} \right] \tag{8.20}$$

而垃圾土的初始重度可表达为

$$\gamma_{d0} = \frac{1}{\dfrac{1-A_{m0}}{\gamma_{s0}} + \dfrac{A_{m0}}{\gamma_{b0}}} \tag{8.21}$$

式中：A_{m0} 为有机物质量百分含量（%）；γ_{s0} 为垃圾土中无机物的重度（kN/m³）；γ_{b0} 为垃圾土中有机物的重度（kN/m³）；经过 Δt 时间降解后的垃圾土重度为

$$\gamma_d = \frac{1 - A_{m0}\lambda_m}{\dfrac{1-A_{m0}}{\gamma_s} + \dfrac{(1-\lambda_m)A_{m0}}{\gamma_{b0}}} \tag{8.22}$$

垃圾土中有机物的体积百分含量为

$$A_{v0} = \frac{1}{1 + \dfrac{1-A_{m0}}{A_{m0}} \dfrac{\gamma_{b0}}{\gamma_{s0}}} \tag{8.23}$$

故根据式（8.21）与式（8.22）垃圾土降解前后的重度，可计算垃圾土重度变化系数

$$\partial = \frac{\gamma_{d0}}{\gamma_d} = \frac{1 - A_{v0}\lambda_m}{1 - A_{m0}\lambda_m} \tag{8.24}$$

初始孔隙比 e_0 可忽略气体体积，通过下式进行估算：

$$e_0 = \frac{\rho_s}{\rho_d} - 1 \tag{8.25}$$

8.2.2　试验材料

试验材料见 8.1.1 小节。

8.2.3　试验设备

试验装置如图 8.22、图 8.23 所示，主要包括：用于保持试验始终处于恒温的水浴装置、

图 8.22　恒温水浴锅　　　　　　　　　　　图 8.23　生物补料瓶

作为垃圾土发生生物降解反应载体的生物补料瓶及用于好氧通风的微型注气泵。

降解质量变化测定试验所用"恒温水浴装置"是常州翔天实验仪器厂生产的数显恒温水浴锅（HH-S 型，中国），作为垃圾土降解所需载体的"生物补料瓶"是华欧科技公式提供的微生物反应器（1L 容量）（MFC 型，中国）及用于好氧通风的"注气系统"是南京善田电子科技有限公司提供的微型注气泵（STG-DC5 型，中国）。

8.2.4　试验步骤

本试验利用容量 1 L 的生物补料瓶，通过称重换算等方法旨在探究武汉市垃圾组分分别在厌氧和好氧条件下生活垃圾质量的变化规律，具体工况如表 8.4 所示。垃圾土的初始有机质及初始含水量见表 8.5。

表 8.4　试验工况设计

工况编号	工况	备注
CAL	未进行好氧通风工程的填埋场	完全厌氧型垃圾填埋场
CDN	填埋场导排系统正常，开展好氧通风工程	始终保持柱体内零水位
GSF	填埋场导排系统失效	保持填埋场水位始终在 1/2 处开展好氧通风工程

表 8.5　垃圾土的初始有机质及初始含水量

工况编号	初始有机质含量/%	初始含水率/%
CAL	28.3	
CDN	27.8	128.35
GFS	22.2	

按表 8.6 中武汉市垃圾土组分的比例配置新鲜垃圾，将垃圾混合均匀后放入补料瓶中，压实至 1 L 刻度处。确保三个补料瓶内垃圾土的初始湿密度一致。

表 8.6 垃圾土中各组分所占比例

项目	厨余	塑料	草木	纸张	纤维	金属	其他	合计
比例/%	55.30	4.50	8.30	1.50	2.00	1.10	27.30	100.00
质量/g	442.4	36.0	66.4	12.0	16.0	8.8	218.4	800.0

具体步骤如下。

(1) 将各组分垃圾破碎成直径小于生物补料瓶直径的碎片（<2 cm）。

(2) 将破碎后的垃圾按表 8.6 所示的垃圾组分进行称重，混合均匀。

(3) 试验开始前对补料瓶进行气密性检查，并称量补料瓶与各零部件的初始质量。

(4) 将混合均匀的垃圾土均分成 5 份进行填装，每次叠加填 200 mL，填装完成后测量剩余垃圾土的初始含水率、初始有机质含量、初始质量。

(5) 试验开始后，将补料瓶放入恒温水浴锅，控制水浴温度为 35 ℃。

(6) 将补料瓶上端连接集气袋，下端用止水夹密封。

(7) 0~61 d 始终保持密封，每 2 d 称量瓶和垃圾土的总重，61~154 d 每 6 d 通一次风，通风频率为 0.034 7 L/(min·kg DM)，113 d 后停止试验。

特别注意：在水位控制补水时需从下方注水，防止上方注水时尺寸效应影响垂向渗透作用，导致垃圾土上方饱和、下方非饱和现象，难以进行水位观测。

8.2.5 有机物降解试验结果

垃圾土中有机物的存在一直以来都是固体废弃物处置工作的重点和难点问题，其降解过程主要受温度、湿度、菌落、压力、水位等因素影响，且在发生生物降解过程中自身湿度、温度等会因降解的发生而不断变化。

质量降解率（λ）指某一时刻垃圾土中有机物的质量变化量与初始有机物质量的比值，用以表示垃圾土的降解程度（陈继东 等，2008）。

$$\lambda = \frac{\Delta m_y}{m_{y_0}} = \frac{m_{y_0} - m_y}{m_{y_0}} \tag{8.26}$$

式中：m_{y_0} 为有机物的初始质量（g）；m_y 为垃圾土某一时刻有机物的质量（g）；Δm_y 为垃圾土有机物质量的变化量（g）。

质量降解速率（ρ）表示相邻每段时间内质量降解率的变化量与其所对应的相邻阶段时间的比值（方云飞，2005），即

$$\rho = \frac{\lambda_i - \lambda_{i-1}}{t_i - t_{i-1}} \tag{8.27}$$

式中：λ_i 为 t_i 时刻垃圾土的降解率（%）；λ_{i-1} 为 t_{i-1} 时刻垃圾土的降解率（%）。

根据式（8.27）可以看出垃圾土的质量降解速率是质量降解率关于时间的一阶导数。根据式（8.26）、式（8.27）并结合降解试验数据画出厌氧降解过程中 CAL、CDN、GFS 时间变化的降解率与降解速率的变化规律图。如图 8.24~图 8.26 所示，CAL 垃圾土有机物厌氧降解 20 d 后质量降解率达到 0.7%，之后降解率变化并不明显，CDN 垃圾土有机物厌氧降解 60 d 后未发现降解率减缓迹象，在第 20 d 时发现降解率达到了 0.8%，之后降解速率有

减缓的趋势，但减缓速率小于 CAL、GFS 试样的减缓速率，GFS 垃圾土 40 d 后有机物厌氧降解质量降解率在达到 0.7%之后变化不再明显。说明高水位对垃圾土厌氧降解具有抑制作用，由于 CAL 和 GFS 试样下方垃圾土始终处于饱和状态，过高的含水率不利于降解的发生。

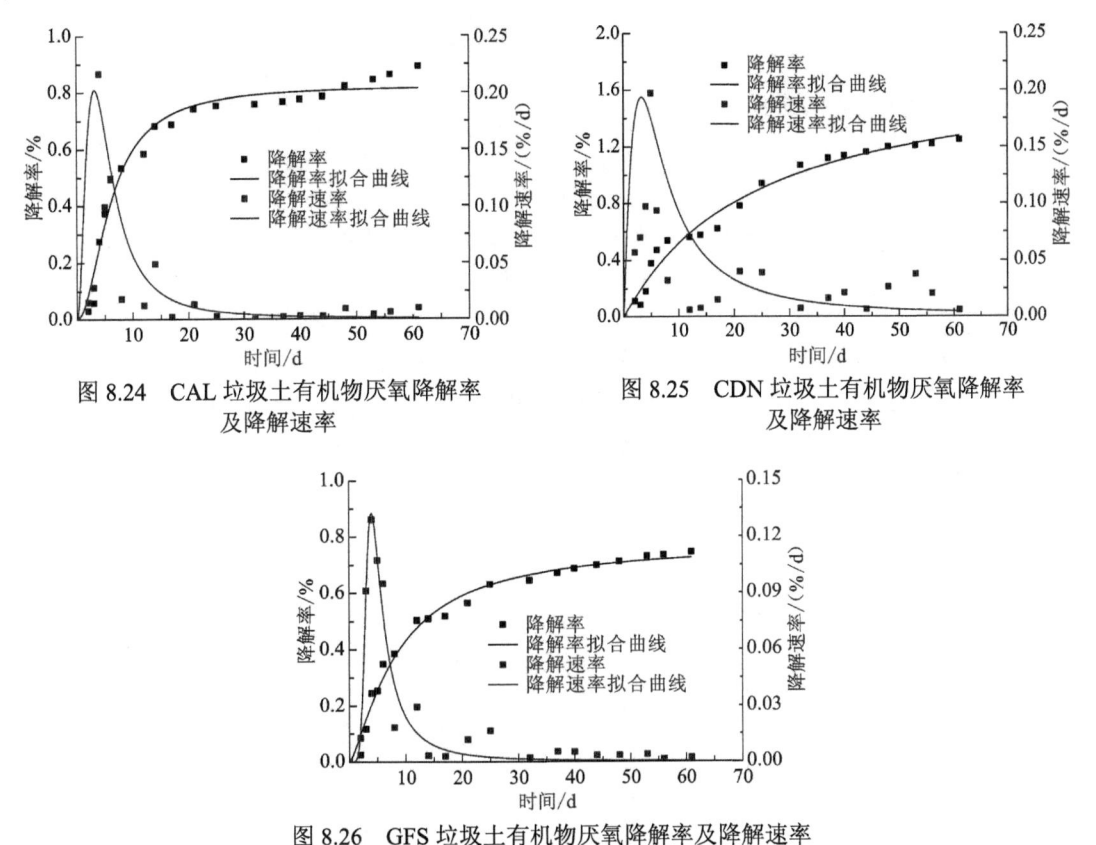

图 8.24 CAL 垃圾土有机物厌氧降解率及降解速率

图 8.25 CDN 垃圾土有机物厌氧降解率及降解速率

图 8.26 GFS 垃圾土有机物厌氧降解率及降解速率

通过图 8.24～图 8.26 也可发现垃圾土经过 60 d 的厌氧降解，降解速率已经非常小了，继续厌氧降解已经没有意义，因此需要开始好氧通风加快降解速率。

结合以往研究结论通过三组降解试验开展垃圾土中有机物降解规律的研究，利用 Logistic 模型和 Richards 生物生长模型对垃圾土有机物生物降解作用下质量的变化规律研究来描述垃圾土降解特性。通过两组模型对试验数据拟合得到相对准确的垃圾土质量降解规律。比较各模型的拟合优度、参数的可解释性和计算的易用性。

1. Logistic 模型

Logistic 模型最早是一种用于描述植物生长、经济活动规律的三参数 S 形模型，其增长率始终大于 0（Nelder，1961）。本小节通过三组不同水位、不同通风情况的降解试验，分析有机物降解质量变化规律，利用 Logistic 方程对降解质量数据进行拟合，得出拟合结果的可信度及各参数情况。

拟合降解质量变化选用的 Logistic 模型公式为

$$y = A_2 + \frac{A_1 - A_2}{1+(x/x_0)^P} \tag{8.28}$$

对式（8.28）求导可得

$$y' = \frac{(A_2 - A_1)p(x/x_0)^{P-1}}{x_0[1+(x/x_0)^P]^2} \quad (8.29)$$

将 Logistic 模型改写为有机质质量随时间的变化关系模型为

$$m_y = A_2 + \frac{A_1 - A_2}{1+(t/t_0)^P} \quad (8.30)$$

求导后得到质量降解率：

$$\lambda = \frac{(A_2 - A_1)p(t/t_0)^{P-1}}{t_0[1+(t/t_0)^P]^2} \quad (8.31)$$

式中：A_1 为初始质量（g）；A_2 为最终质量（g）；t_0 为半降解时间（d）；t 为降解时间（d）；P 为降解控制参数，量纲为 1；其中，$A_1 > A_2$，$A_2 > 0$，$t_0 > 0$。

用式（8.30）对试验数据进行拟合，如图 8.27 所示，可以发现拟合结果较为理想，有机物质量降解的变化规律符合 Logistic 模型，拟合参数见表 8.7。按照 Logistic 模型拟合，由表 8.7 可以看出如选用完全厌氧降解，预计降解稳定时间将达到 595 d，而零水位垃圾土好氧通风达到降解稳定预计需要 163 d，高水位（1/2 水位处）垃圾土好氧通风预计需要 192 d 降解稳定。CAL、CDN、GFS 试样的 Logistic 模型拟合度分别为 0.979、0.998、0.992。

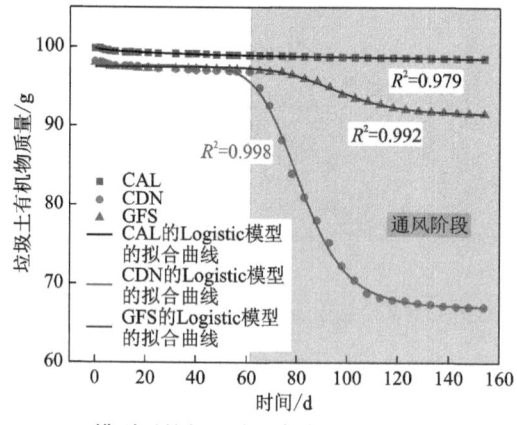

图 8.27 Logistic 模型对垃圾土中有机物质量变化关系整体拟合曲线

表 8.7 Logistic 模型整体拟合参数值

编号	A_1/g	A_2/g	t_0/d	p	R^2
CAL	99.858 5	96.697 52	297.640 82	0.502 75	0.979
CDN	97.625 64	66.982 61	81.723 84	8.944 16	0.998
GFS	97.430 28	91.403 98	96.005 58	7.844 9	0.992

若将厌氧降解过程与好氧过程分开拟合，如图 8.28 所示，可以发现与厌氧-好氧全过程 Logistic 模型拟合曲线相比好氧通风垃圾土降解率会发生突变，符合实际，且好氧阶段拟合度数明显要高于全过程拟合。

从表 8.8 可以发现 Logistic 模型分段拟合结果 CDN 降解程度比 GFS 降解程度高，同样可说明高水位（1/2 水位）会抑制生物降解能力，且好氧通风后的生物降解规律拟合度高于厌氧阶段降解规律，所以好氧阶段的生物降解规律更适用 Logistic 模型。

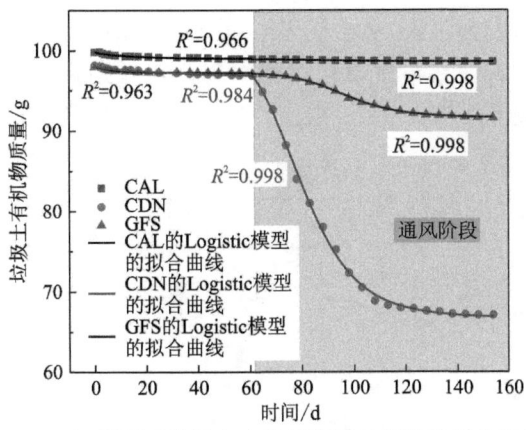

图 8.28　Logistic 模型对垃圾土中有机物质量变化关系分段拟合曲线

表 8.8　Logistic 模型分段拟合参数值

编号	A_1/g 厌氧	A_1/g 好氧	A_2/g 厌氧	A_2/g 好氧	t_0/d 厌氧	t_0/d 好氧	p 厌氧	p 好氧	R^2 厌氧	R^2 好氧
CAL	99.856	99.024	98.789	98.556	13.801	87.411	0.971	4.722	0.966	0.998
CDN	98.166	98.067	94.938	66.657	99.067	79.481	0.713	7.718	0.984	0.998
GFS	98.039	97.163	97.154	91.538	6.034	96.837	1.582	9.118	0.963	0.998

2. Richards 模型

Richards 模型是在 von Bertalanffy 模型的基础上简化而来的，用来描述生物生长发育规律的数学模型（Richards，1959）。利用 Richards 方程对降解质量数据进行拟合，得出拟合结果的可信度及各参数情况。

拟合降解质量变化选用的 Richards 模型公式为

$$y = A[1 - Be^{kx}]^{\frac{1}{1-d}} \tag{8.32}$$

将 Logistic 模型改写为有机质质量随时间的变化关系模型为

$$m_y = A[1 - Be^{kx}]^{\frac{1}{1-d}} \tag{8.33}$$

式中：A 为垃圾土降解后质量的极限值（g）；d 为图形的形状参数，量纲为 1；B 为图形的形状参数，量纲为 1；k 为质量变化速率（g/d）。

采用式（8.33）对垃圾土质量变化数据进行拟合，发现 CAL 可用 Richards 模型进行拟合，而 CDN 及 GFS 拟合没有收敛，可认为当通风开始后垃圾土降解速率产生突变，Richards 模型无法满足拟合条件，因此对 CDN、GFS 开展分段拟合，拟合方程为

$$\begin{cases} m_y = A\left[1 - Be^{-kt}\right]^{\frac{1}{1-d}}, & t < t_0 \\ m_y = A\left[1 - Be^{-k(t-t_0)}\right]^{\frac{1}{1-d}}, & t \geqslant t_0 \end{cases} \tag{8.34}$$

式中：t_0 为好氧通风开始时间（d）。

拟合曲线如图 8.29 所示，由图中可以看出虽然 CAL 可以用 Richards 方程，但模型拟合度仅有 0.977，小于 Logistic 模型 CAL 拟合度，CDN 的 Richards 模型拟合度厌氧阶段拟

合度为 0.955，好氧阶段拟合度为 0.995 低于 Logistic 模型的拟合度，GFS 分段拟合结果相对前两者稍好，但拟合曲线明显可发现曲线斜率有持续增大的趋势，在经过 20 d 左右的快速降解期后降解速率会逐渐下降，因此相比于 Richards 模型 Logistic 模型显然更适合本试验结果。

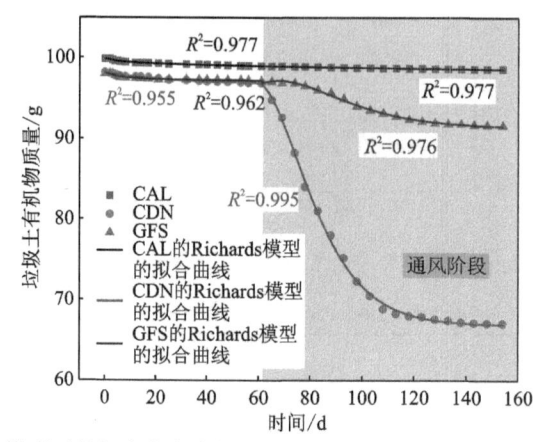

图 8.29　Richards 模型对垃圾土发生生物降解作用过程中有机物质量变化关系的拟合曲线

从图 8.27～图 8.29 可以看出开展好氧通风工程后 CDN 试样的有机物质量降解速率，远高于高水位（1/2 水位）GFS 试样有机物质量降解速率，高于始终处于厌氧降解状态的 CAL 试样的有机物质量降解速率。经过分析认为这种现象主要是 GFS 试样下方垃圾土始终处于饱和状态，开展好氧通风工程后，由于氧气难溶于水，氧气并不能与处于饱和状态的垃圾土有机物充分接触，因此渗滤液中氧气浓度过低导致好氧降解受到抑制作用。由此同样可以看出填埋场内导排设施运行的重要性。

3. 一维沉降图模型验证

根据式（8.19）、式（8.23）、式（8.24）、式（8.25），结合降解试验数据可得式（8.17）所需参数，如表 8.9 所示。用式（8.17）计算 CAL 垃圾土的厌氧降解应变情况，与实测数据进行对比。

表 8.9　垃圾土参数

编号	A_{m0}/%	A_{v0}/%	d	k	t_0	e_0
CAL	31.2	30.4	0.92	0.185	80.3	0.35

如图 8.30 所示，CAL 工况下的垃圾土压缩应变的模型计算值与实测值变化趋势基本一致，而 13～80 d 实测值数据小于计算值主要因为在垃圾土降解过程中渗滤液不断产生，尤其是前 30 d 垃圾土受挤压、降解等因素的影响产生大量渗滤液，造成垃圾土内水位的升高，抑制了压缩的发生，这也与第 3 章的研究结论相互印证。压缩后期由于 10 kPa 的上覆应力的影响下垃圾土后期计算应变值小于实际垃圾土柱内的应变值，但总体趋势可证明式（8.17）的适用性。

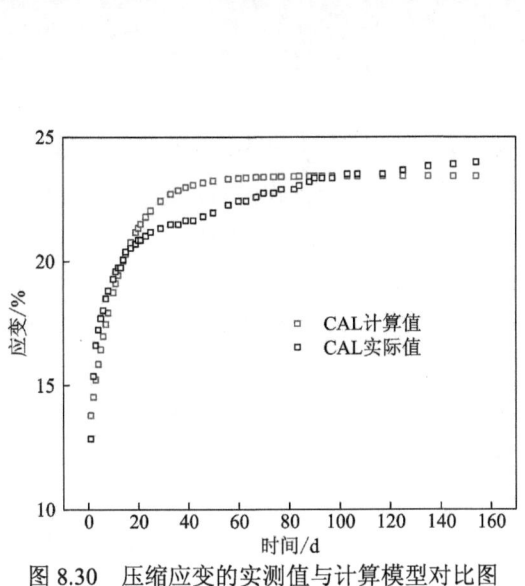

图 8.30 压缩应变的实测值与计算模型对比图

8.3 厌氧–好氧条件下的垃圾土干重度变化规律

目前国内外研究垃圾土的重度变化规律主要集中在垃圾土重度随埋深的增加而不断增加，而垃圾填埋场内部垃圾土干重度（dry unit weight）在填埋场长历时的沉降压缩过程中的变化情况却鲜有报道。因此本节旨在通过室内试验确定垃圾土干重度的变化规律，推导出垃圾土重度的计算模型，为预估填埋场长历时过程中垃圾体量提供一种选择。同时可为垃圾填埋场研究过程中垃圾压实特性提供参考。

干重度作为垃圾土压缩过程中重要的物理参数指标之一，也是影响填埋场库容量和由此产生的填埋效率的主要原因，因此，研究干重度在厌氧降解和好氧降解过程中的变化规律对垃圾填埋场好氧通风工程的研究具有重要意义。目前国内外鲜有通过室内试验得到垃圾土干重度变化规律的先例，而现场通常通过钻机钻探来确定不同埋深、填埋龄下填埋场中垃圾土的重度，本节采用岩土工程方法来确定垃圾土的干重度 γ_d，如式（8.35）所示，重度的变化首先受填埋场主压缩、次压缩沉降的影响，此外，生物降解反应使得填埋场有机物含量的减少，所生成的产物被收集或转化造成 MSW 质量的减少。因此研究需从两方面着手研究。

$$\gamma_d = \frac{W_d}{V} \tag{8.35}$$

式中：W_d 为垃圾土的干基重量（kN）；V 为垃圾土的体积（m³）。

8.3.1 垃圾土体积变化规律

室内试验研究垃圾土体积变化规律的方式主要通过室内压缩试验，通过压缩量的变化规律来换算体积变化规律。

生活垃圾的沉降模型构建了应变随降解反应时间的定量表达式，主要包括主压缩项、次机械压缩项和生物降解项（Marques，2001）：

$$\frac{\Delta H}{H} = C_c' \log\left(\frac{\sigma_0 + \Delta\sigma}{\sigma_0}\right) + \Delta\sigma_b(1-e^{-ct'}) + E_{dg}(1-e^{-dt'}) \tag{8.36}$$

式中：b 为蠕变系数；c 为蠕变压缩速率；E_{dg} 为生物降解应变极限值；d 为生物降解压缩速率。

将次压缩沉降分为机械压缩造成的蠕变沉降和生物降解产生的降解沉降。

Chen 等（2010）通过分析城市固体废弃物降解压缩，将垃圾压缩分为主压缩和以降解为主的次压缩，次压缩与压力和降解条件都有关，提出了考虑垃圾分级堆填过程的填埋场后期应变计算方法，并研究了模型参数的实验取值方法。计算如式（8.37）所示：

$$\varepsilon(\sigma_i, t_i) = \varepsilon_p(\sigma_i) + \varepsilon_\alpha(\sigma_i)[1 - \exp(-\lambda/b)t_i] \tag{8.37}$$

式中：λ/b 为次压缩速率；$\varepsilon_p(\sigma_i)$ 为主压缩应变；$\varepsilon_\alpha(\sigma_i)$ 为次压缩应变极限值。

结合上述城市固体废弃物沉降模型，在此基础上将好氧开始时间作为好氧沉降模型的时间界限，提出垃圾土厌氧-好氧联合型沉降模型（anaerobic-aerobic combined settlement model，ANACS）（金佳旭 等，2022）：

$$\begin{cases} \varepsilon(\sigma,t) = \varepsilon(\sigma,t)_{An} = \varepsilon_0 + A[1 - \exp(-c_1 t)] + B[1 - \exp(-c_2 t)], & t \leqslant t_c \\ \varepsilon(\sigma,t) = \varepsilon(\sigma,t)_{An} + C\{1 - \exp[-c_3(t - t_c)]\}, & t > t_c \end{cases} \tag{8.38}$$

式中：$\varepsilon(\sigma,t)_{An}$ 为厌氧阶段最终应变值；ε_0 为瞬时应变；A 为厌氧期蠕动应变极限值；B 为厌氧期生物降解引起的应变极限值；C 为好氧阶段次压缩应变极限值；c_1 为蠕变压缩速率；c_2 为厌氧生物降解压缩速率；c_3 为好氧生物降解压缩速率；t_c 为好氧阶段开始的时间。

根据式（8.38）分别对 CDU-1、CDU-2、CAL、CDN、GFS-1、GFS-2 6 组垃圾土应变值进行分段拟合，虚线表示厌氧阶段 ANACS 拟合曲线，实线表示好氧阶段 ANACS 拟合曲线，拟合效果如图 8.31~图 8.36 所示。拟合结果具有极高的拟合度，最高 R^2=0.998，最低 R^2=0.931，

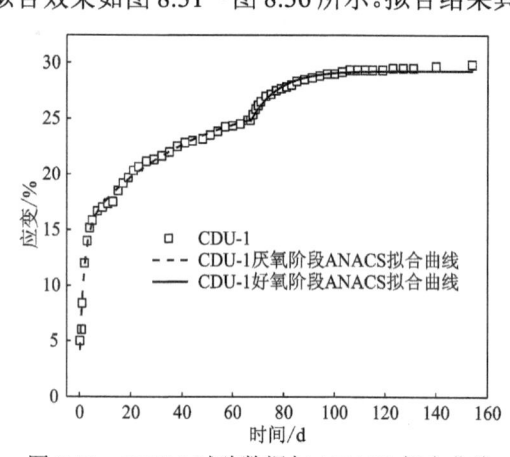

图 8.31　CDU-1 试验数据与 ANACS 拟合曲线

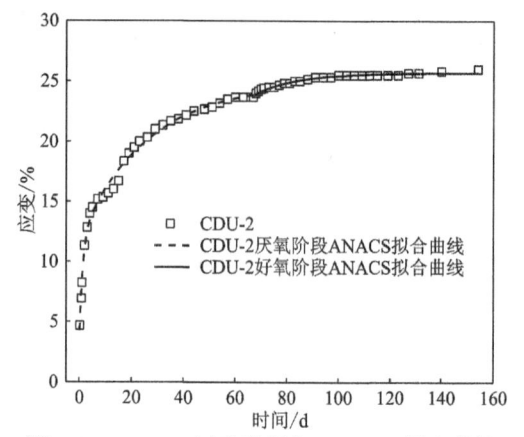

图 8.32　CDU-2 试验数据与 ANACS 拟合曲线

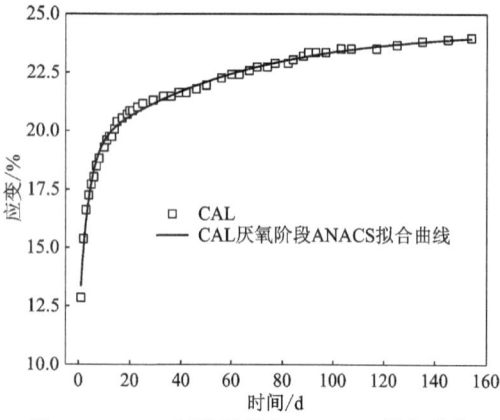

图 8.33　CAL 试验数据与 ANACS 拟合曲线

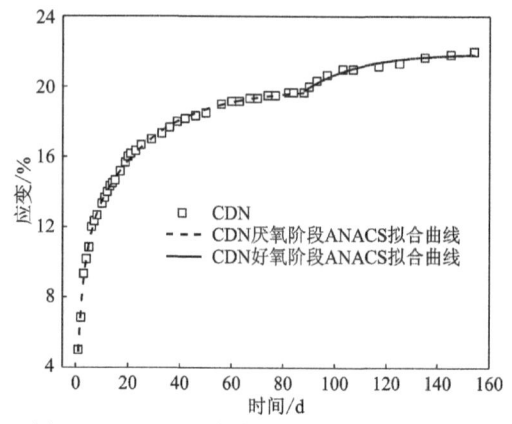

图 8.34　CDN 试验数据与 ANACS 拟合曲线

图 8.35 GFS-1 试验数据与 ANACS 拟合曲线　　图 8.36 GFS-2 试验数据与 ANACS 拟合曲线

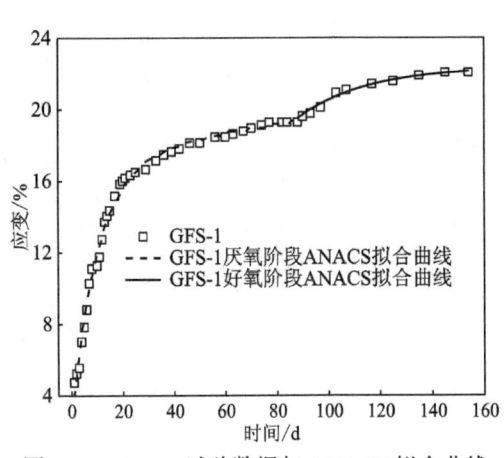

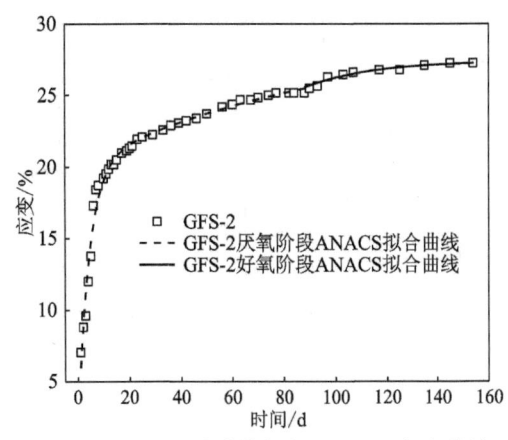

说明式（8.38）提出的 ANACS 对表示厌氧-好氧全过程垃圾土的应变量变化规律的适用度极高。拟合曲线表达式及拟合参数详情见表 8.10。

表 8.10　模型拟合结果

阶段	时间/d	编号	拟合方程	R^2
厌氧阶段	$t \leqslant 67$	CDU-1	$\varepsilon(\sigma,t)=3.029+11.817(1-e^{-0.5605t})+12.219(1-e^{-0.0255t})$	0.993
		CDU-2	$\varepsilon(\sigma,t)=3.060+8.889(1-e^{-0.787t})+12.877(1-e^{-0.0387t})$	0.993
	全过程	CAL	$\varepsilon(\sigma,t)=11.239+5.186(1-e^{-0.017t})+7.925(1-e^{-0.2938t})$	0.994
	$t \leqslant 87$	CDN	$\varepsilon(\sigma,t)=1.478+8.945(1-e^{-0.412t})+9.479(1-e^{-0.0412t})$	0.998
		GFS-1	$\varepsilon(\sigma,t)=3.993+13.219(1-e^{-0.088t})+4.573(1-e^{-0.0076t})$	0.997
		GFS-2	$\varepsilon(\sigma,t)=2.335+17.730(1-e^{-0.223t})+8.863(1-e^{-0.0107t})$	0.984
好氧阶段	$t>67$	CDU-1	$\varepsilon(t)=24.717+4.565[1-e^{-0.0946(t-67)}]$	0.976
		CDU-2	$\varepsilon(t)=23.820+1.886[1-e^{-0.0607(t-67)}]$	0.965
	/	CAL	/	
	$t>87$	CDN	$\varepsilon(t)=19.651+2.270[1-e^{-0.0475(t-87)}]$	0.962
		GFS-1	$\varepsilon(t)=19.445+2.995[1-e^{-0.0343(t-87)}]$	0.972
		GFS-2	$\varepsilon(t)=25.459+1.924[1-e^{-0.0387(t-87)}]$	0.931

由表 8.10 可以知道垃圾土应变随时间的变化规律，通过式（8.39）可将应变转换为体积随时间的变化规律：

$$V = AH_0(1-\varepsilon) \tag{8.39}$$

式中：A 为模型柱的横截面积；H_0 为垃圾土的初始高度；ε 为垃圾土应变量。

8.3.2　厌氧-好氧条件下的垃圾土质量变化预测模型

室内试验确定垃圾土干重度的变化规律还需确定垃圾土干质量的变化规律。将垃圾土质量分为水的质量 m_{w0}、有机物质量 m_{y0}、无机物质量 m_s。经过 Δt 时间后，垃圾土中有机物质量受生物降解影响，垃圾土总质量变为水的质量 m_w、有机物质量 m_y、无机物质量 m_s。质量

变化量用 Δm 表示,有机物质量和无机物质量之和为垃圾土干基质量,初始干基质量用 $m_{干0}$ 表示,Δt 时间后垃圾土干基质量用 $m_干$ 表示。初始垃圾土总质量为 m,Δt 时间后垃圾土总质量为 m',如图 8.37 所示。

不考虑垃圾土中气体的质量,由图 8.37 可知,垃圾土初始干基质量为

$$m_{干0}=\frac{m}{1+w} \qquad (8.40)$$

式中:w 为垃圾土的初始含水率。

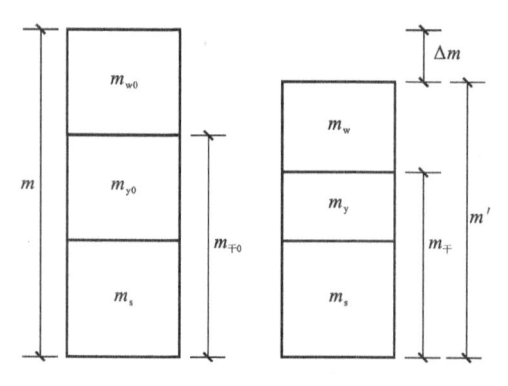

图 8.37 垃圾土质量分布

垃圾土中无机物(不可降解部分)垃圾土质量为

$$m_s = m_{干0}(1-C_{0m}) \qquad (8.41)$$

式中:C_{0m} 为垃圾土的初始有机质含量(%)。

垃圾土干质量可表示为

$$m_干 = m_s + m_y \qquad (8.42)$$

垃圾土有机物质量变化为

$$m_y = A_2 + \frac{A_1-A_2}{1+(t/t_0)^p} \qquad (8.43)$$

式中:A_1 为有机物的初始质量;A_2 为降解 t 时间后垃圾土中有机物的最终质量;t_0 为半降解时间;t 为降解时间;p 为降解控制参数。其中,$A_1>A_2$,$A_2>0$,$t_0>0$,$p>0$。

将式(8.40)、式(8.41)、式(8.43)代入式(8.42)中可得

$$m_干 = \frac{m(1-C_{0m})}{1+w} + A_2 + \frac{A_1-A_2}{1+(t/t_0)^p} \qquad (8.44)$$

第 4 章降解试验中配置与沉降试验相同垃圾组分、相同初始密度、相同降解条件、相同工况开展降解试验。降解试验一般不受尺寸效应的影响,不需要大尺寸模型体,将模型体沉降试验按相同初始密度比例质量缩小 1/42.375。因此降解试验所测部分降解参数也应同比例增加以适应大尺寸模型体试验得到的体积变化规律。

8.3.3 垃圾土重度变化规律

按式(8.35),垃圾土干重度随时间变化规律为

$$\gamma_d = \frac{W_d}{V} = \frac{\dfrac{m(1-C_{0m})}{1+w} + A_2 + \dfrac{A_1-A_2}{1+(t/t_0)^p}}{AH_0(1-\varepsilon)}g \qquad (8.45)$$

式中:g 为重力加速度。

将模型体沉降试验按相同初始密度比例质量缩小 1/42.375 后各参数值如表 8.11 所示。其中初始含水率、初始有机质含量、生物降解速率及降解时间与试样的初始质量无关。因此,扩展后的降解试验参数 w、C_{0m}、t_0、p 的值不变,A_1、A_2 降解试验初始质量与试验中止时垃圾土的质量按质量比例增大 42.375 倍。在计算重度变化规律时,选用 CAL、CDN、GFS 三

种不同工况下的垃圾土进行计算。分别对 CAL、CDN、GFS-1、GFS-2 4 组垃圾土进行重度规律分析。

表 8.11 按质量比例扩展后降解试验参数

编号	初始含水率 w/%	初始有机质含量 C_{om}/%	A_1/g	A_2/g	t_0/d	p
CAL	123.85	28.3	4 231.5	4 097.6	297.641	0.502 75
CDN	123.85	27.8	4 136.9	2 838.4	81.724	8.944 2
GFS	123.85	22.2	4 128.6	3 873.2	96.006	7.844 9

如图 8.38 所示,从整体来看,随着时间的进行垃圾土重度逐渐增大,而重度的增加速率逐渐降低,0~17 d 期间 4 组试样的垃圾土干重度增加较快,此时垃圾土的压缩主要受主压缩影响,主压缩过程中垃圾土因应力作用而被压缩,质量不变体积减小,重度增加明显;随着时间的进行,17~61 d 主压缩完成,垃圾土的压缩主要受生物降解作用与蠕变沉降作用,此时重度持续缓慢增加而重度增长速率逐渐下降;61~154 d CDN、GFS-1、GFS-2 三组试样开展好氧通风,CAL 仍然处于厌氧环境,此时 CAL 试样的干重度变化规律受次压缩影响稳定增加,而 GFS-1、GFS-2 两组试样垃圾土在通风之初干重度增加速率增大,之后逐渐平稳,主要原因是垃圾土受通风作用的影响最终降解时间和最终沉降时间被提前,干重度的增长速率逐渐变小,而 CDN 试样在通风之初垃圾土干重度突然下降,之后下降速率逐渐减慢至稳定,垃圾土发生"超降解"现象,此时垃圾土干重度的计算值减小,但根据实际情况计算可以发现垃圾土干重度并没有减小反而明显增加。

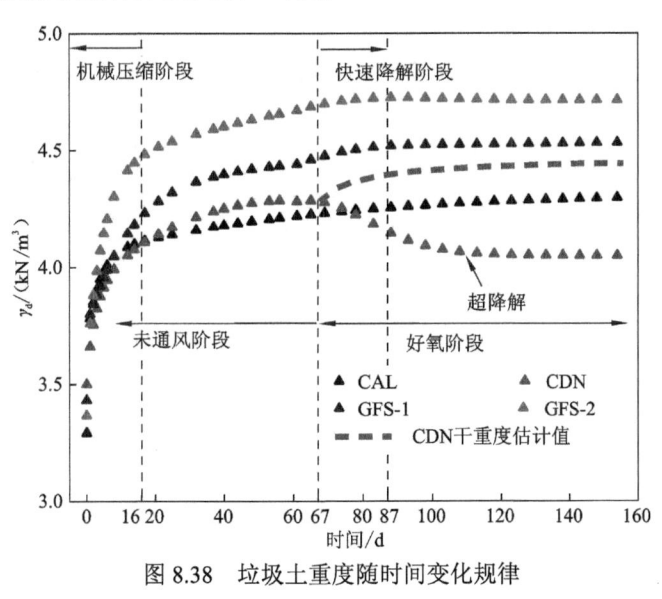

图 8.38 垃圾土重度随时间变化规律

垃圾土"超降解"现象是指垃圾土在降解过程中受外部因素的影响质量下降超出实际因降解产生的质量下降的现象,包括通风过程中部分水分子随气流被带走,由于降解试验尺寸小,这样不仅会导致质量下降而且水汽被带走后垃圾土含水率也会发生变化,当含水率下降至最优降解含水率时降解能力超过压缩试验中试样的实际降解能力,最终导致降解试验所测质量按质量比例放大后的降解质量小于压缩试验中的试样质量,此时垃圾土计算出的干重度小于试样实际干重度。

实际上垃圾土超降解现象是一种试验误差，因此为了消除试验误差，规避超降解现象需要完善降解试验过程，防止通风过程中大量水分子被气流带走。建议采用以下方法：增加降解试验尺寸；减小通风速率，更换流量更小的注气泵；检查通风前后垃圾土质量变化，进行适当的人工补水。

　　根据降解试验知道154 d后，垃圾土好氧通风后垃圾土中易降解的有机物已经降解完成，在之后的长历时过程中垃圾土沉降主要受机械蠕变的影响，垃圾土压缩会非常缓慢但会持续极长一段时间。根据极值估算，最终降解后垃圾土中有机物被消耗完成，垃圾土沉降压缩值会达到垃圾土总厚度的50%，此时计算垃圾土最终干重度为 5.018 kN/m^3。

第 9 章 垃圾填埋场好氧通风优化调控方法及应用

井间距和注气强度的优化设计是好氧通风系统长期和高效运行的重要前提和保障，其根本目的是将更多的氧气注入整个填埋场中，用于构建良好的氧环境。由于填埋场工况条件和环境因素的限制，在工程体尺度通过气井向垃圾堆体内提供足够的氧气是非常困难的，也缺乏相关的标准。本章基于以上实际问题，提出一种垃圾填埋场井群协同优化通风方法（multi-wells optimization aeration method），该方法以氧气贮存率最大化为目标阈值，对环境因素影响下的井间距和注气强度进行分析和筛选。现场应用的结果表明：氧气贮存率随通风时间的变化趋势与预测结果趋势一致。在通风期间，填埋场内的氧气浓度保持较高水平，甲烷浓度一直处于较低水平。同时，垃圾堆体的温度没有大幅度超过上限值。由此可知，本优化方法的提出对通风过程中保持垃圾堆体内充足的氧环境及通风系统的长期运行是可靠的。

9.1 好氧通风系统井群优化调控方法的工艺

9.1.1 技术背景

由于缺乏现场尺度的长期通风试验，现场尺度的注气强度是参考室内试验提出的（Ritzkowski et al., 2007）。室内试验所采用的现场取样样本并不具有代表性，且室内试验的控制条件较为理想，都制约了这种预测方法的可靠性。由于工程体尺度垃圾堆体的非均质性和较高的水位，在填埋场的注气强度要低于室内试验（Slezak et al., 2015；Hrad et al., 2013；Gamperling et al., 2011）。例如，Ritzkowski 等（2006）采用的通风强度为 $0.2\sim0.6$ L/(kg DM·d)，但现场试验选用了 0.3 L/(kg DM·d)。这种保守的注气强度可以保障通风的长期持续进行，取得良好的通风效果（表 9.1）。

然而，相对较高的注气强度会引发温度急剧升高，这一现象的发生主要集中在含水率和可降解有机质含量较高的区域。为了避免温度过高带来的安全风险和不利的降解环境，大部分现场通风都会采用风机间歇式运行的方法（表 9.1）（Liu et al., 2016b；Hrad et al., 2013；Ko et al., 2013；Öncü et al., 2012）。这种方法将会降低填埋场内的氧环境，导致有机物的降解速率减弱。造成这种现象的主要原因在于：填埋场的氧气通过气井注入，当注入的氧气过度集中在井口较近的区域时，在该区域内的降解反应加快导致温度大幅度升高。因此，有效疏导氧气的流动是解决局部高温的关键。

整个填埋场内部氧气的有效疏导需要改进抽气强度和井间距之间的协调性。虽然目前尚无一套完整的注气方案优化方法，但很多学者相继开展了注气过程中氧气运移规律研究，这些研究为更好地改进注气方案提供了很好的帮助。

在现场试验方面，Raga 等（2014）基于现场通风试验结果，考虑填埋深度、水位和堆体渗透能力等因素对井间距进行了预测。此外垃圾堆体的孔隙网络具有明显的非均质性，导致

表 9.1 全球典型好氧通风工程运行数据对比

文献	填埋场名称	面积/hm²	库容	通风强度	通风方案	通风时间/填埋龄	通风方法
Hudgins 等（1999）	美国 Columbia County landfill	1.6	45 200 m³	74 L/(h·m³)	连续运行	18 个月/18 个月	只注气
	美国 Atlanta Landfill	1.0	49 000 m³	122 L/(h·m³)	连续运行	9 个月/36 个月	只注气
Ritzkowski 等（2006）	德国 Kuhstedt Landfill	3.2	220 000 m³ 132 000 Mg DM	0.29 L/(kg DM·d)	连续运行	75 个月/13～35 年	注-抽联合
Öncü 等（2012）	德国 Dorfweiher landfill	1.0	—	最大 1 350 m³/h	间隔运行	13 个月/7～14 年	只注气
Hrad 等（2013）	奥地利 Vienna landfill	2.6	200 000 Mg WM	600～1 000 m³/h 第一阶段：0.06 L/(kg DM·d) 第二阶段：0.09 L/(kg DM·d)	间隔运行	160 周/21～31 年	注-抽联合（低压）
Hrad 等（2017）	奥地利 Vienna landfill	2.6	200 000 Mg WM	0.06～0.09 L/(kg DM·d)	间隔运行	6 年/21～31 年	注-抽联合（低压）
Ko 等（2013）	美国 New River Regional landfill	4.0	—	1 400～2 100 m³/Mg waste	间隔运行	—/5～11 年	注-抽联合
Raga 等（2014）	意大利 Landfill C	1.0	60 000Mg DM	0.29 L/(kg DM·d)	—	12 个月/1970～1983 年	注-抽联合（低压）
Raga 等（2015）	意大利 Modena Landfill	5.0	630 000 t	610 m³/h	间隔运行	410 d/1985～1988 年	注-抽联合（低压）
Liu 等（2018）	中国金口垃圾填埋场	14.9	2 239 500 m³	0.08 L/(kg DM·d) 18 000 m³/h	连续运行	2 年/8～16 年	注-抽联合（高压）

氧气流动受优势路径影响显著（Liu et al.，2016a）。有机物和含水率分布具有明显的差异性制约了好氧降解的效率（Ritzkowski et al.，2013）。高水位条件下通过增加注气强度扩大氧气覆盖面积是不可能实现的，只能通过气体井设计和空间分布。

9.1.2 优化方法的计算步骤

本方法针对井间距和注气强度进行优化设计，目的是确保整个库区内充满更多的氧气。具体步骤如下。首先，以选取的现场工况为背景，采用氧气运移动力学模型，给出不同环境因素影响下垃圾填埋场氧气注入和收集状态的动态预测；其次，在最优化理论及神经网络技术的基础上，计算目标函数，并筛选对应的井间距（WS）和通风强度（AR）；最后，当输出的氧气贮存率符合可靠性要求时，则完成分析和筛选工程，否则进入第二步重新进行计算（图9.1）。

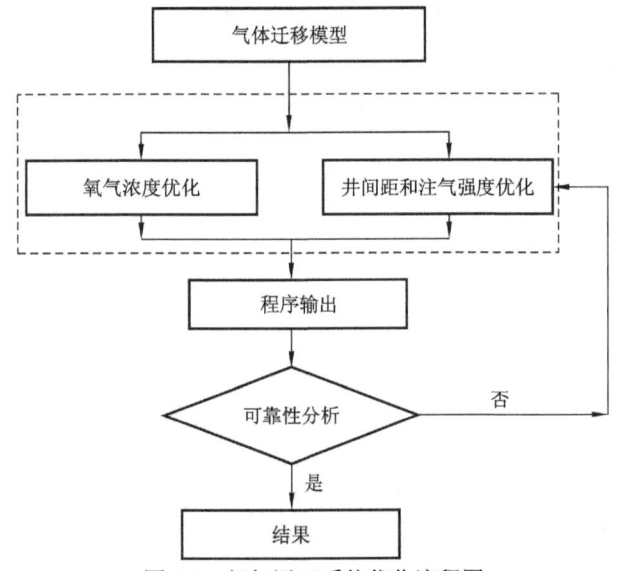

图 9.1 好氧通风系统优化流程图

以垃圾堆体内氧气贮存量的最大化作为优化目标。注-抽联合方式（active aeration and off-gas extraction）被选为通风方法，因为这种方法可以获得相对更大的气体覆盖面积。图9.2给出了两种典型的注气井和抽气井的分布方式，图9.2（a）适合形状规则的场地，图9.2（b）适合形状不规则的场地。

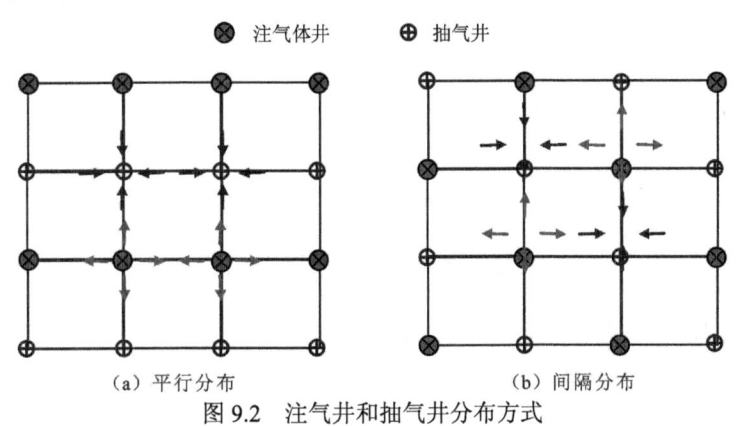

（a）平行分布　　（b）间隔分布

图 9.2 注气井和抽气井分布方式

由于注入的氧气和堆体中甲烷发生化学反应从而被消耗,堆体中留下的氧气量越高,获得的氧环境就会越好。当通风系统中的注气量和抽气量相等且不变时,可以假设总抽气系统中的氧气浓度能直接反映了堆体中的氧环境。

为此,提出一个新的指标——最大氧气贮存率作为通风系统的优化目标。方程为

$$\alpha_T = \frac{C_{E,T}}{C_{I,T}} \times 100\% \geqslant A \tag{9.1}$$

式中:α_T 为整个通风系统的氧气贮存率(oxygen storage ratio,OSR);$C_{E,T}$ 为整个抽气系统的氧气浓度;$C_{I,T}$ 为整个注气系统的氧气浓度;A 为任务的下限值,取值 75%。

9.1.3 优化计算模型

抽气井的氧气浓度受填埋场环境因素影响明显,优化模型的目的是使抽气井的氧气浓度达到最大,模型形式如下:

$$\text{Max}\, C_{O_2\text{-out}} = \text{Max}\, C_{O_2}(Q_{\text{In}}, Q_{\text{Out}}, k_s, D_{O_2}, k_f/k_m, D_f/D_m, w_f, V_{\max}, c_s, \lambda, k_b) \tag{9.2}$$

式中:Q_{In} 为注气强度;Q_{Out} 为抽气强度;k_s 为堆体中的气体渗透率;D_{O_2} 为氧气的有效扩散系数;$V_{\max}$ 为最大消耗速率;$C_{O_2\text{-out}}$ 为抽气井氧气浓度,可以通过气体运移连续性方程进行预测。

气体迁移的对流扩散模型应包含储存项、对流项、弥散项和源汇项(Kindlein,2006),可写为如下形式:

$$(M^\kappa(\phi))_{,t} + \text{div}(F^\kappa(\phi)) + \text{div}(L^\kappa(\text{grad}\,\phi)) + Q^\kappa(\phi) = 0 \tag{9.3}$$

式中:M、F、Q 分别为储存项、对流项和源汇项;κ 为气体组分(如 CH_4、O_2);ϕ 为气体浓度、压力和温度变量。

空气注入导致的好氧反应会使垃圾填埋场释放大量的热,从而堆体温度升高。温度产出预测可通过表达式如下(Lanini et al.,2001):

$$Q^{O_2}(T) = -\frac{An'}{M_{O_2}} k_b \exp\left(-\frac{E_a}{RT}\right) C_{O_2} \tag{9.4}$$

式中:A 为好氧反应速率,一般取值为 460×10^3(J/mol O_2);M_{O_2} 为氧气的摩尔体积,一般取值为 24.8×10^{-3}(m^3/mol);k_b 为生物动力学常数,取值范围为 $100 \sim 1\,000$(1/s);E_a 为活化能,取值为 38 260(J/mol);C_{O_2} 为氧气浓度。

气体在垃圾堆体内迁移具有明显的优势渗透效应,这一现象已经通过定量的方式得到证明(Liu et al.,2016a)。通风过程中氧气分布预测必须考虑优势对流和优势弥散作用。基于双渗透理论,孔隙区域和裂隙区域的化学反应、质量交换可通过如下方程表示:

$$\Omega^\kappa(C) = \begin{cases} -n_f R_f^\kappa - \dfrac{\Gamma_s^\kappa}{w_f} + n_f Q_{\text{production}}^{CH_4}, & \text{裂隙} \\[2mm] -n_m R_m^\kappa + \dfrac{\Gamma_s^\kappa}{(1-w_f)} + n_{mf} Q_{\text{production}}^{CH_4}, & \text{孔隙} \end{cases} \tag{9.5}$$

式中:R^κ 为气体反应速率(mol·s/m^3);n 为孔隙度;下标 f、m 分别表示裂隙和孔隙区域;Γ_s^κ 为气体组分;κ 为裂隙区域和孔隙区域之间的质量交换量;$Q_{\text{production}}^{CH_4}$ 为甲烷的产生速率[mol/($m^3 \cdot s$)];C^κ 为气体组分 κ 的总浓度(mol/m^3)。

注气井分布的优化预测模型采样 BP 神经网络结构进行建模，可实现高度智能化筛选和预测，增强预测模型输出结果的精度和可靠性。式（9.2）中的参数，作为神经网络的输入变量进行求解，经过网络权值和阈值的调整输出优化结果。这一预测模型已在垃圾填埋场气体收集效能优化中得到了很好的验证，模拟程序来源于 Xue 等（2014）。各输入样本的变化范围可根据现场工况进行确定。

优化模型中的各参数是通过人为定义了某个取值范围，这一范围来源于金口填埋场的现场测试及其他文献（Liu et al.，2016a；Han et al.，2010；Jain et al.，2006；Lanini et al.，2001）。$Q_{In}=Q_{Out}=11\,000\sim 45\,000\ m^3/h$，为总注气强度和抽气强度，换算后得到注气速率约为 $0.05\sim 0.2\ L/(kg\ DM \cdot d)$；$H_{cover}=3\ m$，为覆盖层厚度（来源于设计资料）；$k_s$，$k_{cover}$ 分别为堆体和覆盖层气体渗透率；D_s 为堆体弥散系数；$V_{max}=0.001\sim 0.03\ mol \cdot s/m^3$，为最大甲烷氧化速率。采用 12 口气井开展现场抽气试验，水平方向的气体渗透率为 $2.7\times 10^{-13}\sim 6.5\times 10^{-12}\ m^2$。由于现场渗滤液回灌的频率是不确定的，这里忽略了回灌对好氧反应的加强作用。回灌将降低气体渗透率 20%，模拟过程中对气体渗透率的下限值降低 10%。其他参数如下：$k=2.7\times 10^{-14}\sim 6.5\times 10^{-12}\ m^2$、$D_{O_2}=1.0\times 10^{-6}\sim 1.0\times 10^{-5}\ m^2/s$、$k_f/k_m=D_f/D_m=30\sim 300$、$w_f=0.01\sim 0.1$、$V_{max}=1.0\times 10^{-3}\sim 1.0\times 10^{-2}\ m^3/(m^3 \cdot s)$。湿垃圾和干垃圾的热传导系数取值分别为 $0.184\ (W \cdot K)/m$、$0.038\ (W \cdot K)/m$（Nastev et al.，2001）。其余参数取值包括：$\lambda=0.02\sim 0.2\ (W \cdot K/m)$，$k_b=100\sim 1\,000\ 1/s$。

9.2　好氧通风优化调控方法可靠性评价

9.2.1　好氧通风修复治理场地概况

1. 垃圾填埋场历史演化

金口垃圾填埋场位于武汉市东西湖区，1989 年启用，原设计规模为 800 t/d，与岱山垃圾场一起服务于汉口地区，金口垃圾场的主要服务区域为江汉区、桥口区和东西湖区。从 1997 年开始，武汉市开始利用世行贷款建设垃圾处理场的工作，在世行贷款湖北环境项目的资助下，2000 年在金口垃圾场的基础上正式开建世行贷款项目金口垃圾填埋场，并重新进行设计，垃圾处理规模提高至 2 000 t/d，并扩征原有场区北面 180 亩（1 亩≈666.7 m²）地区作为新填埋库区，设计使用寿命至 2010 年。

由于场区周边被迅速开发建设，该场被迫提前于 2005 年 6 月关闭。其间堆高填埋方式被取消，为扩充库容，在原填埋场区北面紧邻区域扩征地 180 多亩，将原填埋区中填埋年份较早的部分陈腐垃圾开挖转移至扩征区域填埋，开挖区则用于填埋新鲜垃圾。该填埋场沿张公堤自南向北推进填埋，形成沿堤长约 1 200 m、宽约 260 m 的填埋堆体（其中有 50 m 宽的范围为张公堤控制线区域），堆体北面是长 1 000 m、宽约 50 m 的污水集存处理区。根据 2013 年 1 月武汉市政院对该垃圾场的现场勘察，金口垃圾场累计填埋垃圾量约为 503 万 m³。

按照金口垃圾填埋场现场情况（填埋时间、填埋深度、垃圾降解程度等），可将其划分为边界明确的 4 个区域，分区见图 9.3。场区外独立垃圾堆体（Ⅰ区），场区内以东西横穿道路和北部填埋区之间的小路为界，分为三个区域（Ⅱ区、Ⅲ区、Ⅳ区）。

■ 不稳定区　　■ 较不稳定区　　■ 基本稳定区

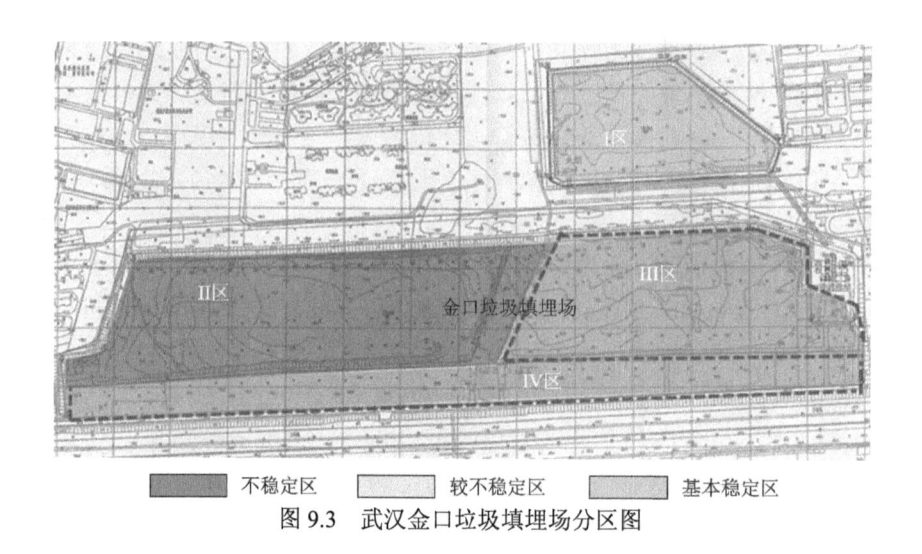

图9.3　武汉金口垃圾填埋场分区图

2. 场地调查情况简介

2012年，金口垃圾填埋场所在区域被选定为2015年在武汉举行的第十届中国国际园林博览会主会场，这将是我国首次在封场后的垃圾填埋场上修建园林并作为园博会主会场，同时也是全球规模最大的垃圾填埋场好氧修复工程。这一设想可以节省土地资源，实现垃圾填埋场的再生利用。基于对温室气体减排做出的重要贡献，金口垃圾填埋场修复工程获得了联合国气候变化委员会C40最佳固废处置奖。

为了确定垃圾堆体的降解状况，对该库区开展了场地环境调查。每个区域的垃圾填埋情况见表9.2。

表9.2　金口垃圾场分区情况

平面分区	垃圾堆填情况				渗滤液水位情况/m
	时间/年	厚度/m	面积/m²	垃圾量/万m³	
I区	约7	约11~15，平均13	64 000	83.20	埋深：3.7~6.6 高程：20.40~22.75
II区	约7~15	约14~16，平均15	149 300	223.95	埋深：4.4~8.4 高程：23.80~28.20
III区	约15~23	约9~13，平均11	97 700	107.47	埋深：3.7~4.2 高程：25.40~26.54
IV区	约15~23	约7~10，平均9	97 600	87.84	埋深：1.8~6.5 高程：23.20~25.90

截至2013年，填埋区内甲烷浓度均处于较高水平，其中：垃圾翻转堆填区（I区）甲烷浓度介于0%~59%，垃圾堆填时间较短区（II区）甲烷浓度介于4.3%~62.6%，垃圾堆填时间较长区（III区与IV区）甲烷浓度介于0%~21.7%。主要原因在于填埋场内的部分沼气石笼已失效，同时缺乏合理的沼气收集管道。

3. 治理方案对比

简易垃圾填埋场的治理方案分为异位治理和原位治理。异位治理是将填埋场中的垃圾转运，该方法仅适用于老旧填埋场垃圾存量较小且有新的卫生填埋场可以接纳、运距适当、接纳处置费用合理的情况。

原位治理是在垃圾场原地对垃圾进行处理，原位治理的方案有三种，分别为原地封场治理、原地筛分处理和原地加速降解治理（生物反应器），是本场修复治理的主要比选对象。

（1）原地封场治理是在原有填埋场上，采取覆盖封场、垂直和水平防渗、渗滤液收集和处理及填埋气体的导排、燃烧或利用等措施，使非正规垃圾填埋场中污染的无序排放，被人为控制，变有序排放，但原地封场治理并不能减少污染物的排放，也不能缩短污染降解的时间。

（2）原地筛分处理是将填埋场中的垃圾开挖后进行筛分，将筛分垃圾分类利用。通过筛分垃圾，减量资源化程度可以达到75%以上，筛分出的无机物可直接就地填埋或作为垃圾卫生填埋场覆盖土，达到了垃圾搬迁减量化和释放土地的目的。该方案对填埋场的污染治理较彻底，但存在垃圾开挖和搬迁过程中环境污染（臭气、粉尘污染等）、安全控制（沼气外泄）、消纳地点选择、腐殖土利用、工程周期等问题。

（3）原地加速降解治理是将填埋场变为生物反应器，改变填埋场中的物理和化学条件，建立符合微生物生长的环境，利用微生物的作用，加速垃圾中可生物降解有机物的分解，缩短填埋场的填埋时间。原地加速降解治理分为厌氧反应器和好氧反应器两种方法。由于厌氧的反应强度较好氧反应低，需要的时间较长，而且厌氧反应不可避免地产生甲烷气等填埋气体，而且渗滤的产生量不会减少，而好氧反应器不存在这些问题，但好氧反应器的投资较厌氧反应器高，运行操作相对复杂。

综上，针对园博会场地利用的目标，采用填埋区封场覆盖、污染物导出（渗滤液导排、填埋气导气）与好氧技术相结合的处理方式。园博会厂址未来的用途是城市公园，需要将污染物与人群严格分开，因此将可迁移的污染物（填埋气、渗滤液）导出，并在填埋区上方采用黏土进行封场覆盖，对堆体中尚存的污染物，采用好氧技术加速其降解，彻底解决金口垃圾场潜在的环境与安全风险。

按照垃圾堆体中污染物分布状态，采取"分区对待"方式。4个填埋区中，Ⅳ区的垃圾堆体已基本稳定，采用覆盖和导出少量污染物的处理措施即可。对重度污染的Ⅰ区和Ⅱ区的垃圾堆体，有机污染物的含量高，需要采取综合性的处理方式（封场覆盖+好氧通风）。

在修复工作开展前，该库区内产生的沼气直接向大气排放，堆体表面实施了简易覆盖，局部区域出现了垃圾裸露，且雨污分流措施不完善。图9.4～图9.6给出了修复过程库区的变迁，图9.7记录了金口填埋场修复过程的各关节时间节点。

图9.4 金口垃圾填埋场简易处理——垃圾裸露（2006年8月）

图 9.5 金口垃圾填埋场好氧通风工程施工（2013 年 11 月）

图 9.6 金口垃圾填埋场修复后变身"园林博览会"（2015 年 10 月）

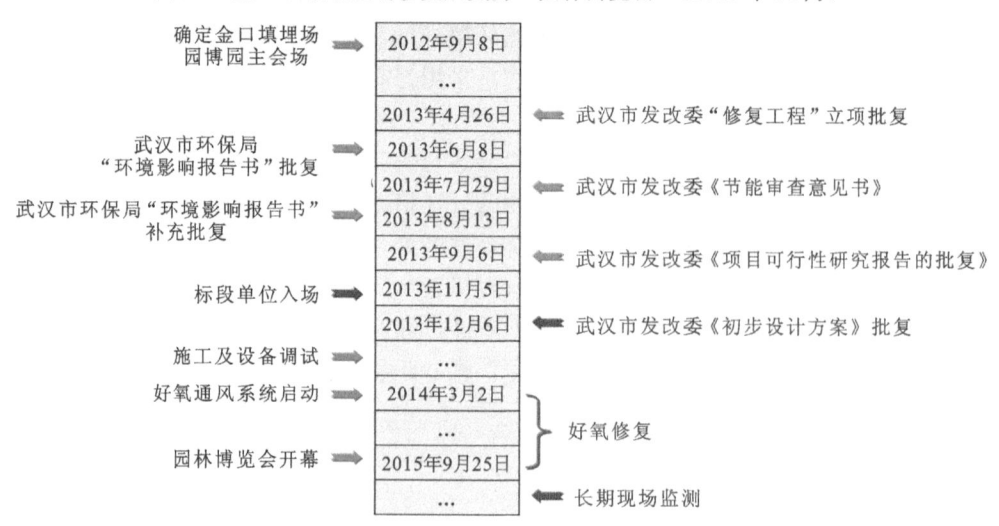

图 9.7 金口垃圾填埋场生态修复时间节点路线图

9.2.2 好氧通风气井及通风方案的优化设计

1. 约束条件

通风过程中氧气的消耗会引发热量的释放，导致温度升高。为了保障通风系统的安全，将温度的上限值设置为 55 ℃。为了使优化后的氧气贮存率在更大的水平上，设置 α_{av} 的下限值为 0.75。

2. 可靠性初步分析

为了验证优化模型的可靠性，将优化后的氧气贮存率与原始样本中的氧气贮存率（随机抽取）进行线性拟合，具有很好的相关性（$R^2=0.81$）（图 9.8）。由预测结果可知，优化后的氧气贮存率大部分集中在 70%～85%，这一规律与自适应学习中"提高氧气贮存率"的设置要求一致。从总体上看，优化后的预测值与输入值 1∶1 拟合效果较好，可初步判断优化方案具有可靠性。

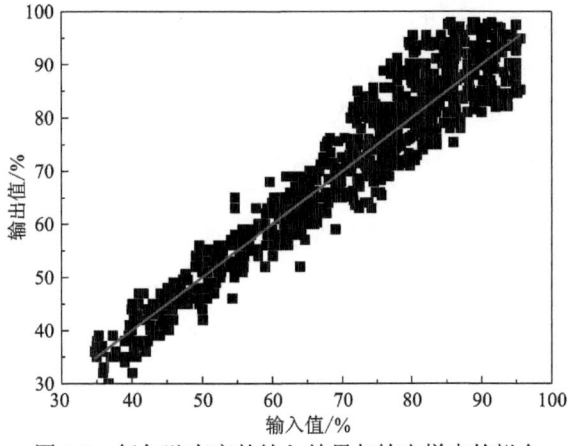

图 9.8 氧气贮存率的输入结果与输出样本的拟合

根据输入样本的优化和筛选，计算得到具有良好学习效果的输出结果为：井距为 25.7 m（实际工况按 25 m 进行布置），平均单井注气强度为 93 m³/h，预计氧气贮存率可达到 89.6%。

根据填埋 II 区的结构特点，共布置 200 个抽气井与抽气系统连接，注气井 192 个与注气系统连接。注气井和抽气井的分布见图 9.9。通风系统分别选用 3 台 6 000 m³/h 的注气风机和

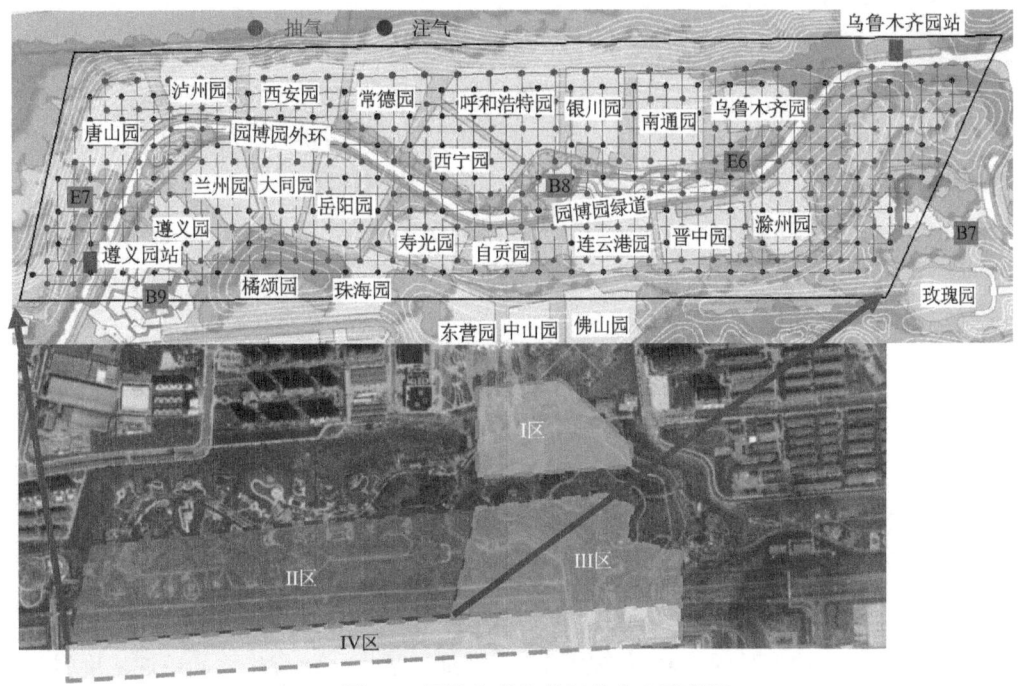

图 9.9 区注气井和抽气井分布示意图

抽气风机。注气和抽气风机均安装沼气浓度分析仪，对氧气和甲烷浓度进行实时监测。温度传感器共安装了 202 个。

9.2.3 长期现场监测与可靠性分析

图 9.10 给出了氧气贮存率（OSR）的模拟和监测结果。在通风系统运行初期，OSR 大幅度升高，监测值明显高于预测值，主要是垃圾堆体内孔隙网络的优势渗透效应使得大部分氧气被抽气系统收集。Hrad 等（2013）和 Ritzkowski 等（2013，2006）在现场通风试验初期也发现了氧气浓度迅速上升的现象。在通风后的 100 d 到 550 d，OSR 缓慢上升，表明：在氧气持续注入的过程中，氧气一直在参与好氧反应，且库区内形成了较好的氧环境。在这一阶段，监测结果明显低于预测结果，这可能是由于实际工程中的有机物的降解反应比较强烈，实际消耗的氧气量比预测值高。这一阶段的温度保持在 50 ℃ 以上，表明降解反应程度较高（Ko et al., 2013）。同时，渗滤液的回灌降低了渗透性，限制了 OSR 的升高。通风 550 d 后，OSR 逐渐达到峰值，且趋于稳定。

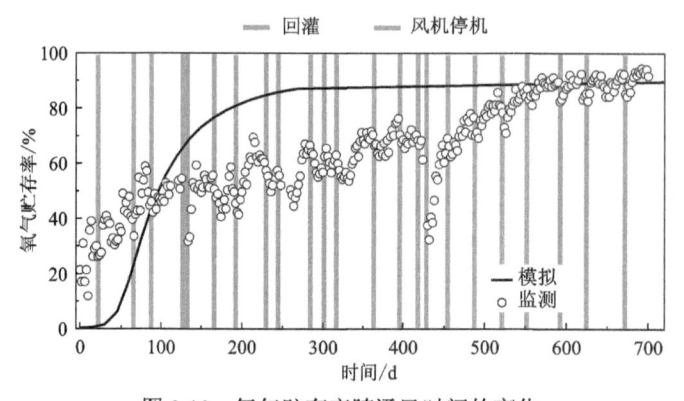

图 9.10 氧气贮存率随通风时间的变化

图 9.11 给出了通风期间氧气和甲烷浓度的监测结果。氧气浓度的持续升高，表明：垃圾堆体中的剩余的有机物含量逐渐减少。在通风中期，好氧反应进入较高的水平，在此期间氧气浓度在 10%~16%，除了回灌期间浓度低于 10%。这一规律与 Ritzkowski 等（2006）和 Öncü 等（2012）在陈旧填埋场通风过程中氧气监测结果相似。

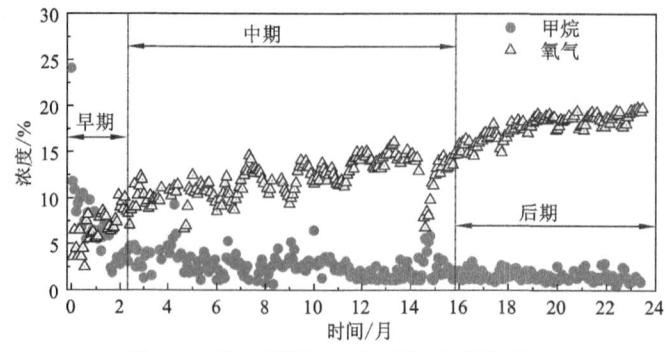

图 9.11 通风期间氧气和甲烷浓度的变化

通风期间，甲烷浓度呈现持续下降的趋势。在通风后期，填埋场内的甲烷浓度得到了较好的抑制，抽出气体中的甲烷浓度为 0.9%~3.1%，这一监测结果与 Ritzkowski 等（2006）和

Raga 等（2014）小于 2%现场监测结果非常接近，说明通风系统已达到较好的运行效果。

图 9.12 给出了通风期间堆体温度的变化过程。堆体内温度经历了 3 个阶段，分别是上升阶段、稳定阶段和下降阶段。最高温度出现在通风后的第 3~13 个月区间，这期间是库区内好氧反应最强烈的时间段，温度在 52~56 ℃，没有明显的超过温度的上限值，保障了通风系统的持续运行和好氧环境的持续性。通风进行 13 个月后，堆体温度开始下降。下降的趋势保持了约 10 个月，在最后阶段，温度下降至 40 ℃左右，已接近好氧通风前的初始温度值，间接表明：好氧反应已进入稳定化（Ritzkowski et al.，2013，2006）。

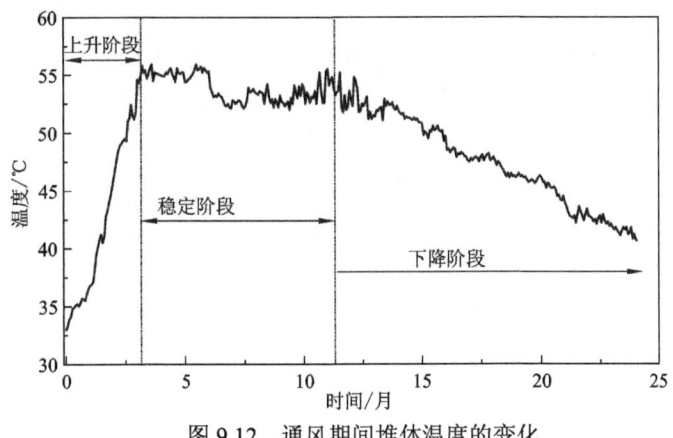

图 9.12　通风期间堆体温度的变化

垃圾填埋场通风过程中的理想温度需控制在35~50 ℃,用于保持好氧降解活性(Heyer et al.，2005)。Öncü 等（2012）和 Hrad 等（2013）也通过调整注气强度使堆体温度最高温度控制在 48 ℃，保障了好氧通风的持续进行。但风机停机和相对降低注气量将减弱垃圾堆体内的氧环境，导致加速降解效率降低。因此，整个库区的注气强度与分配到每个注气井的流量应具有协调性，来合理控制垃圾有机质的好氧反应及控制温度在理想的范围内。

参 考 文 献

陈继东, 施建勇, 胡亚东, 2008. 垃圾土一维压缩修正公式及有机物降解验证试验研究. 岩土力学(7): 78-82.

陈馨, 2012. 厌氧-准好氧联合型生物反应器填埋场渗滤液变化规律研究. 成都: 西南交通大学.

陈馨, 李启彬, 刘丹, 等, 2013. 回灌频率对联合型生物反应器填埋场的影响研究. 环境科学与技术, 36(1): 120-124.

陈云敏, 施建勇, 朱伟, 等, 2012. 环境岩土工程研究综述. 土木工程学报, 45(4): 165-182.

陈云敏, 兰吉武, 李育超, 等, 2014. 垃圾填埋场渗滤液水位壅高及工程控制. 岩石力学与工程学报, 33(1): 154-163.

储洁, 居晨, 2017. 现场注水试验计算原理与实测数据对比分析. 江苏建筑, 55(3): 42-44.

戴小松, 邵靖邦, 叶亦盛, 等, 2016. 垃圾填埋场好氧生态修复技术在武汉金口垃圾填埋场治理工程中的应用. 施工技术(45): 699-703.

邓舟, 蒋建国, 杨国栋, 等, 2006. 渗滤液回灌量对其特性及填埋场稳定化的影响. 环境科学, 27(1): 184-188.

丁正坤, 2017. 新鲜生活垃圾压缩与渗透相关特性研究. 杭州: 浙江理工大学.

方云飞, 2005. 城市生活垃圾(MSW)有机物降解和变形规律研究. 南京: 河海大学.

冯宝平, 张展羽, 2002. 温度对土壤水分运动影响的研究进展. 水科学进展(5): 643-648.

冯世进, 焦阳, 郑奇腾, 2014. 考虑垃圾体成层性的渗滤液回灌运移规律. 地下空间与工程学报, 2014, 10(6): 1263-1269.

冯杨, 刘志刚, 王保军, 2015. 好氧稳定化处理技术在垃圾填埋场的应用. 东北水利水电, 33(8): 49-51.

高斌, 2018. 固体好氧生物反应技术在存量垃圾治理中的应用. 广东化工, 45(45): 217-218, 220.

高武, 詹良通, 兰吉武, 等, 2017. 高渗滤液水位填埋场的填埋气高效收集探究. 中国环境科学, 37(4): 1434-1441.

何超, 2020. 好氧通风条件下垃圾堆体的沉降和温度特性试验研究. 广州: 广东工业大学.

何若, 沈东升, 方程冉, 2001. 生物反应器填埋场系统的特性研究. 环境科学学报, 21(6):763-767.

侯贵光, 陈家军, 陈济滨, 2003. 马鞍山市向山垃圾填埋场抽气实验研究. 中国沼气(4): 13-16.

蒋建国, 张唱, 黄云峰, 等, 2008. 垃圾填埋场稳定化评价参数的中试实验研究. 中国环境科学(1): 58-62.

金佳旭, 丁前绅, 刘磊, 等, 2022. 好氧降解对垃圾土沉降影响试验及沉降模型. 岩土力学, 43(2): 416-422.

柯瀚, 刘骏龙, 陈云敏, 等, 2010. 不同压力下垃圾降解压缩试验研究. 岩土工程学报, 32(10): 1610-1615.

李蕾, 彭垚, 谭涵月, 等, 2021. 填埋场原位好氧稳定化技术的应用现状及研究进展. 中国环境科学, 41(6): 2725-2736.

李启彬, 2004. 基于渗滤液回灌的厌氧型生物反应器填埋场快速稳定研究. 成都: 西南交通大学.

李启彬, 刘丹, 欧阳峰, 2007. 渗滤液回灌对填埋垃圾含水率的影响研究. 环境科学与技术, 30(7): 3.

李守升, 2009. 植被护坡水运移及浅层边坡稳定性分析. 成都: 西南交通大学.

梁仕华, 何超, 张雄, 等, 2020. 液体回灌对生活垃圾好氧反应温度变化影响的模拟预测. 科学技术与工程, 20(12): 5012-5017.

刘晨晖, 周东, 吴恒, 2011. 土壤热导率的温度效应试验和预测研究. 岩土工程学报, 33(12): 1877-1886.

刘丹, 2017. 垃圾填埋场渗滤液回灌参数优化及导排层堵塞数值模拟研究. 阜新: 辽宁工程技术大学.

刘富强, 唐薇, 聂永丰, 2000. 城市生活垃圾填埋场气体的产生、控制及利用综述. 重庆环境科学(6): 72-76.

刘辉, 2012. 城市生活垃圾填埋体渗透性能量化研究. 成都: 西南交通大学.

刘疆鹰, 徐迪民, 赵由才, 等, 2002. 城市垃圾填埋场的沉降研究. 土壤与环境, 11(2): 111-115.

刘军, 潘天骐, 2019. 填埋场好氧修复技术研究进展. 广东化工, 46(20): 85-86, 98.

刘磊, 2009. 垃圾填埋气体热释放传输的动力学规律研究. 阜新: 辽宁工程技术大学.

刘磊, 梁冰, 薛强, 等, 2008. 垃圾填埋气体抽排影响半径的预测. 化工学报(3): 751-755.

刘荣, 施建勇, 彭功勋, 2003. 城市固体废弃物(MSW)的沉降参数研究. 岩土工程技术(2): 90-94.

刘晓东, 施建勇, 2012. 基于土水特征曲线预测城市固体废弃物(MSW)非饱和渗透系数研究. 岩土工程学报, 34(5): 855-862.

刘晓东, 施建勇, 胡亚东, 2011. 考虑城市固体废弃物(MSW)生化降解的力-气耦合一维沉降模型及计算. 岩土工程学报, 33(5): 693-699.

刘钊, 2010. 填埋垃圾渗透特性测试及抽排竖井渗流分析. 杭州: 浙江大学.

陆森, 任图生, 2009. 不同温度下的土壤热导率模拟. 农业工程学报(7): 6.

马小飞, 李育超, 詹良通, 等, 2013. 城市生活垃圾填埋场气压分布一维稳态分析模型. 土木建筑与环境工程, 35(5): 44-49.

马泽宇, 金漪, Ko J H, 等, 2013. 好氧生物反应器加速渗滤液及垃圾稳定进程研究. 环境科学与技术, 36(10): 90-94.

孟淳, 2013. 垃圾填埋场好氧降解加速稳定化技术生态修复方法. 建材世界, 34(3): 145-149.

齐越, 2013 回灌型生物反应器填埋场渗滤液水力特性研究. 成都: 西南交通大学.

彭功勋, 2004. 城市生活固体废弃物 MSW 的沉降变形研究. 南京: 河海大学.

彭绪亚, 2004. 垃圾填埋气产生及迁移过程模拟研究. 重庆: 重庆大学.

彭绪亚, 余毅, 2003. 填埋垃圾体气体渗透特性的实验研究. 环境科学学报(4): 530-534.

瞿贤, 何品晶, 邵立明, 等, 2005. 城市生活垃圾渗透系数测试研究. 环境污染治理技术与设备, 6(12): 13-17.

施建勇, 赵义, 2015. 气体压力和孔隙对垃圾土体气体渗透系数影响的研究. 岩土工程学报, 37: 586-593.

施建勇, 钱正亚, 艾英钵, 2019. 垃圾土热传导特性随含水率的变化规律. 河海大学学报(自然科学版), 47(2): 119-124.

沈东升, 何若, 刘远宏, 2003. 生活垃圾填埋生物处理技术. 北京: 化学工业出版社.

孙益彬, 2012. 好氧生物反应器填埋场中气体注入、产生及运移的拟稳态模拟研究. 北京: 北京化工大学.

孙跃强, 王春梅, 张洁, 等, 2012. 填埋气产气量估算模型在我国的应用. 环境工程, 30(S2): 392-395.

唐嵘, 2012. 封场非正规垃圾填埋场好氧降解快速稳定技术及应用研究. 北京: 中国地质大学.

万晓丽, 李育超, 柯瀚, 等, 2011. 时域条件下填埋场导排系统水位变化规律. 浙江大学学报(工学版), 45(4): 688-694.

王超, 2014. 渗滤液回灌温室气体排放控制及脱氮优化研究. 上海: 华东师范大学.

王浩, 2008. 不同渗滤液回灌条件下MSW实验室模拟填埋产气研究. 北京: 北京师范大学.

王慧玲, 张学平, 康敏娟, 2019. 垃圾简易堆填场输氧抽气治理技术试验研究. 科学技术与工程, 19(9): 287-292.

王铄, 王全九, 樊军, 等, 2012. 土壤导热率测定及其计算模型的对比分析. 农业工程学报, 28(5): 78-84.

王铁行, 李宁, 2005. 土体水热力耦合问题研究意义、现状及建议. 岩土力学(3): 488-493.

王颐军, 李玲, 高建华, 2020. 封场生活垃圾填埋场好氧治理通风系统计算与应用. 环境卫生工程, 28(2): 69-72, 78.

王文芳, 2012. 不同降解龄期下城市固体废弃物渗透性研究. 杭州: 浙江大学.

吴小雯, 2016. 基于优先流及各向异性的填埋场水分运移规律研究. 杭州: 浙江大学.

魏海云, 詹良通, 陈云敏, 2007. 城市生活垃圾的气体渗透性试验研究. 岩石力学与工程学报, 26(7): 1408-1415.

肖琳, 李晓昭, 赵晓豹, 等, 2008. 含水量与孔隙率对土体热导率影响的室内实验. 解放军理工大学学报(自然科学版)(3): 241-247.

谢强, 2004. 城市生活垃圾卫生填埋场沉降特性研究. 重庆: 重庆大学.

徐晓兵, 詹良通, 陈云敏, 等, 2011. 城市生活垃圾填埋场沉降监测与分析. 岩土力学, 32(12): 3721-3727.

许越, 2014. 垃圾堆体固有渗透率及孔隙度演化特征试验研究. 阜新: 辽宁工程技术大学.

薛强, 赵颖, 刘磊, 等, 2011. 垃圾填埋场灾变过程的温度-渗流-应力-化学耦合效应研究. 岩石力学与工程学报, 30(10): 1970-1988.

叶为民, 王初生, 王琼, 等, 2009. 非饱和粘性土中气体渗透特征. 工程地质学报, 17(2): 244-248.

易富, 许越, 刘磊, 等, 2014. 垃圾堆体固有渗透与孔隙度协同演化特征实验研究. 环境工程学报, 8(5): 2091-2096.

曾刚, 2016. 降解-压缩作用下生活垃圾土孔隙结构演化规律及气体渗透特性研究. 北京: 中国科学院大学.

曾晓岚, 龙腾锐, 丁文川, 等, 2006. 准好氧填埋垃圾渗滤液全循环处理的影响因素研究. 中国给水排水(23): 63-66.

查坤, 2009. 基于现场试验的循环式垃圾准好氧填埋研究. 成都: 西南交通大学.

詹良通, 徐辉, 兰吉武, 等, 2014. 填埋垃圾渗透特性室内外测试研究. 浙江大学学报(工学版), 48(3): 478-486.

张富仓, 张一平, 1997. 温度对土壤水分保持影响的研究. 土壤学报(2): 160-169.

张均龙, 2019. 老垃圾填埋场好氧修复试验及数值模拟. 武汉: 华中科技大学.

张廷军, 于子望, 黄芮, 等, 2009. 岩土热导率测量和温度影响研究. 岩土工程学报, 31(2): 213-217.

张文杰, 2007. 城市生活垃圾填埋场中水分运移规律研究. 杭州: 浙江大学.

张文杰, 陈云敏, 2010. 垃圾填埋场抽水试验及降水方案设计. 岩土力学, 31(1): 211-215.

张一平, 白锦鳞, 1990. 温度对土壤水势影响的研究. 土壤学报(4): 454-458.

张振营, 陈云敏, 2004. 城市垃圾填埋场沉降模型的研究. 浙江大学学报(工学版), 38(9): 1162-1165.

章凌峰, 2015. 城市固体垃圾材料的渗透特性与渗透机理研究. 杭州: 浙江理工大学.

赵燕茹, 2014. 城市生活垃圾填埋体的力学特性及降解沉降研究. 重庆: 重庆大学.

郑苇, Phoungthong K, 吕凡, 等, 2014. 基于生物化学性质的固体废物厌氧降解特征参数. 中国环境科学, 34(4): 983-988.

中国科学院武汉岩土力学研究所, 2014. 生活垃圾土土工试验技术规程: CJJ/T 204—2013. 北京: 中国建筑工业出版社.

中华人民共和国国家质量监督检验检疫总局, 中华人民共和国国家标准化管理委员会, 2010. 生活垃圾填埋场稳定化场地利用技术要求: GBT 25179—2010. 北京: 中国标准出版社.

中华人民共和国生态环境部, 2019. 2018 中国生态环境状况公报. 北京: 中国环境出版社.

中华人民共和国水利部, 2005. 水利水电工程钻孔抽水试验规程: SL 320—2005. 北京: 中国水利水电出版社.

中华人民共和国香港特别行政区环境保护署, 2011. 环保工作报告. 香港: 环境保护署.

周宏磊, 王玉, 王澎, 等, 2015. 输氧抽气技术在垃圾填埋场治理中的关键参数试验研究. 环境工程(5): 5.

庄迎春, 谢康和, 2005. 砂土混合材料导热性能的试验研究. 岩土力学(2): 261-264, 269.

邹庐泉, 2004. 生活垃圾填埋场初期渗滤液预处理后循环回灌的研究. 上海: 同济大学.

Abichou T, Barlaz M A, Green R, et al., 2013. The outer loop bioreactor: A case study of settlement monitoring and solids decomposition. Waste Management, 33(10): 2035-2047.

Abichou T, Yuan L, Chanton J, 2008. Estimating methane emission and oxidation from earthen landfill covers//GeoCongress 2008. New Orleans, Louisiana, USA. American Society of Civil Engineers.

Abichou T, Kormi T, Yuan L, et al., 2015. Modeling the effects of vegetation on methane oxidation and emissions through soil landfill final covers across different climates. Waste Management, 36: 230-240.

Adani F, Confalonieri R, Tambone F, 2004. Dynamic respiration index as a descriptor of the biological stability of organic wastes. Journal of Environmental Quality, 33(5): 1866-1876.

Ağdağ O N, Sponza D T, 2004. Effect of aeration on the performance of a simulated landfilling reactor stabilizing municipal solid wastes. Journal of Environmental Science and Health Part A, Toxic/Hazardous Substances & Environmental Engineering, 39(11/12): 2955-2972.

Almeira N, Komilis D, Barrena R, et al., 2015. The importance of aeration mode and flowrate in the determination of the biological activity and stability of organic wastes by respiration indices. Bioresource Technology, 196: 256-262.

APHA, 1998. Standard Methods for the Examination of Water and Wastewater. Washington, DC Standard Methods for the Examination of Water and Wastewater, 20.

April L G, 2001. Measuring and modelling of landfill gas emissions. Waterloo: University of Waterloo.

Arigala S G, Tsotsis T T, Webster I A, et al., 1995. Gas generation, transport, and extraction in landfills. Journal of Environmental Engineering, 121(1): 33-44.

Athanasopoulos G A, 2011. Laboratory testing of municipal solid waste. Geotechnical Special Publication, 209: 195-205.

Audebert M, Clément R, Moreau S, et al., 2016. Understanding leachate flow in municipal solid waste landfills by combining time-lapse ERT and subsurface flow modelling: Part I: Analysis of infiltration shape on two different waste deposit cells. Waste Management, 55: 165-175.

Babu G L S, Reddy K R, Chouskey S K, 2010. Constitutive model for municipal solid waste incorporating mechanical creep and biodegradation induced compression. Waste Management, 30(1): 11-22.

Baldasano J M, Soriano C, 2000. Emission of greenhouse gases from anaerobic digestion processes: Comparison with other municipal solid waste treatments. Water Science and Technology, 41(3): 275-282.

Balland V, Arp P A, 2005. Modeling soil thermal conductivities over a wide range of conditions. Journal of Environmental Engineering and Science, 4(6): 549-558.

Baptista M, Antunes F, Gonçalves M S, et al., 2010. Composting kinetics in full-scale mechanical-biological treatment plants. Waste Management, 30(10): 1908-1921.

Barlaz M A, Ham R K, Schaefer D M, et al., 1990. Methane production from municipal refuse: A review of enhancement techniques and microbial dynamics. Critical Reviews in Environmental Control, 19(6): 557-584.

Barrena R, d'Imporzano G, Ponsá S, et al., 2009. In search of a reliable technique for the determination of the biological stability of the organic matter in the mechanical-biological treated waste. Journal of Hazardous Materials, 162(2/3): 1065-1072.

Beaven R P, 2000. The hydrogeological and geotechnical properties of household waste in relation to sustainable landfilling. London, UK: Queen Mary University of London.

Beaven R P, Cox S E, Powrie W, 2007. Operation and performance of horizontal wells for leachate control in a waste landfill. Journal of Geotechnical and Geoenvironmental Engineering, 133(8): 1040-1047.

Beaven R P, Powrie W, Zardava K, 2011. Hydraulic properties of MSW//Geotechnical Characterization, Field

Measurement, and Laboratory Testing of Municipal Solid Waste. New Orleans, Louisiana, USA.

Benson C, Breitmeyer R, 2021. Using inversion to improve prediction in geoenvironmental engineering. Geo-Strata-Geo Institute of ASCE, 14: 22-24.

Berge N D, Reinhart D R, Hudgins M, 2007. The status of aerobic landfills in the United States//Stegmann R, Ritzkowski M. Landfill Aeration. IWWG Monograph. CISA.

Bilgili M S, Demir A, Bestamin Ö, 2007. Influence of leachate recirculation on aerobic and anaerobic decomposition of solid wastes. Journal of Hazardous Materials, 143(1/2): 177-183.

Bird R B, Stewart W E, Lightfoot E N, 2006. Transport Phenomena.2nd Edition. New York: John Wiley & Sons.

Bjarngard A, Edgers L, 1990. Settlement of municipal solid waste landfills//Proceedings 13th Annual Madison Waste Conference University of Wisconsin, Madison: 192-205.

Blackwell J H, 1954. A transient - flow method for determination of thermal constants of insulating materials in bulk part I: Theory. Journal of Applied Physics 25(2): 137-144.

Bleiker D E, Mcben E, Farquhar G,1993. Refuse sampling and permeability testing at the Brock West and Keele Valley landfills//Proceedings of the 16th International Madison Waste Conference, Department of Engineering Professional Development of Wisconsin, Madison, USA: 548.

Bonany J E, van Geel P J, Burak Gunay H, et al., 2013a. Heat budget for a waste lift placed under freezing conditions at a landfill operated in a northern climate. Waste Management, 33(5): 1215-1228.

Bonany J E, van Geel P J, Gunay H B, et al., 2013b. Simulating waste temperatures in an operating landfill in Québec, Canada. Waste Management & Research, 31(7): 692-699.

Borglin S E, Hazen T C, Oldenburg C M, et al., 2004. Comparison of aerobic and anaerobic biotreatment of municipal solid waste. Journal of the Air & Waste Management Association, 54(7): 815-822.

Bourne-Webb P J, Amatya B, Soga K, et al., 2009. Energy pile test at Lambeth College, London: Geotechnical and thermodynamic aspects of pile response to heat cycles. Géotechnique, 59(3): 237-248.

Brandstätter C, Prantl R, Fellner J, 2020. Performance assessment of landfill in situ aeration: A case study. Waste Management, 101: 231-240.

Breitmeyer R J, Benson C H, 2011. Measurement of unsaturated hydraulic properties of municipal solid waste//Geo-Frontiers 2011. Dallas, Texas, USA.

Breitmeyer R J, Benson C H, 2014. Evaluation of parameterization techniques for unsaturated hydraulic conductivity functions for municipal solid waste. Geotechnical Testing Journal, 37(4): 597-612.

Breitmeyer R J, Benson C H, Edil T B, 2019. Effects of compression and decomposition on saturated hydraulic conductivity of municipal solid waste in bioreactor landfills. Journal of Geotechnical Geoenvironmental Engineering, 145(4): 04019011.

Brooks R H, Corey A T, 1966. Properties of porous media affecting fluid flow. Journal of the Irrigation Drainage Division, 92(2): 61-88.

Cao Q, Liu X F, Ran Y, et al., 2019. Methane oxidation coupled to denitrification under microaerobic and hypoxic conditions in leach bed bioreactors. Science of the Total Environment, 649(8): 1-11.

Carman P C, 1939. Permeability of saturated sands, soils and clays. The Journal of Agricultural Science, 29(2): 262-273.

Cestaro S, Cossu R, Lanzoni S, 2003. Analysis of pressure field in a landfill during In-situ aeration for waste stabilization//Proceedings Sardinia 2003, Ninth International Waste Management and Landfill Symposium,

CISA, Cagliari, Italy: 5-9.

Chanton J P, Powelson D K, Green R B, 2009. Methane oxidation in landfill cover soils, is a 10% default value reasonable?. Journal of Environmental Quality, 38(2): 654-663.

Chen S X, 2008. Thermal conductivity of sands. Heat and Mass Transfer, 44(10): 1241-1246.

Chen T H, Chynoweth D P, 1995. Hydraulic conductivity of compacted municipal solid waste. Bioresource Technology, 51(2/3): 205-212.

Chen Y C, Chen K S, Wu C H, 2003. Numerical simulation of gas flow around a passive vent in a sanitary landfill. Journal of Hazardous Materials, 100(1/2/3): 39-52.

Chen Y M, Ke H, Fredlund D G, et al., 2010. Secondary compression of municipal solid wastes and a compression model for predicting settlement of municipal solid waste landfills. Journal of Geotechnical and Geoenvironmental Engineering, 136(5): 706-717.

Clément R, Oxarango L, Descloitres M, 2011. Contribution of 3-D time-lapse ERT to the study of leachate recirculation in a landfill. Waste Management, 31(3): 457-467.

Cossu R, Sterzi G, Rossetti D, 2005a. Full-scale application of aerobic in situ stabilization of an old landfill in north Italy//Proceedings of Tenth International Waste Management and Landfill Symposium: 3-7.

Cossu R, Cestaro S, 2005b. Modeling in situ aeration process//Sardinia 2005, Tenth International Waste Management and Landfill Symposium, S. Margheritadi Pula, Cagliari, Italy: 3-5.

Cossu R, Raga R, 2008. Test methods for assessing the biological stability of biodegradable waste. Waste Management, 28(2): 381-388.

Cossu R, Raga R, Rossetti D, 2003a. The PAF model: An integrated approach for landfill sustainability. Waste Management, 23(1): 37-44.

Cossu R, Raga R, Rossetti, D, 2003b. Full scale application of in Situ Aerobic stabilization of old landfills// Proceedings Sardinia 2003, Ninth International Waste Management and Landfill Symposium. Cagliari, Italy: 6-10.

Cossu R, Raga R, Rossetti D, et al., 2007. Preliminary tests and full scale applications of in situ aeration//Sardinia 2007, Eleventh International Waste Management and Landfill Symposium: 885-886.

Cossu R, Lai T, Sandon A, 2012. Standardization of BOD_5/COD ratio as a biological stability index for MSW. Waste Management, 32(8): 1503-1508.

Coumoulos D G, Koryalos T P, 1997. Prediction of attenuation of landfill settlement rates with time//14th International Conference on Soil Mechanics and Foundation Engineering, Hamburg: 1807-1811.

Dane J H, Hruska S, 1983. In-situ determination of soil hydraulic properties during drainage. Soil Science Society of America Journal, 47(4): 619-624.

Datta S, Zekkos D, Fei X, et al., 2018. Waste composition-dependent 'HBM' model parameters based on degradation experiments. Journal of Environmental Geotechnics, 8(2): 124-133.

Davis C L, Hinch S A, Donkin C J, et al., 1992. Changes in microbial population numbers during the composting of pine bark. Bioresource Technology, 39(1): 85-92.

de Carvalho Baptista M H, 2009. Modelling of the kinetics of municipal solid waste composting in full-scale mechanical-biological treatment plants. Lisboa: Universidade NOVA de Lisboa.

de Visscher A, van Cleemput O, 2003. Simulation model for gas diffusion and methane oxidation in landfill cover soils. Waste Management, 23(7): 581-591.

de Visscher A, Thomas D, Boeckx P, et al., 1999. Methane oxidation in simulated landfill cover soil environments. Environmental Science & Technology, 33(11): 1854-1859.

de Vries D A, 1963. Thermal properties of soils// van Wijk W R. Physics of Plant Environment. New York: John Wiley & Sons: 210-235.

Denes J, Tremier A, Menasseri-Aubry S, et al., 2015. Numerical simulation of organic waste aerobic biodegradation: A new way to correlate respiration kinetics and organic matter fractionation.Waste Management, 36: 44-56.

Donazzi F, Occhini E, Seppi A, 1979. Soil thermal and hydrological characteristics in designing underground cables. Proceedings of the Institution of Electrical Engineers, 126(6): 506.

Dong J, Zhao Y S, Henry R K, et al., 2007. Impacts of aeration and active sludge addition on leachate recirculation bioreactor. Journal of Hazardous Materials, 147(1/2): 240-248.

Durner W, Iden S C, 2011. Extended multistep outflow method for the accurate determination of soil hydraulic properties near water saturation. Water Resources Research, 47(8): 427-438.

Edil T B, Ranguette V J, Wuellner W W, 1990. Settlement of municipal refuse//Geotechnics of waste fills: Theory and practice. West Conshohocken: ASTM International: 225-239.

El Fadel M, Fayad W, Hashisho J, 2013. Enhanced solid waste stabilization in aerobic landfills using low aeration rates and high density compaction. Waste Management & Research, 31(1): 30-40.

EPA, 2005. Landfill gas emissions model (LandGEM) version 3.02 user's guide. Washington D C: U.S. Environmental Protection Agency.

Erses A S, Onay T T, Yenigun O, 2008. Comparison of aerobic and anaerobic degradation of municipal solid waste in bioreactor landfills. Bioresource Technology, 99(13): 5418-5426.

Esteve K, Trémier A, Launay M, et al., 2009. Comprehensive study of solid waste aerobic biodegradation kinetics: Coupling of specific chemical analysis//Twelfth International Waste Management and Landfill Symposium. Sardinia, Italy: 11.

Faitli J, Magyar T, Erdélyi A, et al., 2015. Characterization of thermal properties of municipal solid waste landfills. Waste Management, 36: 213-221.

Fei X C, Zekkos D, Raskin L, 2015. Archaeal community structure in leachate and solid waste is correlated to methane generation and volume reduction during biodegradation of municipal solid waste. Waste Management, 36: 184-190.

Feng S J, Cao B Y, Zhang X, et al., 2015. Leachate recirculation in bioreactor landfills considering the stratification of MSW permeability. Environmental Earth Sciences, 73(7): 3349-3359.

Feng S J, Gao K W, Chen Y X, et al., 2017a. Geotechnical properties of municipal solid waste at Laogang Landfill, China. Waste Management, 63: 354-365.

Feng S J, Ng C W W, Leung A K, et al., 2017b. Numerical modelling of methane oxidation efficiency and coupled water-gas-heat reactive transfer in a sloping landfill cover. Waste Management, 68: 355-368.

Feng S J, Bai Z B, Chen H X, et al., 2018. A dual-permeability hydro-biodegradation model for leachate recirculation and settlement in bioreactor landfills. Environmental Science and Pollution Research, 25(15): 14614-14625.

Finger S M, Hatch R T, Regan T M, 1976. Aerobic microbial growth in semisolid matrices: Heat and mass transfer limitation. Biotechnology and Bioengineering, 18(9): 1193-1218.

Foo K Y, Hameed B H, 2009. An overview of landfill leachate treatment via activated carbon adsorption process.

Journal of Hazardous Materials, 171(1/2/3): 54-60.

Frie D E, 1969. Thermal conduction contribution to heat transfer at contacts. Thermal Conductivity(2):197-199.

Fytanidis D K, Voudrias E A, 2014. Numerical simulation of landfill aeration using computational fluid dynamics. Waste Management, 34(4): 804-816.

Gamperling O, Hrad M, Huber-Humer M, et al., 2011. In situ Aerobisierung (in situ aeration)//Reichenauer T G, Wimmer B. Innovative in situ Technologies for the Remediation of Old Sites and Dumps. Vienna: 23-25.

Gao W, Chen Y M, Zhan L T, et al., 2015. Engineering properties for high kitchen waste content municipal solid waste. Journal of Rock Mechanics and Geotechnical Engineering, 7(6): 646-658.

Gardner W R, 1956. Calculation of capillary conductivity from pressure plate outflow data. Soil Science Society of America Journal, 20(3): 317-320.

Garg A, Achari G, 2010. A comprehensive numerical model simulating gas, heat, and moisture transport in sanitary landfills and methane oxidation in final covers. Environmental Modeling & Assessment, 15(5): 397-410.

Gavelyte S, Dace E, Baziene K, 2016. The effect of particle size distribution on hydraulic permeability in a waste mass. Energy Procedia, 95: 140-144.

Gawhane V S, Sharma V K, 2016. Experimental investigation of hydraulic conductivity of municipal solid waste. International Journal for Research in Engineering Application & Management, 2(3): 02I031506.

Gemant A, 1952. How to compute thermal soil conductivities. Heating, Piping, and Air Conditioning, 24(1): 122-123.

Genuchten V,Th M, 1980. A closed-form equation for predicting the hydraulic conductivity of unsaturated soils. Soil Science Society of America Journal, 44(5): 892-898.

Gerke H H, van Genuchten M T, 1993. A dual-porosity model for simulating the preferential movement of water and solutes in structured porous media. Water Resources Research, 29(2): 305-319.

Gerke H H, van Genuchten M T, 1996. Macroscopic representation of structural geometry for simulating water and solute movement in dual-porosity media. Advances in Water Resources, 19(6): 343-357.

Gerke H H, Maximilian Köhne J, 2004. Dual-permeability modeling of preferential bromide leaching from a tile-drained glacial till agricultural field. Journal of Hydrology, 289(1/2/3/4): 239-257.

Giannis A, Makripodis G, Simantiraki F, et al., 2008. Monitoring operational and leachate characteristics of an aerobic simulated landfill bioreactor. Waste Management, 28(8): 1346-1354.

Gibson R E , Lo K Y, 1961. A theory of soils exhibiting secondary compression. Acta Polytechnica, 10: 1-15.

Gollapalli M, Kota S H, 2018. Methane emissions from a landfill in North-East India: Performance of various landfill gas emission models. Environmental Pollution, 234: 174-180.

Gong B, 2007. Effective models of fractured system. Stanford: Stanford University,

Gori F, 1983. A theoretical model for predicting the effective thermal conductivity of unsaturated frozen soils//Proceedings of the Fourth International Conference on Permafrost: Vol. 363. Fairbanks, Alaska, USA: 363-368.

Gourc J P, Staub M J, Conte M, 2010. Decoupling MSW settlement into mechanical and biochemical processes: Modelling and validation on large-scale setups. Waste Management, 30(8/9): 1556-1568.

Grunditz C, Dalhammar G, 2001. Development of nitrification inhibition assays using pure cultures of Nitrosomonas and Nitrobacter. Water Research, 35(2): 433-440.

Guo S, Yu W B, Zhao H Y, et al., 2023. Numerical simulation to optimize passive aeration strategy for semi-aerobic landfill. Waste Management, 171: 676-685.

Haigh S K, 2012. Thermal conductivity of sands. Géotechnique, 62(7): 617-625.

Hamilton J M, Daniel D E, Olson R E, 1981. Measurement of hydraulic conductivity of partiallysaturated soils. ASTM special technical publications(746): 182-196.

Han B, Scicchitano V, Imhoff P T, 2011. Measuring fluid flow properties of waste and assessing alternative conceptual models of pore structure. Waste Management, 31(3): 445-456.

Han D, Zhao Y C, Xue B J, et al., 2010. Effect of bio-column composed of aged refuse on methane abatement: A novel configuration of biological oxidation in refuse landfill. Journal of Environmental Sciences, 22(5): 769-776.

Hanson J L, Edil T B, Yesiller N, 2008a. Thermal properties of high water content materials//Geotechnics of High Water Content Materials. 100 Barr Harbor Drive, PO Box C700, West Conshohocken, PA 19428-2959: ASTM International.

Hanson J L, Liu W L, Yesiller N, 2008b. Analytical and numerical methodology for modeling temperatures in landfills//GeoCongress 2008. New Orleans, Louisiana, USA.

Hanson J L, Yesiller N, Howard K A, et al., 2006. Effects of placement conditions on decomposition of municipal solid wastes in cold regions//Current Practices in Cold Regions Engineering. Orono, Maine, USA.

Hanson J L, Yeşiller N, Onnen M T, et al., 2013. Development of numerical model for predicting heat generation and temperatures in MSW landfills. Waste Management, 33(10): 1993-2000.

Hantush M M, Govindaraju R S, 2003. Theoretical development and analytical solutions for transport of volatile organic compounds in dual-porosity soils. Journal of Hydrology, 279(1/2/3/4): 18-42.

Hao Y J, Ji M, Chen Y X, et al., 2010. The pathway of in situ ammonium removal from aerated municipal solid waste bioreactor: Nitrification/denitrification or air stripping?. Waste Management & Research, 28(12): 1057-1064.

Hao Z S, Barlaz M A, Ducoste J J, 2020. Finite-element modeling of landfills to estimate heat generation, transport, and accumulation. Journal of Geotechnical and Geoenvironmental Engineering, 146(12): 04020134.

Hao Z S, Sun M, Ducoste J J, et al., 2017. Heat generation and accumulation in municipal solid waste landfills. Environmental Science & Technology, 51(21): 12434-12442.

Harper S R, Pohland F G, 1988. Landfills: Lessening environmental impacts. Civil Engineering, 58(11): 66.

Hashisho J, El-Fadel M, 2014. Determinants of optimal aerobic bioreactor landfilling for the treatment of the organic fraction of municipal waste. Critical Reviews in Environmental Science and Technology, 44(16): 1865-1891.

Haug R T, 1993. The practical handbook of compost engineering. New York: Routledge.

He H L, Zhao Y, Dyck M F, et al., 2017. A modified normalized model for predicting effective soil thermal conductivity. Acta Geotechnica, 12(6): 1281-1300.

He P J, Yang N, Gu H L, et al., 2011. N_2O and NH_3 emissions from a bioreactor landfill operated under limited aerobic degradation conditions. Journal of Environmental Sciences, 23(6): 1011-1019.

Heshmati R A A, Mokhtari M, Shakiba Rad S, 2014. Prediction of the compression ratio for municipal solid waste using decision tree. Waste Management & Research, 32(1): 64-69.

Hettiarachchi H, Meegoda J, Hettiaratchi P, 2009. Effects of gas and moisture on modeling of bioreactor landfill settlement. Waste Management, 29(3): 1018-1025.

Heyer K U, Hupe K, Ritzkowski M, et al., 2005. Pollutant release and pollutant reduction: Impact of the aeration of landfills. Waste Management, 25(4): 353-359.

Higgins C W, Walker L P, 2001. Validation of a new model for aerobic organic solids decomposition: Simulations with substrate specific kinetics. Process Biochemistry, 36(8/9): 875-884.

Hoornweg D, Bhada-Tata P, 2012. What a waste: A global review of solid waste management. Washington, DC.: Wrold Bank.

Hossain M S, Gabr M A, Barlaz M A, 2003. Relationship of compressibility parameters to municipal solid waste decomposition. Journal of Geotechnical and Geoenvironmental Engineering, 129(12): 1151-1158.

Hossain M S, Gabr M A, Asce F, 2009a. The effect of shredding and test apparatus size on compressibility and strength parameters of degraded municipal solid waste. Waste Management, 29(9): 2417-2424.

Hossain M S, Penmethsa K K, Hoyos L, 2009b. Permeability of municipal solid waste in bioreactor landfill with degradation. Geotechnical and Geological Engineering, 27(1): 43-51.

Hrad M, Huber-Humer M, 2017. Performance and completion assessment of an in situ aerated municipal solid waste landfill: Final scientific documentation of an Austrian case study. Waste Management, 63: 397-409.

Hrad M, Gamperling O, Huber-Humer M, 2013. Comparison between lab- and full-scale applications of in situ aeration of an old landfill and assessment of long-term emission development after completion. Waste Management, 33(10): 2061-2073.

Hudgins M, Harper S, 1999. Operational characteristics of two aerobic landfill systems// Proceedings of the 15th International Conference on Solid Waste Technology and Management. Chester: 327-333.

Ivanova L K, 2007. Quantification of factors affecting rate and magnitude of secondary settlement of landfills. Southampton: University of Southampton.

Iversen B V, Schjønning P, Poulsen T G, et al., 2001. In situ, on-site and laboratory measurements of soil air permeability: Boundary conditions and measurement scale. Soil Science, 166(2): 97-106.

Jafari N H, Stark T D, 2016. Slope and settlement movements of an MSW landfill during elevated temperatures//Geo-Chicago 2016. Chicago:275-284.

Jafari N H, Stark T D, Rowe R K, 2014. Service life of HDPE geomembranes subjected to elevated temperatures. Journal of Hazardous, Toxic, and Radioactive Waste, 18(1): 16-26.

Jafari N H, Stark T D, Thalhamer T, 2017. Spatial and temporal characteristics of elevated temperatures in municipal solid waste landfills. Waste Management, 59: 286-301.

Jain P, Powell J, Townsend T G, et al., 2005. Air permeability of waste in a municipal solid waste landfill. Journal of Environmental Engineering, 131(11): 1565-1573.

Jain P, Powell J, Townsend T G, et al., 2006. Estimating the hydraulic conductivity of landfilled municipal solid waste using the borehole permeameter test. Journal of Environmental Engineering, 132(6): 645-652.

Jain P, Ko J H, Kumar D, et al., 2014. Case study of landfill leachate recirculation using small-diameter vertical wells. Waste Management, 34(11): 2312-2320.

Jang Y S, Kim Y W, Lee S I, 2002. Hydraulic properties and leachate level analysis of Kimpo metropolitan landfill, Korea. Waste Management, 22(3): 261-267.

Jayakody P K, 2014. Laboratory determination of water retention characteristics and pore size distribution in simulated MSW landfill under settlement. International Journal of Environmental Research, 8(1): 79-84.

Johansen O, 1977. Thermal conductivity of soils. Trondheim: Trondheim University.

Johnson C A, Schaap M G, Abbaspour K C, 2001. Model comparison of flow through a municipal solid waste incinerator ash landfill. Journal of Hydrology, 243(1/2): 55-72.

Johnston J P, Halleent R M, Lezius D K, 1972. Effects of spanwise rotation on the structure of two-dimensional fully developed turbulent channel flow. Journal of Fluid Mechanics, 56(3): 533.

Jung Y, Imhoff P T, Augenstein D, et al., 2011a. Mitigating methane emissions and air intrusion in heterogeneous landfills with a high permeability layer. Waste Management, 31(5): 1049-1058.

Jung Y, Imhoff P, Finsterle S, 2011b. Estimation of landfill gas generation rate and gas permeability field of refuse using inverse modeling. Transport in Porous Media, 90(1): 41-58.

Kallel A, Matsuto T, Tanaka N, 2003. Determination of oxygen consumption for landfilled municipal solid wastes. Waste Management & Research, 21(4): 346-355.

Kallel A, Tanaka N, Matsuto T, 2004. Gas permeability and tortuosity for packed layers of processed municipal solid wastes and incinerator residue. Waste Management & Research, 22(3): 186-194.

Kazimoglu Y K, McDougall J R, Pyrah I C, 2006. Unsaturated hydraulic conductivity of landfilled waste//Unsaturated Soils 2006. Carefree, Arizona, USA:1525-1534.

Ke H, Hu J, Xu X B, et al., 2017. Evolution of saturated hydraulic conductivity with compression and degradation for municipal solid waste. Waste Management, 65(7): 63-74.

Ke H, Hu J, Xu X B, et al., 2018. Analytical solution of leachate flow to vertical wells in municipal solid waste landfills using a dual-porosity model. Engineering Geology, 239:27-40.

Kelly R J, Shearer B D, Kim J, et al., 2006. Relationships between analytical methods utilized as tools in the evaluation of landfill waste stability. Waste Management, 26(12): 1349-1356.

Kim H J, 2005. Comparative studies of aerobic and anaerobic landfills using simulated landfill lysimeters. Gainesville: University of Florida.

Kim H J, Jang Y C, Townsend T, 2011. The behavior and long-term fate of metals in simulated landfill bioreactors under aerobic and anaerobic conditions. Journal of Hazardous Materials, 194: 369-377.

Kim H J, Yoshida H, Matsuto T, et al., 2010. Air and landfill gas movement through passive gas vents installed in closed landfills. Waste Management, 30(3): 465-472.

Kindlein J, Dinkler D, Ahrens H, 2006. Numerical modelling of multiphase flow and transport processes in landfills. Waste Management & Research, 24(4): 376-387.

Ko J H, Powell J, Jain P, et al., 2013. Case study of controlled air addition into landfilled municipal solid waste: Design, operation, and control. Journal of Hazardous, Toxic, and Radioactive Waste, 17(4): 351-359.

Ko J H, Ma Z Y, Jin X, et al., 2016. Effects of aeration frequency on leachate quality and waste in simulated hybrid bioreactor landfills. Journal of the Air & Waste Management Association, 66(12): 1245-1256.

Kodešová R, Kočárek M, Kodeš V, et al., 2008. Impact of soil micromorphological features on water flow and herbicide transport in soils. Vadose Zone Journal, 7(2): 798-809.

Kool J B, Parker J C, van Genuchten M T, 1985. Determining soil hydraulic properties from one-step outflow experiments by parameter estimation: I. Theory and numerical studies. Soil Science Society of America Journal, 49(6): 1348-1354.

Korfiatis G P, Demetracopoulos A C, Bourodimos E L, et al., 1984. Moisture transport in a solid waste column. Journal of Environmental Engineering, 110(4): 780-796.

Kosugi K, 1996. Lognormal distribution model for unsaturated soil hydraulic properties. Water Resources Research, 32(9): 2697-2703.

Kulkarni H S, Reddy K R, 2011. Effects of unsaturated hydraulic properties of municipal solid waste on moisture distribution in bioreactor landfills//Geo-Frontiers 2011. Dallas, Texas, USA:1392-1403.

Kumar G, Reddy K R, 2021b. Comprehensive coupled thermo-hydro-bio-mechanical model for holistic performance assessment of municipal solid waste landfills. Computers and Geotechnics, 132: 103920.

Kumar G, Kopp K B, Reddy K R, et al., 2021a. Influence of waste temperatures on long-term landfill performance: Coupled numerical modeling. Journal of Environmental Engineering, 147(3): 04020158.

Lagos D A, Héroux M, Gosselin R, et al., 2017. Optimization of a landfill gas collection shutdown based on an adapted first-order decay model. Waste Management, 63: 238-245.

Laloy E, Weynants M, Bielders C L, et al., 2010. How efficient are one-dimensional models to reproduce the hydrodynamic behavior of structured soils subjected to multi-step outflow experiments?. Journal of Hydrology, 393(1/2): 37-52.

Landve A O, Pelkey S G, Valsangkar A J, 1998. Coefficient of permeability of municipal refuse //Proceedings 3rd International Geotechnics:163-167.

Lanini S, Houi D, Aguilar O, et al., 2001. The role of aerobic activity on refuse temperature rise: II. Experimental and numerical modelling. Waste Management & Research, 19(1): 58-69.

Lay J J, Li Y Y, Noike T, 1998. Developments of bacterial population and methanogenic activity in a laboratory-scale landfill bioreactor. Water Research, 32(12): 3673-3679.

Lee J, Lee C, Lee K, 2002b. Evaluation of air injection and extraction tests in a landfill site in Korea: Implications for landfill management. Environmental Geology, 42(8): 945-954.

Lee C H, Lee J Y, Jang W Y, et al, 2002a. Evaluation of air injection and extraction tests at a petroleum contaminated site, Korea. Water Air and Soil Pollution, 135(1/2/3/4): 65-91.

Lee N H, Park J K, Kang J Y, et al., 2016. Method to estimate the required oxygen amount and aeration period for the completion of landfill aeration. Journal of Material Cycles and Waste Management, 18(4): 695-702.

Lefebvre X, Lanini S, Houi D, 2000. The role of aerobic activity on refuse temperature rise. Waste Management and Research, 18(5): 444-452.

Lei L, Qiang X, Yue X, et al., 2014. Numerical simulation of dynamic processes of the methane migration and oxidation in landfill cover. Environmental Progress & Sustainable Energy, 33(4): 1419-1424.

Leuschner A P, 1968. Enhancement of degradation: Laboratory scale experiments//Sanitary Landfilling: Process, Technology and Environmental Impact. Amsterdam: Elsevier: 83-102.

Li K, Chen Y M, Xu W J, et al., 2021. A thermo-hydro-mechanical-biochemical coupled model for landfilled municipal solid waste. Computers and Geotechnics, 134: 104090.

Li X, 2002. Characteristics of bioreactor landfill technology and its future application. Transactions of The Chinese Society of Agricultural Engineering, 18(1): 111-114.

Likos W J, 2014. Modeling thermal conductivity dryout curves from soil-water characteristic curves. Journal of Geotechnical and Geoenvironmental Engineering, 140(5): 04013056.

Ling H I, Leshchinsky D, Mohri Y, et al., 1998. Estimation of municipal solid waste landfill settlement. Journal of Geotechnical and Geoenvironmental Engineering, 124(1): 21-28.

Liu L, Ma J, Xue Q, et al., 2016a. Evaluation of dual permeability of gas flow in municipal solid waste: Extraction well operation. Environmental Progress & Sustainable Energy, 35(5): 1381-1386.

Liu L, Xue Q, Zeng G, et al., 2016b. Field-scale monitoring test of aeration for enhancing biodegradation in an old landfill in China. Environmental Progress & Sustainable Energy, 35(2): 380-385.

Liu D, Agarwal R, Li Y, 2017a. Numerical simulation and optimization of CO_2 enhanced shale gas recovery using a genetic algorithm. Journal of Cleaner Production, 164: 1093-1104.

Liu L, Ma J, Xue Q, et al., 2017b. The viability of design and operation of the air injection well for improvement in Situ repair capacity in landfill. Environmental Progress & Sustainable Energy, 36(2): 412-419.

Liu L, Ma J, Xue Q, et al., 2018. The in situ aeration in an old landfill in China: Multi-wells optimization method and application. Waste Management, 76: 614-620.

Liu X D, Shi J Y, Qian X D, et al., 2011. One-dimensional model for municipal solid waste (MSW) settlement considering coupled mechanical-hydraulic-gaseous effect and concise calculation. Waste Management, 31(12): 2473-2483.

Liwarska-Bizukojc E, Ledakowicz S, 2003a. Estimation of viable biomass in aerobic biodegradation processes of organic fraction of municipal solid waste (MSW). Journal of Biotechnology, 101(2): 165-172.

Liwarska-Bizukojc E, Ledakowicz S, 2003b. Stoichiometry of the aerobic biodegradation of the organic fraction of municipal solid waste (MSW). Biodegradation, 14(1): 51-56.

Lu N, Dong Y, 2015. Closed-form equation for thermal conductivity of unsaturated soils at room temperature. Journal of Geotechnical and Geoenvironmental Engineering, 141(6): 04015016.

Lu S, Ren T S, Gong Y S, et al., 2007. An improved model for predicting soil thermal conductivity from water content at room temperature. Soil Science Society of America Journal, 71(1): 8-14.

Lu Y L, Lu S, Horton R, et al., 2014. An empirical model for estimating soil thermal conductivity from texture, water content, and bulk density. Soil Science Society of America Journal, 78(6): 1859-1868.

Ma J W, Li Y J, Li Y Q, 2021. Effects of leachate recirculation quantity and aeration on leachate quality and municipal solid waste stabilization in semi-aerobic landfills. Environmental Technology & Innovation, 21: 101353.

Ma J, Liu L, Ge S, et al., 2018. Coupling model of aerobic waste degradation considering temperature, initial moisture content and air injection volume. Waste Management & Research, 36(3): 277-287.

Mahar R B, Liu J, Yue D, et al., 2007. Biodegradation of organic matters from mixed unshredded municipal solid waste through air convection before landfilling. Journal of the Air & Waste Management Association, 57(1): 39-46.

Manjunatha G S, Chavan D, Lakshmikanthan P, et al., 2020a. Estimation of heat generation and consequent temperature rise from nutrients like carbohydrates, proteins and fats in municipal solid waste landfills in India. Science of the Total Environment, 707: 135610.

Manjunatha G S, Chavan D, Lakshmikanthan P, et al., 2020b. Specific heat and thermal conductivity of municipal solid waste and its effect on landfill fires. Waste Management, 116: 120-130.

Manzur S R, 2010. Effect of leachate recirculation on methane generation of a bioreactor landfill. Arlington: The University of Texas at Arlington.

Manzur S R, Hossain M S, Kemler V, et al., 2012. Performance of horizontal gas collection system in an ELR landfill//GeoCongress 2012. Oakland, California, USA. American Society of Civil Engineers: 3613-3623.

Marques A C M, 2001. Compaction and compressibility of municipal solid waste. São Paulo: Universidade de São Paulo.

Martín S, Marañón E, Sastre H, 1997. Landfill gas extraction technology: Study, simulation and manually controlled extraction. Bioresource Technology, 62(1/2): 47-54.

Mason I G, 2006. Mathematical modelling of the composting process: A review. Waste Management, 26(1): 3-21.

Mason I G, 2009. Predicting biodegradable volatile solids degradation profiles in the composting process. Waste Management, 29(2): 559-569.

Matsuto T, Zhang X, Matsuo T, et al., 2015. Onsite survey on the mechanism of passive aeration and air flow path in a semi-aerobic landfill. Waste Management, 36: 204-212.

McBean E A, Rovers F A, Farquhar G J, 1995. Solid waste landfill engineering and design. Englewood Cliffs: Prentice Hall PTR.

McKinley V L, Vestal J R, 1984. Biokinetic analyses of adaptation and succession: Microbial activity in composting municipal sewage sludge. Applied and Environmental Microbiology, 47(5): 933-941.

McWhorter D B, 1990. Unsteady radial flow of gas in the vadose zone. Journal of Contaminant Hydrology, 5(3): 297-314.

Megalla D, van Geel P J, Doyle J T, 2016. Simulating the heat budget for waste as it is placed within a landfill operating in a northern climate. Waste Management, 55: 108-117.

Meima J A, Naranjo N M, Haarstrick A, 2008. Sensitivity analysis and literature review of parameters controlling local biodegradation processes in municipal solid waste landfills. Waste Management, 28(5): 904-918.

Mickley A S, 1951. The thermal conductivity of moist soil. Transactions of the American Institute of Electrical Engineers, 70(2): 1789-1797.

Miguel M G, Mortatti B C, da Paixão Filho J L, et al., 2018. Saturated hydraulic conductivity of municipal solid waste considering the influence of biodegradation. Journal of Environmental Engineering, 144(9): 04018080.

Miller P A, Clesceri N L, 2014. Waste sites as biological reactors: Characterization and modeling. Boca Raton: Lewis Publishers.

Model L G E, 2005. Version 3.02 user's guide. US Environmental Protection Agency: Washington, D C.

Mohee R, White R K, Das K C, 1998. Simulation model for composting cellulosic (bagasse) substrates. Compost Science & Utilization, 6(2): 82-92.

Mohsen F N M, 1975. Gas migration from sanitary landfills and associated problems. Ontario: University of Waterloo.

Moqbel S Y, 2009. Characterizing spontaneous fires in landfills. Orlando: University of Central Florida.

Mora-Naranjo N, Meima J A, Haarstrick A, et al., 2004. Modelling and experimental investigation of environmental influences on the acetate and methane formation in solid waste. Waste Management, 24(8): 763-773.

Mualem Y, 1976. A new model for predicting the hydraulic conductivity of unsaturated porous media. Water Resources Research, 12(3): 513-522.

Nag M, Shimaoka T, Komiya T, 2018. Influence of operations on leachate characteristics in the aerobic: Anaerobic landfill method. Waste Management, 78: 698-707.

Nastev M, Therrien R, Lefebvre R, et al., 2001. Gas production and migration in landfills and geological materials. Journal of Contaminant Hydrology, 52(1/2/3/4): 187-211.

Nazari R, Alfergani H, Haas F, et al., 2020. Application of satellite remote sensing in monitoring elevated internal temperatures of landfills. Applied Sciences, 10(19): 6801.

Nelder J A, 1961. The fitting of a generalization of the logistic curve. Biometrics, 17(1): 89.

Ng C W W, Feng S, Liu H W, 2015. A fully coupled model for water-gas-heat reactive transport with methane oxidation in landfill covers. Science of the Total Environment, 508: 307-319.

Nie R S, Meng Y F, Jia Y L, et al., 2012. Dual porosity and dual permeability modeling of horizontal well in naturally fractured reservoir. Transport in Porous Media, 92(1): 213-235.

Nikkhah A, Khojastehpour M, Abbaspour-Fard M H, 2018. Hybrid landfill gas emissions modeling and life cycle assessment for determining the appropriate period to install biogas system. Journal of Cleaner Production, 185: 772-780.

Nikolaou A, Giannis A, Gidarakos E, 2010. Comparative studies of aerobic and anaerobic treatment of MSW organic fraction in landfill bioreactors. Environmental Technology, 31(12): 1381-1389.

Noble J J, Arnold A E, 1991. Experimental and mathematical modeling of moisture transport in landfills. Chemical Engineering Communications, 100(1): 95-111.

O'leary P, Tansel B, 1986. Landfill closure and long-term care. Waste Age, 17(10): 53 -64.

Olivier F, Gourc J P, 2007. Hydro-mechanical behavior of municipal solid waste subject to leachate recirculation in a large-scale compression reactor cell. Waste Management, 27(1): 44-58.

Omar H, Rohani S, 2017. The mathematical model of the conversion of a landfill operation from anaerobic to aerobic. Applied Mathematical Modelling, 50: 53-67.

Onay T T, Pohland F G, 1998. In situ nitrogen management in controlled bioreactor landfills. Water Research, 32(5): 1383-1392.

Öncü G, Reiser M, Kranert M, 2012. Aerobic *in situ* stabilization of landfill Konstanz Dorfweiher: Leachate quality after 1year of operation. Waste Management, 32(12): 2374-2384.

Oweis I S, 2006. Estimate of landfill settlements due to mechanical and decompositional processes. Journal of Geotechnical and Geoenvironmental Engineering, 132(5): 644-650.

Park H I, Lee S R, 1997. Long-term settlement behavior of landfills with refuse decomposition. Journal of Solid Waste Technology and Management, 24(4): 159-165.

Park H I, Lee S R, 2002. Long-term settlement behaviour of MSW landfills with various fill ages. Waste Management & Research: The Journal for a Sustainable Circular Economy, 20(3): 259-268.

Parker K H, Mehta R V, Caro C G, 1987. Steady flow in porous, elastically deformable materials. Journal of Applied Mechanics, 54(4): 794-800.

Perera L A K, 2002. Gas migration model for sanitary landfill cover systems. Calgary: University of Calgary.

Philip J R, De Vries D A, 1957. Moisture movement in porous materials under temperature gradients. Eos, Transactions American Geophysical Union, 38(2): 222-232.

Pohland F G, 1975. Sanitary landfill stabilization with leachate recycle and residual treatment. Cincinnati: U.S. Environmental Protection Agency.

Poulsen T G, Moldrup P, Thorbjørn A, et al., 2007. Predicting air permeability in undisturbed, subsurface sandy soils from air-filled porosity. Journal of Environmental Engineering, 133(10): 995-1001.

Powell J, Jain P, Kim H, et al., 2006. Changes in landfill gas quality as a result of controlled air injection. Environmental Science & Technology, 40(3): 1029-1034.

Puhlmann H, Von Wilpert K, Lukes M, et al., 2009. Multistep outflow experiments to derive a soil hydraulic database for forest soils. European Journal of Soil Science, 60(5): 792-806.

Puyuelo B, Gea T, Sánchez A, 2010. A new control strategy for the composting process based on the oxygen uptake rate. Chemical Engineering Journal, 165(1): 161-169.

Rafiee R, Obersky L, Xie S H, et al., 2018. Pilot scale evaluation of a model to distinguish the rates of simultaneous anaerobic digestion, composting and methane oxidation in static waste beds. Waste Management, 71: 156-163.

Raga R, Cossu R, 2013. Bioreactor tests preliminary to landfill *in situ* aeration: A case study. Waste Management, 33(4): 871-880.

Raga R, Cossu R, 2014. Landfill aeration in the framework of a reclamation project in Northern Italy. Waste Management, 34(3): 683-691.

Raga R, Cossu R, Heerenklage J, et al., 2015. Landfill aeration for emission control before and during landfill mining. Waste Management, 46: 420-429.

Rahman S, 2009. Food properties handbook. Boca Raton: CRC Press.

Read A D, Hudgins M, Harper S, et al., 2001. The successful demonstration of aerobic landfilling: The potential for a more sustainable solid waste management approach?. Resources, Conservation and Recycling, 32(2): 115-146.

Reddy K R, Hettiarachchi H, Parakalla N S, et al., 2009. Geotechnical properties of fresh municipal solid waste at Orchard Hills Landfill, USA. Waste Management, 29(2): 952-959.

Reddy K R, Hettiarachchi H, Gangathulasi J, et al., 2011. Geotechnical properties of municipal solid waste at different phases of biodegradation. Waste Management, 31(11): 2275-2286.

Reddy K R, Hettiarachchi H, Giri R K, et al., 2015.Effects of degradation on geotechnical properties of municipal solid waste from Orchard Hills Landfill, USA. International Journal of Geosynthetics and Ground Engineering, 1(3): 24.

Reinhart D R, McCreanor P T, Townsend T, 2002. The bioreactor landfill: Its status and future. Waste Management & Research, 20(2): 172-186.

Reinhart D R, Townseng T, 2001. Aerobic vs anaerobic bioreactor landfill case study: The new river regional landfill//Proceedings of the 6th Annual Landfill Symposium.

Rendra S, 2007. Comparative study of biodegradation of municipal solid waste in simulated aerobic and anaerobic bioreactors landfills. Ottawa: University of Ottawa.

Rendra S, Warith M A, Fernandes L, 2007. Degradation of municipal solid waste in aerobic bioreactor landfills. Environmental Technology, 28(6): 609-620.

Rich C, Gronow J, Voulvoulis N, 2008. The potential for aeration of MSW landfills to accelerate completion. Waste Management, 28(6): 1039-1048.

Richard T L, Walker L P, Gossett J M, 2006. Effects of oxygen on aerobic solid-state biodegradation kinetics. Biotechnology Progress, 22(1): 60-69.

Richards L A, 1931. Capillary conduction of liquids through porous mediums. Physics, 1(5): 318-333.

Richards F J, 1959. A flexible growth function for empirical use. Journal of Experimental Botany, 10(2): 290-301.

Ritzkowski M, Stegmann R, 2007. Estimation of operation periods for *in situ* aerated landfills. Padova: CISA Publisher.

Ritzkowski M, Heyer K U, Stegmann R, 2006. Fundamental processes and implications during *in situ* aeration of old landfills. Waste Management, 26(4): 356-372.

Ritzkowski M, Stegmann R, 2012. Landfill aeration worldwide: Concepts, indications and findings. Waste Management, 32(7): 1411-1419.

Ritzkowski M, Stegmann R, 2013. Landfill aeration within the scope of post-closure care and its completion. Waste Management, 33(10): 2074-2082.

Ritzkowski M, Walker B, Kuchta K, et al., 2016. Aeration of the teuftal landfill: Field scale concept and lab scale simulation. Waste Management, 55: 99-107.

Robinson H D, Maris P J, 1983. The treatment of leachates from domestic wastes in landfills: I aerobic biological treatment of a medium-strength leachate. Water Research, 17(11): 1537-1548.

Rosso L, Lobry J R, Flandrois J P, 1993. An unexpected correlation between cardinal temperatures of microbial growth highlighted by a new model. Journal of Theoretical Biology, 162(4): 447-463.

Rowe R K, Nadarajah P, 1996. Estimating leachate drawdown due to pumping wells in landfills. Canadian Geotechnical Journal, 33(1): 1-10.

Rowe R K, Islam M Z, 2009. Impact of landfill liner time: Temperature history on the service life of HDPE geomembranes. Waste Management, 29(10): 2689-2699.

Różański A, Kaczmarek N, 2020. Empirical and theoretical models for prediction of soil thermal conductivity: A review and critical assessment. Studia Geotechnica et Mechanica, 42(4): 330-340.

Sabrin S, Nazari R, Fahad M G R, et al., 2020. Investigating effects of landfill soil gases on landfill elevated subsurface temperature. Applied Sciences, 10(18): 6401.

Sabrin S, Nazari R, Karimi M, et al., 2021. Development of a conceptual framework for risk assessment of elevated internal temperatures in landfills. Science of the Total Environment, 782: 146831.

Sánchez Fabra I, 2015. Waste landfill environmental restoration at the Garraf's Natural Park, Barcelona// Proceedings Sardinia 2015-15th International Waste Management and Landfill Symposium: Cagliari, Italy.

Sánchez R, Hashemi M, Tsotsis T T, et al., 2006. Computer simulation of gas generation and transport in landfills II: Dynamic conditions. Chemical Engineering Science, 61(14): 4750-4761.

Sánchez R, Tsotsis T T, Sahimi M, 2007. Computer simulation of gas generation and transport in landfills. III: Development of lanfills' optimal model. Chemical Engineering Science, 62(22): 6378-6390.

Sánchez Arias V, Fernández F J, Rodríguez L, et al., 2012. Respiration indices and stability measurements of compost through electrolytic respirometry. Journal of Environmental Management, 95: S134-S138.

Sasidharan S, Bradford S A, Šimůnek J, et al., 2018. Evaluating drywells for stormwater management and enhanced aquifer recharge. Advances in Water Resources, 116: 167-177.

Sass J H, Lachenbruch A H, Munroe R J, 1971. Thermal conductivity of rocks from measurements on fragments and its application to heat-flow determinations. Journal of Geophysical Research, 76(14): 3391-3401.

Scheutz C, Cassini F, De Schoenmaeker J, et al., 2017. Mitigation of methane emissions in a pilot-scale biocover system at the AV Miljø Landfill, Denmark: 2. Methane oxidation. Waste Management, 63: 203-212.

Schjønning P, 2021. Thermal conductivity of undisturbed soil: Measurements and predictions. Geoderma, 402: 115188.

Scicchitano V, 2010. Estimating hydraulic properties of landfill waste using multi step drainage experiments. Newark: University of Delaware.

Shank K L, 1993. Determination of hydraulic conductivity of the Alachua County Southwest landfill Monterey, CA: Naval Postgraduate School.

Shi J Y, Qian X D, Liu X D, et al., 2016. The behavior of compression and degradation for municipal solid waste and combined settlement calculation method. Waste Management, 55: 154-164.

Siemek J, Stopa J, 2006. Optimisation of the wells placement in gas reservoirs using SIMPLEX method. Journal of Petroleum Science and Engineering, 54(3/4): 164-172.

Simunek J, Šejna M, van Genuchten M T, 2018. New features of version 3 of the Hydrus (2D/3D) computer software package. Journal of Hydrology and Hydromechanics, 66(2): 133-142.

Simunek J, van Genuchten M T, Šejna M, 2016. Recent developments and applications of the Hydrus computer software packages. Vadose Zone Journal, 15(7): 1-25.

Slezak R, Krzystek L, Ledakowicz S, 2010. Simulation of aerobic landfill in laboratory scale lysimeters: Effect of aeration rate. Chemical Papers, 64(2): 223-229.

Slezak R, Krzystek L, Ledakowicz S, 2012. Mathematical model of aerobic stabilization of old landfills. Chemical Papers, 66(6): 543-549.

Slezak R, Krzystek L, Ledakowicz S, 2015. Degradation of municipal solid waste in simulated landfill bioreactors under aerobic conditions. Waste Management, 43: 293-299.

Smits K M, Sakaki T, Limsuwat A, et al., 2010. Thermal conductivity of sands under varying moisture and porosity in drainage-wetting cycles. Vadose Zone Journal, 9(1): 172-180.

Sole-Mauri F, Illa J, Magrí A, et al., 2007. An integrated biochemical and physical model for the composting process. Bioresource Technology, 98(17): 3278-3293.

Sowers G F, 1973. Settlement of waste disposal fills// Proceedings of 8th ICSMFG, Moscow: 207-210.

Sowers G F, 1975. Settlement of waste disposal fills. International Journal of Rock Mechanics and Mining Sciences & Geomechanics Abstracts, 12(4): 57-58.

Stein V B, Hettiaratchi J P, 2001. Methane oxidation in three alberta soils: Influence of soil parameters and methane flux rates. Environmental Technology, 22(1): 101-111.

Stoltz G, Gourc J P, Oxarango L, 2010. Characterisation of the physico-mechanical parameters of MSW. Waste Management, 30(8/9): 1439-1449.

Stoltz G, Tinet A J, Staub M J, et al., 2012. Moisture retention properties of municipal solid waste in relation to compression. Journal of Geotechnical and Geoenvironmental Engineering, 138(4): 535-543.

Talaiekhozani A, Nematzadeh S, Eskandari Z, et al., 2018. Gaseous emissions of landfill and modeling of their dispersion in the atmosphere of Shahrekord, Iran. Urban Climate, 24: 852-862.

Tchobanoglous G, Theisen H, Vigil S A, 1993. Integrated solid waste management. New York: McGraw-Hill International Editions.

Tinet A J, Oxarango L, 2010. Stationary gas flow to a vertical extraction well in MSW landfill considering the effect of mechanical settlement on hydraulic properties. Chemical Engineering Science, 65(23): 6229-6237.

Tinet A J, Oxarango L, Bayard R, et al., 2011. Experimental and theoretical assessment of the multi-domain flow behaviour in a waste body during leachate infiltration. Waste Management, 31(8): 1797-1806.

Tolaymat T M, Green R B, Hater G R, et al., 2010. Evaluation of landfill gas decay constant for municipal solid waste landfills operated as bioreactors. Journal of the Air & Waste Management Association, 60(1): 91-97.

Tong F G, Jing L R, Zimmerman R W, 2009. An effective thermal conductivity model of geological porous media for coupled thermo-hydro-mechanical systems with multiphase flow. International Journal of Rock Mechanics and Mining Sciences, 46(8): 1358-1369.

Tong Zhan T L, Xu X B, Chen Y M, et al., 2015. Dependence of gas collection efficiency on leachate level at wet municipal solid waste landfills and its improvement methods in China. Journal of Geotechnical and Geoenvironmental Engineering, 141(4): 04015002.

Townsend T G, Powell J, Jain P, et al., 2015. Sustainable practices for landfill design and operation. New York: Springer.

Tremier A, de Guardia A, Massiani C, et al., 2005. A respirometric method for characterising the organic composition and biodegradation kinetics and the temperature influence on the biodegradation kinetics, for a mixture of sludge and bulking agent to be co-composted. Bioresource Technology, 96(2): 169-180.

Usova N V, 2012. Numerical analysis of gas flow within a municipal solid waste landfill. Saskatchewan: University of Saskatchewan.

van Genuchten M T, 1980. A closed-form equation for predicting the hydraulic conductivity of unsaturated soils. Soil Science Society of America Journal, 44(5): 892-898.

Vogel T, Gerke H H, Zhang R, et al., 2000. Modeling flow and transport in a two-dimensional dual-permeability system with spatially variable hydraulic properties. Journal of Hydrology, 238(1/2): 78-89.

Walczak R T, Moreno F, Sławiński C, et al., 2006. Modeling of soil water retention curve using soil solid phase parameters. Journal of Hydrology, 329(3/4): 527-533.

Wall D K, Zeiss C, 1995. Municipal landfill biodegradation and settlement. Journal of Environmental Engineering, 121(3): 214-224.

Watts K S, Charles J A, 1999. Settlement characteristics of landfill wastes. Proceedings of the Institution of Civil Engineers-Geotechnical Engineering, 137(4): 225-233.

Woodman N D, Siddiqui A A, Powrie W, et al., 2013. Quantifying the effect of settlement and gas on solute flow and transport through treated municipal solid waste. Journal of Contaminant Hydrology, 153: 106-121.

Woodman N D, Rees-White T C, Beaven R P, et al., 2017. Doublet tracer tests to determine the contaminant flushing properties of a municipal solid waste landfill. Journal of Contaminant Hydrology, 203: 38-50.

Wu C F, Shimaoka T, Nakayama H, et al., 2016. Stimulation of waste decomposition in an old landfill by air injection. Bioresource Technology, 222: 66-74.

Wu H Y, Chen T, Wang H T, et al., 2012. Field air permeability and hydraulic conductivity of landfilled municipal solid waste in China. Journal of Environmental Management, 98: 15-22.

Wu S J, Feng S J, Zheng Q T, et al., 2023. Stabilization behavior of the three-phase and multi-component system of landfilled waste under aeration: Numerical modeling. Computers and Geotechnics, 156: 105318.

Xi B D, Qin X S, Su X K, et al., 2008. Characterizing effects of uncertainties in MSW composting process through a coupled fuzzy vertex and factorial-analysis approach. Waste Management, 28(9): 1609-1623.

Xu Q Y, Tian Y, Wang S, et al., 2015. A comparative study of leachate quality and biogas generation in simulated anaerobic and hybrid bioreactors. Waste Management, 41: 94-100.

Xu Q Y, Tian Y, Kim H, et al., 2016. Comparison of biogas recovery from MSW using different aerobic-anaerobic operation modes. Waste Management, 56: 190-195.

Xu X B, Zhan T L T, Chen Y M, et al., 2014. Intrinsic and relative permeabilities of shredded municipal solid wastes from the Qizishan Landfill, China. Canadian Geotechnical Journal, 51(11): 1243-1252.

Xu X B, Powrie W, Zhang W J, et al., 2020. Experimental study of the intrinsic permeability of municipal solid waste. Waste Management, 102: 304-311.

Xue Q, Liu L, 2014. Study on optimizing evaluation and recovery efficiency for landfill gas energy collection. Environmental Progress & Sustainable Energy, 33(3): 972-977.

Yang L, Chen Z L, Zhang X, et al., 2015. Comparison study of landfill gas emissions from subtropical landfill with various phases: A case study in Wuhan, China. Journal of the Air & Waste Management Association, 65(8): 980-986.

Yazdani R, Erfan Mostafid M, Han B, et al., 2010. Quantifying factors limiting aerobic degradation during aerobic bioreactor landfilling. Environmental Science & Technology, 44(16): 6215-6220.

Yazdani R, Imhoff P, Han B, et al., 2015. Quantifying capture efficiency of gas collection wells with gas tracers. Waste Management, 43: 319-327.

Yen B C, Scanlon B, 1975. Sanitary landfill settlement rates. Journal of the Geotechnical Engineering Division, 101(5): 475-487.

Yesiller N, Hanson J L, Liu W L, 2005. Heat generation in municipal solid waste landfills. Journal of Geotechnical and Geoenvironmental Engineering, 131(11): 1330-1344.

Yesiller N, Hanson J L, Yee E H, 2015. Waste heat generation: A comprehensive review. Waste Management, 42: 166-179.

Yoon S P, 2019. Reviews on the operation of lab-scale waste landfill simulation reactor. Journal of the Korea Organic Resource Recycling Association, 27(1):23-32.

Yoshida H, Rowe R K, 2003. Consideration of landfill liner temperature// Proceedings of the 8th International Congress on Environmental Geotechnics Volume 2.

Young A, 1989. Mathematical modeling of landfill gas extraction. Journal of Environmental Engineering, 115(6): 1073-1087.

Yu L, Batlle F, Carrera J, et al., 2009. Gas flow to a vertical gas extraction well in deformable MSW landfills. Journal of Hazardous Materials, 168(2/3): 1404-1416.

Yuan L, Abichou T, Chanton J, et al., 2009. Long-term numerical simulation of methane transport and oxidation in compost biofilter. Practice Periodical of Hazardous, Toxic, and Radioactive Waste Management, 13(3): 196-202.

Zanetti M C, 2008. Aerobic biostabilization of old MSW landfills. American Journal of Engineering and Applied Sciences, 1(4): 393-398.

Zardava K, 2012. Moisture retention and near saturated flow in mechanically biologically treated (MBT) waste. Southampton: University of Southampton.

Zeng G, Liu L, Xue Q, et al., 2017. Experimental study of the porosity and permeability of municipal solid waste. Environmental Progress & Sustainable Energy, 36(6): 1694-1699.

Zeng G, Ma J, Hu D, et al., 2019. Experimental study on compression and intrinsic permeability characteristics of municipal solid waste. Advances in Civil Engineering, 2019(1): 3541635.

Zhang W J, Yuan S S, 2019a. Characterizing preferential flow in landfilled municipal solid waste. Waste Management, 84: 20-28.

Zhang X, Jiang C Z, Shan Y X, et al., 2019b. Influence of the void fraction and vertical gas vents on the waste decomposition in semi-aerobic landfill: Lab-scale tests. Waste Management, 100: 28-35.

Zhang Y, Lashermes G, Houot S, et al., 2012. Modelling of organic matter dynamics during the composting process. Waste Management, 32(1): 19-30.

Zhang Y, Lu R R, Forouzanfar F, et al., 2017. Well placement and control optimization for WAG/SAG processes using ensemble-based method. Computers & Chemical Engineering, 101: 193-209.

Zheng W, Fan L, Bolyard S C, et al., 2015. Evaluation of monitoring indicators for the post-closure care of a landfill for MSW characterized with low lignin content. Waste Management, 36: 222-229.